W0060759

150 Jahre
Wissen für die Zukunft
Oldenbourg Verlag

Wikimanagement

Was Unternehmen von Social Software und Web 2.0 lernen können

von

Prof. Dr. Ayelt Komus

und

Franziska Wauch

Mit einem Geleitwort von
Prof. Dr. Dr. h.c. mult. August-Wilhelm Scheer

Oldenbourg Verlag München Wien

Bibliografische Information der Deutschen Nationalbibliothek

Die Deutsche Nationalbibliothek verzeichnet diese Publikation in der Deutschen Nationalbibliografie; detaillierte bibliografische Daten sind im Internet über <http://dnb.d-nb.de> abrufbar.

© 2008 Oldenbourg Wissenschaftsverlag GmbH
Rosenheimer Straße 145, D-81671 München
Telefon: (089) 4 50 51-0
oldenbourg.de

Lektorat: Wirtschafts- und Sozialwissenschaften, wiso@oldenbourg.de
Herstellung: Anna Grosser
Coverentwurf: Kochan & Partner, München
Cover-Illustration: Hyde & Hyde, München
Gedruckt auf säure- und chlorfreiem Papier
Gesamtherstellung: Druckhaus „Thomas Müntzer" GmbH, Bad Langensalza

ISBN 978-3-486-58324-3

Geleitwort

Web 2.0 und Social Software sind zurzeit in aller Munde. Nicht nur in Fachzeitschriften, sondern auch in unzähligen Magazinen und Journalen kreisen die Beiträge um *Wikipedia*, *StudiVZ*, *mySpace*, *Second Life* und viele andere Angebote. Während die einen begeistert auf Chancen sowie bereits Erreichtes verweisen und Unternehmen wie *Google*, *Yahoo!* und *Holtzbrink* sich die Übernahme von Online-Communities wie *YouTube.com*, *myspace.com* oder auch *studivz.net* Millionenbeträge kosten lassen, stehen andere den sozialen Netzwerken und den eingesetzten Technologien noch skeptisch gegenüber.

Sicherlich wird die Begeisterung für das Thema Web 2.0 mit der Zeit ein wenig abkühlen und einer, wenn nicht ernüchterten, dann zumindest pragmatischeren Sichtweise auf die neuen Technologien und die Bedeutung der Online-Communities weichen. Denkt man aber an den Internet-Hype Ende der 90er Jahre zurück, so drängt sich eine Erkenntnis auf, die wahrscheinlich auch für Social Software gelten dürfte: Nachdem die überschwängliche Begeisterung der New Economy durch systematische und betriebswirtschaftlich fundierte Herangehensweisen ersetzt wurde, konnten die großen Potenziale des E-Business erfolgsrelevant realisiert werden. Mit prozessorientierten Gestaltungsansätzen, wie sie schon seit vielen Jahren am Institut für Wirtschaftsinformatik entwickelt werden, wurden E-Business-Lösungen realisiert, die zu deutlichen Verbesserungen für die Kunden bei gleichzeitiger Kostenreduktion und verbesserter Transparenz und Steuerbarkeit führten. Ähnliche Entwicklungen dürften in den nächsten Jahren auch für den derzeitigen Hype um Web 2.0 zutreffen.

Betrachtet man das Thema näher, so zeigt sich, wie die noch junge Diskussion nach Anwendungsfeldern und Umsetzungshinweisen im Management sucht. Hier leisten die Autoren einen wichtigen Beitrag. Mit der systematischen Gegenüberstellung der erfolgreichen Social Software-Systeme zu den wichtigsten organisatorischen Ansätzen, wird deutlich, was die bestehende Organisationslehre zur Erklärung des Phänomens leisten kann und um welche Facetten die Sicht auf die Organisation als Managementaufgabe erweitert werden muss.

Mit der systematischen Diskussion, wie die Erfolgsfaktoren von Social Software in den verschiedenen Feldern des Managements umgesetzt werden können, leisten die Autoren wichtige Arbeit, um nicht nur die Einsatzmöglichkeiten von Social Software-Systemen für die verschiedensten Unternehmensbereiche zu nutzen. Vielmehr diskutieren sie die Potenziale für Unternehmen, die sich durch die Nutzung der organisatorischen Erfolgsfaktoren wie Interaktion, emergente und inkrementelle Entwicklung oder auch eine flexible Regelauslegung ergeben und deren Umsetzung oft noch unklar ist. In vielen Feldern unterstützen sie ihre Ansätze mit Beispielen aus der Unternehmenswelt.

Beide Autoren verfügen über praktische Erfahrung als Berater der IDS Scheer AG. Dies zeigt sich im vorliegenden Text durch eine praxisorientierte Behandlung eines sonst oftmals noch relativ unscharf diskutierten Phänomens. Als Professor an der Fachhochschule Koblenz zeigt Prof. Dr. Komus zudem, wie ein Beitrag zur modernen anwendungsorientierten Auseinandersetzung mit aktuellen Themen an der Hochschule aussehen kann.

Ich wünsche diesem Buch viele Leser und vor allem viele aktive Schreiber, die das Wiki zum Buch mit vorantreiben und so die Ergebnisse laufend weiterentwickeln. Grund genug für eine intensive Auseinandersetzung mit dem Thema gibt es. Eine Vernachlässigung der offenbar gewordenen Potenziale kann sich das moderne Management nicht leisten!

Prof. Dr. Dr. h.c. mult. August-Wilhelm Scheer

Gründer und langjähriger Direktor des Instituts für Wirtschaftsinformatik im Deutschen Forschungszentrum für Künstliche Intelligenz, Gründer und Aufsichtsratsvorsitzender der IDS Scheer AG und der IMC AG, Präsident des Bundesverbandes Informationswirtschaft, Telekommunikation und neue Medien (BITKOM), Vizepräsident des Bundesverbandes der Deutschen Industrie (BDI)

Danke!

Seit der Idee zu diesem Buch bis zur Fertigstellung sind einige Monate vergangen. Monate, in denen wir durch unzählige Helfer immer wieder neuen Input und neue Ideen erhalten haben, Unterstützung, Zusprache und Material.

Unser Dank gilt allen, die mit Ihrer Arbeit in Social Software-Systemen dieses Buch überhaupt erst möglich gemacht haben. Allen voran danken wir den Wikipedianern, die mit ihrem unerschöpflichen Eifer an der Erweiterung und Verbesserung der Online-Enzyklopädie arbeiten, deren Erfolg der Auslöser für dieses Buch war. Wir danken den Bloggern, die vielseitigen und abwechslungsreichen Input geliefert haben, den Open Source-Entwicklern, deren Tools wir einerseits in unseren Beispielen aufgeführt haben, die wir aber auch beispielsweise als Mindmaps selbst nutzen konnten. Und wir danken *last.fm* für die musikalische Unterstützung bei der Arbeit.

Unmöglich wäre die Arbeit aber auch gewesen, hätten wir nicht so viel Unterstützung und Verständnis von Partnern, Familie und Freunden erfahren. Hier bedanken wir uns ganz besonders bei Sabine Komus sowie bei Johanna Wauch für die Ideen und Beiträge, die Unterstützung bei der Arbeit und vor allem die Geduld. Danke auch an die Korrekturleser Ulrich Palmer und Johanna Wauch. Eventuelle Fehler gehen selbstverständlich zu unseren Lasten.

Vor allem aber danken wir schon heute all denen, die sich an der Weiterentwicklung des Wikimanagement-Ansatzes im Internet unter www.wikimanagement.de beteiligen. Wir freuen uns auf einen regen Austausch.

Koblenz und Frankfurt im Dezember 2007

Ayelt Komus

ayelt.komus@komus.de

Franziska Wauch

info@franziskawauch.de

Inhalt

Abbildungsverzeichnis

Tabellenverzeichnis

Gebrauchsanweisung für dieses Buch

Warum dieses Buch?

Seit einigen Jahren verändert sich das Internet immer auffälliger. Die Medien berichten über Communities, Plattformen und Netzwerke, in denen die Nutzer meist ohne kommerzielle Anreize und Motive selbst Inhalte publizieren. Ein vielbeachtetes Beispiel ist *Wikipedia*. Tausende Freiwillige arbeiten an ihrer Erstellung in mittlerweile gut 250 Sprachen und Dialekten. Den Wikipedianern gelingt es sogar, bei gleicher Qualität die renommierten Enzyklopädien wie Brockhaus oder *Encyclopaedia Britannica* quantitativ mit über 8 Mio. Einträgen zu übertreffen.[1]

Ein weiteres Phänomen ist das Internet-Videoportal *YouTube.com*, auf dem jedermann Videos platzieren und abrufen kann. Dem Internetriesen *Google* war es 1,65 Mrd. US-Dollar wert. *YouTube* war zu diesem Zeitpunkt keine zwei Jahre alt und hatte weniger als 70 Beschäftigte.[2] *Google* selbst war im Oktober 2006 an der Wall Street bereits mehr wert als *IBM*.[3] Auch die Entwicklung der Internet-Community *mySpace*, die für die private Vernetzung genutzt wird, ist beeindruckend: Sie wuchs innerhalb von nur drei Jahren auf über 180 Millionen Nutzer an und war dem Medienmogul Rupert Murdoch 580 Millionen US-Dollar wert.[4] Auf dem Fotoportal *flickr*, bereits in 2005 von *Google*-Konkurrent *Yahoo!* übernommen, wurde im November 2007 das 2milliardste Bild eingestellt[5] – *flickr.com* dürfte damit das größte Fotoalbum der Welt sein und ist für jedermann zugänglich.

Auch *Amazon* und *eBay*, zwei der Unternehmen, die aus der New Economy als starke Internetunternehmen hervorgegangen sind, bewegen sich im ‚Mitmach-Internet': Sie machen Käufer[6] zu Verkäufern und Leser zu Rezensenten. Wer früher seine alten Bücher oder Skischuhe auf dem Flohmarkt verkaufte, bietet sie heute bei *Amazon* oder *eBay* an.

---

[1] Vgl. http://de.wikipedia.org/wiki/Wikipedia:Gr%C3%B6%C3%9Fenvergleich, abgerufen am 09.11.2007

[2] Vgl. http://www.sueddeutsche.de/wirtschaft/artikel/177/88089/, abgerufen am 06.10.2007

[3] Vgl. http://www.sueddeutsche.de/wirtschaft/artikel/575/89486/, abgerufen am 06.10.2007

[4] Vgl. http://www.heise.de/newsticker/meldung/91462, abgerufen am 18.11.2007

[5] Vgl. http://www.heise.de/newsticker/suche/ergebnis?rm=result;words=Flickr;q=flickr;url=/newsticker/meldung-/98988/, abgerufen am 18.11.2007

[6] Selbstverständlich sind auch Käuferinnen mit einbezogen. Hier und im gesamten Text sind Frauen natürlich mit einbezogen. Lediglich aus Gründen der besseren Lesbarkeit wurde auf eine explizite Darstellung der weiblichen Form ergänzend zur männlichen verzichtet.

Eine australische Brauerei schafft es, vom Business Plan bis zur Produktionsplanung alle Prozesse von einer Internet-Community entwickeln zu lassen. Sogar neue Goldadern konnten durch die Einbindung von Internet-Communities entdeckt werden.[7]

Die Liste der Erfolgsgeschichten aus dem Web scheint sich unendlich fortzusetzen. Bei vielen sorgt sie jedoch vor allem für Kopfschütteln: Was passiert da? Wie passt der Erfolg der lose organisierten Online-Communities, die scheinbar ohne Regeln und Kontrollen funktionieren, zu den bekannten Managementkonzepten? Wo doch gerade zurzeit mit ‚Compliance Management' und ‚Corporate Governance' die aktuelle Diskussion der Betriebswirtschaftslehre an vielen Stellen verstärkt um die Definition und Umsetzung von Regeln und Kontrollen kreist. Was bringt tausende Menschen dazu, in ihrer Freizeit an der Enzyklopädie zu arbeiten? Was können Unternehmen von *Wikipedia* & Co. lernen?

Fragen, die angesichts ihrer gesellschaftlichen und wirtschaftlichen Bedeutung unseres Erachtens einer Antwort bedürfen. Die drängendsten Fragen aus der Perspektive des Managements zu beantworten, ist Ziel dieses Buchs.

Wie Sie dieses Buch lesen können

Das vorliegende Buch richtet sich an alle, die sich aus gesellschaftlicher oder auch managementorientierter Sicht für das Thema interessieren, an Studierende und Wissenschaftler ebenso wie an Praktiker, an alle, die sich einfach über die Phänomene aus der neuen Welt des Internets gewundert haben.

Die Neuartigkeit, die große Motivation der Teilnehmer und der Erfolg von Web 2.0-Angeboten (oder auch ‚Social Software-Systemen') wie *Wikipedia* legen es nahe, dass auch andere traditionelle Organisationen am Erfolg partizipieren wollen, was vor allem drei Fragen aufwirft:

1. Welchen Erklärungsbeitrag leisten bestehende Organisationsansätze und welche Schlüsse muss die Organisationslehre aus den Erfahrungen ziehen?
2. Welches sind die Erfolgsfaktoren von Social Software?
3. Wie lassen sich Technologie und Erfolgsfaktoren in das Management übertragen und in Unternehmen nutzen?

Um diese Fragen beantworten zu können, gliedert sich das Buch in drei Hauptteile. Alle drei Teile lassen sich auch einzeln lesen.

A Das Social Software-Phänomen – Das Mitmach-Internet

In Abschnitt A werden zunächst die Funktionsweise und Struktur von Social Software-Systemen erörtert. Hier wird ein Überblick über verschiedene Social Software-Angebote wie Wikis, Weblogs, Podcasts, Soziale Netzwerke, Empfehlungssysteme und andere gegeben. Am Beispiel der *Wikipedia* werden Grundprinzipen, Funktionsweise, Gemeinschaft, Organisation, Nutzerstruktur etc. ausführlich dargestellt, um Möglichkeiten und Funktionsweise der Systemleistung von Social Software zu verdeutlichen.

---

[7] Vgl. Abschnitte C.2.1 und C.2.5

B Social Software und Organisationsansätze – Social Software als soziotechnische Systeme

Social Software-Systeme sind mehr als nur technische Phänomene. Technologie ist die Voraussetzung für das Funktionieren, aber erst die Gemeinschaft erbringt die jeweiligen Leistungen. Wie passen die in den Systemen anzutreffenden Organisationsprinzipien mit den in der Betriebswirtschaft anerkannten Ansätzen zusammen? In Abschnitt B werden die organisatorischen Strukturen von Social Software-Systemen systematisch den wichtigsten etablierten Organisationsansätzen gegenübergestellt. Ergänzt um aktuelle Konzepte wie ‚The Cathedral and the Bazaar' oder ‚Wisdom of Crowds' wird gezeigt, welche der bekannten Organisationsansätze helfen, die Funktionsweise von Social Software zu verstehen, oder auch inwieweit der Erfolg von Social Software klassische Organisationsansätze in Frage stellt.

C Wikimanagement – Anwendungsfelder vor Social Software im Management

Mit der hohen Systemleistung von Social Software stellt sich auch die Frage nach der Nutzbarkeit und der Übertragbarkeit in das Management. Wie können die Erfolgsrezepte im Unternehmen[8] genutzt werden? Dies ist Gegenstand der Ausführungen in Abschnitt C.

Um die Übertragung auf Unternehmen zu ermöglichen, werden zunächst anhand der untersuchten Social Software-Systeme zehn Erfolgsfaktoren herausgearbeitet. Anschließend werden diese Erfolgsfaktoren in verschiedenen Bereichen des Managements systematisch angewandt. Aufgabenfelder wie Projektmanagement, Produktentwicklung, Wissensmanagement, Geschäftsprozessmanagement, Unternehmenskommunikation u.a. werden zu diesem Zweck kurz dargestellt. Anschließend wird jeweils aufgezeigt, wie und wo die Erfolgsfaktoren angewandt werden können, um dann schließlich Möglichkeiten zur Einbindung der Social Software-Technologie darzustellen.

Wie Sie dieses Buch weiterentwickeln können

Ergänzt und weiterentwickelt wird das vorliegende Buch durch – wie sollte es anders sein – ein Wiki, das Sie unter www.wikimanagement.de aufrufen und bearbeiten können. Hier wird allen Interessierten die Möglichkeit geboten, selbst an der Erarbeitung von Anwendungsfeldern in Unternehmen mitzuwirken, wie beispielsweise im hier nicht betrachteten Bereich der Marktforschung: Wie können die Erfolgsfaktoren der *Wikipedia* genutzt werden? Welche Technologien können eingesetzt werden? Welche Beispiele kennen Sie bereits? Welche Erfahrungen haben Sie gemacht? Welche neuen Ideen haben Sie?

---

[8] Die Aussagen dieses Buches beziehen sich dabei nicht nur auf Unternehmen i.e.S., sondern haben ebenso ihre Gültigkeit für andere zielgerichtete Organisationen, beispielsweise Non-Profit-Organisationen, Öffentlicher Sektor etc.

A Das Social Software-Phänomen – Das Mitmach-Internet

„Wenn Sie diesen Text lesen und er Ihnen nicht gefällt – ja, dann schreiben Sie doch einfach selbst einen. Aber rechnen Sie damit, dass er immer wieder umgeschrieben, verbessert, gekürzt und womöglich gelöscht wird, falls er nicht auf breite Zustimmung stößt. Dieses Prinzip ist total modern und heißt ‚Wikisophie'".

Titus Arnu, „Bürger Jounalist",
in: Süddeutsche Zeitung vom 10. Dezember 2004, S. 35

A.1 Social Software-Systeme und Web 2.0

Die Verbreitung und der Umgang mit Wissen haben sich in den letzten Jahrhunderten enorm gewandelt. Die Entwicklung der Schrift war der entscheidende Schritt, um Wissen über Personen, Zeit und Raum zu speichern und zu transportieren. Als im Mittelalter von einer kleinen Elite bestimmt wurde, welches Wissen übermittelt wird, war die handschriftliche Wissensspeicherung auf wenige Personen begrenzt, fehleranfällig und vor allem die Vervielfältigung sehr kostenintensiv. Die Erfindung des Buchdrucks mit beweglichen Lettern durch Gutenberg führte zu einer regelrechten Revolution und zu einer neuen Form der Verbreitung des Wissens, des Wissensaustausches und der Wissensentwicklung. Die Kosten der Vervielfältigung fielen und Kopierfehler reduzierten sich. Damit war ein wichtiger Grundpfeiler für die Entstehung der heutigen Wissensgesellschaft gelegt.[1]

Im Laufe der Zeit verbreiteten Wissenschaftler, Autoren, Journalisten und Verleger eine neue Vielfalt an relevanten und irrelevanten Informationen, wobei der Zugang zur Gestaltung der Massenmedien de facto auf eben diese überschaubare Gruppe begrenzt war. Journalisten, Autoren und Wissenschaftler konnten ihre Informationen und ihre Sicht auf die Dinge publizieren. Doch für andere Gruppen waren die Zugangsbarrieren nach wie vor sehr hoch, so dass ihre Ansichten und ihr Wertschöpfungspotenzial verborgen blieben.

---

[1] Vgl. McLuhan (Gutenberg Galaxy, 1962)

Mit den neuen Social Software-Systemen und den durch die Nutzer generierten Inhalten im Web 2.0 steht die Gutenberg'sche Druckerpresse im übertragenen Sinne nun allen kostengünstig und einfach zur Verfügung. Was dies tatsächlich bedeutet, lässt sich noch nicht erahnen. Bereits heute aber lässt sich erkennen, dass mit der neuen Medienwelt auch viele andere Einflussfelder den Alltag von Privatleuten und Unternehmen verändern. Dies wird in vielen Beispielen deutlich.

In der Berichterstattung rund um die erfolgreichen und oft auch kritisch betrachteten Geschichten im offener gewordenen World Wide Web vermischt sich noch vieles. Klare Definitionen und Abgrenzungen von Grundbegriffen wie Web 2.0 und Social Software werden noch diskutiert.

Einzelne Autoren unterscheiden zwischen Web 2.0 und Social Software;[2] insgesamt ist es aber schwer, eine durchgängige, allgemein gebräuchliche Unterscheidung zwischen den Begriffen festzustellen, so dass in diesem Text auf eine Differenzierung zwischen den beiden Begriffen verzichtet wird.

Der Begriff Web 2.0 wurde von Tim O'Reilly und Dale Dougherty geprägt. Im Wesentlichen basiert nach O'Reilly das populär gewordene Schlagwort auf wenigen Prinzipien und Kernkompetenzen, die sich unter anderem durch Gegenüberstellung von herkömmlichen und neuen Web-Applikationen ergeben. So stand beispielsweise im klassischen Web 1.0 die von Experten erstellte und von Nutzern nur gegen Entgelt nutzbare *Encyclopaedia Britannica* als Nachschlagewerk zur Verfügung, im Web 2.0 ist es die kostenlose, freie, von Nutzern erstellte *Wikipedia*. Private Websites sind zunehmend durch Blogs ersetzt worden, die den Nutzern die Gelegenheit zur Vernetzung geben und Lesern die Möglichkeit zu Kommentaren. Zentrale Punkte sind die Nutzung von zentralen Webplattformen statt standardisierter Paketsoftware, das Vertrauen in Anwender als Mitentwickler und die Nutzung von Netzwerkeffekten und kollektiver Intelligenz sowie die Erreichung neuer Geschäftsmodelle. Inhalte sind im Web 2.0 wichtiger als das Design. Die nachfolgende Mindmap zeigt die seinerzeit erarbeiteten Grundsätze des Web 2.0.[3]

---

[2] Vgl. beispielsweise Przepiorka (Dritte Dimension, 2006), S. 13 sowie Hippner (Social Software, 2006), S. 6

[3] Vgl. O'Reilly (What is Web 2.0, 2005)

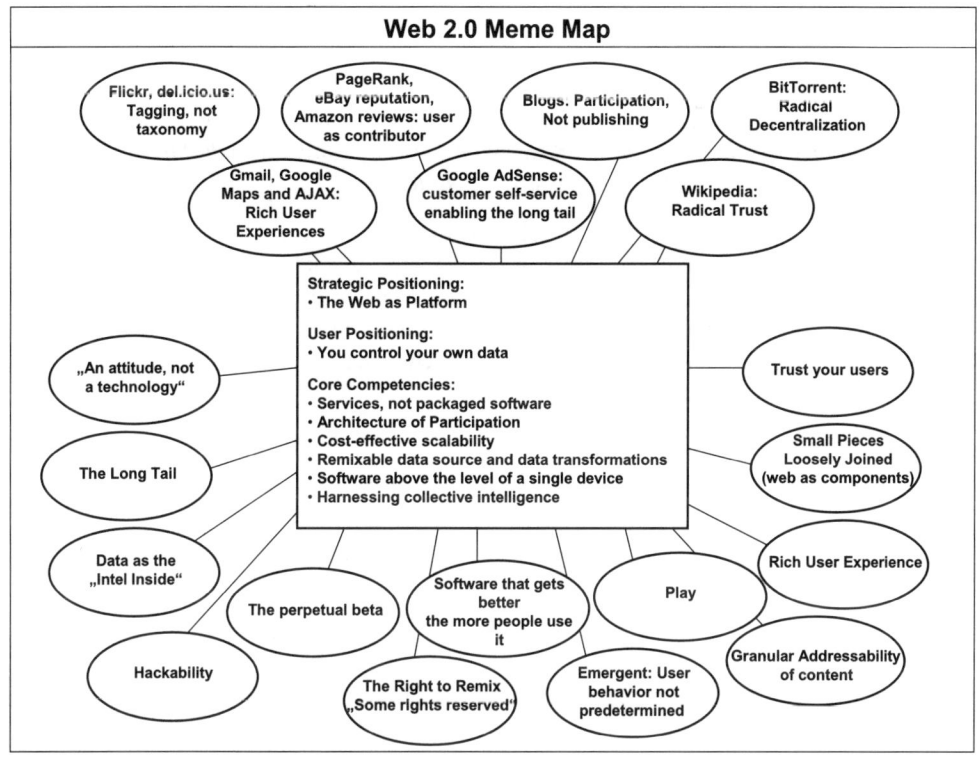

Abbildung 1: O-Reillys Web 2.0 Mindmap[4]

Der Begriff Web 2.0 umspannt demnach nicht nur das Web als offene Plattform, sondern auch alle Nutzungspotenziale, die sich als Chancen und Risiken aus der Einbeziehung der Nutzer, ihrer Beiträge, Erfahrungen und Ideen, häufig auch als ‚User Generated Content' bezeichnet, ergeben.

Entscheidendes Kennzeichen von Social Software-Systemen ist die hohe Relevanz des Beitrags der Nutzer. *„Eine Untersuchung der Gemeinsamkeiten zeigt, dass der Begriff ‚Social Software' irreführend ist. Zwar basieren alle Anwendungen auf der Nutzung moderner Informationssysteme, die natürlich auch Software umfassen. Diese machen aber nur einen Teilaspekt der komplexen Systeme aus. Social Software-Systeme sind vielmehr umfassende sozio-technische Systeme, die auf Basis technischer und sozialer Vernetzung durch einfach zu bedienende Informationssysteme gemeinsam in einem bestimmten Themenfeld Leistungen generieren. Der Wert der dabei genutzten Software selbst dürfte dabei im Gegensatz zu vielen anderen Softwaresystemen eher gering sein. Stellt die eigentliche Software bei Software-Applikationen [von beispielsweise...] Microsoft, SAP, Oracle oder auch [bei] Linux einen*

---

[4] Entnommen aus O'Reilly (What is Web 2.0, 2005)

erheblichen Wert dar, auf dessen Schöpfung die jeweiligen Organisationen ausgerichtet sind, so liegt bei Social Software-Systemen der eigentliche Wertbeitrag weniger in der Software-Applikation – Wikipedia ist beispielsweise problemlos denkbar auf Basis einer anderen Wiki-Engine als der genutzten MediaWiki-Software. Derartige Wiki-Engines sind in einer großen Vielzahl verfügbar. Der geschaffene Wert liegt vor allem in den durch das System geschaffenen, gesammelten und kategorisierten Inhalten."[5]

Nachfolgend werden die wichtigsten Social Software-Systeme vorgestellt. Es ist kennzeichnend für Social Software-Systeme, dass sie sich laufend verändern, weiterentwickeln, sich oftmals gegenseitig beeinflussen oder vermischt werden. Die Darstellung kann also keinen Anspruch auf Vollständigkeit oder dauerhafte Aktualität erheben. Vielmehr handelt es sich um einen – teils subjektiven – Schnappschuss der wichtigsten derzeitigen Angebote.

---

[5] Komus (Social Software, 2006), S. 36

A.2 Die Vielfalt des Web 2.0

A.2.1 Wikis – Schnell, schnell aufschreiben, austauschen und finden

Mit der Entwicklung der Wikis durch Ward Cunningham im Jahr 1995 wurde die Grundidee des World Wide Web (WWW), Webseiten bearbeiten zu können, realisiert: Eines der Ziele war es, die Forschungsarbeit besser koordinieren und Informationen austauschen zu können, wovon das WWW sich in den 90er Jahren aber durch die zunehmende Kommerzialisierung entfernte.[14] In ihrer Anfangszeit mussten die Wikis ähnlichen Vorbehalten gegenüberstehen wie die ersten Open Source-Projekte, die Ende der 80er Jahre online gingen. Auch dort war die Skepsis gegenüber freien Softwareprodukten wie *Linux* groß: Wie konnte man dem freigegebenen Quelltext trauen, der auch von hobbymäßigen Programmierern weiterentwickelt wurde? Wie konnte sichergestellt werden, dass keine Lücken auftauchen oder Vandalen ihr Unwesen treiben? Es zeigte sich jedoch, dass die zunächst als Schwachstelle vermutete Offenheit des Quellcodes eine Stärke war, da böswilligen Hackern eine Vielzahl an aufmerksamen und motivierten Anhängern der Open Source-Community gegenüberstanden. Heute sind die Open Source-Produkte durchaus anerkannt und verbreiten sich zunehmend. Aus diesem Erfolg der gemeinschaftlichen Softwareproduktion ist die Idee zur gemeinschaftlichen Produktion von Wissensdatenbanken wieder aufgegriffen worden.[15]

Das Werkzeug für die Umsetzung der Idee und Vision der *Wikipedia* sind Wikis. Der Name stammt vom hawaiischen Wiki Wiki ab, was soviel wie schnell bedeutet. Denn der Austausch der Informationen soll schnell ablaufen können.[16] Wikis haben sich in den letzten Jahren als Social Software im Web zunehmend etabliert.[17] Sie werden auch als neue Form von Content Management Systemen (CMS)[18] angesehen, mit deren Hilfe Inhalte publiziert werden können. Nicht nur die Software-Systeme zur Erstellung der Inhalte, sondern auch die Ergebnisse der Zusammenarbeit mit Wiki-Software-Systemen werden als Wikis bezeichnet. Derartige Wikis sind offene Sammlungen von Webseiten, die für gewöhnlich von jedem Besucher der Webseite online über ein einfaches Formular bearbeitet werden können. Die einzelnen Seiten des Wikis werden dabei in der Regel automatisch miteinander verlinkt.[19] Seit ihrer Erfindung haben Wiki-Software-Systeme verschiedene Entwicklungsstufen durch-

---

[14] Vgl. Lange (Wiki, 2005), S. 13

[15] Vgl. Gallenbacher (Wiki, 2005), S. 17 f.

[16] Vgl. Möller (Medienrevolution, 2006), S. 170

[17] Vgl. Przepiorka (Dritte Dimension, 2006), S. 19

[18] Content Management Systeme (CMS) ermöglichen die Verwaltung von Inhalten v.a. für das Intranet und das Internet. Vgl. Lehner (Wissensmanagement, 2006), S. 233; vgl. auch Gallenbacher (Wiki, 2005), S. 24 ff.

[19] Vgl. Przepiorka (Dritte Dimension, 2006), S. 19

laufen, die meist in Open Source-Projekten immer wieder überarbeitet und verbessert wurden.

Alle Wikis zeichnen sich dadurch aus, dass sie ihren Nutzern die Möglichkeit bieten, Web-Inhalte ohne Programmierkenntnisse bearbeiten zu können, ohne dass zusätzliche Programme auf dem eigenen Computer notwendig sind. Damit werden die Internetnutzer, die im herkömmlichen Web noch lediglich Leser waren, nun zu Redakteuren.[20]

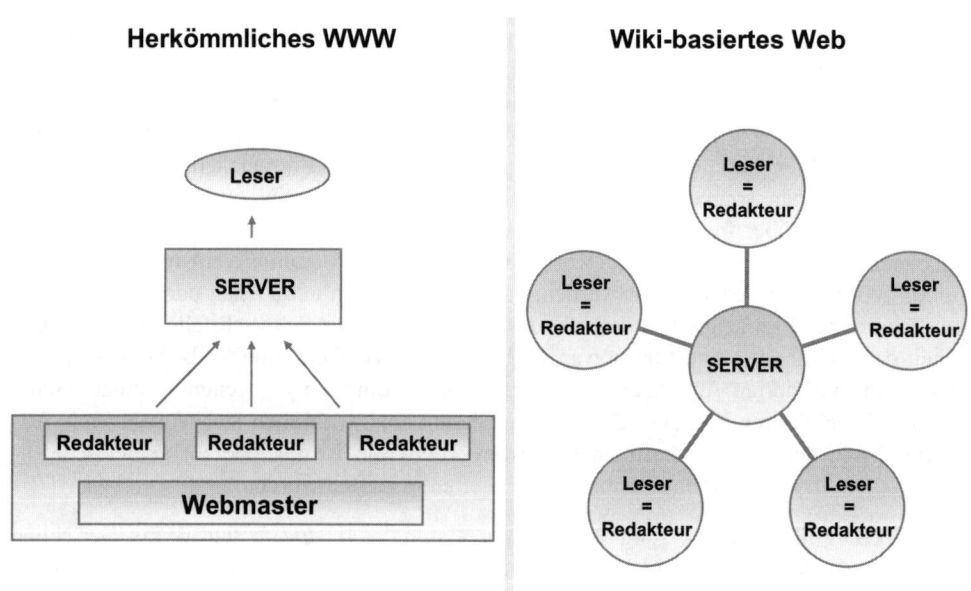

Abbildung 2: Internetnutzer werden von Lesern zu Redakteuren[21]

Das wohl bekannteste Wiki-Projekt ist die von Larry Sanger und Jimmy Wales initiierte Online-Enzyklopädie *Wikipedia*. Darüber hinaus wurden in den letzten Jahren viele weitere Wikis mit Inhalten zu den unterschiedlichsten Themen gefüllt. Mit dem JuraWiki wurde für Juristen und juristisch interessierte eine Kommunikations- und Kooperationsplattform geschaffen,[22] im Wikitravel können alle Informationen zu Reisen und Zielgebieten aufgeschrieben, aktualisiert und abgerufen werden,[23] das Harry Potter Wiki bietet allen Fans des berühmten Jungzauberers eine umfassende Informations- und Austauschplattform.[24] Wikis

---

[20] Vgl. Streiff (Wiki, 2004), S. 4 f.

[21] In Anlehnung an Streiff (Wiki, 2004), S. 4

[22] Vgl. http://www.jurawiki.de/

[23] Vgl. http://wikitravel.org/de/Hauptseite

[24] Vgl. http://www.harrypotterwiki.de/index.php/Hauptseite

können für die Abwicklung kleinerer Projekte ebenso eingesetzt werden wie an Universitäten, wo das Wiki als Schwarzes Brett ebenso genutzt werden kann wie für die Unterstützung beim Lernen und Lehren.[25]

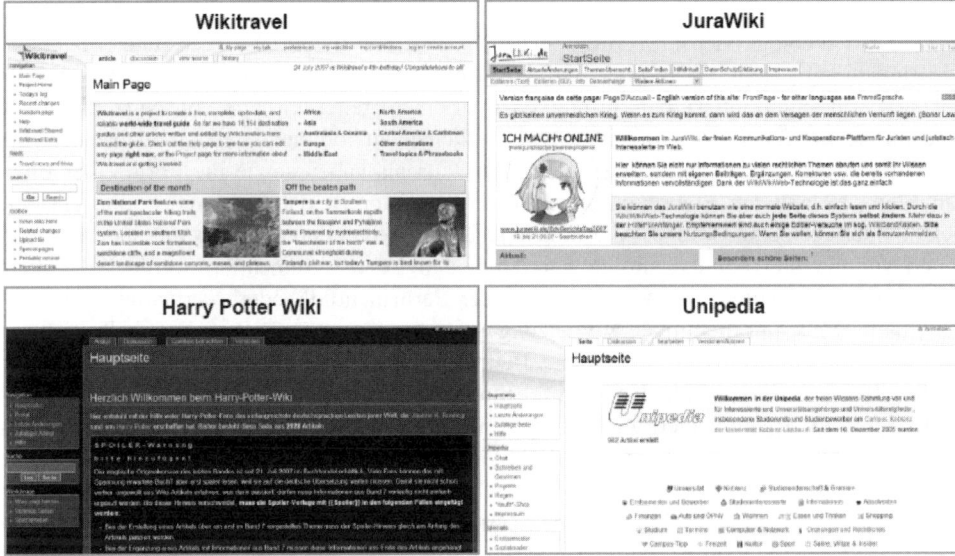

Abbildung 3: Die Vielfalt von Wikis

Die vielfältigen Wikis leben davon, dass einige der interessierten Leser sich als Redakteure betätigen, zum Beispiel indem sie tatsächlich Inhalte erstellen, ergänzen oder verbessern, formale Korrekturen vornehmen oder Qualitätssicherung betreiben. Was die Arbeit mit Wikis ausmacht, wird im Rahmen der *Wikipedia*-Story (s. Abschnitt A.3) ausführlicher beschrieben.

A.2.2 Weblogs, Foto-Alben und Mashups – Mehr als Tagebücher

Als am 11. September 2001 vier Flugzeuge entführt und als Waffen missbraucht wurden, war die Welt nicht nur im technischen Sinne sprachlos. Technisch, weil die Kommunikationsnetze überlastet zusammenbrachen; im weiteren Sinne, weil die Menschen mit der Verarbeitung des Unvorstellbaren an ihre Grenzen kamen. Mit der Darstellung der eigenen Erfahrungen und Emotionen fand zugleich die Geburt des Weblogs als weitverbreitetes Medium statt. Wurden Weblogs zuvor nur von einer kleinen Gruppe besonders internet-affiner Nutzer genutzt, so fand das neue Medium ab September 2001 nun Zuspruch durch eine deutlich größere Zahl von Menschen, die so ihre ganz persönlichen Tagebücher für die Öffentlichkeit zugänglich ins Web einstellten. Der 11. September wird daher auch als Geburtsstunde des

---

[25] Vgl. http://unipedia.uni-koblenz.de/index.php?title=Hauptseite

Weblogs bezeichnet.[26] Im deutschsprachigen Raum spielte zudem die Tsunami-Katastrophe eine Schlüsselrolle. Hier wurde an vielen Stellen Anfang des Jahres 2005 erkannt, welche Vorteile der ‚Grasswurzel-Journalismus' durch Weblogs im Vergleich zu der Informations-versorgung durch klassische Medien wie das Fernsehen ermöglicht.[27]

Der Begriff Weblog, oder kurz ‚Blog', ergibt sich als Kunstwort aus ‚Web' und ‚Logbook'. Die einfach aufgebauten Webseiten, auf denen Inhalte jeglicher Art in chronologisch abstei-gender Form angezeigt werden, ermöglichen es einer breiten Gruppe von Nutzern, eigene Erlebnisse zu erzählen, Meinungen zu veröffentlichen, zu kommentieren, zu beobachten. Ein Weblog kann die Form eines Tagebuchs oder Journals haben sowie die Form einer Link-sammlung zu anderen Webseiten annehmen. Der Autor ist dabei entweder eine einzelne Person oder auch eine Gruppe. Alle Inhalte sind in der Regel durch Links mit anderen Web-seiten verlinkt und können unmittelbar durch den Leser kommentiert werden.[28] Weitere wichtige Eigenschaften von Weblogs sind der Permanentlink oder ‚Permalink', also ein dauerhafter Link, der die direkte Vernetzung auf einen einzelnen Beitrag innerhalb Weblogs ermöglicht. Zur Information über neue Beiträge werden so genannte ‚Feeds' angeboten. Diese erlauben es Lesern mit Hilfe von ‚Feedreadern' wie *Feedburner* (*www.feedburner.com*) über neue Beiträge informiert zu werden. Einzelne Weblogs unterstützen außerdem so ge-nannte Trackbacks, diese zeigen die Verlinkungen auf den jeweiligen Blog und geben so Aufschluss darüber, welche anderen Blogs sich mit dem jeweiligen Blog auseinandersetzten bzw. auf ihn verweisen. Weblogs können entweder auf eigenen Webservern installiert wer-den (beispielsweise *Wordpress*) oder auch auf speziellen Blog-Plattformen wie *blogger.de* oder *twoday.net* eingerichtet werden.[29]

Die ersten Blogs existieren bereits seit den ersten Tagen des WWW.[30] Eine weite Verbrei-tung erlangten sie jedoch erst ab Ende der 90er Jahre, als es durch Services wie *Xanga.com, LiveJournal.com* oder auch *blogger.com* für jedermann einfach wurde, Blogs einzurichten. Ihre Zahl wuchs von 100 in 1997 auf über 70 Mio. im März 2007.[31] Blogs gibt es mittlerwei-le in den unterschiedlichsten Ausprägungen – als Themenplattformen, für journalistische Publikationen, zum Zwecke der internen oder externen Unternehmenskommunikation, als private Tagebücher oder auch als Tools im Projekt- und Wissensmanagement.[32] Das Wissen-schaftsmagazin *nature* stellt einen Peer-to-Peer-Blog all jenen zur Verfügung, die als Gleichberechtigte unter Gleichen Beiträge kritisch hinterfragen und prüfen.[33]

Spreeblick.com, einer der bekanntesten und beliebtesten deutschen Blogs, bietet Platz für allerlei Kommentare. So erreichte ein Eintrag über den erfolgreichen und reibungslosen

---

[26] Vgl. Andrews (9/11, 2006)

[27] Vgl. beispielsweise Staun (www.tsunami.net, 2005)

[28] Vgl. Przepiorka (Dritte Dimension, 2006), S. 14

[29] Vgl. Wikipedia (Weblog, 2007)

[30] Vgl. dazu ausführlich http://www.rebeccablood.net/essays/weblog_history.html, abgerufen am 05.11.2007

[31] Vgl. http://technorati.com/weblog/2007/04/328.html, abgerufen am 05.11.2007

[32] Vgl. Picot/Fischer (Mediale Realitäten, 2006), S. 3 f.

[33] Vgl. http://blogs.nature.com/peer-to-peer

Wechsel von einem Telefonanbieter zum nächsten innerhalb weniger Tage über 50 Kommentare.[34] Aktuelle nationale und internationale politische Themen werden ebenso diskutiert wie die Tücken und Weisheiten des Alltags, Popevents und alltagsphilosophische Fragestellungen.[35] Webseiten wie *deutscheblogcharts.de* helfen interessierten Bloggern bei der Navigation durch die unzähligen Angebote an Blogs.

In Ländern, in denen die freie Meinungsäußerung behindert wird, stellen Blogs ein wichtiges Medium dar, um den Stimmen jenseits der staatlichen Medien eine Plattform zu geben. So nutzen in China eine Vielzahl von Bloggern das Internet, um ihre individuelle Meinung trotz eines Systems von geschätzten 50.000 ,Internet-Polizisten', die das Web permanent nach systemkritischen Inhalten durchsuchen, darzustellen.[36]

Grundsätzlich können die unterschiedlichen Blogs in drei Typen kategorisiert werden.[37] Bei den **persönlichen Blogs** handelt es sich um die klassischen Online-Tagebücher mit meist rein privaten Texten. Ein Beispiel für einen solchen Blogs ist der *taxiblog* (*taxiblog.de*) eines Paderborner Taxifahrers, der seit Jahren über seine Erlebnisse und Eindrücke aus der Nachtschicht berichtet. Zu den persönlichen Blogs gehören aber auch soziale, kulturelle und politische Blogs, sofern sie aus reinem Interesse des Autors an dem Thema geschrieben werden.

Professionelle oder auch **Business Blogs** dienen der Know-how Übermittlung zu einem Thema, wobei es sich um Produkte, Technologien, Dienstleistungen oder auch gesellschaftlich relevante Themen handeln kann. Hierunter fallen beispielsweise auch solche kulturellen oder politischen Blogs, die aus einer beruflichen Intention heraus verfasst werden. Eine wichtige Gruppe innerhalb dieser Kategorie sind die so genannten Corporate, CEO- oder auch Executive-Blogs. So bloggen beispielsweise unter http://fastlane.gmblogs.com/ Top-Manager von *General Motors*, unter http://blogs.sun.com/jonathan/ stellt Jonathan Schwarz, CEO von *Sun*, seine Gedanken zu aktuellen Themen dar. Auch in den Corporate und Executive-Blogs lassen sich die typischen Merkmale des persönlichen Schreibstils und der persönlichen Perspektive in der Darstellung ausmachen. Derartige Blogs stehen somit an vielen Stellen im Kontrast zu den sonst doch oft betont sachlichen Unternehmensdarstellungen.

Community-Blogs bilden die dritte Gruppe der Blogs. Sie definieren sich über ihre Zielgruppen und bieten Informationen zum zugehörigen Thema. Verbreitet sind beispielsweise Blogs von Software-Entwicklern. In diese Kategorie fallen auch Blogs, die von Gegnern eines bestimmten Themas, wie beispielsweise *ihatedell.net*, der Blog der *Dell*-Gegner, geschrieben werden. In Deutschland findet *www.bildblog.de* als Watchblog für die Bildzeitung hohe Aufmerksamkeit.

In Deutschland bloggten im Herbst 2007 rund 2,1 Mio. mehr oder weniger aktive Internutzer, von denen 1,6 Mio. in fremden Blogs Beiträge leisteten, 880.000 schrieben gelegentlich

---

[34] Vgl. http://www.spreeblick.com/2007/09/28/ein-hochst-ungewohnlicher-blog-eintrag/#comments, abgerufen am 05.10.2007

[35] Vgl. http://www.spreeblick.com

[36] Vgl. Blume (Kulturrevolutionäre, 2006)

[37] Vgl. Szugat et al. (Social Software, 2006)

in ihren eigenen Blogs und 340.000 machten dies regelmäßig.[38] Im weltweiten vergleich ist Deutschland damit jedoch nach wie vor ein Entwicklungsland, auch wenn die Zahl der Blogger in den letzten Jahren kontinuierlich gestiegen ist.[39] *Technorati* (*www.technorati.com*), Suchmaschine mit besonderem Schwerpunkt im Bereich der weltweiten Weblogs, berücksichtigt bei seinen Suchauskünften im November 2007 nach eigenen Angaben 111,5 Mio. Weblogs. Jeden Tag werden 175.000 neue Blogs registriert und täglich werden 1,6 Mio. neue Weblog-Einträge erfasst.[40] Bei einer Erhebung der so genannten ‚Blogosphere' durch *Technorati* im März 2007 wurden über 70 Mio. Blogs verfolgt, weniger als 1 Prozent davon deutschsprachig. Hingegen stellen die japanischen Blogs mit 37 Prozent die meisten Blogs. Gefolgt von englischsprachigen (36 Prozent) und chinesischen (8 Prozent). Der Anteil von italienischen und spanischsprachigen Blogs mit jeweils 3 Prozent und portugiesischen Blogs mit immerhin 2 Prozent verdeutlich die höhere Begeisterung für Blogs in anderen Nationen.[41]

Nach der Möglichkeit der Veröffentlichung von Texten aus den verschiedensten Kontexten heraus, lag auch die Veröffentlichung von Bildern schnell nahe. Seit im Jahr 2002 die Firma *Ludicorp* die *flickr*-Website als Nebenprodukt zu einem Computerspiel ins Netz stellte, begann die Zusammenstellung des größten Fotoalbums der Welt, wobei sich schnell zeigte, dass *flickr* wesentlich erfolgreicher war, als das Hauptprodukt.[42] Das Hochladen von Fotos erfolgt entweder über die *flickr.com*-Webseite oder über Tools, die auf *flickr.com* kostenlos angeboten werden. Die Fotos können dann in Alben sortiert und mit Tags versehen veröffentlicht werden. Es gibt die Möglichkeit, Freunde und Bekannte auf den Fotos zu kennzeichnen und über deren Aktivitäten per E-Mail informiert zu werden. Bilder und ihre Beschreibungen können kommentiert und bewertet werden. Durch zusätzliche Geoinformationen können Internettechnologien zu so genannten **Mashups** vermischt werden. So können die *flickr*-User die eingestellten Fotos mit Hilfe einer Landkarte direkt der entsprechenden Region zuordnen.

---

[38] Vgl. http://www.heise.de/newsticker/meldung/97292, Newsticker vom 12.10.2007, abgerufen am 03.11.2007

[39] Vgl. dazu http://www.blogherald.com/2005/10/10/the-blog-herald-blog-count-october-2005/, abgerufen am 03.11.2007

[40] Vgl. Technorati (Welcome, 2007)

[41] Vgl. Sifry (State Live Web, 2007)

[42] Vgl. Alby (Web 2.0, 2007), S. 92

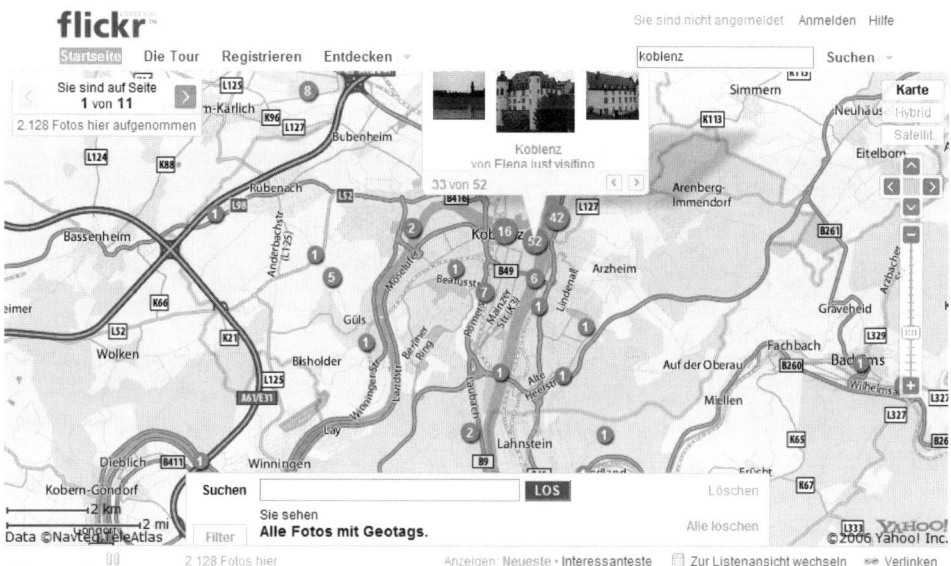

Abbildung 4: Verknüpfung von Fotos mit Regionen bei flickr[43]

Mashups gibt es mittlerweile in den verschiedensten Formen. So können auf der Seite *www.twitter.com* Nutzer Nachrichten von maximal 140 Zeichen eingeben. Die so entstehenden SMS-artigen Einträge werden auch als Micro-Blogs bezeichnet. Wie auch bei *flickr* vorgestellt wurde, gibt es bei *Twitter* sowie bei vielen anderen Social Software-Anwendungen wie *plazes.com* die Möglichkeit, Statements zu den unterschiedlichsten Themen dem eigenen Standort auf der Welt zuzuordnen. Damit ist denkbar, dass eine Frankfurterin, die zu Besuch in New York ist, über *twitter.com* nach dem besten Kaffee „um die Ecke" fragt.

---

[43] Vgl. http://www.flickr.com/maps (für die Stadt Koblenz), abgerufen 14.11.2007

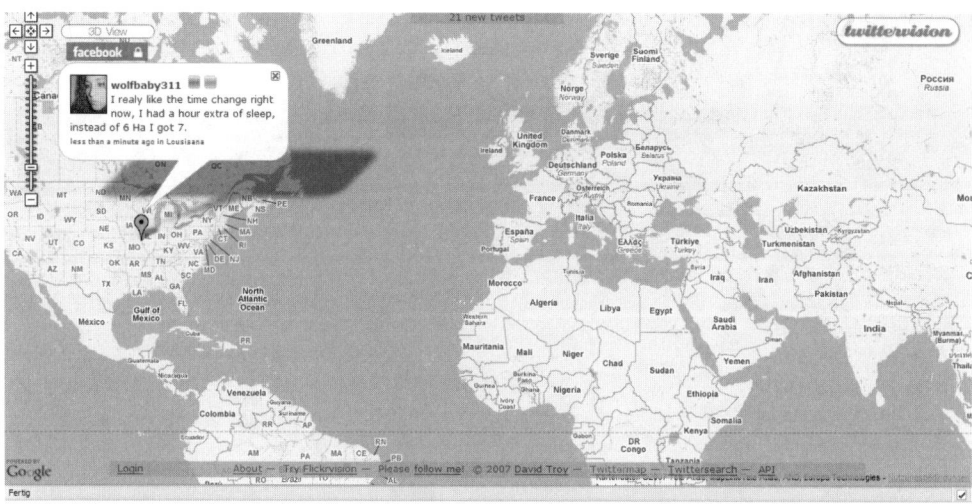

Abbildung 5: Wo ist der Blogger? – Twittervision zeigt den Standort[44]

Ein in vielerlei Hinsicht bemerkenswertes Beispiel für die Möglichkeiten der Verknüpfung von Inhalten mit Geoinformationen findet sich in Kalifornien. Die *Los Angeles Times* nutzt ein Mashup, um Zeitpunkt und weitere Informationen zu Tötungsdelikten ortsbezogen darzustellen. Eine statistische Auswertung informiert parallel dazu über das Alter, Geschlecht und die Herkunft der Opfer (vgl. Abbildung 6).

Unabhängig von den ethischen Fragen bei Anwendungen wie dem Mashup der *Los Angeles Times* zeigen die Beispiele, welche Entwicklungsmöglichkeiten noch in den bisher genutzten Technologien stecken, wenn Inhalte mit Ortsangaben verbunden werden und so das Leben der Menschen immer transparenter wird.

---

[44] Vgl. http://twittervision.com/, abgerufen am 03.11.2007

Abbildung 6: Homicide Mashup der Los Angeles Times[45]

A.2.3 Podcasting – Von den Möglichkeiten, sein eigener Programmchef zu sein

„Hier ist Berlin, Voxhaus." Mit diesen Worten wurde am 28. Oktober 1923 die erste Rund-funksendung in Deutschland eröffnet. Der Wunsch, die Vision, Nachrichten aus der Ferne zu verbreiten und Distanzen mit der Stimme zu überwinden, die auf natürlichem Wege nicht erreichbar sind, war Ende des 19. Jahrhunderts mit der Entdeckung der elektromagnetischen Wellen durch Heinrich Hertz möglich geworden. Seit den 20er Jahren wurden Rundfunksta-tionen zu Unterhaltungszwecken zunächst in den USA und Holland gegründet. Plötzlich gab es Musik und Informationen vom Sender direkt ins Wohnzimmer, wobei im Jahre 1923 nur sehr wenige die ersten Stunden des Rundfunks verfolgen konnten.[46]

Eine weite Verbreitung fand der Rundfunk mit der zunehmenden Zahl an Angeboten, vor allem aber mit neuen Technologien, moderneren Radiogeräten und dem Einzug der Steckdo-sen in die Wohnzimmer. Als besonders schnelles Übertragungsmedium für Nachrichten und Reportagen, als Medium der größten Reichweite ist das Radio mit seiner uneingeschränkten

---

Verfügbarkeit bis heute von immenser Bedeutung.[47] Das Angebot hat eine unglaubliche Vielfalt erreicht – und doch konnte noch immer nicht jeder genau dann das hören, was er gerade wollte. Hörspiele, die spätabends oder tagsüber gesendet werden, wenn man wegen der Arbeit nicht zuhören kann; Reportagen zu speziellen Themen, Musik bestimmter Komponisten sind zwar prinzipiell verfügbar, aber passen oft nicht in den individuellen Zeitplan des Hörers.

Abhilfe für dieses Dilemma des bisher nicht individualisierbaren Radios schaffen Podcasts. Dabei handelt es sich um eine Art Radiosendung bzw. eine Serie von Sendungen, die in den meisten Fällen kostenlos im Internet veröffentlicht wird/werden. Audio- und Video-Dateien zu den unterschiedlichsten Themen werden sowohl von kommerziellen Anbietern und Rundfunk- bzw. Fernsehanstalten zum Download angeboten, als auch von Privatpersonen, die die Möglichkeit nutzen, ihre Inhalte auf verschiedenen Plattformen zu platzieren und zu kommunizieren. Interessierte können durch die Nutzung von Podcasts selbst bestimmen, wann sie etwas sehen bzw. hören wollen – sie werden zu ihren eigenen Programmchefs.

Der Begriff *Podcast* an sich beschreibt meistens eine Audio-Datei, während Video-Podcasts das visuelle Pendant hierzu darstellen. Podcasting (ein Begriff zusammengesetzt aus *Apples* beliebtem mp3-Player iPod und dem englischen Begriff „Broadcasting", was so viel bedeutet wie „Rundfunk" oder „Sendung") wiederum beschreibt das Produzieren und Anbieten von Podcasts.[48]

Bereits im Jahr 2000 konnte man im Internet Audiodateien anhören und herunterladen, damals noch als „Audioblogging" bekannt. Seit dem Jahr 2004 hat sich diese Möglichkeit unter dem Namen Podcasting zusehends verbreitet. Als im Jahr 2005 die Firma *Apple* auf den Zug der Podcasts aufsprang, war der Erfolg dieses Konzepts gesichert. Auch wenn *Apple* nicht als Erfinder des Podcasts gilt, so hat das Unternehmen doch immens durch die kostenlose Software *iTunes* und den *iTunes Music Store* zur Popularität des Podcasting beigetragen.[49] Die *iTunes* Software ist nicht nur für Besitzer eines *iPod* attraktiv, sondern auch für andere User, denn mit diesem Programm kann man nicht nur Musik hören und diese beliebig ordnen, sortieren, gruppieren, CDs auf die Festplatte überspielen und Musik-CDs oder DVDs brennen und für diese Cover ausdrucken, sondern es ist auch möglich, Podcasts kostenlos zu abonnieren und zu verwalten. Auch bei Video-Podcasts hat *Apple* durch die Einführung des *Video-iPod* eine entscheidende Rolle für die Popularität gespielt. Für beide Formate kann man automatisch über einen Newsfeed zu einem bestimmten Podcast in regelmäßigen Abständen neue Episoden beziehen.

Einen großen Beitrag zur wachsenden Popularität des Podcasting hat vor allem die Weiterentwicklung der Technik gespielt. Während Audio-Dateien vor zehn Jahren noch viel Speicherkapazität verbrauchten, die PCs weniger Speicherkapazität hatten und die verfügbaren Übertragungsbandbreiten gering waren, bieten heute das mp3-Format, verbesserte Technologien bei Computern, eine angepasste Grundausstattung an Software, schnelle Internetverbin-

---

[47] Vgl. Eimeren/Frees (Online-Studie, 2007), S. 372

[48] Vgl. Alby (Web 2.0, 2007), S. 73

[49] Vgl. Alby (Web 2.0, 2007), S. 74

dungen und niedrige Preise für benötigte Hardware neue Möglichkeiten.[50] Ein Podcast kann heute ganz leicht zu Hause mit einem Computer, einer Soundkarte und einem Mikrofon (oder jedem anderen beliebigen Aufnahmegerät) erstellt werden. Hierfür gibt es auch verschiedene Software-Programme, die das Verfahren vereinfachen sollen, zum Beispiel *RecordForAll* oder *ReplayRadio*.[51] Die Datei wird in einem Platz sparenden Format aufgenommen (bei Audio-Dateien meist mp3, bei Videodateien meist mpeg) oder in ein solches verwandelt. Die Datei wird auf einem Server im Internet bereitgestellt. Dadurch kann dann jeder beliebige User die Datei entweder direkt von der Webseite oder dem Blog, wo die Datei vermerkt ist, auf seinen PC bzw. direkt auf seinen mp3-Player herunterladen oder ganz einfach mittels eines so genannten Newsfeeds wie RSS (Really Simple Syndication) über ein Abonnement beziehen.

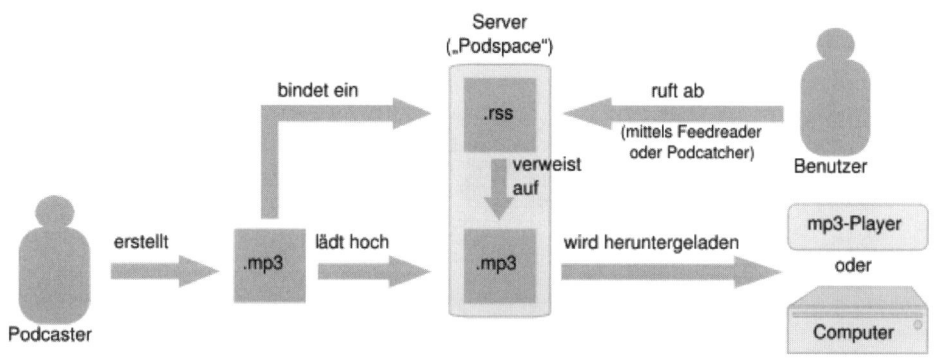

Abbildung 7: Schematische Darstellung eines Audio-Podcasts[52]

Die Inhalte von Podcasts sind so unterschiedlich wie ihre Ersteller, jedoch handelt es sich oft um Nachrichten- und Musiksendungen (wie zum Beispiel von Radio- oder Fernsehsendern), Special-Interest-Angebote (kommerziell erstellte Podcasts) sowie private Sendungen zu verschiedenen Themen. Mittlerweile gibt es auch Podcast-Charts, Dauerbrenner hier sind zum Beispiel „BBC Today" oder auch die Show des MTV-Moderators Adam Curry „Daily Source Code"[53], die als Mutter aller Podcasts gilt und bereits seit dem Jahr 2000 im Internet zu finden ist.

Auch in Deutschland werden die Podcasts bewertet und gerankt. Beispiele finden sich bei *rbb online (Radio Berlin Brandenburg)*[54] oder auch *Top-10-Charts.com*[55]. Dabei fallen in das

---

[50] Vgl. Alby (Web 2.0, 2007), S. 75 f.

[51] Vgl. www.podcasting-tools.com, abgerufen am 14.08.2007

[52] Quelle: http://de.wikipedia.org/wiki/Podcast, abgerufen am 14.08.2007

[53] Vgl. www.podcastingnews.com, abgerufen am 14.08.2007

[54] Vgl. http://spreeblick.com/trackback/podcastcharts/, abgerufen am 03.10.2007

Ranking die unterschiedlichsten Themen; vom Discounter-Podcast, der Schnäppchenjägern die Jagd nach Sonderangeboten erleichtert, bis hin zum Tagesschau-Podcast, dem Nachrichtenpodcast der ARD. Die Top-10-Charts der Musikbranche werden auch nicht mehr rein nach verkauften CDs gerankt, längst gibt es die *itunes* Single-Charts, die *itunes*-Charts für Rock-Alben oder auch für Hip Hop. Wie bei vielen Radiocharts, die auf Basis der Anrufe von Zuhörern gerankt wurden, werden die Charts heute durch Abstimmungen im Netz erstellt.

Abbildung 8: Podcast-Charts in Deutschland[56]

In Deutschland bieten Seiten wie *podcast.de*, *podster.de* oder auch *wiki.podcast.de* den Nutzern eine Möglichkeit, sich einfacher durch die Vielzahl an angebotenen Podcasts zu navigieren. Aktive Community-Miglieder haben auch die Möglichkeit, die Podcasts zu bewerten und zu kommentieren. Für Podcaster, die auf der Suche nach bestimmten Themengebieten wie beispielsweise Wissen, Geschichte, Comedy oder Musik sind, werden die Angebote mittels Stichworten geclustert und so die Navigation und die Übersichtlichkeit vereinfacht.

Dabei geht die Nutzung von Podcasts längst weit über die Verbreitung von Nachrichten, Musik und Hörspielen hinaus. Politiker haben das moderne Medium für ihre Kommunikationszwecke ebenso entdeckt wie Unternehmensvorstände oder auch Marketingagenturen. So nutzt Bundeskanzlerin Angela Merkel bereits seit 2006 das populäre Medium, um per Video-

---

[55] Vgl. http://www.top10-charts.com/podcast-top-10-charts.html, abgerufen am 03.10.2007

[56] http://www.top10-charts.com/podcast-top-10-charts.html, abgerufen am 03.10.2007

Podcast alle Interessierten über aktuelle Themen zu informieren.[57] Im US-Wahlkampf werden Video-Podcasts und die entsprechenden Plattformen umfassend eingesetzt, um möglichst viele potenzielle Wähler erreichen zu können.[58]

Eine der bedeutendsten Plattformen für die Verbreitung von Video-Podcasts ist *YouTube.com*. Hier können Benutzer einfach Dateien hochladen, ansehen und runterladen. Dazu gehören einerseits selbst gedrehte Videos, die nicht nur verschiedene Bands berühmt gemacht haben, sondern auch einen britischen Rentner. Es kommt jedoch auch immer wieder vor, dass Kinofilme oder Serien aufgenommen und bei *YouTube* eingestellt werden. Die dadurch entstehenden Copyright-Probleme haben bereits mehrfach dazu geführt, dass *YouTube* von Medienunternehmen verklagt wurde.[59] Mit einer Begrenzung der Spielzeit der eingestellten Filme versucht *YouTube*, die Copyright-Probleme zu begrenzen. Inzwischen haben aber auch Unternehmen wie NBC-Universal erkannt, dass die Popularität von *YouTube* auch für die eigene Marke von Nutzen sein kann und ist eine strategische Partnerschaft mit *YouTube* eingegangen.[60] Auch der britische Sender BBC stellt inzwischen Aufzeichnungen oder Ausschnitte von verschiedenen Sendungen bei *YouTube* ein, um die Popularität der Sendungen zu steigern sowie der illegalen Verbreitung entgegen zu wirken.

Die Nutzer von *YouTube.com* bilden dabei eine Art von Community. Sie können die Videos der anderen Benutzer abonnieren, Abonnement-Listen anderer Nutzer durchstöbern, Nachrichten austauschen und Beiträge kommentieren. Videofilme, die auf *YouTube.com* gefunden oder eingestellt werden, können leicht auch in die eigene Website eingebunden werden, was zusätzlich für die Verbreitung und Bekanntheit der Plattform sorgt.

Neben *YouTube.com* existieren selbstverständlich weitere Angebote, bei denen das Einstellen von Videos möglich ist. So bieten beispielsweise die im nächsten Abschnitt behandelten sozialen Netzwerke wie *myspace.com*, mit über 110 Millionen Nutzern weltweit eine der größten Communities für Vernetzung, ihren Nutzern auch die Möglichkeit, Videos in ihre Seite einzubinden.[61]

A.2.4 Soziale Netzwerke – Der Freund meines Freundes

Im Jahr 1929 veröffentlichte der ungarische Autor Frigyes Karinthy eine Kurzgeschichte namen ‚Láncszemek' (Kettenglieder). Diese hatte die engeren Verknüpfungen der modernen Welt zum Gegenstand. Jeder könne zu jedem über eine Kette von höchstens fünf Bekannten eine Verbindung aufbauen. So kann der Protagonist der Kurzgeschichte zu einem persönlich

---

[57] Vgl. http://www.bundeskanzlerin.de/Webs/BK/DE/Aktuelles/VideoPodcast/video-podcast.html, abgerufen am 03.10.2007

[58] Vgl. http://www.hillaryclinton.com/feature/hillcast/, abgerufen am 03.10.2007; http://obama.senate.gov/podcast/, abgerufen am 03.10.2007

[59] Vgl. Alby (Web 2.0, 2007), S. 105 und http://www.spiegel.de/netzwelt/web/0,1518,450545,00.html, abgerufen am 18.11.2007

[60] Vgl. http://www.heise.de/newsticker/meldung/86992, abgerufen am 18.11.2007

[61] Vgl. http://www.pcwelt.de/start/dsl_voip/online/news/97291/, abgerufen am 18.11.2007 sowie www.myspace.com

unbekannten Nobelpreisgewinner die Verindung aufbauen, indem er schließt, dass der Nobelpreisgewinner den schwedischen König Gustav kennen müsse, da dieser den Nobelpreis verleiht. Dieser wiederum spielt Tennis mit einem Tennis-Champion, den der Kurzgeschichtenprotagonist persönlich kennt. In ähnlicher Form lassen sich beispielsweise auch Verbindungen zu einem unbekannten Arbeiter bei Ford etc. herstellen. Insgesamt reicht eine Kette von fünf Bekannten aus, um die Verbindung zu einer beliebigen Person herzustellen.[62]

Der Harvard Professor Stanley Milgram führte in den 60er Jahren Karinthys Überlegungen als Untersuchungen zum ‚Small World Phenomenon‘ fort. Zur Untersuchung des Phänomens bat Milgram Personen aus den entfernt scheinenden Bundesstaaten Kansas und Nebraska Briefe über persönliche Bekannte in Massachusetts weiterzuleiten. Insgesamt fanden 44 von 160 Briefen über Ketten persönlicher Bekannter ihren Weg. Die Analyse der Transportwege ergab einen Median von fünf Zwischenmittlern, die den Brief jeweils weitergeleitet hatten.[63]

Dieses Ergebnis, welches damit zugleich den Annahmen von Karinthy auffallend nah kam, wurde später als ‚**six degrees of separation**‘ auf die Vernetzung aller Menschen ausgeweitet und gewann zunehmend an Popularität.[64]

Das Konzept der Small Worlds ist nicht unumstritten, da zum Beispiel die empirische Basis von Milgram als unzureichend eingestuft wird.[65] Neben der kleinen Stichprobe und der relativ geringen Anzahl von Briefen, die ihr Ziel erreichten, bleibt die Frage nach der Übertragbarkeit auf alle denkbaren Konstellationen – ist die soziale Entfernung zwischen einer Person aus Kansas und einer anderen aus Massachusetts gleich der Entfernung zwischen beispielsweise einem Inuit und einem venezianischen Gondoliero? Spätere Experimente, die dann auch länderübergreifend durchgeführt wurden, haben abhängig von verschiedenen Faktoren wie Motivation und der Einschätzung des eigenen Glücks zum Teil schlechtere, zum Teil aber auch bessere Ergebnisse als die ursprünglichen Experimente von Milgram erzielen können.[66]

Unabhängig von der Betrachtung der notwendigen Anzahl von Verbindungen, um die unterschiedlichsten Menschen miteinander zu verknüpfen, wurde mit dem Small-World-Phänomen die Relevanz zweier Aspekte in Netzwerken deutlich. Die hohe Bedeutung von ‚*Hubs*‘ oder auch ‚*Superhubs*‘ (in etwa Drehkreuze, Knotenpunkte) und die Wichtigkeit von ‚*Weak Ties*‘ (Schwachen Verbindungen).

Die hohe Bedeutung von **Hubs** deutete sich bereits bei Milgrams erstem Experiment an. Von den Briefen, die bei einer der beiden Personen, einem Wertpapierhändler in Boston, ankamen, wurden 48 Prozent der angekommenen Briefe am Ende der Kette durch nur drei Personen an den Wertpapierhändler weitergeleitet. Die tatsächlich genutzten Verbindungen mach-

---

[62] Vgl. Barabási (Linked, 2003), S. 26 f.

[63] Vgl. Milgram (Small-World Problem, 1967)

[64] Vgl. Barabási (Linked, 2003), S. 27 ff.

[65] Vgl. Kleinfeld (Six Degrees: Urban Myth?, 2002)

[66] Vgl. Saxbe (Small Worlds, After All, 2003)

ten also bei der letzten Weiterleitung nur einen Bruchteil der möglichen Verbindungen aus.[67] Das Phänomen der Hubs lässt sich auf viele Netzwerke übertragen. Nicht nur in persönlichen Netzwerken, auch in Verkehrsnetzen lässt sich feststellen, dass wenige zentrale Hubs in Form von wichtigen internationalen Flughäfen, zentralen Hauptbahnhöfen und Autobahnkreuzen entscheidende Drehscheiben sind. Gleiches gilt auch für das Internet, in dem wenige Suchmaschinenseiten und andere wenige vielbesuchte Websites[68] einen großen Teil der Verlinkung sicherstellen.

Auch in der Medizin spielen Vernetzung und Superhubs eine wichtige Rolle. So lässt sich das AIDS-Virus bereits im Jahr 1960 nachweisen.[69] Wahrscheinlich existierte es aber schon viel früher. Es ist lediglich der geringen Vernetzung (hier die Übertragung des Virus') zu verdanken, dass es nicht schon früher zu einer Katastrophe kam. Die weitergehende Ausbreitung des AIDS-Virus' lässt sich auf eine engere Vernetzung – vermutlich durch Soldaten, die im ursprünglichen AIDS-Gebiet für neue Kontakte (Vernetzung) sorgten – zurückführen.[70] Die dramatisch schnelle Ausbreitung des AIDS-Virus in der westlichen Hemisphäre kann dann wiederum in wesentlichen Teilen einer Person zugerechnet werden, die im negativen Sinne die Funktion eines Superhubs für die AIDS-Epidemie spielte. Der franko-kanadische Flugbegleiter Gaeton Dugas hatte nach eigener Einschätzung 250 Sexualpartner jährlich. Im April 1982 konnten von den damals bekannten 248 Infizierten mindestens 40 direkter Sex oder Sex mit einem Sexualpartner von Dugas' zugeordnet werden. Die schnelle Verbreitung von AIDS lässt sich also nicht nur der hohen Vernetzung allgemein (insbesondere ungeschützte Sexualkontakte), sondern auch der zentralen Rolle eines Superhubs, eben dem oft als Patient Null bezeichneten Flugbegleiter Gaeton Dugas, zurechnen.[71]

Das Beispiel des AIDS-Patienten Null zeigt, dass es bei der Betrachtung von Netzwerken nicht nur um Vernetzung allgemein, sondern auch um die Betrachtung der Netzwerkstrukturen geht. Neben den Superhubs spielen dabei auch die **schwachen Verknüpfungen** eine besonders wichtige Rolle.

Dies verdeutlicht eine Untersuchung, welche Art von Kontakten aus der Sicht von Personen, die vor kurzem eine neue Beschäftigung gefunden haben, hilfreich waren. In einer Untersuchung von Granovetter gaben nur 16 Prozent der Interviewten an, dass die Vermittlung durch eine Person zustande gekommen sei, mit der ein häufiger Kontakt bestehe. Vielmehr spielten in 84 Prozent der Fälle Personen, mit denen nur gelegentlich oder selten Kontakt besteht, die entscheidende Rolle bei der Vermittlung der Arbeitsstelle.[72] Auch andere Untersuchungen zeigen, dass Netzwerke in vielen Fällen aus Subnetzen mit enger Verbindung bestehen, in denen ein enger Austausch stattfindet. Sollen aber neue Verknüpfungen hergestellt werden, die eben neuartige Kontakte, Ideen oder Verbindungen im weitesten Sinne ermöglichen, so

---

[67] Vgl. Milgram (Small-World Problem, 1967), S. 66

[68] Vgl. Barabási (Linked, 2003), S. 175 f.

[69] Vgl. Buchanan (Nexus, 2002), S. 174

[70] Vgl. Buchanan (Nexus, 2002), S. 174

[71] Vgl. Barabási (Linked, 2003), S. 123 f.

[72] Vgl. Granovetter (Weak Ties, 1973)

ist es entscheidend, über die schwachen Verbindungen zwischen den Subnetzen Verknüpfungen herzustellen und dadurch das Netz wesentlich weiter zu durchdringen.[73]

In letzter Zeit ist eine Vielzahl sozialer Netzwerke in digitaler Form aufgekommen, die ebenfalls der Social Software zugerechnet werden können. Wie bei anderen Social Software-Systemen stellen die Anbieter lediglich eine technologische Plattform zur Verfügung, während die Inhalte von den Usern erstellt werden.

Ein im deutschsprachigen Raum vielbeachtetes Netzwerk ist *XING*, ehemals *OpenBC*. *XING* ist ein Netzwerk, welches auf berufliche Vorteile für die Nutzer ausgerichtet ist. Unter dem Motto ,Jeder kennt jeden über sechs Ecken' wird der Gedanke der Small Worlds explizit aufgenommen.

Registrierte Nutzer haben die Möglichkeit, ein umfassendes Profil mit den Rubriken ,Suche', ,Biete', ,Firma', ,Branche', ,Hochschule', ,Adressdaten' etc. anzulegen. Damit können sie sich gegenüber der Community darstellen und bei spezifischen Suchen nach Themen etc. gefunden werden.

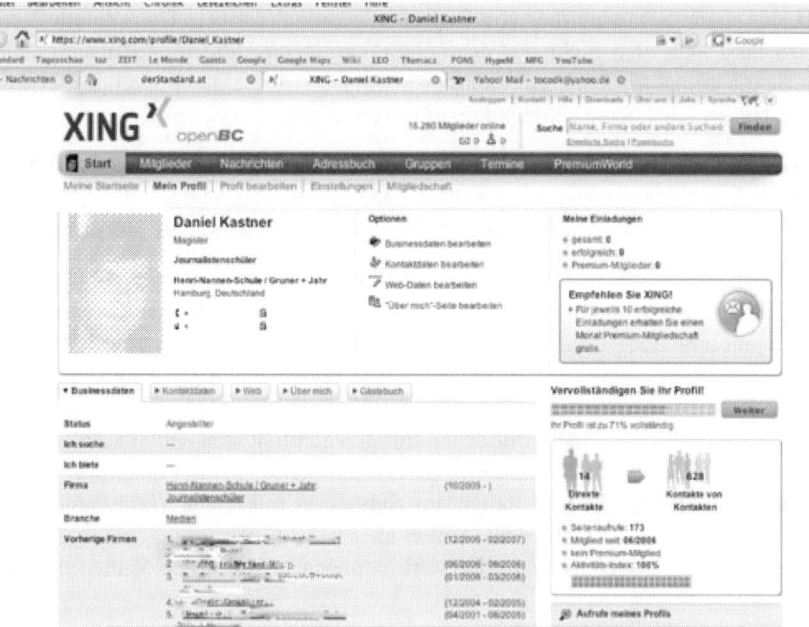

Abbildung 9: Profil eines XING-Mitglieds[74]

---

[73] Vgl. Buchanan (Nexus, 2002), S. 45 f.

XING-Nutzer können andere Personen suchen und einladen. Nimmt die eingeladene Person die Einladung an, wird die Person als bestätigter Kontakt erfasst. Die User können damit in einem dynamischen Adressbuch jeweils Kontaktdaten etc. füreinander freigeben. Neben dem Vorteil, dass damit die Kontakte jeweils die Pflege ihrer Daten übernehmen, entsteht eine neue Verlinkung im Netzwerk. Zukünftige Suchen können beispielsweise über die bestätigten Kontakte des bestätigten Kontaktes durchgeführt werden. Auch wird bei zukünftigen Suchen angezeigt, über welche Kontakte, Kontakt-Kontakte etc. Verbindungen zu der jeweiligen Person bestehen. Dies erleichtert die Ansprache Dritter, aber auch die Identifikation gemeinsamer Bekannter etc.

Abbildung 10: Überblick über das Netzwerk in XING (www. xing.com)

Mit der elektronischen Abbildung des Netzwerks wird die Netzwerkbildung vereinfacht und beschleunigt. Netzwerke und Verlinkungen können schneller und einfacher entstehen und sichtbar gemacht werden als in der realen Welt. In Zeiten verstärkter Mobilität und Virtualisierung bieten sich Möglichkeiten, Netzwerke zu pflegen ohne persönlich präsent sein zu müssen. Zusatzangebote wie Themengruppen erlauben die Ausweitung des Netzwerkes nach Interessenfeldern. Weiterhin bringt das dynamische Adressbuch praktische Vorteile.

Die erst im November 2003 (damals noch unter dem Namen *OpenBC*) gestartete Plattform *XING* ist inzwischen an der Börse notiert und hat unter anderem durch Akquisitionen in anderen Ländern inzwischen über 3,5 Mio. registrierte Nutzer. Von diesen Nutzern sind ca. 300.000 User Premium-User, die eine monatliche Gebühr zahlen. Im internationalen Vergleich adressiert das Netzwerk *LinkedIn* eine ähnliche Zielgruppe mit ähnlichen Zielsetzun-

---

[74] Böcking (Xing, 2007)

gen und verfügt mit einer starken Nutzer-Basis in den USA bereits über 8 Mio. registrierte Mitglieder.[75]

Eher auf das Privatleben ausgerichtet sind die aus den USA stammenden Angebote *MySpace* mit 114 Mio. Besuchern und *FaceBook* mit 52 Mio. Besuchern im Juni 2007.[76] Inzwischen gibt es auch eine Vielzahl deutscher Angebote. Ein Beispiel ist die die Plattform *stayfriends.de*. Diese hatte zunächst das Konzept einer Community, in der sich insbesondere ehemalige Schulkameraden wiedertreffen können, aus den USA imitiert, um dann im Jahr 2004 von *classmates.com* übernommen zu werden. *StayFriends*, im Frühjahr 2002 gegründet, hat heute nach eigenen Angaben 3 Mio. Einträge.[77] Ein Beispiel für ein sehr schnell wachsendes Netzwerk mit einer sehr hohen Nutzung ist *StudiVZ*. *StudiVZ*, im Herbst 2005 mit einem speziellen Social Network-Angebot für Studierende gegründet, hatte nach eigenen Angaben im Juli 2007 bereits 2,6 Mio. Nutzer.[78] Neben Services wie andere Studierende zu finden und zu kontaktieren bietet *StudiVZ* auch die Möglichkeit, ein eigenes Profil aufzubauen, Freunde online zu akzeptieren und zu verlinken, sich nach Lehrveranstaltungen zu organisieren und auszutauschen, Freundes- und Themengruppen aufzubauen etc. Im Gegensatz zu einem Sozialen Netzwerk wie *OpenBC* ist bei *StudiVZ* der Stil wesentlich lockerer – vor allem Fotos, auf die wiederum mehrere Personen verlinkt werden, spielen eine große Rolle – und die vorherrschenden Themen sind sehr freizeitorientiert (Parties etc.). Mit der Funktionalität, Fotos hochzuladen und zu teilen, ergeben sich funktionale Überschneidungen zu Angeboten wie *flickr.com*.

StudiVZ stand mehrfach wegen verschiedenster Aspekte in der Kritik. Mehrfach fielen die Nutzerdaten Hacker-Angriffen zum Opfer. Außerdem standen die Gründer wegen Ihres persönlichen Verhaltens in der Kritik. Auch sexuell-orientierte Ansprache von weiblichen Nutzern mit Duldung des Managements oder die Ausbreitung pornografischer Inhalte werden als Kritikpunkte genannt.[79] An vielen Stellen werden auch die Gefahren der oftmals extrem offenen und persönlichen Darstellung der eigenen Person deutlich. So etwa, wenn die oftmals nicht sonderlich karrierekonformen Profile von Studierenden im Vorfeld des Einstellungsgesprächs von Personalabteilungen durchforstet werden.

Trotz der Kritikpunkte wächst die Zahl der Netzwerke und ihrer User. Die Zielgruppen werden dabei immer spezifischer. Es gibt inzwischen eine Vielzahl von zielgruppenspezifischen Netzwerken. Neben Netzwerken für Schüler (*www.schuelervz.net*), Sportler (*www.netzathleten.de*), Partygänger (*www.kiezkollegen.de*) existiert sogar ein Netzwerk für Hunde (*www.mywuff.com*). Gleichzeitig vervielfacht sich die Zahl der Nachahmer. Das Schüler-Netzwerk *SchuelerVZ* tritt inzwischen unter anderem gegen die Netzwerke *SchuelerRG.de, Schuelerprofile.de, Schueler.cc, SpickMich.de* an (Stand September 2007).

---

[75] Vgl. Böcking (Xing, 2007) und Schulzki-Haddouti (Hot-Shots, 2006)

[76] Vgl. o.V. (Social Networking, 2007)

[77] Vgl. o.V. (Idee, 2007)

[78] Vgl. Rohn/Speth (Who is Who, 2007)

[79] Vgl. Rohn/Speth (Who is Who, 2007)

SchuelerVZ seinerseits wurde von den Gründern von *StudiVZ* initiiert. Diese hatten sich bereits bei *StudiVZ* durch das amerikanische Vorbild *facebook* inspirieren lassen.

Da Soziale Netzwerke in vielen Aspekten stark von einer hohen Teilnehmerzahl profitieren, steht zu erwarten, dass es mittelfristig zu einer Konsolidierung kommen wird. Auch dürften Meta-Netzwerke, die wiederum auf die Inhalte mehrerer Netzwerke zugreifen, eine gute Erfolgschance haben, sofern es technisch und organisatorisch gelingt, mehrere Netzwerke so zu verknüpfen. Auch dürften die Funktionalitäten Sozialer Netzwerke an vielen Stellen weiter mit anderen Social Software-Angeboten zusammenwachsen. So ist es inzwischen bereits möglich, durch ausgeprägte Funktionalitäten Fotos (*StudiVZ*) oder soziale Bewertungen (Lehrerbenotung bei *SpickMich.de*) miteinander zu teilen.

A.2.5 Suche im Internet – Warum Google wissen möchte, ob wir gerne Dallas schauen

Die Vorläufer des Internets liegen im Jahr 1969 im damaligen ARPANet (Advanced Research Projekt Agency Network). Die Technologie des ARPANet war darauf ausgerichtet, ein Netz zu entwickeln, welches auch dann noch funktionsfähig ist, wenn einzelne wichtige Verbindungsknoten (Verbindungsrechner) ausfallen,[80] wie es beispielsweise in einem militärischen Konflikt befürchtet wurde. Als Internet wurde das Netz und die zugrundeliegende Technologie zunehmend von Hochschulen genutzt. Allerdings blieb die Anzahl der eingebundenen Rechner und Inhalte zunächst eher überschaubar und auf eine enge Zielgruppe beschränkt. Erst als Tim Berners-Lee im Jahr 1989 am Europäischen Zentrum für Nuklearforschung (CERN – heute *Organisation Européenne pour la Recherche Nucléaire*, vormals *Conseil Européen pour la Recherche Nucléaire)* ein Programm entwickelte, das die Navigation im Internet über so genannte Hyperlinks dramatisch vereinfachte, nahm das Internet als World Wide Web seinen Aufschwung.[81] Die Anzahl der Seiten vervielfachte sich. Das Internet begann seinen Siegeszug zu der Bedeutung, die es heute auch für Privatpersonen und die Wirtschaft hat.

Mit der immens steigenden Anzahl von Webseiten ergab sich aus der ‚chaotischen' nicht hierarchischen Struktur des Internets ein Problem, welches mit zunehmenden Inhalten immer ausgeprägter wurde. Zwar wurde das im Internet gespeicherte Wissen immer umfangreicher, aber die Suche nach relevanten Seiten wurde zunehmend schwieriger. Von 1993 bis 1996 wuchs die Anzahl der Websites von 130 auf 600.000. Entsprechend wurde die Suche nach Inhalten ein immer wichtigeres Thema.[82]

---

[80] Vgl. Stahlknecht/Hasenkamp (Wirtschaftsinformatik, 2005), S. 109

[81] Vgl. Lassmann (Wirtschaftsinformatik, 2006), S. 206 und Vise (Google, 2005), S. 36

[82] Vgl. Batelle (Search, 2005), S. 40

Waren weder die Adresse (URL) einer Seite bekannt, noch eine Verlinkung durch eine andere Seite direkt vorhanden, so glich die Suche der sprichwörtlichen Suche nach der Stecknadel im Heuhaufen.

Eine erste Hilfe leisteten hier die so genannten **Web-Kataloge**. Web-Kataloge ordnen Web-Seiten bestimmten Kategorien zu. Diese Kategorien können hierarchisch aufgebaut sein, müssen es aber nicht. Auch kann die Kategorisierung durch manuelle Pflege oder maschinell erfolgen. David Filo und Jerry Yang entwickelten 1994 eine Navigationshilfe für das Internet. Zunächst als „Jerry's Guide to the World Wide Web", später als *Yahoo!* bezeichnet. (Yahoos sind Wesen mit animalischen Verhaltensweisen, die Jonathan Swift in Gullivers Reisen beschrieb.) Auf den Seiten von *Yahoo!* konnten Nutzer in einem laufend wachsenden Webkatalog nach den Seiten der jeweiligen Kategorie suchen und diese direkt über einen Link erreichen.

Die Navigationshilfe, die *Yahoo!* zur Verfügung stellte, bedeutete einen großen Fortschritt. Entsprechend gewann *Yahoo!* schnell an Popularität. Die Pflege des Katalogs erfolgte bei *Yahoo!* manuell, da dies die höchste Qualität der Katalogisierung versprach. Angesichts der hohen Dynamik des Internets bedeutete diese manuelle Pflege zugleich einen sehr hohen Aufwand, der sich in einem anhaltenden Wettlauf um die Aktualisierung und hohen Kosten niederschlug. Der Gedanke eines manuell gepflegten Internet-Verzeichnisses wird heute durch das *Open Directory Project* fortgeführt. Der Web-Katalog des *Open Directory Projects*, auch als *Directory Mozilla* bezeichnet (*www.dmoz.org*), basiert auf der kontinuierlichen Pflege durch eine Vielzahl von Freiwilligen. Auf dem Open Source-Ansatz beruhend, ist so inzwischen das größte und umfassendste manuell erstellte Verzeichnis von Webinhalten entstanden.[83]

Eine Alternative zur Katalog-basierten Suche stellen **Suchmaschinen** dar. Diese durchsuchen permanent das Web, indem sie den verschiedenen Links von Webseiten folgen, diese auslesen und so gefundene Stichworte in einem Index mit Bezug auf die Adresse der jeweiligen Webseite ablegen. Wird nun eine Suchanfrage mit einem bestimmten Suchbegriff durchgeführt, so müssen lediglich die in der Datenbank der Suchmaschine gespeicherten Ergebnisse der früheren Web-Suche durchforstet werden. Da die Suche auf einer lokalen Datenbank durchgeführt werden kann, können die Ergebnisse innerhalb kurzer Zeit zur Verfügung gestellt werden. Die Websuche mit Hilfe von Suchmaschinen führt aber auch zu spezifischen Schwächen. Angesichts der hohen Dynamik des Webs läuft der Nutzer permanent Gefahr, veraltete Suchergebnisse angezeigt zu bekommen, da die Angaben sich auf die Ergebnisse früherer Suchen beziehen. Zudem ist die Anzahl der durchsuchten Webseiten begrenzt. Für die jeweilige Suche relevante Seiten können also außen vor bleiben.

Die ersten Suchmaschinen wurden zu Beginn der 90er Jahre an verschiedenen Universitäten entwickelt. Nach ersten Vorläufern waren insbesondere *Webcrawler* seit 1994, *Excite* seit 1995 und vor allem *AltaVista*, welches im Dezember 1995 mit 16 Mio. indizierten Web-

---

[83] Vgl. o.V. (About Open Directory, 2007)

Dokumenten online ging, drei der ersten leistungsfähigen, allgemein verfügbaren Suchma-schinen.[84]

Zusammen mit den Angeboten von *Yahoo!* sorgten diese und andere Suchmaschinenanbieter dafür, dass die stetig wachsende Zahl von Informationen für die Nutzer überhaupt zugänglich wurde. Allerdings bestand auch bei immer leistungsfähigeren Suchmaschinen und Web-Verzeichnissen ein großes Problem fort. Selbst, wenn ein großer Teil der verfügbaren Web-Seiten über Suchbegriffe zugänglich wurde, so blieb die Suche innerhalb der Suchergebnisse beschwerlich. Gerade mit einer steigenden Zahl von Treffern wurden die Suchergebnisse immer unübersichtlicher. Zwar wurden eine Vielzahl von potenziell geeigneten Ergebnissen angezeigt, aber welche Seiten wirklich für den Nutzer relevant waren und welches die besten Treffer waren, konnten die verfügbaren Technologien nicht oder nur schlecht darstellen.

Hier brachte das **PageRank-Verfahren** von *Google* eine wichtige Verbesserung. Entwickelt von den Stanford-Studenten Larry Page und Sergey Brin verfügte *Google* über eine Metho-de, die die Relevanz der jeweilige Seiten bei der Anzeige durch das so genannte ‚PageRank'-Verfahren mitberücksichtigt.[85]

Das PageRank-Verfahren basiert auf der Annahme, dass die Anzahl und Qualität der Links, die auf eine Seite verweisen, einen entscheidenden Hinweis auf die Relevanz der jeweiligen Seite geben. So wird eine Seite zunächst danach bewertet, wie viele erfasste Links auf sie verweisen.

Um eine weitere Steigerung der Qualität der Sortierung der Suchergebnisse zu ermöglichen, kann die Bewertung noch verfeinert werden. Die Qualität der jeweiligen Links wird unter-schiedlich bewertet, je nachdem, wie viele Links wiederum auf diese Seite verweisen. Der PageRank wird also abhängig von den Bewertungen der verweisenden Seite dividiert durch die Anzahl der von den jeweiligen Seiten ausgehenden Links ermittelt.

---

[84] Vgl. Batelle (Search, 2005), S. 41 f. und 46 f.

[85] Vise (Google, 2005), S. 32 ff.

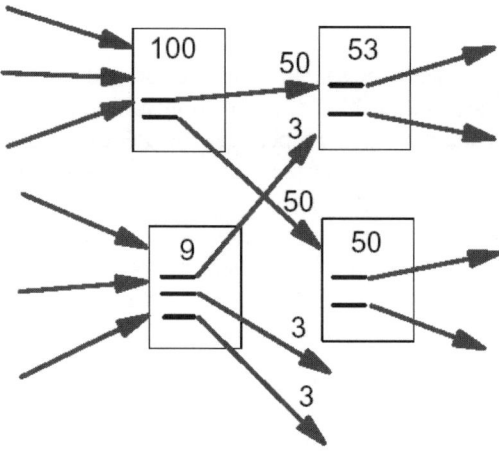

Abbildung 11: Vereinfachte Darstellung der Funktionsweise des PageRank-Verfahrens[86]

Mit der PageRank-Methode kann also jede erfasste Seite nicht nur den darin enthaltenen Begriffen zugeordnet, sondern auch mit einem PageRank-Wert versehen werden, der Hinweis auf die Relevanz der Seite gibt. Ebenso wie die klassische Suchmaschinen-Indizierung können Seiten permanent im Voraus durchsucht und bewertet werden. Dies hat den zentralen Vorteil, dass die Zuordnung und Bewertung nicht etwa erst im Moment der Suchanfrage gestartet wird. Vielmehr wird im Moment der Suchanfrage lediglich die bereits erstellte Datenbank der Suchmaschine durchsucht. Dies ermöglicht, die passenden Seiten nicht nur in kürzester Zeit zu identifizieren, sondern auch nach Relevanz zu sortieren.

Das PageRank-Verfahren, welches den Grundstock für den Erfolg *Googles* legte, basiert also darauf, dass es die Bewertungen in Form von Verlinkungen der Internet-Community transparent macht und als Basis für die Bewertung der Relevanz nutzt.

Im weitesten Sinne nutzt also auch der Suchalgorithmus von *Google* die Philosophie von Social Software. Schließlich erfüllt der Ansatz das zentrale Kennzeichen eines Social Software-Systems: es basiert auf User-Generated-Content, die Inhalte werden durch die Nutzer – hier durch die von Ihnen als Web-Site-Autoren vorgenommenen Verlinkungen – bewertet und geben so Aufschluss über die Relevanz.

Mit Verfahren wie PageRank konnte die Relevanz der Suchergebnisse signifikant gesteigert werden. Gleichwohl stehen heutige Suchverfahren nach Einschätzung von *Google* noch ganz am Anfang. Grund dafür ist die Kontextabhängigkeit dessen, was wir als gute Antwort auf eine Frage erwarten. Bei einer Befragung in den 80er Jahren in den USA ‚Who was shot in Dallas?‛ verteilten sich die Antworten in zwei Lager. Diejenigen, die die Ermordung Kennedys 1963 bewusst miterlebt hatten, kamen zu einem völlig anderen Ergebnis (‚Kennedy‛) als

---

[86] Page et al. (PageRank, 1999), S. 4

diejenigen, deren Aufmerksamkeit gerade durch die aktuellen Staffeln der Serie ‚Dallas' gefangen war (‚J.R. Ewing'). Das Beispiel zeigt, welche zentrale Bedeutung der individuelle Kontext bei der Bewertung von Suchergebnissen hat.

Ob die Frage nach ‚Golf' sich auf den PKW oder die Sportart bezieht, ist im täglichen persönlichen Gespräch kaum ein Hindernis für eine erfolgreiche Kommunikation, da der Gesprächspartner dies zumeist aus dem Kontext schließen kann. Dieses Wissen fehlt aber bei der Bearbeitung der meisten Anfragen durch Suchmaschinen. Suchmaschinen wie *Google* sehen daher in der Sammlung personenbezogener Daten eine entscheidende Voraussetzung zur weiteren Steigerung der Qualität der individuellen Beantwortung von Suchanfragen.[87]

Gleichzeitig bringt die dafür notwendige Datensammlung und -verknüpfung weitreichende Gefahren mit sich. Diese sollen hier nicht weiter diskutiert werden. In dem Film EPIC 2015 (*www.free-radio.de/epic*) aus dem Jahre 2005 werden Potenziale und Risiken in visionärer Art behandelt.

A.2.6 Social Bookmarking – Was finden die anderen gut?

Zur Orientierung in den Weiten des World Wide Web leisten Suchmaschinen und Link-Kataloge bei der Suche nach neuen interessanten Web-Seiten eine wichtige Hilfe. Wie aber verwaltet der einzelne Nutzer seine bereits identifizierten und für interessant befundenen Webseiten? Hier bieten die verschiedenen Web-Browser mit den Lesezeichen-Funktionalitäten (‚*Bookmarks'*) eine Lösung. Besuchte Webseiten können per Mausklick mit einer Beschreibung und der jeweiligen URL gespeichert werden.

Die Ablage der Lesezeichen erfolgt dabei in einer hierarchischen Ordnerstruktur, die der Struktur des Windows-Explorers zur Verwaltung von Dateien gleicht. In der Bookmark-Datei können Ordner angelegt werden, die wiederum einen oder mehrere Ordner enthalten. Die jeweiligen Lesezeichen werden dann in einem dieser Ordner abgelegt.

Die Speicherung der Links auf die persönlichen Web-Seiten-Favoriten folgt damit bestimmten Systematisierungs- und Technologiemustern.

- Die Ablage erfolgt technisch auf dem persönlichen Rechner. Ein Zugriff auf die Lesezeichen setzt die Verfügbarkeit des persönlichen Rechners voraus.
- Die gespeicherten Informationen sind vor fremdem Zugriff und Einsicht geschützt. Eine Funktionalität, diese mit anderen Personen über den Kreis der jeweiligen Rechnernutzer hinaus zu teilen, ist nicht vorgesehen.
- Die Einordnung der Lesezeichen erfolgt in einer hierarchischen Baumstruktur. Jedes Lesezeichen wird genau einem Ordner zugeordnet. Die Zuordnung einer Webseite zu mehreren Themenbereichen ist nicht vorgesehen.

---

[87] Vgl. Fleischer (Google's Search, 2007)

Die vorherrschenden Lesezeichen-Funktionalitäten unterstützen damit – bezüglich fehlender Collaboration-Möglichkeiten, fehlendem PC-unabhängigen Zugriff und Ordnungssystematik – nicht die Philosophie und die Möglichkeiten des hochvernetzten World Wide Web.

Eine erste Lösung, die Abhängigkeit der Lesezeichen-Speicherung vom jeweiligen PC zu überwinden, bieten seit vielen Jahren Webseiten wie *mybookmarks.com*. Diese erlauben einen Export der persönlichen Lesezeichen auf die Server des Anbieters. Die Nutzung des Angebots basiert dabei auf einem individuellen Bereich, der durch Nutzer- und Passwortabfrage vor dem Zugriff Dritter geschützt wird. So können die Lesezeichen unabhängig vom jeweiligen PC beispielsweise in einem Internet-Café genutzt werden. Grundsätzlich bleiben die Lesezeichen aber vertraulich. Inzwischen erlauben spezielle Funktionalitäten einzelne Lesezeichenordner oder Lesezeichen für den öffentlichen Lesezugriff freizuschalten.

Die Philosophie der Social Software nutzend gehen Social Bookmarking-Angebote in ihrem Ansatz der Lesezeichenverwaltung weiter als Dienste wie *mybookmarks.com*. Als ein Pionier des Social Bookmarking gilt *del.icio.us*. Gegründet im September 2003 bietet *del.icio.us* Möglichkeiten der Lesezeichenverwaltung, die wesentliche Social Software-Grundgedanken aufnimmt.

Del.icio.us und andere Social Bookmarking-Angebote bieten den Anwendern ebenfalls die Möglichkeit ihre Lesezeichen auf einem Web-Server abzuspeichern und machen so die Lesezeichen unabhängig von einem bestimmten Rechner online verfügbar. Im Gegensatz zu Diensten, die einfach die Logik bestehender Lesezeichenverwaltungssysteme online umsetzen, sind Social Bookmarking-Angebote aber auch auf das **Teilen** und den **Austausch** von Links ausgerichtet. Außerdem erfolgt die Kategorisierung nicht über hierarchische Ordner.

Im Gegensatz zu den sonst üblichen Ordnersystemen erfolgt die Ordnung und das Wiederfinden von Lesezeichen über so genannte ‚*Tags*‘, also Schilder oder Anhänger. Lesezeichen werden nicht in Ordner einsortiert, sondern frei definierbaren Kategorien (Tags) zugeordnet. So kann beispielsweise das Lesezeichen für *Wikipedia* mit Tags wie ‚web2.0‘ ‚Enzyklopädie‘ etc. verknüpft werden. Das Wiederauffinden gespeicherter Bookmarks erfolgt entsprechend nicht durch die Suche nach dem zutreffenden Ordner, sondern durch die Auswahl eines passenden Tags. Die vergebenen Tags können wiederum als so genannte *Tag Clouds* (Tag-Wolken) angezeigt werden. Eine Cloud-Darstellung hebt Begrifflichkeiten entsprechend ihrer Relevanz durch Größe, Schriftbild und Farbe hervor. In der folgenden Abbildung wird beispielsweise ersichtlich, dass die Tags ‚SocialSoftware‘, ‚web2.0‘ und ‚wiki‘ besonders relevant sind, also in diesem Falle besonders häufig vergeben wurden.

amazon backtags Bewertungsportal Blog bookmarks buch del.icio.us democracy enterprise free googlemaps guerilla Hamburg Haushalt IIR, Infos journalism JVA Kommunikation lehre Marketing Markt mashup media mindmap Partizipation people, Podcast Podcasting podcasts politics pr predictive Public search Sector Social socialbookmarking SocialSoftware Software statistics tools twitter visualization web2.0 wiki wikipedia Zeit

Abbildung 12: Beispiel für eine Tag Cloud Darstellung von Tags

Insgesamt ist der Verzicht auf eine Ordnerstruktur zugunsten einer Suchhilfe durch Tags ein Ansatz, der sehr grundlegend von unseren traditionellen Ordnungsmustern abweicht. Übertragen auf das Management von Dateien würde diese Vorgehensweise beispielsweise einen vollständigen Verzicht auf Ordnerstrukturen zur Dateiablage bedeuten. Stattdessen werden alle Dateien in einem allgemeinen Ordner gespeichert. Ein Wiederauffinden erfolgt lediglich über Suchhilfen wie Tags oder Suchmaschinen-Schlagworte. Diese Vorgehensweise ist für die meisten Nutzer wohl nur schwerlich vorstellbar, obwohl Technologien wie Desktop-Search, also Suchmaschinen für den eigenen Rechner, derartige Ansätze zunehmend besser unterstützen.

Das zweite Charakteristikum von Social Bookmark-Systemen ist der **aktive Austausch** gespeicherter Lesezeichen. Werden gesammelte Lesezeichen nicht explizit als privat gekennzeichnet, so sind die gespeicherten Lesezeichen mit den Beschreibungen und den vergebenen Tags für alle einsehbar. Entsprechend kann eine Suche nach enthaltenen Begriffen oder auch nach Tags auf die eigenen oder aber auf alle verfügbaren Lesezeichen bezogen werden. Bei der Suche nach geeigneten Webseiten kann also berücksichtigt werden, was andere Mitglieder der Gemeinschaft zu einem Tag gesammelt haben. Auch können die Lesezeichen anderer Nutzer, die ähnliche Interessen verfolgen, genutzt werden, um so neue Anregungen zu erhalten.

Bei jedem Lesezeichen wird angezeigt, wie oft der Link gespeichert wurde, was zu einem Gefühl für die Relevanz und Popularität beiträgt. Über einen Klick auf die Anzeige der Anzahl der Personen, die das Lesezeichen gespeichert haben, werden die Bemerkungen der anderen Nutzer angezeigt. Für die gemeinsame Verwaltung von Lesezeichen können zudem, ähnlich wie bei Sozialen Netzwerken, Verlinkungen auf andere Nutzer vorgenommen werden. Anschließend können dann Lesezeichen für die verlinkte Person als Vorschlag zur Verfügung gestellt werden.

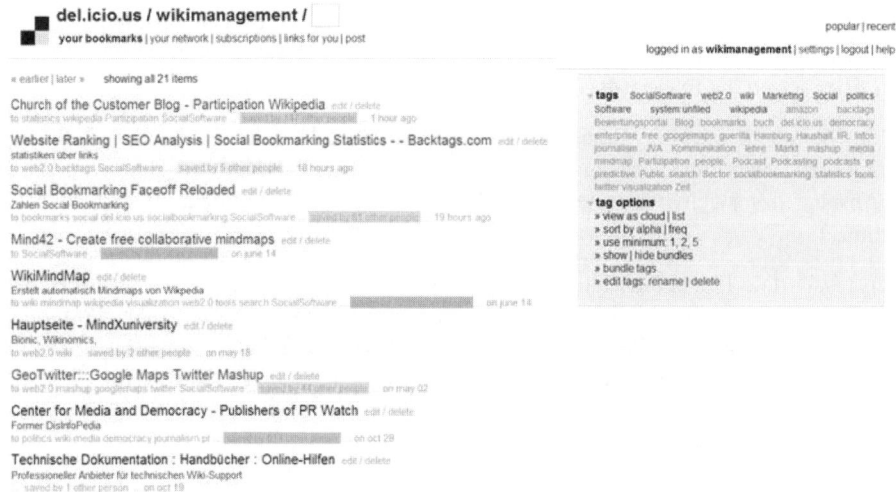

Abbildung 13: Beispiel für die Darstellung von Lesezeichen bei del.icio.us

Mit der offenen Verknüpfung der gespeicherten Lesezeichen und deren Tags ergeben sich neue Ansätze für die Websuche. So lassen sich über die Suche nach Usern, die die gleichen Bookmarks gespeichert haben, Anregungen finden, welche Webseiten noch interessant sein könnten. Über das öffentliche Tagging ergeben sich neue Möglichkeiten der Klassifizierung. Werden sonst beispielsweise in Bibliotheken Objekte nur durch Experten bestimmten Kategorien zugeordnet, so findet hier die Kategorisierung nachvollziehbar durch eine Vielzahl von Personen statt, die sehr heterogene Hintergründe, Interessen und Erfahrungen einbringen können. Diese Form der Kategorisierung wird inzwischen oft auch als ‚Folksonomy‘ (Zusammenführung von ‚folk‘ und ‚taxonomy‘) bezeichnet. Tagging und damit das gemeinsame Indexieren findet neben der Kategorisierung von Lesezeichen auch bei Fotos (beispielsweise *flickr.com*) und bei der Verschlagwortung von Weblogs statt.

Die Webseite *del.icio.us* hatte nach eigenen Angaben drei Jahre nach ihrem Start, im September 2006, eine Million registrierte User.[88] Inzwischen gibt es eine Vielzahl ähnlicher Angebote wie *furl.net* oder *mister-wong.de*. Weitere Angebote wie *digg.com* oder *yigg.de* kombinieren Social Bookmarking-Funktionaliäten mit Bewertungsfunktionen. Hier können die Mitglieder der Gemeinschaft Links bewerten und tragen so gemeinsam nicht nur zu einer Kategorisierung, sondern auch zu einem Ranking von Links bei.

Eine weitere Idee, welche Möglichkeiten sich durch Social Bookmarking ergeben, bekommt der Web-Nutzer bei *backtags.com*. *Backtags.com* durchsucht führende Social Bookmarking-Seiten und führt die Anzahl der durch die Nutzer gespeicherten Lesezeichen zu einer Kennzahl zusammen, die wiederum einen Hinweis auf die Popularität einer Webseite gibt.

A.2.7 Bewertungssysteme – Wie gut ist das Hotel?

Wenn Internet-Nutzer gemeinsam die kompliziertesten Sachverhalte in einer Internet-Enzyklopädie darstellen können, so liegt es nahe, auch die Erfahrungen des täglichen Lebens systematisch füreinander zugänglich zu machen oder untereinander Rat zu suchen und zu geben. Hier setzen die internet-basierten Bewertungsportale an.

Laut der Sonderauswertung ‚Social Web‘ der Deutschland Online-Studie von 2006 ist die Nutzung von Bewertungsportalen nach Online-Nachschlagewerken wie *Wikipedia* mit großem Abstand das zweitwichtigste Anwendungsfeld der dort als Social Web bezeichneten Angebote.[89]

Bewertungsportale lassen sich nach den Schwerpunkten der Produkte bzw. Bewertungsobjekte gliedern. Verbreitet sind Portale, die auch als Shopping-Portale oder Communities bezeichnet werden können. Portale wie *ciao.de* oder *dooyoo.de* haben inzwischen nach eigenen Angaben Bewertungen und Preisvergleiche zu mehr als zwei Mio. (*ciao*)[90] bzw. 1,5

---

[88] Vgl. Joshua (Now serving: 1,000,000, 2006)

[89] Vgl. Deutschland Online (Social Web, 2006), S. 6

[90] Vgl. http://www.ciao.de/ abgerufen am 24.10.2007

(*dooyoo.de*)[91] Mio. Produkte und Dienstleistungen gespeichert. Ein weiteres deutschsprachiges Bewertungsportal *Yopi.de* verfügt über einen Katalog, der mehr als 1,3 Mio. Produkte umfasst.[92]

Die in diesen Portalen erfassten Erfahrungs- oder Testberichte werden von den registrierten Nutzern erstellt und sollen persönliche Erfahrungen mit den Produkten für Dritte vor dem Kauf zugänglich machen. Zur Steigerung der Qualität der Berichte haben die Leser die Möglichkeit diese wiederum auf einer Skala von ‚sehr hilfreich' bis ‚nicht hilfreich' zu bewerten. Als Anreiz für die bewertenden Personen belohnen die Portale Bewertungen in Form von Geldprämien oder ‚Webmeilen', die wiederum in Prämien umgetauscht werden können. In welcher Höhe der jeweilige Beitrag prämiert wird, hängt von der Anzahl der Aufrufe und den Bewertungen des Beitrags durch die anderen Nutzer ab.

Nachdem Anbieter wie *ciao.de* zunächst mit dem Schwerpunkt Produktbewertungen und Erfahrungsberichte gestartet sind, spielt inzwischen auch die Preisvergleichsfunktionalität eine wichtige Rolle. Mit der Funktionalität des Preisvergleichs stehen diese Angebote inzwischen im Wettbewerb mit Anbietern wie *geizkragen.de*, *guenstiger.de* oder *froogle.de*, wobei gleichzeitig zu beobachten ist, dass auch derartige Preisvergleichsportale die Möglichkeit der Produktbewertung geben. Auch erlaubt beispielsweise *geizkragen.de* die Bewertung von Lieferanten. Womit sich dann wiederum eine weitreichende Überschneidung zu den bei *Amazon* und insbesondere *eBay* wichtigen Möglichkeiten zur Bewertung von Händlern bzw. Verkäufern ergibt. Insgesamt lässt sich damit in verschiedenen Aspekten ein zunehmendes Zusammenwachsen und Verschwimmen von Bewertungs- und Informationsangeboten bei Bewertungsportalen, Preisvergleichsangeboten und sogar Handelsplattformen feststellen. In allen Fällen spielt aber die Bewertung durch die Konsumenten eine wichtige Rolle. Der Konsument gewinnt damit deutlich an Einfluss und kann seinen positiven wie negativen Erfahrungen deutlich mehr Gewicht verleihen.

Neben den oben beschriebenen breit aufgestellten allgemeinen Bewertungsportalen, die zu den verschiedensten Produkten Bewertungen sammeln, haben sich zudem eine Vielzahl von Bewertungsplattformen für spezialisierte Betrachtungsbereiche etablieren können.

Im Bereich der Angebote für Unternehmenskunden bietet etwa *benchpark.com* die Möglichkeit, auf Bewertungen von Agenturen im Bereich Marketing und Kommunikation sowie Anbieter im Bereich Software und Informationsmanagement sowie Beratung und Weiterbildung zurückzugreifen. Hier wird der Anreiz eine Bewertung einzustellen dadurch geschaffen, dass der Zugang zu den bestehenden Bewertungen erst nach dem Einstellen eigener Bewertungen gewährt wird. Der Nutzer muss also zunächst einen ersten Beitrag in der Community leisten, um dann von ihr profitieren zu können.

Einen weiteren sehr spezifischen Bereich deckt das Bewertungsportal *MeinProf.de* ab. Dort werden Hochschuldozenten und Veranstaltungen bewertet. Über 250.000 Bewertungen erlauben es der Plattform inzwischen sogar, daraus ein Hochschulranking nach Professoren-

---

[91] Vgl. http://www.dooyoo.de/community/_page/dyocom/about/, abgerufen am 24.10.2007

[92] Vgl. http://www.yopi.de/, abgerufen am 24.10.2007

Beliebtheit abzuleiten und so eine neue Facette in die allgemeine Diskussion um Hochschul-rankings einzubringen.[93] Mit der Bewertung der Fachhochschulen Aschaffenburg, Koblenz und Landshut auf den ersten drei Rängen und **vor** allen Universitäten zeigt sich ein interessanter Quervergleich, den andere Rankings durch die Trennung zwischen Fachhochschulen und Universitäten nicht unterstützen.[94]

Auch bei den Dozentenbewertungen beginnen sich die Angebote zu überschneiden. So erlaubt *Spickmich.de*, eigentlich ein soziales Netzwerk für Schüler, die Benotung von Lehrern und erstellt auch Schulrankings.[95]

Ein weiteres Feld in dem Bewertungsportale schon seit einigen Jahren eine wichtige Rolle spielen ist die Reisebranche. So bieten beispielsweise *holidaycheck.de*, *venere.com* und *hotelcheck.de* die Möglichkeit, Hotels oder sogar Schiffe zu bewerten. Dabei kann *holidaycheck* nach eigenen Angaben inzwischen auf über 600.000 Hotel-Bewertungen und *venere.com* auf immerhin 375.000 Hotel-Bewertungen zurückgreifen.[96]

Auch bei den Hotelbewertungen gibt es ein zunehmend vielfältigeres Angebot. Nach Anbietern wie *holidaycheck*, die durch die Bewertungen ihr Profil definiert haben, bieten inzwischen auch klassische Verkaufsplattformen für Touristikdienstleistungen zunehmend Bewertungsmöglichkeiten. So bietet inzwischen auch die Hotelvermittlung *Hotel Reservation Service* (*www.hrs.de*) Hotelbewertungen. Gleichzeitig entwickeln sich die klassischen Bewertungsportale der Reisebranche zu allgemeinen Reisecommunities weiter. So können beispielsweise bei *holidaycheck* Urlaubsbilder, Urlaubsvideos und Reisetipps eingestellt werden.

Insgesamt lässt sich in den letzten Jahren eine deutliche Zunahme von Angeboten, aber vor allem auch eine gestiegene Beteiligung durch Nutzer bei der Bewertung der verschiedensten Angebote und Produkte feststellen. Mit zunehmender Anzahl von Bewertungen zu immer mehr unterschiedlichen Produkten gewinnen die Portale weiter an Relevanz und werden so eine immer bedeutendere Grundlage für die (Kauf-)entscheidungen einer nochmals viel größeren Zahl von Menschen. Der zugrundeliegende Wandel – auch als Wandel von ‚Consumer' zum ‚Prosumer'[97] bezeichnet, gibt den Kunden eine gut vernehmbare und beachtete ‚Stimme'. Dieser Wandel stellt zugleich neue Anforderungen an das Management, die im Abschnitt C.2.5 weiter behandelt werden.

A.2.8 Virtuelle Welten – Das zweite Leben im Web

Bastian Balthasar Bux, Michael Endes Held aus „Die unendliche Geschichte", wurde durch seine Reisen und Abenteuer in Phantasien berühmt, in die er durch ein Buch gelangen konn-

---

[93] Vgl. MeinProf (Fachhochschulen besser, 2007)

[94] Vgl. beispielsweise Centrum für Hochschulentwicklung (Hochschulranking, 2007/2008)

[95] Vgl. www.spickmich.de, abgerufen am. 25.10.2007

[96] Vgl. www.holidaycheck.de und www.venere.com, abgerufen am. 24.10.2007

[97] Vgl. Kotler (Marketing Management, 2003), S. 37

te. Was seinerzeit ein Buch geboten und die Vorstellungskraft und Phantasie des Lesers gefordert hat, bietet im Zeitalter der IT das World Wide Web. Bastian Balthasar Bux würde heute wohl in einer virtuellen Welt gemeinsam mit seinen Freunden und dem Drachen Fuchur für die Kindliche Kaiserin und ihr Reich kämpfen.

Heute schaffen sich immer mehr Internutzer ein Alter Ego in virtuellen Welten und Computerspielen im World Wide Web. Die so genannten Avatare, künstliche, animierte Bildschirmgestalten, die die virtuelle Repräsentanz eines Internetnutzers darstellen,[98] betätigen sich in einfacher Form in Online-Diskussionen bis hin zu weitentwickelten Charakteren in virtuellen Welten.[99] Neben kreativen Phantasiewelten mit abstraktren Formen und Farben, mittelalterlichen Dörfern, Nachtclubs und Märchenwelten, Trauminseln und düsteren Kampfschauplätzen entstehen in virtuellen Welten auch ganz normale Wohnzimmer, Einfamilienhäuser und Unternehmensrepräsentanzen, in denen sich die Avatare aufhalten.

Die bekannteste der virtuellen Welten mit derzeit rund 70 Prozent Bekanntheitsgrad ist sicherlich *Second Life*, die virtuelle Welt der Firma *Linden Lab*. Allerdings ist der Kreis der aktiven Nutzer jedoch sehr klein, nur ein Prozent der Internetnutzer bewegt sich regelmäßig in einer virtuellen Welt.[100] In der 3-D-Internetinfrastruktur können die Nutzer ihr äußeres Erscheinungsbild anpassen und dabei fantasievolle, kreative Gestalten oder auch ihr eigenes Ebenbild im Internet schaffen, um als Avatar in ihrem zweiten Leben zu kommunizieren, zu lernen, Handel zu betrieben, zu spielen und mit anderen Avataren zu interagieren. Die Fortbewegung erfolgt durch Gehen, Fliegen oder Fahren. Gegen eine monatliche Gebühr kann in *Second Life* auch Land erworben werden, die Avatare können sich eine Villa mit Pool am Strand bauen, ein Fachwerkhaus in beschaulicher Hügellandschaft, einen Nachtclub oder ein Café – der Fantasie sind hier insofern Grenzen gesetzt, als die grafische Leistungsfähigkeit teilweise eingeschränkt ist, und lange Antwort- und Aufbauzeiten das Leben in der virtuellen Welt erschweren. Neben Einkaufszentren und Produkterlebniswelten bietet *IBM* ein Beispiel für einen Unternehmensauftritt. Besuchern werden hier Informationen rund um Innovationen und Produkte des Unternehmens geboten.

---

[98] Vgl. Hansen/Neumann (Wirtschaftsinformatik I, 2005), S. 695

[99] Vgl. Hemp (Avatare, 2006), S. 17

[100] Vgl. http://www.fittkaumaass.de/services/w3breports/secondlife, abgerufen am 05.11.07

Abbildung 14: IBMs Innovationscenter und Turnschuhkauf in Second Life[101]

In Sportgeschäften können Lifestyleartikel und Sportbekleidung eingekauft und mit Kreditkarte bezahlt werden. Und die Möglichkeiten für die Avatare werden immer vielfältiger. Sie können heiraten, beten,[102] an Demonstrationen von Globalisierungsgegnern teilnehmen[103] oder auch Häuser bauen.[104] Damit wird in virtuellen Welten ein immer realeres Abbild der Realität möglich, die Nutzer können ihre privaten Rituale nun auch in der Internet-Welt durchführen.

Neben Shops für Konsumgüter sind vor allem Unternehmen der Medienbranche in der virtuellen Welt vertreten, darunter unzählige Marketingagenturen aber beispielsweise auch die Nachrichtenagentur *Reuters*. Auch manche Universitäten und Volkshochschulen haben einen Campus in der virtuellen Welt eingerichtet. So treffen sich auf dem *Second Life*-Campus der *Rheinischen Fachhochschule Köln* auch Jura-Interessierte, die im Jurawiki Informationen rund um Recht auch in der virtuellen Welt publizieren und diskutieren. Die Hochschule bietet Veranstaltungen und eine Einführung in die virtuelle Welt an.[105]

Die Motive für das Engagement in virtuellen Welten mögen vielschichtig sein. Während für die einen die Flucht aus einem grauen Alltag in die bunten virtuellen Welten die Möglichkeit bietet, schöner, besser und erfolgreicher zu sein, so stehen bei anderen kommerzielle Motive im Vordergrund, oder eben einfach die Lust am Spielen.

---

[101] Abgerufen aus *Second Life*

[102] Vgl. http://www.spiegel.de/netzwelt/spielzeug/0,1518,491762,00.html, abgerufen am 05.11.07

[103] Vgl. http://www.spiegel.de/netzwelt/spielzeug/0,1518,486989,00.html, abgerufen am 05.11.07

[104] Vgl. http://www.spiegel.de/netzwelt/web/0,1518,k-7068,00.html, abgerufen am 05.11.07

[105] Abgerufen aus *Second Life*

Salzburg Cathedreal - Free wedding
Neualtenburg, Meisterstrasse
1 Villa zu vermieten (Haus mieten)
Salzburg Cathedreal - Free wedding

Abbildung 15: Die Vielfalt des zweiten Lebens in der virtuellen Welt[106]

Der Erfolg von virtuellen Welten, in diesem Fall von *Second Life*, basiert nach einer Studie der Unternehmen *Pixelpark* und *Elephant Seven* im Wesentlichen auf drei Faktoren:

- Die thematische Offenheit ermöglicht es den Anwendern und Entwicklern, ihre Welt selbst zu gestalten.
- Die Generierung der Welt nicht nur durch einige Entwickler, sondern durch die *Second Life*-Community ermöglicht ein schnelles Wachstum der virtuellen Welten.
- Nicht zuletzt hat die Einräumung der vollen Urheber- und Nutzungsrechte der Nutzer an all ihre Schöpfungen die Produktivität erhöht und die „Volkswirtschaft" innerhalb der zweiten Welt angefacht.[107]

Allerdings ist fraglich, ob die Plattform für virtuelle Welten der Zukunft unbedingt *Second Life* sein wird. Die bereits dargestellte geringe Zahl an aktiven Besuchern, die kurzen Verweildauern, die hohen Kosten für den Aufbau eines Auftritts in *Second Life* und andere Argumente lassen inzwischen Stimmen gegen ein unternehmerisches Engagement in *Second*

---

[106] Abgerufen aus *Second Life*
[107] Vgl. o.V. (Second Life, 2007), S. 14

Life laut werden.[108] Bei genauerer Betrachtung zeigt sich zudem, dass viele der genannten Gründe für ein Engagement in *Second Life*[109] vornehmlich Argumente für virtuelle Welten, aber nicht unbedingt für *Second Life* sind. Spezifische Argumente gegen die Plattform von *Linden Lab*, wie die veraltete Technologie, die eingeschränkten Kommunikationsmöglichkeiten (minimale Gestik und keine Mimik) und die Anonymität lassen weitere Zweifel aufkeimen, ob gerade *Second Life* die virtuelle Welt der Zukunft ist.[110] Zudem wird kritisiert, dass die *Second Life*-Software erst in Teilen als Open Source Software freigegeben ist. Die Nutzer und Ihre Anwendungen sind also derzeit noch vom Bestehen und den Entwicklungen des Betreibers abhängig. Inzwischen gibt es auch erste Alternativen zu *Second Life*. So hat beispielsweise die virtuelle Welt *There.com* bereits eine breite Nutzergemeinde erreicht, und aus dem Open Source-Umfeld ist die virtuelle Welt *Croquet* hervorgegangen.[111]

Insgesamt bieten die virtuellen Welten ihren Nutzern unzählige Möglichkeiten. Doch sie bergen ebenso viele Risiken und sind durch negative Schlagzeilen ebenso häufig in den Medien aufgefallen wie durch positive. Dies nicht zu letzt dadurch, dass virtuelle Welten eben nahezu jedermann ein Zuhause bieten, auch wenn dessen Motive moralisch zweifelhaft oder verwerflich sind. Auch mag man geteilter Meinung sein, ob man seine Zeit nicht besser in der realen Welt verbringen sollte – angesichts der diskutierten Gefahren von Realitätsverlust, Vernachlässigung von realen sozialen Beziehungen und anderen Szenarien. Eine tiefergehende Betrachtung dieser Fragen soll an dieser Stelle jedoch nicht erfolgen. Sicherlich werden aber virtuelle Welten – welche auch immer – eine bedeutende Rolle in den Welten von Privatpersonen und Unternehmen spielen, ihnen Chancen eröffnen und auch weiterhin Risiken bergen.

A.2.9 Open Source Software – Mehr als Linux

Schon viele Jahre bevor mit *Wikipedia* ein nicht-kommerzielles Projekt in Wettbewerb mit großem Erfolg eine Alternative zu kommerziellen (Enzyklopädie)-Angeboten schuf, gab es im Bereich der Software eine Bewegung, die nach ganz ähnlichen Mechanismen funktionierte und ebenfalls sehr wettbewerbsfähige Produkte entwickelte. Als Open Source Software lassen sich einzelne Projekte wie *Linux* bis in die frühen 90er Jahren zurückverfolgen. Neben dem inzwischen sehr bekannten und weitverbreiteten Betriebssystem *Linux* gibt es inzwischen eine Vielzahl anderer Projekte, die ebenfalls eine hohe Verbreitung gefunden haben.[112] Weitere bekannte Open Source-Softwareprodukte sind etwa der Webbrowser *Mozilla Firefox* und im betrieblichen Umfeld die Open Source Datenbank *mySQL* (Marktanteil über 30 Prozent[113]) oder der Web-Server *Apache* (Marktanteil über 60 Prozent[114]). Laut einer Studie von

---

[108] Vgl. Fank (10 Gründe gegen Second Life, 2007)

[109] Vgl. http://www.sltalk.de/index.php/2007/11/17/10-grunde-fur-second-life/, abgerufen am 19.11.2007

[110] Vgl. Fank (10 Gründe gegen Second Life, 2007)

[111] Vgl. http://www.opencroquet.org/index.php/Main_Page

[112] Vgl. Brügge et al. (OSS, 2004), S. 25 sowie Abschnitt B 7.1 dieses Buches

[113] Vgl. Studie der *Evans Corporation* aus dem Jahre 2005. http://www.mysql.de/why-mysql/marketshare/, abgerufen am 10.11.2007

Forrester aus dem Jahr 2005 nutzten bereits damals über 50 Prozent der Unternehmen Open Source Software oder planten dies innerhalb der nächsten Monate zu tun.[115]

Als Open Source-Software werden Software-Lösungen bezeichnet, die

- einen frei verfügbaren offenen Quellcode ('Open Source') anbieten,
- in einem kollaborativen Entwicklungsprozess auch durch lose assoziierte Freizeit-Entwickler vorangetrieben werden und
- mit einer kostenfreien Lizenz zur Verfügung stehen.

Bei Open Source-Software sind der Quellcode und die Software **öffentlich** über das Internet verfügbar. Es gibt keine Einschränkungen hinsichtlich der Nutzergruppen: Privatpersonen, öffentliche Institutionen und Unternehmen sind gleichermaßen zur Nutzung berechtigt.[116] Die Software wird mit der **kostenfreien** Lizenz GPL vertrieben.[117]

Die Arbeit an den Open Source-Software-Projekten erfolgt normalerweise ohne Bezahlung in der Freizeit. Jeder Internetnutzer, der über ausreichende Programmierkenntnisse verfügt, kann an der Weiterentwicklung und Verbesserung von Open Source-Projekten mitarbeiten. Resultat ist ein kollaborativer Entwicklungsprozess, in den räumlich verteilte Entwickler ihre Leistungen entgeltfrei einbringen.[118]

Durch den Erfolg der Open Source-Software-Projekte haben sich jedoch inzwischen viele Sponsoren gefunden, die an der Weiterentwicklung interessiert sind und daher die Projektteilnehmer bezahlen, so dass sie in Vollzeit an der Open Source-Software arbeiten können.[119]

Das bekannteste Projekt für Open Source-Software ist *Linux*, das Betriebsystem, das von Linus Torvalds initiiert und von unzähligen anderen Programmierern kollaborativ weiterentwickelt wurde. Die Offenheit von *Linux*, die Berücksichtigung von Standards, die Leistungsfähigkeit und die kostenfreie Verfügbarkeit haben dazu geführt, dass *Linux* heute nicht nur von Unternehmen und Behörden genutzt wird, sondern auch von immer mehr Privatanwendern.[120] Hinzu kommt, dass sich die Open Source-Entwicklungen seit Jahren auch bereits den Ruf geschaffen haben, weniger anfällig für Viren zu sein.[121]

Mit der zunehmenden Verbreitung des Internet fanden Open Source-Entwicklungen eine steigende Zahl von aktiven Entwicklern sowie Nutzern. Für die Entwicklung und Projektarbeit, die Koordination der Aktivitäten der unterschiedlichen Entwickler, den Überblick über

---

[114] Vgl. Studie von *Netcraft* 2006. http://www.heise.de/open/news/meldung/75269, abgerufen am 10.11.2007.

[115] Vgl. Studie von *Forrester* 2005. http://www.computerwoche.de/premium/business_grafiken/570863/index.html, abgerufen am 10.11.07

[116] Vgl. Goncalvez (Linux, 2000), S. 21 und Hertel et al. (Motivation, 2003), S. 1159

[117] Dieses in Open Source Software-Projekten meistgenutzte Lizenzmodell ist auch der Vorgänger für die GNU FDL der *Wikipedia*. Die GPL stellt sicher, dass der Quellcode unbegrenzt gelesen, genutzt, modifiziert und distribuiert werden kann. Vgl. Brügge et al. (OSS, 2004), S. 23

[118] Vgl. Brügge et al. (OSS, 2004), S. 19 ff. sowie Hertel et al. (Motivation, 2003), S. 1160

[119] Vgl. Hertel et al. (Motivation, 2003), S. 1160

[120] Vgl. Hansen/Neumann (Wirtschaftsinformatik II, 2005), S. 372 ff.

[121] Vgl. dazu ausführlicher Möller (Medienrevolution, 2006), S. 95 f.

die verschiedenen Entwicklungen wird das Web als Plattform genutzt. Über Plattformen wie *Sourceforge.net* haben Initiatoren von Open Source-Projekten die Möglichkeit, die Arbeit an dem Projekt zu koordinieren und andere Entwickler zu finden. Neben reinen Open Source-Projekten haben sich dabei inzwischen auch weitere Spielarten entwickelt. So etwa das *Dual Licensing*. Ein Beispiel ist die Open Source-Datenbank *mySQL*, die ebenfalls in Form des *Dual Licensing* vertrieben wird und in einer lizenzkostenfreien ‚reinen' Open Source und einer lizenzkostenpflichtigen Version mit Zusatzvorteilen vertrieben wird.[122]

Nicht nur die Zusammenarbeit im Netz unter den Entwicklern hat sich in den letzten Jahren rapide weiterentwickelt. Vor allen ist die Vielfalt an Angeboten konstant gestiegen. Neben freien Security-Programmen (Antiviren-Software, Anti-Spyware etc.) haben sich auch Programme zur Verwaltung von Bildern (*GDPhotos*), Projekten (*Gantproject*), Networking (*Filezilla* oder auch *Zenos Core Enterprise IT Monitoring*), Mindmapping (*FreeMind*) oder auch Finanzen (*Openbravo ERP*) etabliert. Unzählige Spiele ermöglichen Unterhaltung daheim oder im Internet. Sowohl Tools, die die Arbeit am eigenen PC erleichtern, als auch solche, die die Kollaboration im Web und die Erstellung von Inhalten im Internet erleichtern, gibt es in einer großen Vielzahl.

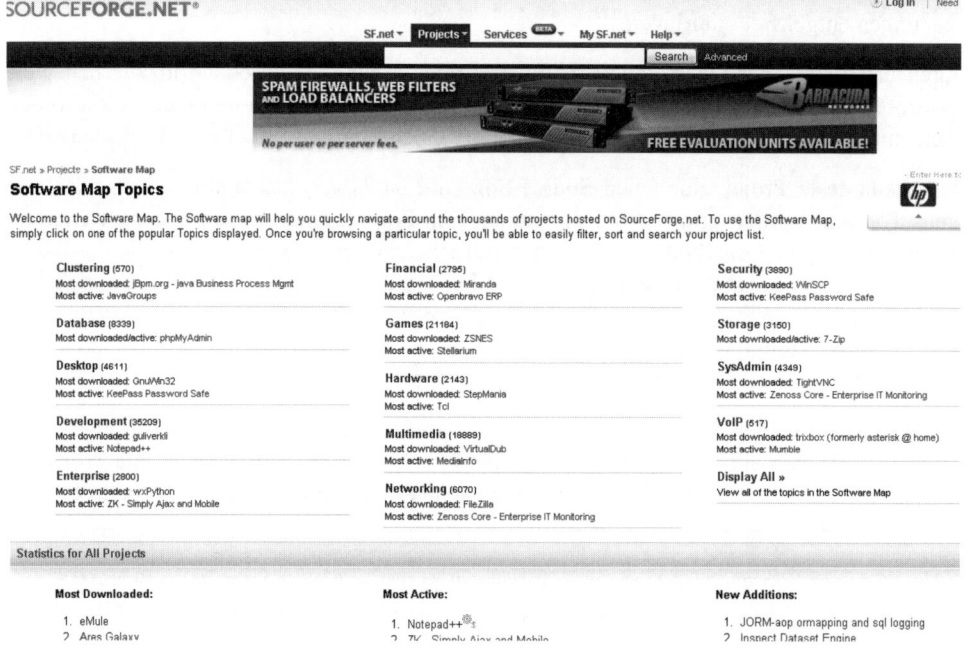

Abbildung 16: Open Source-Plattform Sourceforge[123]

---

[122] Vgl. http://www.mysql.com/news-and-events/newsletter/2003-11/a0000000220.html, abgerufen am 10.11.2007

[123] *URL: http://sourceforge.net/softwaremap/, abgerufen am 05.11.07*

Eine der bekanntesten Anwendungen aus dem Open Source-Kontext ist neben dem Betriebssystem *Linux* der weitverbreitete Web-Browser *Mozilla Firefox*, der *Microsofts Internet Explorer* Konkurrenz macht. Der *Mozilla Firefox-Browser* ist der Nachfolger des legendären *Netscape-Browsers*, der 1998 unter einer Open Source-Lizenz freigegeben wurde. Mittlerweile hat der *Firefox-Browser* nach Einschätzung von Experten wie Möller den *Internet-Explorer* im Funktionsumfang und Bedienungskomfort bereits überflügelt.[124]

Bleibt die Frage, wie es hunderten von Entwicklern weltweit gelingt, komplexe Systeme wie das Betriebssystem *Linux* zu schaffen, Fehler schnell zu beheben und laufend neue Funktionalitäten zu ergänzen. Dies wird in Abschnitt B.7.1 aus der Sicht der Organisationsgestaltung weiter erörtert.

---

[124] Vgl. Möller (Medienrevolution, 2006), S. 80 ff.

Aus den Möglichkeiten der vorgestellten Social Software-Angebote ergibt sich eine Vielzahl von Konsequenzen für lebensfähige Geschäftsmodelle. Ein prägnantes Beispiel ist der ‚Long Tail'

The Long Tail – everyone will be world-famous for 15 minutes[125]

Wie viele Menschen im Sinne Warhols ‚world-famous' werden konnten, wurde bis vor einigen Jahren durch ein eher profanes Problem begrenzt. Der verfügbare Regalplatz beziehungsweise die verfügbaren Sendeplätze weniger TV- und Radio-Sender begrenzten die Zahl der möglichen Titel und Interpreten, die über die vorhandenen Kanäle distribuiert werden konnten. So mussten etwa die Plattenlabels bei der Anzahl der verlegten Alben immer mit berücksichtigen, wie viele Alben sie in den Plattengeschäften positionieren konnten, da dort der Regalplatz physisch begrenzt ist.

Mit den neuen Medien, insbesondere im Internet, veränderte sich die Situation grundlegend. Dies zeigt sich nicht nur darin, dass heutige Top-Seller wie die Arctic Monkeys, die ihre erste CD am Erscheinungstag bereits ca. 60.000-fach verkaufen konnten, ihren Erfolg in weiten Teilen auf eine starke Popularität im World Wide Web aufbauen.[126] Vielmehr verändern sich die Strukturen von Verkaufszahlen in den letzten Jahren grundlegend.

Fußte der wirtschaftliche Erfolg von Plattenlabels, Filmindustrie und Fernsehsendern vor einigen Jahren noch vor allem auf den so genannten ‚Blockbustern', also wenigen Produkten, die aber sehr hohe Verkaufszahlen erzielen konnten, so wird inzwischen vom ‚Ende der Blockbuster'[127] gesprochen. So zeigt sich beispielsweise bei den Verkaufszahlen der Musikalben ein grundlegender Wandel. Die meisten der 50 bestverkauften Musikalben wurden von Interpreten wie den Eagles oder Michael Jackson in den 70er und 80er Jahren produziert. Hingegen findet sich in den USA kein Album der letzten fünf Jahre unter den Top-50-Alben.[128] Auch die Einschaltquoten der meistgesehenen aktuellen TV-Shows hätten im Jahr 1970 nicht für die Top 10 gereicht.

---

[125] Vgl. http://en.wikiquote.org/wiki/Warhol, abgerufen 08.11.2007

[126] Vgl. Künzler (Sprung aus dem Netz, 2006)

[127] Vgl. Watts/Husker (Ende der Blockbuster, 2006)

[128] Vgl. Anderson (Long Tail, 2006), S. 2 (unter Bezugnahme auf www.riaa.org)

Aber nicht nur bei den Top-Sellern verändern sich die Strukturen. Gleichzeitig mit den reduzierten Verkaufszahlen der meistverkauften Produkte entsteht zunehmend ein Markt für Produkte, die jeweils nur sehr geringe Verkaufszahlen erreichen. So machen beispielsweise bei *Amazon* Bücher, die üblicherweise wegen der begrenzten Titelzahl im stationären Handel nicht erhältlich sind, 25 Prozent der Verkäufe aus.[129] Die resultierende Verteilung der jeweiligen Produktverkäufe geordnet nach den Absatzzahlen führt in der grafischen Darstellung zu einer Verteilung, die sich über einen langen Bereich hinzieht, dem ‚Long Tail'. Hatten frühere Verkaufskurven eine höhere Zahl von Verkäufen bei den Top-Sellern, endeten aber relativ schnell mit der begrenzten Anzahl der Produkte, so beginnt die Verkaufskurve zwar heute mit einer geringeren Verkaufszahl bei den bestverkauften Produkten, zieht sich aber extrem weit mit Produkten hin, die nur geringe Verkaufszahlen erreichen.

Bei Unternehmen wie *Amazon* können auch Titel, die nur geringe jährliche Verkaufszahlen haben, durch das Konzept des Online-Stores kombiniert mit einer zentralisierten Lagerhaltung trotzdem wirtschaftlich vertrieben werden. Analysiert man andere Geschäftsmodelle wie *iTunes*, *eBay* oder auch *Googles* Online-Werbegeschäft, so wird deutlich, dass diese Geschäftsmodelle ebenfalls darauf aufbauen, dass die artikel- bzw. vorgangsbezogenen Kosten minimal sind, und so auch kleinste Volumina wirtschaftlich abgebildet werden können. Dies gilt umso mehr, wenn es sich um digitale Güter wie Musik-, Filmdownloads, Online-Werbung o.ä. handelt. Hier können mit hoher Automatisierung und Self-Service-Funktionalitäten die Grenzkosten je Vorgang und Produkt nahe Null gesenkt werden. Die bisher unattraktiven, wenig verkauften Produkte werden so für Unternehmen hoch attraktiv. In der Konsequenz bedeutet dies für Unternehmen und Märkte eine grundlegende Umorientierung weg von den Blockbustern hin zu den Produkten des Long Tail mit weitreichenden Konsequenzen für Geschäftsmodelle, Marketing-Kommunikation, Produktentwicklung etc. – und schließlich auch für Musiker, Autoren, Künstler, Handwerker, Händler etc. die Möglichkeit, in ihrer Zielgruppe ‚world-famous' zu werden.

---

[129] Vgl. Anderson (Long Tail, 2006), S. 23

A.3 Die Wikipedia-Story

A.3.1 Die Geschichte der Wikipedia – Eine Erfolgsstory

Die Geschichte von Enzyklopädien geht zurück bis in die Antike. Die erste bedeutende Enzyklopädie der Neuzeit erschien in Frankreich gegen Ende des 18. Jahrhunderts in der Zeit der Aufklärung. Dabei waren Denis Diderot und Jean d'Alembert die entscheidenden Kräfte bei der Zusammenstellung des Werkes. D'Alembert fasste in der Einleitung der 1752 bis 1780 in 28 Bänden erschienenen Enzyklopädie der Wissenschaften, Künste und Gewerbe[130] den Geist der Zeit mit den Worten: „Das Zeitalter der Philosophie ist dem Jahrhundert der Wissenschaft gewichen."[131] zusammen. Die Enzyklopädie sollte das gesamte Wissen der Zeit zusammenfassen und ordnen sowie neue Ideen, neues Wissen, das in den Jahren vor der Aufklärungsbewegung nicht verbreitet werden durfte, frei publizieren. In derselben Zeit wurde auch die *Encyclopaedia Britannica*, heute eine der bedeutendsten Enzyklopädien, erstmalig von den Schotten Andrew Bell, Colin Macfarquhar und William Smellie herausgegeben. 1820 veröffentlichte Friedrich Arnold Brockhaus den Brockhaus in zehn Bänden.[132] Mittlerweile ist der Umfang der Enzyklopädien um ein vielfaches gewachsen und die Grenzen der Ausgaben in Buchform sind erreicht: Ein Buch mit 1000 Seiten ist dick und schwer, auf eine mehrbändige Enzyklopädie kann man nicht überall zugreifen und Bücher sind teuer.[133] Hinzu kommt, dass sich das Wissen ständig verändert und damit aktualisiert werden muss, wogegen die Druck- und Bearbeitungszeiten sehr lang und ressourcenintensiv sind. Als Medium, um Informationen zu verbreiten, sind Bücher „*wundervoll*"[134], jedoch nicht Ressourcen schonend: Die aktuelle Auflage der *Encyclopaedia Britannica* verfügt mittlerweile über 32 Bände.[135]

Bereits die Brüder Jakob und Wilhelm Grimm hatten die Idee der Sammlung von Wissen in gemeinsamer Arbeit. Nicht nur die berühmte Märchensammlung trugen sie gemeinsam mit vielen anderen zusammen, auch das Deutsche Wörterbuch entstand im Jahr 1838 auf ähnliche Weise, indem die Brüder aktiv um Schriftsteller warben. Damals war es jedoch noch wesentlich aufwendiger, die Kommunikation mit den Schriftstellern in anderen Städten und Landesteilen zu gestalten. Die Voraussetzungen für eine schnelle und einfache Vernetzung

---

[130] Französischer Originaltitel: *L'Encyclopédie ou Dictionnaire raisonné des sciences, des arts et des métiers*. Vgl. Friedell (Kulturgeschichte, 1984), S. 660

[131] Vgl. Störig (Philosophie, 1985), S. 371

[132] Vgl. o.V. (Meyers Lexikon, 2003), Bd. 3, S. 904

[133] Vgl. Fiebig (Wikipedia, 2005), S. 19

[134] Vgl. Fiebig (Wikipedia, 2005), S. 19

[135] Vgl. o.V. (Encyclopaedia Britannica, 2006), Artikel: Encyclopaedia Britannica, S. 14

und Kommunikation wurden erst mit der Einführung und zunehmenden Verbreitung des World Wide Web in den 90er Jahren des 20. Jahrhunderts geschaffen.[136]

Es war nun nahe liegend, dass mit der zunehmenden Verbreitung des Internets die neuen Technologien, Kommunikations- und Kollaborationsmöglichkeiten auch für Enzyklopädien genutzt wurden. 1993 veröffentlichte Rick Gates folgenden Beitrag in einer Newsgroup:

„Wow! An Internet Encyclopaedia! The more I thought about this, the more I realized that such a resource, containing general, encyclopaedic knowledge for the layman would be an important tool for some types of research and for the Net. Citizenry in general. Ahh ... but what about contributors ... where will you find authors to write the short articles you need? Well, I'd first have to start out by finding some way of communicating with an extremely diverse set of people ... everyone from linguists, to molecular biologists, from animal rights activists to zymurgists, and from geographers to gas chromatographers. Guess what? ☺ The Net provides just such an arena! So I thought about it some more ... and came to the conclusion that this is a good idea!"[137]

Ein Schritt in diese Richtung wurde im Jahr 1995 erreicht, als Ward Cunningham die Idee der Wikis entwickelte. Er installierte auf seinem Webserver eine Datenbank, „ein Web von Menschen, Projekten und Mustern, auf das man über ein cgi-bin-Skript zugreifen kann."[138] Es bot die Möglichkeit, ohne HTML-Kenntnisse mit Formularen Text zu editieren. Cunningham nutze diese neue Technologie, um mit Entwicklern aus aller Welt zusammen zu arbeiten. Der Datenbank gab er den Namen WikiWikiWeb, wobei „Wiki Wiki" aus dem Hawaiianischen stammt und „schnell" bedeutet,[139] denn Cunningham wollte die neue Datenbank schnell mit Inhalten füllen. Damit war die technische Grundlage für die spätere *Wikipedia* geschaffen. Mittlerweile gibt es über 100 öffentliche Wiki-Server, die verschiedensten Varianten von Wiki-Software und unzählige Wikis, die schnell von einer Vielzahl von Nutzern mit Daten gespeist werden können.[140]

Die Idee einer freien Enzyklopädie fand Ihre Umsetzung erstmals mit dem *Nupedia*-Projekt. Es wurde im März 2000 von dem Internet-Unternehmer Jimmy Wales gegründet und hatte von Anfang an das Ziel, eine „gigantische freie Enzyklopädie zu schaffen, die Britannica, Encarta & Co. den Garaus machen sollte."[141] Für die Koordination stellte Wales als Chefredakteur Larry Sanger ein. Beim *Nupedia*-Projekt sollte eine strenge Qualitätskontrolle durch qualifizierte Experten aus den jeweiligen Fachgebieten, so genannte „Peers", erfolgen und zum Erfolg führen. Die Artikel sollten von motivierten Freiwilligen erstellt werden, deren Arbeiten eine komplizierte Revision mit Faktenprüfung, Lektorat und Finalisierung überste-

---

[136] Vgl. Fiebig (Wikipedia, 2005) S. 20

[137] Vgl. http://wikipedia.org/wiki/Wikipedia:Geschichte_der_Wikipedia, abgerufen am 04.05.2006

[138] Möller (Medienrevolution, 2006), S. 170; CGI steht für Common Gateway Interface und ist eine Programmiersprache für Internet-Anwendungen, vgl. Lassmann (Wirtschaftsinformatik, 2006), S. 286

[139] Als alternativer Name stand QuickWeb zur Debatte, Cunningham bevorzugte jedoch in Anlehnung an das damals noch recht junge Web die Alliteration. Vgl. Möller (Medienrevolution, 2006), S. 170

[140] Vgl. Möller (Medienrevolution, 2006), S. 173

[141] Möller (Medienrevolution, 2006), S. 173

hen mussten. Nach diesem Verfahren wurden in den ersten Jahren seiner Existenz auf der *Nupedia*-Webseite lediglich dreißig Artikel veröffentlicht, die später in die *Wikipedia*-Webseite integriert wurden. *Wikipedia* wurde am 15. Januar 2001 offiziell gestartet. Sie sollte nach einer Idee Larry Sangers zunächst ein *„Schmierzettel"* für *Nupedia* werden.[142] Auch zwei Monate nach der Gründung der *Wikipedia* war sich Jimmy Wales über den Erfolg nicht sicher: *„Wer heute schon seine freien Texte der Welt zur Verfügung stellen will, kann dies bei Wikipedia tun. Der gesamte Inhalt steht unter der GNU FDL[143], und es gibt bereits über 1000 Artikel. Kurz und vielleicht nicht die hohe Qualität von Nupedia, doch mit der Zeit – wer weiß?"[144]*

Heute ist *Wikipedia* mit Abstand das größte Wiki.[145] Im Juli 2007 enthielt allein die englischsprachige Ausgabe der Enzyklopädie, die nicht von einer festen, bezahlten Redaktion sondern von freiwilligen Autoren verfasst wird, fast zwei Mio. Artikel[146], die deutschsprachige Ausgabe ist mit gut 600.000 Artikeln[147] die zweitgrößte *Wikipedia*.[148] Täglich werden in der englischsprachigen *Wikipedia* mittlerweile bis zu 2.000 Artikel eingestellt, in der deutschsprachigen sind es um die 500 Artikel, die von freiwilligen Autoren verfasst werden, weltweit sogar bis zu 9.000 Artikel pro Tag.[149] Weltweit ist *Wikipedia* auf Platz 16 der am meisten besuchten Webseiten, in Deutschland sogar auf Platz 10.[150]

---

[142] Vgl. Möller (Medienrevolution, 2006), S. 174

[143] GNU ist die Abkürzung für General Public Licence. Daten, die unter dieser Lizenz erscheinen (Software oder Dokumente), können frei verbreitet und modifiziert werden. FDL steht für Free Documentation Licence. Dokumente, die unter dieser Lizenz stehen, sind freie Dokumente. Die Lizenz regelt die freie Verbreitung und Entwicklung der Dokumente. Vgl. Ebersbach et al. (Wiki-Tools, 2005), S. 392 und Ghersi et al. (Internet-Lexikon, 2002), S. 87

[144] Jimmy Wales in einem Interview, abrufbar unter http://slashdot.org/article.pl?sid=01/03/02/14222244&mode=nested&tid=99, hier in der Übersetzung von Möller (Medienrevolution, 2006), S. 175

[145] Vgl. Möller (Medienrevolution, 2006), S. 188

[146] Vgl. http://stats.wikimedia.org/DE/TablesArticlesNewPerDay.htm, abgerufen am 28.07.2007

[147] Vgl. http://de.wikipedia.org/wiki/Spezial:Statistik, abgerufen am 28.07.2007

[148] Vgl. http://www.wikipedia.org/, abgerufen am 28.07.2007

[149] Vgl. http://stats.wikimedia.org/DE/TablesArticlesNewPerDay.htm, abgerufen am 28.07.2007

[150] Vgl. o.V. (Alexa, Related Info, 2006) und o.V. (Alexa, Deutsch, 2006)

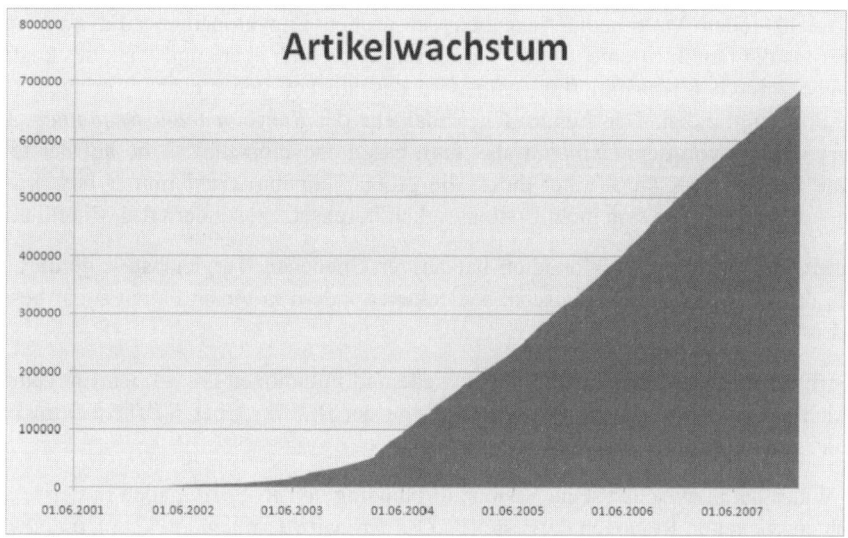

Abbildung 17: Artikelzahl der deutschsprachigen Wikipedia im Zeitverlauf[151]

Ab April 2001 war der größte Teil der *Wikipedia* bereits über *Google* indiziert, was viele Leser zu dem noch jungen Projekt lenkte. Als im Juli 2001 die *Encyclopaedia Britannica*, die seit 1994 auch online für angemeldete Nutzer zur Verfügung stand, in ein kostenpflichtiges Angebot umgewandelt wurde, erlebte *Wikipedia* einen weiteren Wachstumsschub, da nun viele Nutzer auf das kleinere, aber kostenlose *Wikipedia*-Projekt umstiegen.[152]

Im Mai 2001 wurde die deutschsprachige *Wikipedia* gegründet, die bereits im August desselben Jahres die Grenze von eintausend Artikeln erreichte. Das Wachstum war in den Folgejahren quasi als exponentiell anzusehen, ebenso bei der englischsprachigen Ausgabe.[153]

Wikipedia-Projekte gibt es bereits in 253 Sprachen, wobei 139 dieser Projekte über mehr als 1.000 Artikel verfügen, 70 über mehr als 10.000 und 14 über mehr als 100.000. Die englische *Wikipedia* ist die einzige mit mehr als 1.000.000 Artikel. Die aktivsten Sprachen sind Englisch, Deutsch, Französisch, Polnisch, Japanisch und Italienisch.[154]

Während Enzyklopädien früher eine „Anschaffung für's Leben" oder zumindest für viele Jahre waren und Aktualisierungen aufgrund der hohen Ressourcenintensität bei den gedruckten Ausgaben nur alle paar Jahre veröffentlicht werden, sind auch die multimedialen Versionen der großen Enzyklopädien inzwischen so preiswert, dass man sich öfter eine neue leisten kann, wenn man diese günstigere Variante der klassischen Enzyklopädie in 30 Bänden vor-

---

[151] URL: http://www.wikipedia.de/wiki/Wikipedia:Meilensteine, abgerufen am 25.07.2007

[152] Vgl. http://wikipedia.org/wiki/Wikipedia:Geschichte_der_Wikipedia, abgerufen am 04.05.2006

[153] Vgl. http://wikipedia.org/wiki/Wikipedia:Geschichte_der_Wikipedia, abgerufen am 04.05.2006

[154] Vgl: http://meta.wikimedia.org/wiki/List_of_Wikipedias#Grand_Total, abgerufen am 28.07.2007

zieht. Die aktuellen Multimedia-Ausgaben der großen Enzyklopädien sind zwar weitaus günstiger als die Druckvariante, dieser Vorteil relativiert sich aber angesichts des kostenfreien Angebots durch *Wikipedia*. *Wikipedia* wird deshalb von den meisten Verlagen als eine Provokation empfunden. Der frühere Chefredakteur der *Encyclopaedia Britannica*, Robert McHenry, spricht von der *Wikipedia* als „faith-based encyclopedia"[155] die auf der falschen Annahme beruhe, dass die Artikel durch die große Teilnehmerzahl immer besser werden würden – dagegen würde sich nicht Erstklassigkeit durchsetzen, sondern das Mittelmaß.[156]

Die Diskussion um die Enzyklopädien hat zu verschiedenen Vergleichstest geführt. Diese ergaben, dass *Wikipedia* nicht pauschal schlechter, sondern in vielen Fällen sogar besser als andere Enzyklopädien ist.[157]

Ein Überblick über die Leistungen, Unterschiede und Funktionen der großen Enzyklopädien findet sich in der deutschsprachigen *Wikipedia* in der Rubrik ‚Über *Wikipedia*‘ im Bereich ‚Statistik‘ unter dem Link ‚Größenvergleich‘.[158]

Jimmy Wales hat inzwischen seine Vision zur Nutzung von *Wikipedia* auch in wirtschaftlich schwach entwickelten Regionen dargestellt: *„Der Tag wird kommen, an dem ich einen Spendenaufruf ausgeben werde, um gedruckte Kopien der Wikipedia an jedes Kind in einem Entwicklungsland der Erde zu verbreiten."*[159]

A.3.2 Die Projekte der Wikimedia Foundation – Bücher, Nachrichten und mehr

Der rasante Erfolg der *Wikipedia* führte im Laufe der letzten Jahre zu weiteren Wiki-Projekten unter dem Dach der *Wikimedia Foundation*, der internationalen Non-Profit-Organisation, die sich der Förderung freien Wissens verschrieben hat und im Juni 2003 durch Jimmy Wales gegründet wurde.[160] Ungefähr zur gleichen Zeit zeigten sich auch erstmals die Grenzen des rasanten Wachstums, da die Server[161] vollkommen überlastet waren, und die Hardware erweitert werden musste.[162] Die permanent notwendigen Erweiterungen der Server, die benötigt werden, um dem immensen Traffic[163] im *Wikipedia*-Wiki begegnen

---

[155] McHenry (The faith-based encyclopaedia, 2004)

[156] Vgl. McHenry (The faith-based encyclopaedia, 2004)

[157] Vgl. hierzu Abschnitt A.3.7

[158] URL: http://de.wikipedia.org/wiki/Wikipedia:Gr%C3%B6%C3%9Fenvergleich, abgerufen 25.11.2007

[159] Wales (Wikipedia Talk, 2004), zit. aus Möller (Medienrevolution, 2006), S. 190

[160] Vgl. http://wikipedia.org/wiki/Wikipedia:Geschichte_der_Wikipedia, abgerufen am 04.05.2006

[161] Vgl. http://meta.wikimedia.org/wiki/Wikimedia_servers, abgerufen am 04.05.2006

[162] Vgl. Fiebig (Wikipedia, 2005), S. 25

[163] Der Begriff ‚Traffic‘ bezeichnet das „Verkehrsaufkommen" im Internet. Bei hohem Datenaufkommen kann dabei der Zugriff auf ein Netzwerk langsamer werden. Vgl. Ghersi et al. (Internet-Lexikon, 2002), S. 178. So genannte Internet Backbone Provider können Statistiken über den Traffic auf einer Infrastruktur liefern, darunter zum Beispiel *www.alexa.com*. Hier wird *Wikipedia* weltweit an Platz 16 gelistet, in Deutschland sogar an Platz zehn. Vgl. o.V. (Alexa, Related Info, 2006) und o.V. (Alexa, Deutsch, 2006)

zu können, werden heute weitgehend durch Spenden an die Wikimedia Foundation finanziert, nachdem Jimmy Wales die Finanzierung in den Anfangsjahren größtenteils privat getragen hatte.[164] Zu diesem Zweck werden auf den Wikimedia-Seiten regelmäßig Spendenaufrufe geschaltet. Bisher hat es die Wikimedia damit geschafft, werbefrei zu bleiben.[165]

Die Wikimedia Foundation ermöglicht die Koordination für die zunehmende Zahl an Sprachen, Teilnehmern und Einträgen sowie für die neuen Projekte. Sie gibt den Projekten außerdem eine finanzielle Basis.[166] Die technische Infrastruktur der Wikimedia Foundation beläuft sich auf über 100 Server und die Koordination der Projekte erfolgt über die Organisationsplattform Meta-Wiki, die als zentrale Anlaufstelle für alle Wikimediaprojekte Hilfe, Anleitungen und Diskussionsplattformen zur Mediawiki-Software und zu allen vorgeschlagenen und bestehenden Projekten bietet.[167] In allen Projekten wird die MediaWiki-Software eingesetzt, die eine einheitliche Syntax zur Formatierung liefert.[168]

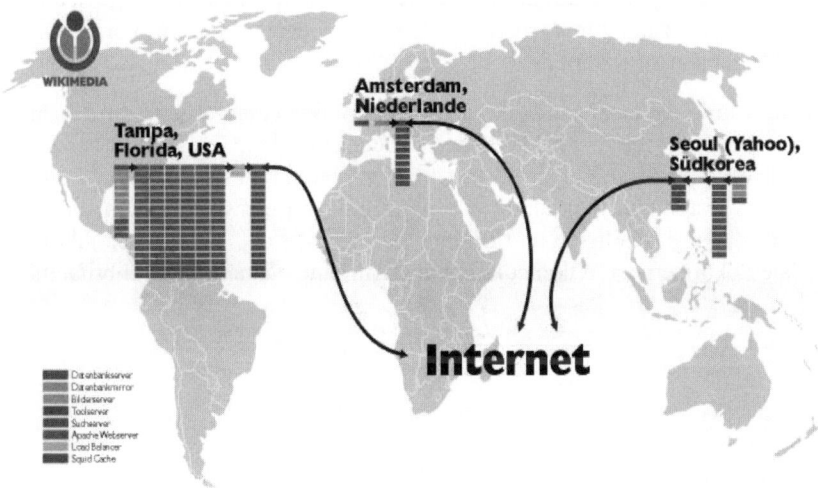

Abbildung 18: Weltweite Verteilung der Wikimedia-Server[169]

Das Kuratorium oder auch Board of Trustees, von denen die Mehrheit durch eine projektübergreifende Wahl von der Community bestimmt werden soll, ist laut der Satzung die höchste Instanz der Wikimedia Foundation.[170] Der Vorsitzende und Präsident ist Jimmy

---

[164] Vgl. Heuer/Trojan (Die Dot-Kommune, 2005), S. 75
[165] Vgl. Möller (Medienrevolution, 2006), S. 190
[166] Vgl. http://wikimediafoundation.org/wiki/Home, abgerufen am 09.06.2006
[167] Vgl. http://meta.wikimedia.org/wiki/Hautpseite, abgerufen am 04.05.2006
[168] Vgl. http://www.mediawiki.org/wiki/How_does_MediaWiki_work%3F, abgerufen am 04.05.2006
[169] Vgl. URL: www.mediawiki.org/wiki/How_does_MediaWiki_work%3F, abgerufen am 12.08.2007
[170] Vgl. Art. IV Abs. 1 der Wikimedia Satzung, URL:
http://wikimediafoundation.org/wiki/Wikimedia_Foundation_bylaws, abgerufen am 12.08.2007

Wales, hinzu kommen noch ein Schatzmeister und ein „Sekretär". Die Aufgaben des Boards of Trustees umfassen die Budgetverwaltung, den Ankauf von Servern, das Erstellen von Promotionsmaterial sowie die Öffentlichkeitsarbeit der Wikimedia, wozu auch die Organisation von Veranstaltungen wie der Wikimania, dem Mitgliedertreffen der Wikimedia, gehört.[171]

Die Satzung der Wikimedia, die auf den Wikimedia-Seiten publiziert ist, enthält die Prinzipien der Wikimedia, die Vereinsgrundsätze, Ziele und Aufgaben der Foundation bzw. des Vereins sowie die Rechte und Pflichten der Mitglieder.[172] Zur Koordination der Projekte in der Wikimedia und zur Unterstützung des Kuratoriums gibt es verschiedene Komitees von Freiwilligen mit Zuständigkeiten für Finanzen, Technik (v.a. Hardware), Recht, Öffentlichkeitsarbeit, Wahlen und Research.[173] Die Wikimedia verfügt dabei hauptsächlich über Mittel aus privaten Spenden, über Zuwendungen in Form von Servern oder Hosting,[174] wie beispielsweise durch *Yahoo!*. Der Suchmaschinenbetreiber stellt in Asien einige seiner Server der Wikimedia zur Nutzung zur Verfügung, ohne eine Gegenleistung in Form von Werbebannern oder ähnlichem zu erwarten.[175]

In Deutschland wurde die erste nationale Sektion der Wikimedia initiiert: Am 13. Juni 2004 gründete Kurt Jannsson den Verein Wikimedia Deutschland – Gesellschaft zur Förderung Freien Wissens e.V.[176] Dieser Verein fördert in ausschließlicher, selbstloser und unmittelbarer Tätigkeit die Erstellung, Sammlung und Verbreitung freier Inhalte, um die Chancengleichheit beim Zugang zu Wissen und Bildung zu verbessern.[177] Inzwischen gibt es bereits sechs nationale Sektionen der Wikimedia Foundation (eine weitere für Großbritannien ist in Planung).[178]

---

[171] Vgl. http://de.wikipedia.org/wiki/Wikipedia:Wikimedia_Foundation, abgerufen am 12.08.2007

[172] Vgl. http://www.wikimedia.de/satzung/ und
http://wikimediafoundation.org/wiki/Wikimedia_Foundation_bylaws, abgerufen am 12.08.2007

[173] Vgl. http://meta.wikimedia.org/wiki/Wikimedia_Foundation_organigram, abgerufen am 12.08.2007

[174] Vgl. http://de.wikipedia.org/wiki/Wikipedia:Wikimedia_Foundation, abgerufen am 12.08.2007

[175] Vgl. http://wikimediafoundation.org/wiki/Pressemitteilungen/Yahoo%21_unterst%C3%BCtzt_Wikimedia, abgerufen am 12.04.2006

[176] Vgl. http://wikimediafoundation.org/wiki/About_Wikimedia, abgerufen am 13.04.2006

[177] Vgl. http://www.wikimedia.de/ueber/, abgerufen am 12.08.2007

[178] Vgl. http://meta.wikimedia.org/wiki/Wikimedia_Foundation_organigram, abgerufen am 12.08.2007

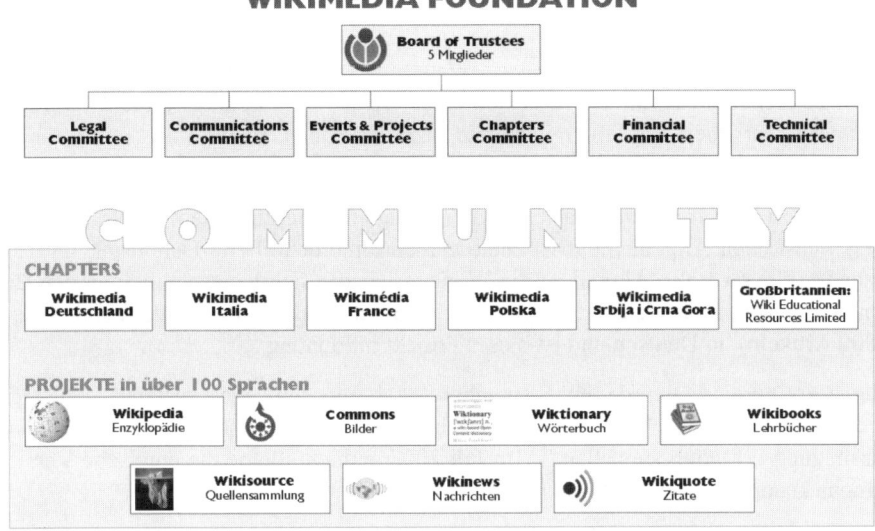

Abbildung 19: Wikimedia Foundation Organigramm[179]

Alle Sektionen, Komitees und das Kuratorium der Wikimedia arbeiten projektübergreifend mit der gemeinsamen Zielsetzung der „Erstellung, Sammlung und Verbreitung freier Inhalte, um die Chancengleichheit beim Zugang zu Wissen und Bildung zu fördern…".[180] Zu Beginn des Jahres 2006 gehörten zur Wikimedia folgende Projekte:

Wikipedia als das größte Projekt zum freien Aufbau einer Enzyklopädie in allen Sprachen der Welt, um das Wissen der Menschheit zu dokumentieren.

Im *Wiktionary-Projekt* wird ein freies Wörterbuch mit Thesauri in jeder Sprache aufgebaut. Das Projekt ist bereits in 389 Sprachen verfügbar. Die größten Wiktionaries sind das Englische mit fast 500.000 Einträgen, gefolgt vom Chinesischen, Französischen, Griechischen, Vietnamesischen und Ido.[181]

Wikiquote ist ein mehrsprachiges Projekt zum Aufbau einer freien Zitatensammlung. Es wurde 2003 begonnen und enthielt im Juli 2007 etwa 60.000 Artikel in 40 Sprachen. Das größte Wikiquote ist das Englische mit ca. 10.000 Artikeln, gefolgt vom Deutschen, Polnischen, Italienischen und Slovakischen.[182]

---

[179] URL:http://upload.wikimedia.org/wikipedia/commons/1/10/Wikimedia-organigramm1.jpg, abgerufen am 22.05.2006

[180] Vgl. http://www.wikimedia.de/satzung/, abgerufen am 12.08.2007

[181] Vgl. Vgl. http://en.wiktionary.org/wiki/Wiktionary:Main_Page, abgerufen am 27.07.2007

[182] Vgl. http://en.wikiquote.org/wiki/Main_Page, abgerufen am 28.07.2007

Wikibooks hat sich die Sammlung von elektronischen Büchern und Materialien mit freien Inhalten zum Ziel gesetzt. Das Projekt enthält Lehrbücher, Anleitungen und gemeinfreie Bücher, wie zum Beispiel Kochbücher.[183]

Wikisource dient der Sammlung von Quelltexten, die als freie Inhalte verbreitet werden, d.h. nicht unter Unterheberrecht fallen oder freie Lizenzen haben. Es wird als Archiv für Klassiker, Gesetzestexte, Biografien und andere gemeinfreie Texte genutzt.[184]

Wikispecies ist eine freie, wiki-basierte Artendatenbank, die unter dem Motto „Wikispecies ist frei, weil Leben Allgemeingut ist" eine gemeinsame detaillierte Datenbank für Taxonomie zur Verfügung stellt. Aktuell ist die Wikispecies, die sich hauptsächlich an den Bedürfnissen von wissenschaftlichen Nutzern ausrichtet, nur auf Englisch verfügbar (mit über 100.000 Artikeln), in Deutschland ist dieses Projekt in Planung.[185]

Wikimedia Commons wurde im September 2004 mit dem Ziel gestartet, eine zentrale Sammlung freier Bilder, Musik und gesprochenen Textes für alle Wikimedia Projekte gemeinsam zur Verfügung zu stellen.[186] Im Juli 2007 enthielt alleine die englische Version der Commons knapp 1,7 Mio. Mediendateien.

Bei *Wikinews* sollen Nachrichten aller Art von einem neutralen Standpunkt aus zusammengetragen werden.[187]

Mit der *Wikiversity* hat die Community im Jahr 2006 eine Plattform „zum gemeinschaftlichen Lernen, Lehren, Nachdenken und Forschen" geschaffen. Sie soll „zur gemeinschaftlichen Bearbeitung wissenschaftlicher Projekte, zum Gedankenaustausch in fachwissenschaftlichen Fragen und zur Erstellung freier Kursmaterialien" dienen. Die Wikiversity ist derzeit nur in neun weiteren Sprachen vorhanden.[188]

Zu den verwandten Projekten gehören auch:

MediaWiki ist ein Programm, das unter der GNU GPL[189] entwickelt wurde. Die Wiki-Software wird von allen Wikimedia-Projekten und vielen anderen Seiten verwendet.

Meta ist eine zentrale Anlaufstelle für alle Wikimedia-Projekte. Das Portal bietet Hilfe und Anleitungen zu MediaWiki sowie Diskussionen über vorgeschlagene und bestehende Projek-

---

[183] Vgl. http://en.wikibooks.org/wiki/Main_Page, abgerufen am 28.07.2007

[184] Vgl. http://en.wikisource.org/wiki/Main_Page, abgerufen am 28.07.2007

[185] Vgl. http://species.wikimedia.org/wiki/Main_Page, abgerufen am 28.07.2007

[186] Vgl. http://commons.wikimedia.org/wiki/Main_Page, abgerufen am 28.07.2007

[187] Vgl. http://en.wikinews.org/wiki/Main_Page, abgerufen am 28.07.2007

[188] Vgl. http://en.wikiversity.org/wiki/Wikiversity:Main_Page, abgerufen am 28.07.2007

[189] Die GNU GPL (General Public License) entspringt dem Open Source-Software-Bereich und garantiert, dass Programme, die unter dieser Lizenz stehen, vervielfältigt, verbreitet, modifiziert und weitergegeben werden dürfen, allerdings unter der Bedingung, dass die Lizenz mit der Weitergabe nicht verändert wird. Ebersbach et al. (Wiki-Tools, 2005), S. 391

te, Zielsetzungen, Weiterentwicklungen und Verwaltung aller Wikimedia-Wikis. Hier erfolgt die Koordination der Wikimedia-Projekte.[190]

Zunehmend finden nun auch in der realen Welt Treffen von Wikimedianern statt. Im August 2005 kam es zur bisher größten Zusammenkunft von Wikimedianern auf der nach dem Grass-Roots-Prinzip organisierten Wikimania-Konferenz in Frankfurt am Main. 400 Teilnehmer aus 50 Ländern trafen sich, um an Vorträgen, Diskussionsrunden und Workshops teilzunehmen.[191]

A.3.3 Die Grundprinzipien der Wikipedia – Die 5 Säulen

Mit der Idee, Wissen frei von übergeordneten Einflüssen zu publizieren, knüpft *Wikipedia* an die Grundidee der Enzyklopädisten Diderot und d'Alembert an. „*Wikipedia* is first and foremost an effort to create and distribute a free encyclopaedia of the highest possible quality to every single person on the planet in their own language." [192]

Dabei basiert die Zusammenarbeit bei *Wikipedia* auf wenigen Grundprinzipien:[193]

- *Wikipedia* ist eine **Enzyklopädie**. Die Inhalte der *Wikipedia* sollen verifizierbar sein und nicht aus der Primärrecherche stammen.
- Dem Inhalt der Artikel soll ein **neutraler Standpunkt** zugrunde liegen. Meinungsstreits sollten aus den verschiedenen Perspektiven dargestellt werden. Dieser Grundsatz umfasst auch die Nachvollziehbarkeit und Belegbarkeit der dargestellten Inhalte.
- Alle veröffentlichten Inhalte sollen **frei** zugänglich sein, was durch die GNU Free Documentation Licence (GFDL) gewährleistet wird.
- Zwischen den Teilnehmern der *Wikipedia* soll es **keine persönlichen Angriffe** geben. Dieses Prinzip wird durch Verhaltensregeln gestützt, die in der *Wikiquette* formuliert wurden.
- Die **flexible Regelauslegung** soll alle potentiellen Autoren bei der Arbeit unterstützen, so dass sie sich nicht durch formale Regeln und Anforderungen an der Erstellung von Inhalten abhalten lassen.

Bei der Erstellung soll primär darauf geachtet werden, dass Neutralität gewahrt wird. In der *Wikipedia* arbeiten Autoren verschiedener Länder, Kulturen und Religionen und bringen damit unterschiedliche politische, weltanschauliche und religiöse Hintergründe mit. Um unweigerlich aufkommenden Meinungsverschiedenheiten entgegen zu wirken, hat Jimmy Wales die Richtlinie des **Neutralen Standpunkts** NPOV aufgestellt. Demnach sollen Fakten und Ideen innerhalb von Artikeln so präsentiert werden, dass die Darstellung von Gegnern und Befürwortern akzeptiert werden kann. Die Darstellungen sollten „für alle rational Den-

---

[190] Vgl. http://wikimediafoundation.org/wiki/Unsere_Projekte#MediaWiki, abgerufen am 12.08.2007

[191] Vgl. http://de.wikipedia.org/wiki/Wikipedia:Wikimania, abgerufen am 12.08.2007

[192] Wales (Wikipedia is an encyclopedia, 2005)

[193] Vgl. http://de.wikipedia.org/wiki/Wikipedia, abgerufen am 26.12.2007 sowie http://en.wikipedia.org/wiki/Wikipedia:Five_pillars, abgerufen am 26.12.2007

kenden"[194] akzeptabel sein. Wie bei allen anderen Enzyklopädien auch, soll in der *Wikipedia* Wissen dargestellt, nicht konstruiert werden. Daher sollen alle Inhalte durch die Angabe von Sekundärquellen verifizierbar sein, die überprüfbar und anerkannt sind.[195]

Wie andere Enzyklopädien auch, verfolgt *Wikipedia* das Ziel, die Gesamtheit des Wissens unserer Zeit in lexikalischer Form zu erfassen und anzubieten. Welche Themen in welcher Form aufgenommen werden, obliegt dabei der Community in einem offenen Redaktionsprozess. Meinungsverschiedenheiten können etwa entstehen, wenn unklar ist, wie relevant ein Beitrag ist – ob er also die notwendige enzyklopädische Relevanz besitzt u.ä. Auf alle Fälle soll auch eine klare **Abgrenzung zu anderen Projekten** wie etwa Wikibooks, Wikinews etc. sichergestellt sein. Im Zweifel wird dies entsprechend einzelfallbezogen in der Community diskutiert.[196]

Eine weitere entscheidende Grundidee, die die *Wikipedia*-Gründer aus Open Source-Projekten wie *Linux* übernommen haben, sind die Lizenzbestimmungen für die freie Verbreitung der Daten und Dokumente unter der GNU Free Documentation Licence:[197]

„Permission is granted to copy, distribute and/or modify this document under the terms of the GNU Free Documentation License, Version 1.2 or any later version published by the Free Software Foundation; with no Invariant Sections, with no Front-Cover Texts, and with no Back-Cover Texts. A copy of the license is included in the section entitled ‚GNU Free Documentation License'".[198]

Alle Inhalte der *Wikipedia* stehen unter der **GNU Free Documentation Licence** (GFDL). Demnach dürfen einzelne Artikel oder der gesamte Inhalt der *Wikipedia* unverändert für Print- und Onlinepublikationen übernommen werden. Die Kopie muss dabei vollständig erfolgen, insbesondere muss die Versionsgeschichte, d.h. die Namen der am Dokument beteiligten Autoren, mit kopiert werden. Werden Teile eines Artikels verändert, muss die veränderte Version oder das neue Werk wieder unter der GFDL lizenziert sein. Dabei muss auf die Urheberschaft des Originals hingewiesen und Zugang zu einer transparenten Kopie gewährt werden. Die GNU-Lizenz stellt außerdem sicher, dass *Wikipedia* auch in Zukunft kostenlos und werbefrei bleibt.[199]

Mit der Internationalität und den Begegnungen unterschiedlichster Kulturen, sozialer Schichten und Religionen kommt es nicht nur zu sachlichen Differenzen, die durch den Neutral Point of View ihren gemeinsamen Nenner finden müssen. Häufig besteht angesichts hoher emotionaler Bindung zum Thema und unterschiedlichster Hintergründe eine ausgeprägte Gefahr, dass die Sachkonflikte auch zu persönlichen Konflikten werden. **Persönliche Angriffe** sollen immer und unter allen Umständen **unterlassen** werden, da alle Teilnehmer eine

---

[194] Vgl. Fiebig (Wikipedia, 2005), S. 28

[195] Vgl. http://de.wikipedia.org/wiki/Wikipedia, abgerufen am 29.03.2007

[196] Vlg. http://de.wikipedia.org/wiki/Wikipedia, abgerufen am 29.03.2006

[197] Vgl. http://de.wikipedia.org/wiki/Wikipedia, abgerufen am 29.03.2007

[198] Vgl. Fiebig (Wikipedia, 2005), S. 266

[199] Vlg. Fiebig (Wikipedia, 2005), S. 263 ff.

verletzbare Seite haben. Dabei sollen intensive und kontroverse Diskussionen auf fachlicher und sachlicher Ebene auf keinen Fall ausgeschlossen werden.[200] Die grundlegenden Regeln für den Umgang miteinander in der *Wikipedia* sind auch in der ***Wikiquette*** festgehalten.[201]

Eine weitere Regel in der *Wikipedia*-Gemeinschaft überrascht zunächst: Mit dem Grundsatz **„Ignoriere alle Regeln"**[202] werden, abgesehen von den dargestellten Grundprinzipien, alle weiteren Regeln zur Disposition gestellt.

Im Laufe der Zeit sind weitere Regeln, Richtlinien und Empfehlungen entstanden – durch das Niederschreiben der „üblichen"[203] Konventionen oder durch einen Regelvorschlag aus der Community, der durch Akzeptanz Gültigkeit erlangt hat. Diese Regeln sollen aber keinesfalls die individuelle Motivation der Autoren so sehr vermindern, dass ein Beitrag eventuell nicht zustande kommt oder der Autor sich ganz zurückzieht. Der Grundsatz „Ignoriere alle Regeln" soll nicht dazu anstiften, alle sozialen Konventionen zu missachten. Es soll vielmehr deutlich werden, dass man auch ohne Kenntnis aller Regeln in der *Wikipedia* mitarbeiten kann, da die Regeln im Idealfall so beschaffen sind, dass man „als vernünftiger Mensch nicht mit ihnen in Konflikt kommt".[204] Bevor die Motivation zur Mitarbeit durch die Regeln gebremst wird, kann beispielsweise eine Literaturangabe auch in einem anderen Format gesetzt werden – ein anderer aus der Gemeinschaft wird sie später in das richtige Format bringen.[205]

A.3.4 Die Wikipedia-Gemeinschaft – Wer macht mit?

Wikipedia hat keine feste, bezahlte Redaktion, sondern ist das Produkt der Arbeit einer Vielzahl freiwilliger Autoren. Doch wer steckt hinter diesen Autoren und wie sind sie innerhalb der *Wikipedia* organisiert?

Hinter dem Lexikon steht eine virtuelle Gemeinschaft aus mehr oder weniger aktiven Internetnutzern. Möglich wird diese Gemeinschaft durch die in den letzten Jahren rapide gewachsene Zahl von Internetnutzern, die alleine in Deutschland von 2003 bis 2005 von 53,5 auf 57,9 Prozent der Bevölkerung gestiegen ist.[206] Erste Untersuchungen haben auch ein Bild vom ‚typischen Wikipedianer' ergeben: Laut einer Untersuchung der Universität Würzburg ist dieser männlich (88 Prozent), arbeitet Vollzeit (43 Prozent) und ist Single (51 Prozent). Dies bedeutet aber ebenso, dass ein großer Teil in einer festen Partnerschaft lebt, davon sind 15 Prozent verheiratet. Circa 25 Prozent der Wikipedianer sind Studenten und das Durchschnittsalter liegt bei 33 Jahren. Der Großteil der Wikipedianer ist zwischen 20 und 40 Jah-

---

[200] Vgl. Fiebig (Wikipedia, 2005), S. 29

[201] Vgl. http://de.wikipedia.org/wiki/Wikipedia:Wikiquette, abgerufen am 12.08.2007

[202] Vgl. http://de.wikipedia.org/wiki/Wikipedia:Ignoriere_alle_Regeln, abgerufen am 28.11.2007

[203] Vgl. Fiebig (Wikipedia, 2005), S. 50

[204] Vgl. Fiebig (Wikipedia, 2005), S. 50 f.

[205] Vgl. Fiebig (Wikipedia, 2005), S. 51

[206] Vlg. Eimeren/Frees (ARD/ZDF-Online-Studie, 2005), S. 363

ren alt (ca. 70 Prozent).[207] Eine weitere Umfrage hat zu ähnlichen durchschnittlichen Ergebnissen bei der Alterstruktur geführt. Hier wird der hohe Anteil der 13- bis 23-Jährigen sehr deutlich, der auf die technische Selbstverständlichkeit und Offenheit der Jugend gegenüber neuen Technologien zurückgeführt wird.[208]

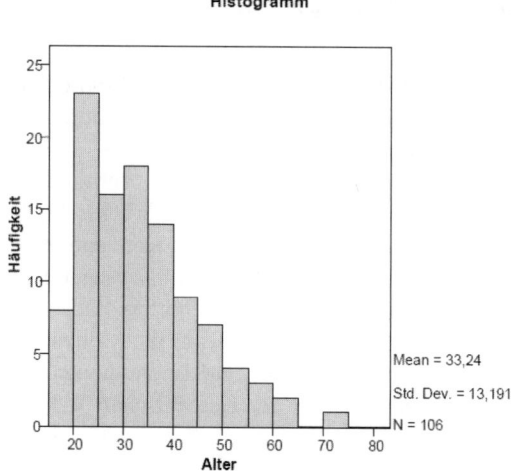

Abbildung 20: Alter der Wikipedianer[209]

Bei der Studie der Universität Würzburg ist zu beachten, dass sie keinen Anspruch auf Repräsentativität erhebt. Ausgewertet wurden die Antworten von 106 Wikipedianern, die den Newsletter der Wikipedia aktiviert haben.[210] Es handelt sich hier wohl vorrangig um Eigenschaften der aktiven und sehr aktiven Wikipedianer.

Hinsichtlich der Bildung und der Wissensgebiete der Wikipedianer gibt es bisher nur wenige valide Daten. Allerdings verweisen diese Daten auf Schwerpunkte in einer Vielzahl an Wissensgebieten und wissenschaftlichen Fachrichtungen, so etwa Naturwissenschaften, Rechtswissenschaften, Kunst, Design, Naturschutz und viele mehr.[211]

---

[207] Vgl. Schroer (Online-Befragung, 2005), S. 1

[208] Vgl. http://de.wikipedia.org/wiki/Wikipedia:Wikipedistik/Soziologie/Erhebungen, abgerufen am 12.08.2007

[209] Nach einer Studie der Universität Würzburg, Schroer (Online-Umfrage, 2005)

[210] Vgl. Schroer (Online-Befragung, 2005), S. 1

[211] Vgl. http://de.wikipedia.org/wiki/Wikipedia:Wikipedistik/Soziologie/Erhebungen, abgerufen am 28.07.2007

Wikipedianer nach Wissensgebieten

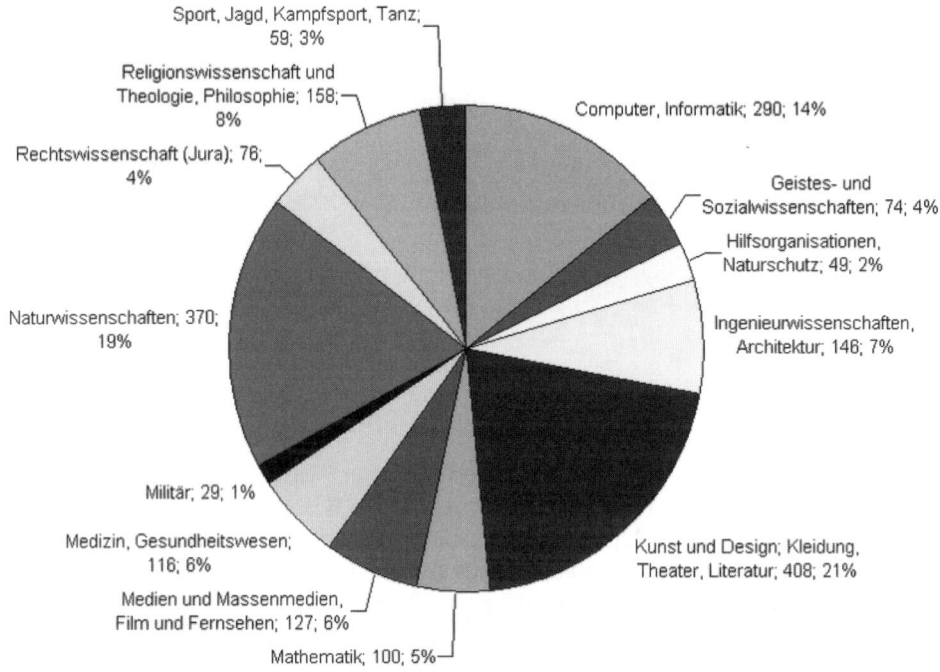

Abbildung 21: Wikipedianer nach Wissensgebieten[212]

Hinweise auf den Bildungsgrad der Wikipedianer liefert die Studie der Würzburger Universität: 31 Prozent der befragten Wikipedianer verfügen über einen Master- oder Diplom-Abschluss, weitere 22 Prozent über einen Bachelor-Abschluss.[213] Einer weiteren Umfrage unter 1.000 Forschern zufolge haben immerhin fast zehn Prozent der Forscher bereits an der Wikipedia mitgeschrieben.[214]

Hinsichtlich der Intensität der Mitarbeit an der Wikipedia gibt es starke Unterschiede. Zur Übersicht können die Wikipedianer folgendermaßen klassifiziert werden:

---

[212] Nach einer Wikipedia-eigenen Erhebung. URL: http://de.wikipedia.org/wiki/Bild:WikipedianerWissen.png, abgerufen am 28.07.2007

[213] Vgl. Schroer (Online-Befragung, 2005)

[214] Vgl. o.V. (Spiegel, Wikipedia, 2005)

	Beiträge pro Nutzer/Monat	Deutschsprachige Wikipedia	Wikipedia gesamt
Aktive Nutzer	> 5	7.635^{215}	62.386^{216}
Sehr aktive Nutzer	> 100	971^{217}	8.684^{218}
Alle Nutzer mit mehr als 10 Beiträgen, 2005 versus 2006 [219]		Sept. 2005: 20.454	Sept. 2005: 108.052
		Sept. 2006: 36.814	Sept: 2006: 290.396
		+ 79,98 %	+ 168,75 %
Angemeldete Nutzer		432.078^{220}	$4.965.275^{221}$

Tabelle 1: Wikipedia – Beiträge und Nutzer

Nach einer Untersuchung des partizipativen Verhaltens der Wikipedianer fand Jimmy Wales heraus, dass 10 Prozent der Wikipedianer 80 Prozent aller Bearbeitungen durchführen, gerade einmal 2,5 Prozent der Wikipedianer nehmen die Hälfte der Bearbeitungen vor. Wales stützt damit seine These von der Wikipedia als „community of thoughtful users"[222], die er einer Beschreibung der *Wikipedia* als emergentes Phänomen gegenüberstellte, in dem sich aus den Beiträgen einer Vielzahl anonymer Internetnutzer eher spontan eine Enzyklopädie herausbilde. Für die aktiven Teilnehmer an der *Wikipedia* hat Jimmy Wales verschiedene Typologien entworfen. Er unterscheidet Sozialtypen, Trolltypen, Versicherungs- und Richtertypen sowie Arbeitsbienen, Generalisten und Spezialisten, die sich gegenseitig beeinflussen und konstruktiv oder kontrovers diskutieren. Durch die Vielfalt und die Diskussionen

---

[215] Bei den Angaben handelt es sich um Durchschnittswerte des Jahres 2006. Die Zahl der aktiven Nutzer schwankt zwischen 5.858 und 7.635, insgesamt ansteigend.
Vgl. http://stats.wikimedia.org/DE/TablesWikipediansEditsGt5.htm, abgerufen am 28.07.2007

[216] Bei den Angaben handelt es sich um die bisherigen Durchschnittswerte des Jahres 2006 (Januar – September). Die Zahl der aktiven Nutzer schwankt zwischen 47.239 und 77.102, insgesamt ansteigend.
Vgl. http://stats.wikimedia.org/DE/TablesWikipediansEditsGt5.htm, abgerufen am 28.07.2007

[217] Bei den Angaben handelt es sich um Durchschnittswerte des Jahres 2006. Die Zahl der sehr aktiven Nutzer schwankt zwischen 848 und 1.093, insgesamt ansteigend.
Vgl. http://stats.wikimedia.org/DE/TablesWikipediansEditsGt100.htm, abgerufen am 28.07.2007

[218] Bei den Angaben handelt es sich um die bisherigen Durchschnittswerte des Jahres 2006 (Januar – September). Die Zahl der sehr aktiven Nutzer schwankt zwischen 7.132 und 10.469, insgesamt ansteigend.
Vgl. http://stats.wikimedia.org/DE/TablesWikipediansEditsGt100.htm, abgerufen am 28.07.2007

[219] Vgl. http://stats.wikimedia.org/DE/TablesWikipediansContributors.htm, abgerufen am 28.07.2007

[220] Vgl. http://de.wikipedia.org/wiki/Spezial:Statistik, abgerufen am 28.07.2007

[221] Vgl. http://en.wikipedia.org/wiki/Special:Statistics, abgerufen am 28.07.2007

[222] Wales, zit. abgerufen von http://de.wikipedia.org/wiki/Wikipedia, am 29.03.2006

dieser verantwortungsbewussten Nutzer kann die hohe Qualität der *Wikipedia* erreicht werden.[223]

Die Wikipedianer arbeiten fast ausschließlich in ihrer Freizeit an der Enzyklopädie, und das sogar durchschnittlich zwei Stunden pro Tag, wobei auch Offline-Recherchen, die nicht am Computer durchgeführt werden, in dieser Zeitspanne berücksichtigt wurden.[224] Die Studie der Universität Würzburg ergab außerdem eine starke Identifikation der Wikipedianer mit dem Projekt insgesamt – die Teilnahme an sich scheint demnach wichtiger zu sein als die Erfüllung einer bestimmten Position innerhalb der Gemeinde.[225]

Die Wikipedianer werden der Studie folgend von verschiedenen Motiven getrieben:[226]

- Das Interesse, die Qualität von Wikipedia zu verbessern.
- Die Überzeugung, dass Informationen frei sein sollten.
- Das Verbessern eigener Artikel und die Freude am Schreiben.
- Der Wunsch, das eigene Wissen durch das Engagement für die Online-Enzyklopädie zu erweitern.
- Die Mitarbeit an einem („historischen") Projekt, das langfristig Bestand hat und die Möglichkeit, Wissen weitergeben zu können.

Die Studie hat gezeigt, dass intrinsische[227] Motivatoren wie Lernen, Spaß oder Flow-Erleben[228] bei der Teilnahme an der Wikipedia gegenüber extrinsischen[229] Faktoren wie sozialer Anerkennung oder materiellen Anreizen dominieren.[230]

Die weltweite Präsenz der Wikipedia und ihre Offenheit führen auch dazu, dass unterschiedliche Kulturen in der *Wikipedia* aufeinander treffen und kollaborieren. Dabei werden auch die Unterschiede deutlich, die Wales aufzeigt: Während in Japan vor einer Änderung bis ins kleinste Detail diskutiert wird, wird in den USA erst geändert und dann diskutiert.[231]

---

[223] Vgl. http://de.wikipedia.org/wiki/Wikipedia, abgerufen am 29.03.2006 und Wales (Sociographics, 2004)

[224] Vgl. Schroer (Online-Befragung, 2005)

[225] Vgl. Schroer (Online-Befragung, 2005)

[226] Motive entnommen aus Schroer (Online-Befragung, 2005), S. 1

[227] Der Begriff *intrinsisch* wird in der Motivationsliteratur in unterschiedlicher Weise gebraucht. Rheinberg bezeichnet ein Verhalten dann als intrinsisch motiviert, wenn es um seiner selbst Willen geschieht oder die Person aus eigenem Antrieb heraus handelt. Vgl. Rheinberg (Motivation, 2002), S. 152

[228] Flow-Erleben bezeichnet nach Rheinberg den Zustand des reflexionsfreien gänzlichen Aufgehens in einer glatt laufenden Tätigkeit. Als Beispiele nennt er den Computer-Freak, der nachts erst an seinem schmerzenden Rücken merkt, dass er schon wieder viele Stunden am Rechner zugebracht und dabei das Essen verpasst hat. Vgl. Rheinberg (Motivation, 2002), S. 156

[229] Ein Verhalten wird nach Rheinberg als extrinsisch motiviert bezeichnet, wenn der Beweggrund des Verhaltens außerhalb der eigentlichen Handlung liegt oder wenn die Person von außen gesteuert erscheint. Vgl. Rheinberg (Motivation, 2002), S. 152

[230] Vgl. Schroer et al. (Wikipedia, 2005)

[231] Wales (Sociographics, 2004)

A.3.5 Aufbau und Funktionsweise der Wikipedia

Das MediaWiki – Ein Wiki für die Internet-Enzyklopädie
Seit der Erfindung der Wikis durch Cunningham haben diese verschiedene Entwicklungsstufen durchlaufen, die meist in Open Source-Projekten immer wieder überarbeitet und verbessert wurden. Auch die zunächst für Wikipedia eingesetzte Software[232] erreichte bald ihre Grenzen und der Kölner Biologiestudent Markus Manske entwickelte eine neue Software mit einer PHP-Skript-Sprache und einer SQL-Datenbank. Die Artikel- und Diskussionsseiten wurden getrennt, ebenso die Seiten über Wikipedia. Außerdem wurde das Hochladen von Bildern vereinfacht. Mit zunehmenden Nutzerzahlen wurde aber auch diese Software zu langsam und der Kalifornier Lee Daniel Crocker entwickelte die Software, die heute unter dem Namen MediaWiki in der *Wikipedia* eingesetzt wird.[233] MediaWiki steht unter der GNU GPL.[234] Neben den Wikimedia-Projekten setzen heute zahlreiche Organisationen, Firmen und Privatleute die Software ein.[235]

Als Open Source-Software des größten Wikis hat MediaWiki einen hohen Bekanntheitsgrad unter Wiki-Software-Projekten erreicht:[236]

- Durch die Vielzahl an Nutzern auf allen Wikimedia-Projekten kommen ständig neue Entwickler hinzu.
- Bei der ständig wachsenden Zahl von Nutzern und der hohen Aktivität der Nutzer steht die Software permanent auf dem Prüfstand, da umgehend Beschwerden aus der Community kommen, sobald Probleme auftreten.
- Der Entwicklungsprozess ist sehr offen, da praktisch jedem Zugang gewährt wird, der nützliche Beiträge leistet.
- Alle Änderungen werden per Mailingliste überwacht und können so gegebenenfalls direkt rückgängig gemacht werden.
- Zunehmend im Trend liegt die Einbindung externer Programme, die aus Spezialcodes im Wikitext Bilder, Töne, Formeln und mehr erzeugen können.

Die technologische Basis für das MediaWiki gleicht dem vieler anderer Wikis: Der Leser wird in die Lage versetzt, gleichzeitig Leser und Redakteur zu sein, indem ein Wiki-Software-Skript, wie MediaWiki, genutzt wird. Sendet ein Nutzer über einen Browser eine Anfrage an den Server, der die Datensätze in Wiki-Seiten verwaltet, so werden die Daten für den Browser aufbereitet und mit dem Wiki-Skript in das HTML-Format der anfragenden

---

[232] Wikipedia begann zunächst mit der UseMod-Software. Es handelt sich hierbei um ein einfaches, dateibasiertes Wiki von Clifford Adams, das in Perl geschrieben wurde. Der Name leitet sich von Usenet Moderation Project ab, das sich zum Ziel gesetzt hatte, Usenet-News-Beiträge zu bewerten, Meinungen, Zusammenfassungen und nachträgliche Änderungen miteinander auszutauschen. Daraus entwickelte sich das Vorbild für viele Wikis. Vgl. Nguyen (UseModWiki, 2005), S. 245 ff. und URL: http://www.usemod.com.

[233] Vgl. Möller (Medienrevolution, 2006), S. 191

[234] Vgl. http://www.mediawiki.org/wiki/How_does_MediaWiki_work%3F/de, abgerufen am 20.11.2007

[235] Vgl. Möller (Medienrevolution, 2006), S. 191

[236] Vgl. Möller (Medienrevolution, 2006), S. 191

Webseite eingebettet. Die Daten werden in das Layout der Webseite eingebunden und sind lesbar.[237]

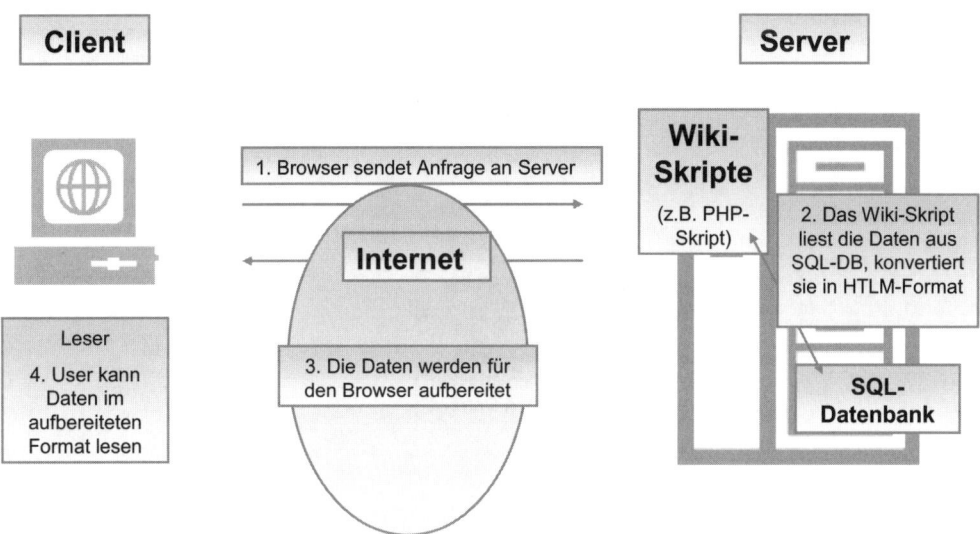

Abbildung 22: Wiki-Technologie – Leser-Server-Kommunikation[238]

Um Texte und Inhalte bearbeiten zu können, gibt es auf jeder Wiki-Seite einen „Edit"-Link (von englisch edit = verändern), der es ermöglicht, dass alle Änderungen direkt über den Browser vorgenommen werden können. Wie bei einer „Leser"-Anfrage auch, wird die Datenanfrage über den Browser an den Server gesendet, wenn der Edit-Button angeklickt wird. Der Server sendet die Daten dann allerdings nicht in einem an das Layout angepassten HTML-Format zurück, sondern im „Rohformat". Der Nutzer kann dann in diesem Formular den Text verändern und seine neue Version abschicken, die beim nächsten Abruf aktualisiert erscheint.[239] In der Versionsgeschichte wird dabei die Änderung dokumentiert, so dass für andere die Änderungen nachvollziehbar sind.[240]

---

[237] Vgl. Ebersbach et al. (Wiki-Tools, 2005), S. 15 f.

[238] In Anlehnung an Ebersbach et al. (Wiki-Tools, 2005), S. 15 ff.

[239] Vgl. Ebersbach et al. (Wiki-Tools, 2005), S. 15 f.

[240] Vgl. Ebersbach et al. (Wiki-Tools, 2005), S. 53 ff.

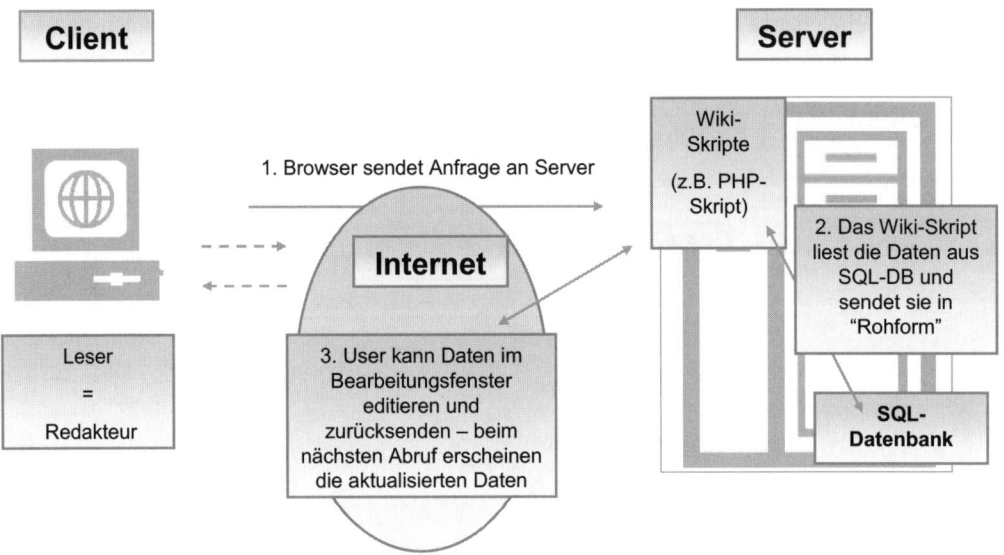

Abbildung 23: Wiki-Technologie – Redakteur-Server-Kommunikation[241]

Für einen reibungslosen Ablauf der Arbeit im MediaWiki der Wikipedia sorgen die Administratoren, kurz Admins. Um die weitergehenden Rechte wahrnehmen zu können, stehen ihnen separate Seiten zur Verfügung. Bei MediaWiki kümmern sich Bürokraten, Admins und Stewards um die Inhalte und Rechteverwaltung auf den Wikimedia-Seiten. Entwickler sichern die Installation, Wartung und Updates.

Dabei benötigen die Nutzer keine HTML-Kenntnisse, sondern können sich durch das Einhalten leicht einprägsamer und intuitiver Konventionen schnell zurechtfinden.[242] Leerzeilen trennen im Wiki-Formular beispielsweise Absätze, während man bei der HTML-Programmierung den Tag[243] <p> kennen muss, um zwei Absätze voneinander zu trennen.[244]

Nur die einfachen Editierungsmöglichkeiten, die durch Wikis auch dem Laien geboten werden, machen es möglich, dass sich eine so große Zahl von Personen weltweit an der Speisung der Wikipedia mit Inhalten beteiligt.

Die Wiki-Technologie bietet den Nutzern zur Ausgestaltung der Seiten einige charakteristische Funktionen: [245]

---

[241] In Anlehnung an Ebersbach et al. (Wiki-Tools, 2005), S. 16 f.

[242] Vgl. Ebersbach et al. (Wiki-Tools, 2005), S. 16 f.

[243] Tag ist ein generischer Ausdruck für ein beschreibendes Sprachelement, es wird auch Markup genannt. Vgl. Ghersi et al. (Internet-Lexikon, 2002), S. 175

[244] Vgl. Ebersbach et al. (Wiki-Tools, 2005), S. 16

[245] Vgl. Ebersbach et al. (Wiki-Tools, 2005), S. 19 ff.

Bearbeiten ist das charakteristischste Merkmal eines Wikis. Nur in seltenen Fällen werden Seiten von der Editierungsmöglichkeit ausgenommen, so zum Beispiel Seiten, die besonders anfällig für Vandalismus oder tendenziöse Einträge sind.[246]

Typisch innerhalb eines Wikis ist das **Verweisen auf andere Wiki-Seiten** mit Links. So kann eine Netzstruktur entstehen, die jedem Nutzer die freie Navigation durch die Seiten ermöglicht und zum Verständnis der Nutzer beiträgt.[247]

In der **Versionshistorie** werden alle vorangegangenen Versionen bzw. Veränderungen einer einzelnen Seite gezeigt. Hier wird es auch den Admins ermöglicht, Artikel wieder herzustellen (Rollback). Die Versionshistorie ist auch ein wirksames Instrument gegen Vandalismus auf den Wiki-Seiten.[248]

Die Seite „**Letzte Änderungen**" gibt einen aktuellen Überblick über eine bestimmte Anzahl von kürzlich durchgeführten Änderungen an Wiki-Seiten.[249] Die Liste wird automatisch erzeugt und kann von den Usern nicht geändert werden.[250]

Abbildung 24: Wikipedia – Letzte Änderungen[251]

---

[246] Vgl. Ebersbach et al. (Wiki-Tools, 2005), S. 19 ff.

[247] Vgl. Fiebig (Wikipedia, 2005), S. 69 f.

[248] Vgl. Ebersbach et al. (Wiki-Tools, 2005), S. 19 ff.

[249] Vgl. http://de.wikipedia.org/wiki/Wikipedia:Letzte_%C3%84nderungen, abgerufen am 12.08.2007

[250] Vgl. Ebersbach et al. (Wiki-Tools, 2005), S. 20

[251] URL: http://de.wikipedia.org/wii/Spezial:Letzte_%C3%84nderungen, abgerufen am 28.07.2007

Das MediaWiki verfügt außerdem über Beobachtungslisten, mit deren Hilfe sich ausgewählte Seiten über einen längeren Zeitraum beobachten lassen.[252]

Die meisten Wikis bieten Suchfunktionen für Volltext- oder Titelsuche an, ebenso das MediaWiki. So können die Beiträge eines Wikis schnell gefunden werden – abhängig von der Titelwahl der Wiki-Seiten.[253]

Die Sandbox (auch Sandkasten oder Spielwiese genannt) dient neben den Startseiten von Wikis, auf denen Hilfsfunktionen für Einsteiger angeboten werden, der Arbeitserleichterung.[254] Die Nutzer können hier den Umgang mit dem Wiki lernen und Lösungsmöglichkeiten ausprobieren, ohne eine normale Seite benutzen zu müssen. Diese Wiki-Seite wird in regelmäßigen Abständen geleert.[255]

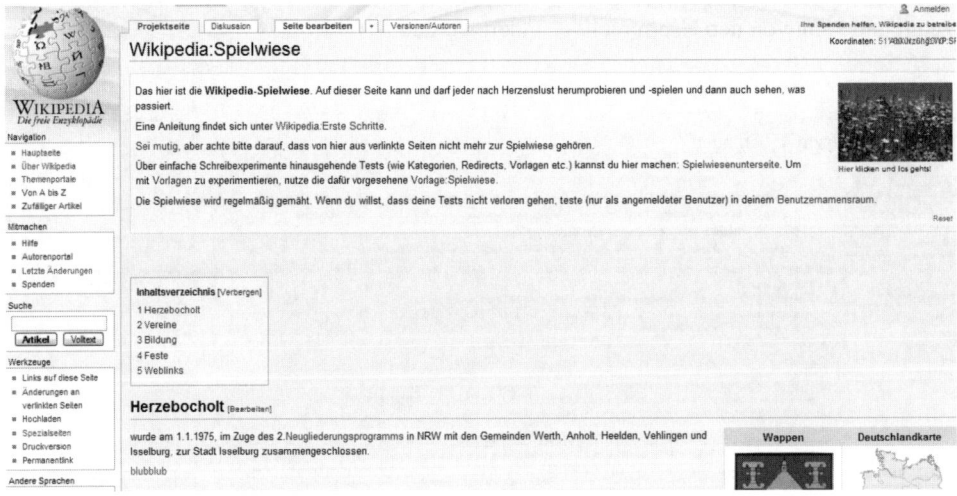

Abbildung 25: Wikipedia – Spielwiese[256]

Mit dieser einfachen Wiki-Technologie werden die Kommunikationsbarrieren im Massenmedium Internet auf ein Minimum reduziert, und Projekte wie Wikipedia und deren Schwesterprojekte sind möglich geworden. Wikis sind vor allem schnell und einfach zu bedienen,

---

[252] Vgl. http://de.wikipedia.org/wiki/Beobachtungsliste, abgerufen am 12.08.2007 sowie
http://de.wikipedia.org/wiki/Wikipedia:Beobachtungskandidaten, abgerufen am 12.08.2007

[253] Vgl. Ebersbach et al. (Wiki-Tools, 2005), S. 21

[254] Vgl. http://de.wikipedia.org/wiki/Wikipedia:Spielwiese, abgerufen am 12.08.2007

[255] Vgl. Ebersbach et al. (Wiki-Tools, 2005), S. 21

[256] Vgl. http://de.wikipedia.org/wiki/Wikipedia:Spielwiese, abgerufen am 28.07.2007

und das direkt über den jeweils eigenen Browser.[257] Wie stark sich ein Nutzer in der Wiki-Gemeinschaft engagiert, bleibt dabei jedem selbst überlassen.

Benutzergruppen – Über Administratoren, Bürokraten und Stewards
Innerhalb der recht heterogenen Wiki-Gemeinschaft gibt es verschiedene Benutzertypen, die die Wikis mit unterschiedlichen Rechten gestalten. Die folgende Tabelle gibt einen Überblick über den möglichen Status, den ein Teilnehmer der Wikipedia haben kann. Dabei unterscheiden sich die Benutzertypen durch abgestufte Rechte und Möglichkeiten hinsichtlich der Organisationsstruktur, nicht jedoch hinsichtlich der inhaltlichen Rechte und Ausgestaltung.[258]

Neben diesen Benutzergruppen gibt es weitere Gruppen, die sich für bestimmte Aufgabenbereiche für zuständig erklären. Je nach eigenem Interessenschwerpunkt kann ein aktiver Wikipedianer hauptsächlich Rechtschreibkorrekturen, inhaltliche Korrekturen in bestimmten Themen-Portalen, formale Korrekturen wie Gliederung und Inhaltverzeichnisse von Artikeln oder auch stilistische Änderungen vornehmen. Einige Wikipedianer arbeiten sukzessive die Listen der neuen oder zu überarbeitenden Artikel ab.[259]

Nicht-angemeldete Benutzer	können Artikel im Wiki anlegen und bearbeiten. Ihre Beiträge erscheinen in der Versionsgeschichte mit der IP-Adresse. Es ist schwer abzuschätzen, wie viele Personen als nicht-angemeldete Nutzer bei der Wikipedia mitarbeiten.
Angemeldete Benutzer	können außerdem Seiten verschieben und Bilder hochladen. In der Versionsgeschichte erscheint ihr Benutzername. Sie erhalten eine persönliche Benutzerseite und können Artikel auf die Beobachtungsliste setzen. Im Juli gab es in der deutschsprachigen Wikipedia über 432.000 angemeldete Benutzer, in der gesamten *Wikipedia* 4.965.275.[260]
Administratoren	auch kurz Admins genannt, können Seiten schützen, bearbeiten, löschen und wiederherstellen, andere Benutzer und IP-Adressen sperren und wieder freigeben. Admin kann werden, wer eine regelmäßige, aktive und engagierte Beteiligung an der Wikipedia vorweist und Vertrauen genießt. Jeder kann sich selbst eintragen oder andere vorschlagen. Admins werden von den angemeldeten Nutzern gewählt.[261] In Deutschland gab es im Juli 2007 ca. 284 Administratoren,[262] in der englischen *Wikipedia* 1.287.[263]

---

[257] Vgl. Ebersbach et al. (Wiki-Tools, 2005), S. 13

[258] Vgl. Fiebig (Wikipedia, 2005), S. 55 ff. und Wikipedia (Benutzer, 2006)

[259] Vgl. http://de.wikipedia.org/wiki/Wikipedia:Wartung, abgerufen am 19.05.2006

[260] Vgl. http://en.wikipedia.org/wiki/Special:Statistics, abgerufen am 28.07.2007

[261] Vgl dazu ausführlich: http://de.wikipedia.org/wiki/Wikipedia:Administratoren, abgerufen am 28.07.2007

[262] Vgl. http://de.wikipedia.org/wiki/Wikipedia:Administratoren, abgerufen am 28.07.2007

[263] Vgl. http://en.wikipedia.org/wiki/Special:Statistics, abgerufen am 29.07.2007

Bürokraten	vergeben die Administratorrechte innerhalb einzelner Wikipedia-Projekte (können diese aber nicht entziehen). Sie haben einen Ermessensspielraum wenn die Abstimmungen sehr knapp ausfallen; dann können sie eine Kandidatur ablehnen. In der deutschsprachigen *Wikipedia* gab es im Juli 2007 zwei aktive Bürokraten,[264] in der englischsprachigen zehn.[265]
Stewards	können Bürokraten- und Administratorrechte projektübergreifend vergeben und entziehen. Insgesamt gibt es für die Wikimedia-Projekte 30 aktive Stewards.[266]
Entwickler	können direkt auf die Datenbank zugreifen und sorgen für einen reibungslosen Betrieb der Server und der Datenbank, entwickeln neue Funktionen und beheben Fehler in der MediaWiki-Software. Derzeit arbeiten weltweit ca. 80 Entwickler an MediaWiki.[267]
Bots	sind kleine Computerprogramme oder Skripte, die ihren Betreibern einfache und häufig auftretende Aufgaben abnehmen (zum Beispiel Tippfehlerkorrekturen).

Tabelle 2: Benutzertypen in der Wikipedia[268]

Gestaltungskonventionen – Ein Handbuch für die Enzyklopädie

Bei der Wikipedia ist jeder grundsätzlich frei bei der Gestaltung seiner Artikel, bei der Themenwahl und beim Schreiben. Dennoch gibt es einige Konventionen, die ein Autor beachten sollte.[269] Auf der Wikipedia-Seite finden sich unter der Rubrik Wikipedia: Handbuch hilfreiche Tipps und Gestaltungshinweise für Anfänger, Anleitungen und Konventionen für das Bearbeiten von Artikeln, das Einfügen von Listen, Bildern und das Angeben von Quellen.[270]

---

[264] Vgl. http://de.wikipedia.org/wiki/Wikipedia:B%C3%BCrokraten, abgerufen am 29.07.2007

[265] Vgl. http://en.wikipedia.org/wiki/Wikipedia:Bureaucrats, abgerufen am 29.07.2007

[266] Vgl. http://meta.wikimedia.org/wiki/Stewards, abgerufen am 28.07.2007

[267] Vgl. http://meta.wikimedia.org/wiki/Developer, abgerufen am 29.07.2007

[268] In Anlehnung an Fiebig (Wikipedia, 2005), S. 55 ff. und Wikipedia (Benutzer, 2006)

[269] Vgl. Fiebig (Wikipedia, 2005), S. 64

[270] Vgl. http://de.wikipedia.org/wiki/Wikipedia:Handbuch, abgerufen am 12.08.2007

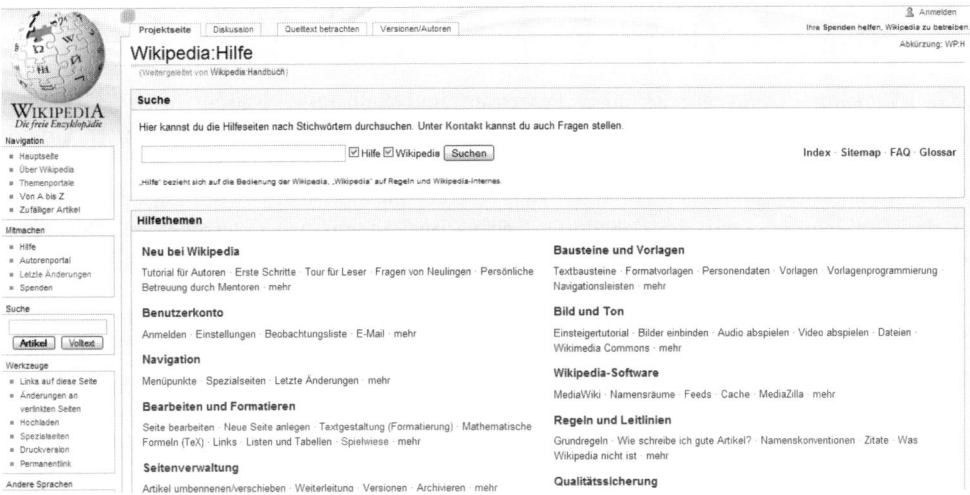

Abbildung 26: Wikipedia-Handbuch[271]

Die Hinweise im Handbuch berücksichtigen sehr unterschiedliche Aspekte. So etwa Hinweise, dass zum Verfassen von Artikeln auch eine gewissenhafte Vorarbeit und Recherche dazu gehört. Dabei sollen alle Einträge in der Wikipedia auch nachvollziehbar und belegbar sein. Experten sollten bedenken, dass die *Wikipedia* eine allgemeine Enzyklopädie ist und die Artikel deshalb auch für Laien verständlich sein müssen. Bei der Bearbeitung und Erstellung einer Wiki-Seite sollten auch formale Kriterien berücksichtigt werden, um mit einem einheitlichen Erscheinungsbild die Lesbarkeit der Seiten nicht zu beeinträchtigen. Bei der Quellenangabe sollte nicht eine ausschweifende Bibliografie angelegt werden, die Angabe der Standardwerke zum Thema ist nach der Entscheidung einer Wikipedia-Diskussion ausreichend. Im Handbuch werden auch stilistische Empfehlungen gegeben, die dazu dienen sollen, die Lesbarkeit zu verbessern und den Inhalt auf die wesentlichen Informationen zu begrenzen.[272]

Die Informationsmenge in der Wikipedia wächst jeden Tag. Daher ist es sinnvoll, das Wissen mit Hilfe von Listen (Inhaltsverzeichnisse, Tabellen oder Zeitleisten) strukturiert darzustellen, um die Navigation durch den Informationsdschungel zu vereinfachen.[273]

Autoren sollten sich auch die Frage nach der Relevanz des Artikels für eine enzyklopädische Sammlung stellen. Wikipedia bietet für diese Frage eine Liste mit Relevanzkriterien, die ständig diskutiert und neu ausgehandelt werden.[274]

---

[271] Vgl. http://de.wikipedia.org/wiki/Wikipedia:Handbuch, abgerufen am 29.07.2007

[272] Vgl. Fiebig (Wikipedia, 2005), S. 66 ff.

[273] Vgl. http://de.wikipedia.org/wiki/Wikipedia:Handbuch, abgerufen am 12.08.2007

[274] Vlg. http://de.wikipedia.org/wiki/Wikipedia:Relevanzkriterien, abgerufen am 20.11.2007

A.3.6 Machtstruktur und Entscheidungsfindung – Wenn die Gemeinschaft sich streitet

Die *Wikipedia* basiert auf sozialen Prozessen und Selbstorganisation[275] der *Wikipedia*-Gemeinschaft. Sowohl die Interpretation und Neugestaltung der oben aufgeführten Grundsätze, als auch die technische Entwicklung werden weitgehend von der *Wikipedia*-Gemeinschaft bestimmt. Funktional hat sich eine organisatorische Gliederung der *Wikipedia* in drei Bereiche ergeben, die sich durch Präfixe im Seitennamen unterscheiden. Diese Namensräume bieten die Möglichkeit, mehrere Seiten nach funktionalen oder inhaltlichen Aspekten zu Gruppen zusammenzufassen (vgl. Abbildung 27).[276]

In der internen Organisation der *Wikipedia* spielen soziale Konventionen und informale Organisationsprozesse eine wichtige Rolle.[277] Die Machtstruktur der *Wikipedia* ist relativ komplex und für Neueinsteiger zunächst schwer durchschaubar.[278] In der Möglichkeit, auch anonym Seiten zu ändern, sind **anarchische** Züge zu erkennen, die sich in erster Linie durch die gewollt offene Technik widerspiegeln.[279] Neben diesen anarchischen Zügen sind in der *Wikipedia* auch Elemente der **Meritokratie**, **Demokratie**, **Autokratie** und **Technokratie** zu finden. Angemeldete Teilnehmer können sich durch ihre Artikel- und Diskussionsbeiträge, durch Vorschläge zur technischen Verbesserung in der Community eine Reputation verschaffen und Vertrauen erwerben (*Meritokratie*). Danach bemisst sich, neben der Qualität und Überzeugungskraft ihrer Argumente, auch ihr Einfluss auf laufende Diskussionen sowie auf die Stellung als Administrator, Bürokrat oder Steward.[280]

---

[275] Nach Schreyögg entsteht Selbstorganisation ungeplant und resultiert aus der spontanen Interaktion der Systemelemente. Vgl. Schreyögg (Organisation, 2003), S. 17. Hayek geht davon aus, dass diese unvorsehbare Ordnung mehr leisten kann als jede geplante Organisation. Hayek (Freiburger Studien, 1994), S. 32 ff.

[276] Vgl. Ebersbach et al. (Wiki-Tools, 2005), S. 85 f. und http://de.wikipedia.org/wiki/Wikipedia, abgerufen am 29.03.2006

[277] Vgl. http://de.wikipedia.org/wiki/Wikipedia, abgerufen am 29.03.2006

[278] Vgl. Fiebig (Wikipedia, 2005), S. 87 und http://de.wikipedia.org/wiki/Wikipedia:Machtstruktur, abgerufen am 05.04.2006

[279] Vgl. Fiebig (Wikipedia, 2005), S. 87 und http://de.wikipedia.org/wiki/Wikipedia:Machtstruktur, abgerufen am 05.04.2006

[280] Vgl. http://de.wikipedia.org/wiki/Wikipedia, abgerufen am 29.03.2006

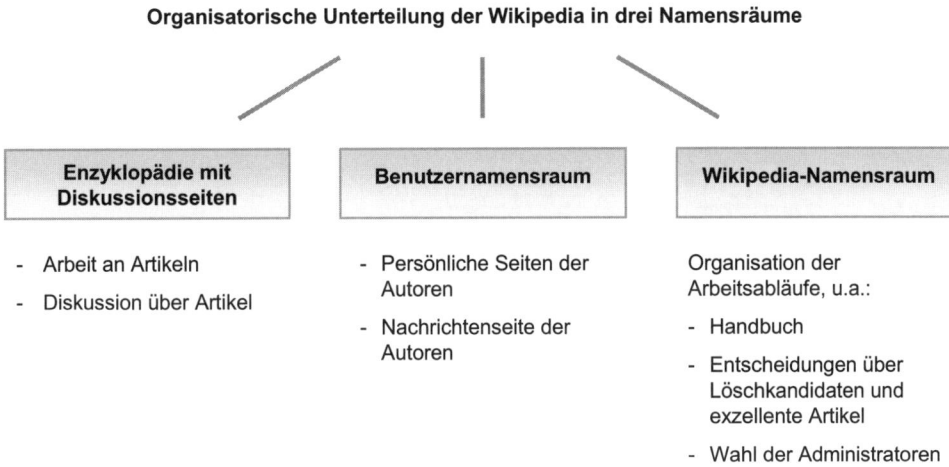

Abbildung 27: Namensräume der Wikipedia[281]

Die offene Struktur der *Wikipedia*-Prozesse wird u.a. formalisiert durch die Wahl der Administratoren, die durch die Community erfolgt.[282] Bei Entscheidungen über Konventionen oder Artikel wird versucht, in Diskussionen und Abstimmungen einen Konsens zu finden.[283] Kommt es nicht zum Konsens, so wird ein Meinungsbild als eine Form der Abstimmung erstellt.[284] Die Meinungsbilder sind ein beliebtes Mittel, um Fragen zu klären, die sich aus der Arbeit an der Enzyklopädie ergeben und der Verbesserung der Konsistenz dienen sollen.[285] Die Ansichten zum Thema werden auf der entsprechenden Seite gesammelt und sind so für jeden Wikipedianer in der Liste der Meinungsbilder auffindbar.[286] Auch hier liegt eine Form der konsensorientierten *Demokratie* vor.[287]

---

[281] Funktionale organisatorische Unterteilung der Wikipedia in drei Namensräume. In Anlehnung an http://de.wikipedia.org/wiki/Wikipedia, abgerufen am 29.03.2006

[282] Vgl. http://de.wikipedia.org/wiki/Wikipedia, abgerufen am 29.03.2006

[283] Vgl. Fiebig (Wikipedia, 2005), S. 88

[284] Vgl. http://de.wikipedia.org/wiki/Wikipedia:Meinungsbilder, abgerufen am 12.08.2007

[285] Vgl. Lange (Wikis, 2005), S. 147

[286] Vgl. Lange (Wikis, 2005), S. 147

[287] Vgl. Fiebig (Wikipedia, 2005), S. 88

Abbildung 28: Meinungsbilder in der Wikipedia[288]

Den größten persönlichen Einfluss hatte in der *Wikipedia* lange Zeit der Gründer Jimmy Wales, der in seiner Rolle als „Benevolent dictator" („wohlwollender Diktator") Konflikte als oberste Autorität schlichtete.[289] Mit der Übertragung seiner Rechte an der *Wikipedia* auf die Wikimedia Foundation übertrug er auch diese Aufgabe auf ein von den Wikipedianern gewähltes „Arbitration committee", ein Schiedsgericht, das nur noch der Wikimedia Foundation unterliegt[290] und reduzierte so die *autokratischen* Elemente der *Wikipedia*.

Die Weiterentwicklung der Open Source-Software MediaWiki und die Implementierung neuer Features übernimmt ein unabhängiges Team von Entwicklern, die sich allerdings weitgehend an den Wünschen und Vorschlägen der Community orientieren. Die Entwickler haben dennoch einen hohen Einfluss auf die Umsetzung der Software-Features in der *Wikipedia (Technokratie)*[291].

---

[288] Oben: Beispiel eines Meinungsbildes in der Wikipedia zum Thema Portalnavigation. URL: http://de.wikipedia.org/wiki/Wikipedia:Meinungsbilder/Portalnavigation, abgerufen am 05.04.2006; Unten: Neues Wikipedia-Portal, das aufgrund der Konsensfindung am 11.04.2006 im Meinungsbild mit acht Themenportalen gestaltet ist. URL: http://de.wikipedia.org/wiki/Hauptseite, abgerufen am 08.06.2006

[289] Vgl. http://de.wikipedia.org/wiki/Wikipedia, abgerufen am 29.03.2006

[290] Vgl. Fiebig (Wikipedia, 2005), S. 87 f. und http://de.wikipedia.org/wiki/Wikipedia, abgerufen am 29.03.2006

[291] Vgl. Fiebig (Wikipedia, 2005), S. 89

A.3.7 Qualität, Vandalismus und Missbrauch – Wieso ist die Wikipedia besser als der Brockhaus?

Ende November 2005 erklärte John Seigenthaler, ein 78-Jähriger ehemaliger Politikberater und Assistent von Robert Kennedy, dass der Beitrag über ihn behauptet habe, er sei in die Kennedy-Morde verstrickt. Der Text stand ganze vier Monate im *Wikipedia*-Netz.[292] Der Vandale konnte aufgrund der IP-Adresse ausfindig gemacht werden und tat die Eintragung als einen Scherz ab.[293]

Im Februar 2006 kursierte dann die Meldung, US-Kongressmitarbeiter hätten *Wikipedia*-Einträge zu Senatoren und deren Wahlversprechen geändert.[294] Während des nordrheinwestfälischen Wahlkampfes 2005 wurden die *Wikipedia*-Einträge zu den Spitzenkandidaten Rüttgers und Steinbrück anonym von IP-Adressen im Bundestag aus mehrfach so bearbeitet, dass sie augenscheinlich ein negatives Licht auf die Kandidaten werfen sollten.[295]

Im Januar 2006 wurde die deutschsprachige Seite der *Wikipedia* kurzzeitig gesperrt, nachdem die Eltern des verstorbenen Hackers mit dem Spitznamen „Tron" gegen die *Wikipedia* geklagt hatten, weil in einem Artikel der richtige Name des Hackers genannt worden war.[296]

Seit November 2006 ist die englische Seite über den zentralasiatischen Staat Kasachstan zur Bearbeitung gesperrt. Nach dem Erfolg des Filmes „Borat", der im Jahr 2006 durch den britischen Komiker Sasha Baron Cohen in die Kinos kam, wurde der Hauptdarsteller als Präsident des Landes bei *Wikipedia* eingetragen, die Nationalhymne wurde dem Film entsprechend umgeschrieben etc.[297]

Im März 2007 wurde der amerikanische Entertainer David Adkins alias Sinbad auf *Wikipedia* fälschlicher Weise für tot erklärt. Der 50-Jährige nahm diese Falschmeldung jedoch mit Humor auf, nachdem er durch einen Telefonanruf seiner Tochter davon erfuhr.[298]

Den ultimativen Beweis für die Verwundbarkeit *Wikipedias* bezüglich Vandalismus lieferte im Oktober 2006 die Süddeutsche Zeitung, die absichtlich, mit Hilfe von fünf Saboteuren, 17 falsche Informationen, darunter einen angeblich neu entdeckten Fisch, eine angebliche Depression Neil Armstrongs bei der Mondlandung etc., bei *Wikipedia* einstellte, um die Anfälligkeit zu testen. Zwölf der Fehler wurden noch am gleichen Tag entdeckt, der erste bereits nach zwei Minuten. Jedoch zeigt dieser Versuch der Tageszeitung, wie einfach es ist, falsche Informationen einzustellen.[299]

---

[292] Vgl. Seigenthaler (A false Wikipedia biography, 2005)

[293] Vgl. Möller (Medienrevolution, 2006), S. 186

[294] Vgl. o.V. (SZ/US-Kongressmitarbeiter, 2006)

[295] Vgl. Kleinz (Manipulation, 2005)

[296] Vgl. Nienaber (Wikipedia.de wieder verlinkt, 2006)

[297] Vgl. http://www.focus.de/digital/internet/falschmeldungen_aid_27260.html

[298] Vgl. http://www.zdf.de/ZDFheute/inhalt/15/0,3672,5251983,00.html, abgerufen am 29.07.2007

[299] Vgl. http://www.sueddeutsche.de/kultur/artikel/631/90541/print.html, abgerufen am 29.07.2007

Solche und ähnliche Meldungen gibt es in den Medien immer wieder. Trotz aller Prinzipien und Konventionen für die Arbeit an der Enzyklopädie gibt es immer wieder Vandalismus, angebliche Scherze und Persönlichkeitsverletzungen. *Wikipedia* zeigt einerseits das Potenzial kollaborativer Medien auf, steht aber in den nächsten Jahren noch vielen Herausforderungen gegenüber.[300]

Aus der Sicht traditioneller wissenschaftlicher Qualitätskontrolle wird der kollaborative und offene Stil der *Wikipedia* häufig für unmöglich gehalten, da die Kontrolle, wie sonst in der Wissenschaft üblich, nicht durch die so genannten Peers erfolgt, sondern durch die Community selbst.[301]

Jedoch zeigen manche Beispiele auch, dass die *Wikipedia* sich der Gefahr des Vandalismus durchaus bewusst ist und ihr gezielt entgegensteuert. Der Artikel über Bundeskanzlerin Angela Merkel ist zum Schutz vor Vandalismus zur Bearbeitung gesperrt. Ebenso wurde im Jahr 2007 auch die Seite über Hillary Clinton auf *Wikipedia* zur Bearbeitung gesperrt, da die amerikanische Politikerin für die Wahl zur US-Präsidentin im Jahr 2008 kandidiert. Aus Vorsicht vor Vandalismus, zum Beispiel in Form von Falschinformationen über die Person oder ihren Wahlkampf, können die Wikipedianer zwar Diskussionen über gewünschte Inhalte der Seite führen, jedoch entscheidet das Board im Endeffekt darüber, welche Informationen aufgenommen werden.

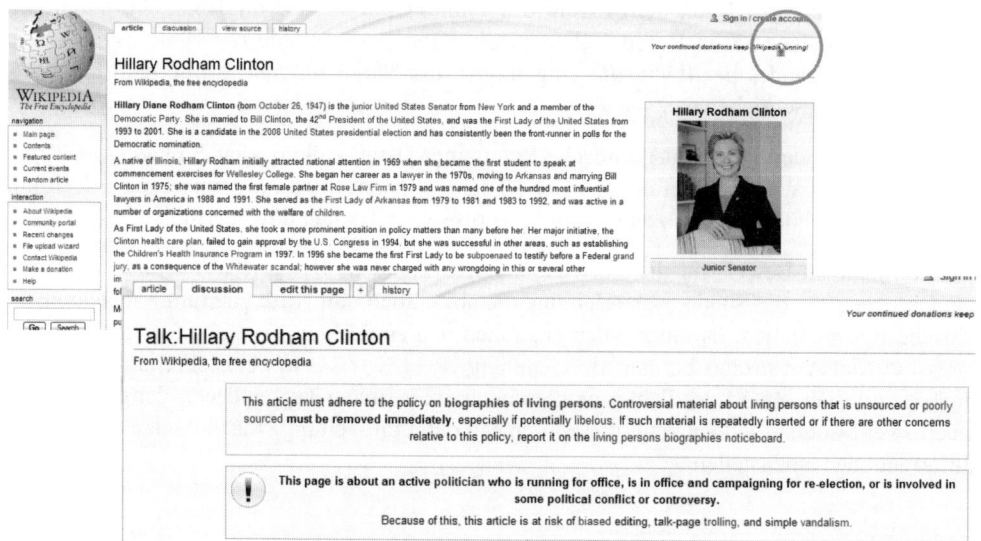

Abbildung 29: Wikipedia-Seite und dazugehöriges Diskussionforum über Hillary Clinton[302]

---

[300] Vgl. Möller (Medienrevolution, 2006), S. 194

[301] Vgl. Kuhlen (Wikipedia, 2006), S. 2

[302] Vgl. http://en.wikipedia.org/wiki/Hillary_Rodham_Clinton, abgerufen am 29.09.2007

Um das gemeinsame Ziel einer hochwertigen, vollständigen, korrekten und aktuellen Enzyklopädie sowie deren Glaubwürdigkeit zu erreichen, ist ein hoher Qualitätsstandard erforderlich.[303] Wie bereits einleitend zur *Wikipedia* in Abschnitt A.3.1. kurz geschildert wurde, ist die *Wikipedia* in den vergangenen Jahren immer wieder Vergleichstest mit anderen Enzyklopädien unterzogen worden – und schnitt im Vergleich gut ab.[304]

So erschien im Dezember 2005 im Wissenschaftsmagazin *nature* ein Bericht über eine Gegenüberstellung der Wikipedia und der *Encyclopaedia Britannica*.[305] Für die Untersuchung wurden Experten gebeten, Artikel zu bewerten und auf Fehler zu untersuchen. Dabei handelte es sich überwiegend um Lemmata aus den Naturwissenschaften, biografische und historische Einträge.[306] Die Experten fanden 162 Auslassungen, Fehler oder irreführende Aussagen bei *Wikipedia*, 123 in der *Encyclopaedia Britannica*. Die Zahl der gravierenden Fehler ('serious errors') in der Internet-Ausgabe der *Encyclopaedia Britannica* war aber genauso hoch wie in der *Wikipedia*: In den 42 getesteten wissenschaftlichen Einträgen waren in der *Britannica* und der *Wikipedia* jeweils vier ernsthalte Fehler zu finden. Die *Wikipedia* kommt damit ihrem Vorbild bei wissenschaftlichen Artikeln recht nahe. Die Kritik an *Wikipedia* war dann auch eher auf den Schreibstil und die Lesbarkeit gerichtet, die vielen Experten die Arbeit mit den Wikipedia-Artikeln erschwerten.[307]

Auch andere Untersuchungen konnten die weitreichenden Befürchtungen bezüglich der Qualität der *Wikipdedia* nicht bestätigen. Bei einem Vergleich des Magazins *c't* schnitt *Wikipedia* beim Inhaltstest im Vergleich mit dem *Brockhaus* und der *MS Encarta* in 22 Wissensgebieten sogar am Besten ab – Fehler fanden sich in jeder Enzyklopädie.[308] Auch bei einer durch das Magazin *Stern* im Jahr 2007 in Auftrag gegebenen Untersuchung von 50 zufällig ausgewählten Artikeln aus verschiedenen Fachgebieten schnitten die *Wikipedia*-Artikel sowohl im Hinblick auf Aktualität als auch auf Richtigkeit überdurchschnittlich gut ab: Nur bei sechs Artikeln erzielte die Online-Ausgabe des *Brockhaus'* eine bessere Bewertung als die *Wikipedia*, ein Artikel erhielt die gleiche Bewertung, bei 43 der untersuchten 50 Artikel schnitt *Wikipedia* besser als der *Brockhaus* ab.[309]

Um dieses schon sehr hohe Niveau zu erreichen, wurden bei der *Wikipedia* verschiedene Instrumente zur Qualitätssicherung und -verbesserung eingeführt, um die Qualität der Artikel in sozialen Verfahren zu beurteilen und einen kontinuierlichen Verbesserungsprozess zu gewährleisten:[310]

---

[303] Vgl. Fiebig (Wikipedia, 2005), S. 91

[304] Vgl. Kurzidim (Wissensstreit, 2004), Schult (Lernen vom Schinken in Scheiben, 2004), Giles (Internet encyclopaedias, 2005)

[305] Vgl. Giles (Internet encyclopaedias, 2005), S. 900-901

[306] Vgl. Giles/nature (Supplementary Information, 2005)

[307] Vgl. Giles (Internet encyclopaedias, 2005), S. 901

[308] Vgl. Kurzidim (Wissensstreit, 2004), S. 139

[309] Vgl. o.V. (Wikipedia schlägt Brockhaus, 2007)

[310] Vgl. Möller (Medienrevolution, 2006), S. 179

- Stilistische und inhaltliche Empfehlungen regeln das Anlegen von Artikeln und liefern Tipps für das Schreiben guter Artikel.[311]
- Jeder Benutzer kann Seiten zur Löschung nominieren (Löschkandidaten). Wenn nach einigen Tagen Konsens darüber besteht, dass ein Artikel nicht verbessert, sondern gelöscht werden sollte, nimmt ein Administrator die Löschung vor. Für offensichtlich unsinnige Beiträge gibt es zudem die Schnelllöschung, die von den Administratoren unmittelbar nach der Entdeckung und Markierung durch aufmerksame Leser vorgenommen wird.[312]
- Eine Nominierung für exzellente Artikel und Bilder soll einen Ansporn geben. Artikel können nominiert werden, dann wird ein Konsens gesucht.[313]
- Mit einer Qualitätsoffensive oder einer Initiative wie „Zusammenarbeit der Woche" kann die Aufmerksamkeit der Gemeinde auf ein bestimmtes Thema oder einen bestimmten Artikel gezogen werden.[314]
- In der Qualitätssicherungsliste können Artikel zur Überarbeitung aufgelistet werden, die Mängel aufweisen. Jeder kann dann die Artikel ansehen und sukzessive überarbeiten.[315]
- Mit einer Stub-Markierung (Stummel) können zu kurze Artikel gekennzeichnet werden. Einige Wikipedianer konzentrieren sich darauf, die Artikel zu diesen Themen dann weiter auszugestalten.[316]
- Mit einer Duplikatmarkierung werden Seiten versehen, die das gleiche Thema behandeln. Die Seiten können daraufhin zusammengeführt werden.[317]
- Für den Fall, dass zwischen den Benutzern Konflikte eskalieren und keine Lösung für ein Problem gefunden wird, gibt es ein Schiedsgericht (arbitration committee).[318]

Um eine gewisse Systematik bei der kontinuierlichen Qualitätsverbesserung zu erreichen, können über die Wartungsportale die *Wikipedia*-Artikel eingesehen werden, die verbessert oder überarbeitet werden müssen, um den hohen Qualitätsanforderungen der *Wikipedia* zu entsprechen.[319]

---

[311] Vgl. http://de.wikipedia.org/wiki/Wikipedia:Handbuch, abgerufen am 04.04.2006

[312] Vgl. http://de.wikipedia.org/wiki/Wikipedia:L%C3%B6schkandidaten, abgerufen am 12.08.2007

[313] Vgl. http://de.wikipedia.org/wiki/Liste_exzellenter_Artikel, abgerufen am 12.8.2007

[314] Vgl. Möller (Medienrevolution, 2006), S. 180 und Wikipedia (WikiProjekt Wartung, 2006)

[315] Vgl. Möller (Medienrevolution, 2006), S. 180

[316] Vgl. http://de.wikipedia.org/wiki/Wikipedia:Stubs#Umfang_.28Stubs.29, abgerufen am 12.08.2007

[317] Vgl. Möller (Medienrevolution, 2006), S. 181

[318] Vgl. Möller (Medienrevolution, 2006), S. 181

[319] Vgl. http://de.wikipedia.org/wiki/Wikipedia:Wartung und
http://de.wikipedia.org/wiki/Wikipedia:WikiProjekt_Wartung, abgerufen am 12.08.2007

Wikipedia:Wartungslisten

< Autorenportal < Wartung < Wartungslisten

Wartung nach Prioritäten

Diese Seite listet alle Wartungskategorien nach der Dringlichkeit der Bearbeitung. Eine Liste nach Themengebieten befindet sich auf der *Hauptseite des Portals*.

RELEVANTE SEITEN

- Wartungsseiten-Überblick
- WikiProjekt Wartung
- Gemeinschaftliche Qualitätsverbesserung

Listen und Kategorien nach Prioritäten

Priorität I (dringend)	Priorität II (mittelfristiger Ausbau)	Priorität III (langfristiger Ausbau)	Priorität IV (Perfektionierung)
Neutralität fraglich (zum Eintragen)	Redundanz	Kategorie Ortsartikel ohne Karte	Liste Selbstlinks
Kategorie Neutralität fraglich	Kategorie Unvollständige Artikel	Kategorie Biographien mit fehlendem Geburtsdatum	Falsche Datumsformate
Kategorie Urheberrechtsverletzungen	Auftragsarbeiten	Kategorie Biographien mit fehlendem Todesdatum	Verwaiste Seiten
Kategorie Urheberrecht ungeklärt	Kategorie unverständliche Artikel	Kategorie deutschlandlastige Artikel	Liste Sackgassenartikel
Wiederherstellungswünsche (zum Eintragen)	Beobachtungskandidaten (zum Eintragen)	Kategorie österreichlastige Artikel	Kategorie Bilder, die schon auf den Commons liegen
Vandalismusmeldung (zum Eintragen)	Kategorie Artikel, die nur aus Listen bestehen	Kategorie schweizlastige Artikel	Hauptseite für die Koordination von Datenbankabfragen
Wichtige Änderungen auf Commons	Kategorie Artikel ohne Quellenangaben	Kategorie Artikel aus Meyers Konversationslexikon	Interwiki-Konflikte
	Artikel, die nicht vorhandene Bilder einbinden	Artikelwünsche (zum Eintragen)	Defekte Weblinks
		Bilderwünsche (zum Eintragen)	Spezialseiten

Abbildung 30: Das Wikipedia-Portal Wartung – Wartungslisten[320]

Um Vandalismus zu verhindern und die systematische Artikelprüfung zu unterstützen, gibt es weitere klassische Wiki-Mechanismen:

- In der Beobachtungsliste werden die kürzlich vorgenommenen Änderungen an vom Nutzer markierten Seiten dokumentiert.[321]
- Alle Bearbeitungen eines bestimmten Benutzers, der unsinnige Änderungen vorgenommen hat, können in der Liste der Beobachtungskandidaten nachvollzogen werden. Die Vandalen können für die Bearbeitung von Wikipedia-Seiten dann gesperrt werden – aufgrund des Benutzernamens oder der IP-Adresse.[322]
- Mit den dynamischen Reports werden von der *Wikipedia* verschiedene Berichte über die gesamte Datenbank bereitgestellt: neue Artikel, Artikel ohne Verweise, nicht existente Artikel, die ältesten Artikel etc.[323]
- Auf den Diskussionsseiten, die jedem Artikel zugeordnet sind, können Fragen erörtert und Probleme geklärt werden. Wikipedianer können dort außerdem untereinander Nachrichten austauschen.[324]

---

[320] Das Wikipedia-Portal Wartung regelt die Verbesserung von Artikeln nach Prioritäten. URL: http://de.wikipedia.org/wiki/Wikipedia:Wartungslisten, abgerufen am 29.07.2007

[321] Vgl. http://de.wikipedia.org/wiki/Beobachtungsliste, abgerufen am 12.08.2007

[322] Vgl. http://de.wikipedia.org/wiki/Wikipedia:Vandalismus und http://de.wikipedia.org/wiki/Wikipedia:Beobachtungskandidaten, abgerufen am 12.08.2007

[323] Vgl. Möller (Medienrevolution, 2006), S. 177

Wie und wie schnell tatsächlich auf Vandalismus, auf fehlerhafte oder falsche Artikel reagiert wird, ist aber kaum einheitlich zu sagen. Eine *IBM*-Studie ermöglicht mit der History Flow-Software die Untersuchung der *Wikipedia* über einen längeren Zeitraum. Die Forscher konnten bei längerer Beobachtung feststellen, dass Vandalismus in der Regel sehr schnell repariert wird und bei großen Artikeln praktisch ganz verschwindet.[325]

Zur Sicherung der Qualität tragen selbstverständlich auch die Grundprinzipien der *Wikipedia* bei, die u.a. in den NPOV festgehalten sind (s. dazu ausführlich Abschnitt A.3.3).

Es gibt verschiedene Überlegungen dazu, wie die Qualität und Transparenz von *Wikipedia* noch weiter gesteigert und besser gesichert werden kann. Möller schlägt dazu folgende Maßnahmen vor:[326]

- Markierung einzelner Abschnitte in Artikeln, die nicht als gesichert gelten oder mit Quellen versehen werden müssen. Solange nicht alle Fakten belegt sind, gilt der Artikel als nicht passabel.
- Ein System, das den direkten Zugriff auf die Quellen ermöglicht, könnte mit der *Wikipedia* verbunden werden.
- Die Artikel könnten mit anerkannten Experten-Diskussionsseiten assoziiert werden, wobei diese Seiten in Faktenprüfung, Urheberrechtssituation, Vollständigkeit, Neutralität, Stil, Bilder und Struktur aufgeteilt sein sollten. Allerdings gehört es zu den Zielen des Jimmy Wales, die Experten zu Autoren zu machen und sie nicht lediglich als Revisoren zu aktivieren.[327]
- Bestimmte Versionen eines Artikels könnten als stabil markiert werden.[328]

Neben tendenziösen Einträgen und Vandalismus ist die Glaubwürdigkeit der *Wikipedia* immer wieder Grundlage für viele Diskussionen.[329] Ein Anfang zur Festigung der Glaubwürdigkeit ist durch das gute Abschneiden der *Wikipedia* in den Enzyklopädien-Vergleichen gemacht. Die Bewertung der „exzellenten Artikel" zur Kennzeichnung besonders guter Artikel soll nicht nur die Autoren belohnen, sondern vorrangig die Qualität der *Wikipedia* unterstreichen. Durch die immer wieder aufkeimende Diskussion um eine Rezension und Überprüfung der Artikel durch Experten erhoffen sich einige Wikipedianer die Lösung der Probleme.[330] Dem steht gegenüber, dass der Vorgänger der *Wikipedia*, *Nupedia*, an genau diesen bürokratischen Hürden des Peer-Reviews gescheitert ist.[331]

---

[324] Vgl. http://de.wikipedia.org/wiki/Wikipedia:Diskussion, abgerufen am 12.08.2007

[325] Vgl. o.V. (IBM Research Results, 2003)

[326] Vgl. Möller (Medienrevolution, 2006), S. 174 ff.

[327] Vgl. Heuer/Trojan (Dot-Kommune, 2005), S. 77 f.

[328] Vgl. Möller (Medienrevolution, 2006), S. 174 ff.

[329] Vgl. Möller (Medienrevolution, 2006), S. 194

[330] Vgl. Heuer/Trojan (Die Dot-Kommune, 2005), S. 77 ff.

[331] Vgl. Möller (Medienrevolution, 2006), S. 174

Die Einhaltung des Urheberrechts ist eine der wichtigsten Regeln der *Wikipedia*.[332] Die Nichteinhaltung kann zu kostspieligen und zeitaufwendigen Gerichtsprozessen führen. Urheberrechtlich geschützte Materialien dürfen daher niemals ohne die Einwilligung des Urhebers verwendet werden.[333]

Auch die Transparenz der *Wikipedia* hat zwei Seiten. Zunächst kann jede Artikeländerung, jeder Diskussionsbeitrag, jedes Abstimmungsverhalten archiviert werden – inklusive IP-Adresse, Benutzername und Datum. So kann noch Jahre später nachvollzogen werden, wer sich an welcher Abstimmung wie beteiligt hat. Nur wenn schwere Verstöße gegen die Grundprinzipien der *Wikipedia* auftreten, kommt es zu Löschungen. Diese Transparenz hat aber auch den Nachteil, dass sich eben gerade jeder informieren kann, wer etwas wie und wo geändert hat.[334]

A.3.8 Wikipedia – Kurz gefasst

Nachfolgende Tabelle gibt einen Überblick mit den wichtigsten Daten zur deutschen Version der *Wikipedia*.[335]

Wikipedia – freie Internet-Enzyklopädie (deutschsprachige Version)
Ziel: Das Wissen der Welt sammeln und frei zugänglich machen.
Artikel: **616.577**[336]
Neue Artikel pro Tag: ca. 500[337]
Angemeldete Nutzer: ca. 432.078[338]
Aktive Nutzer: ca. 7.635[339]
Bearbeitungen pro Artikel: ca. 35[340]
Wikipedia gesamt: 253 Sprachen[341]

---

[332] Vgl. Fiebig (Wikipedia, 2005), S. 111

[333] Vgl. dazu ausführlich http://de.wikipedia.org/wiki/Wikipedia:Urheberrechtsfragen und http://de.wikipedia.org/wiki/Wikipedia:FAQ_Rechtliches, abgerufen am 12.08.2007

[334] Kleinz (Fünf Herausforderungen, 2006), S. 2

[335] Die nachfolgenden Daten beziehen sich, wenn nicht anders angegeben, auf die deutschsprachige Wikipedia. Alle Daten wurden abgerufen am 28.07.2007

[336] Vgl. http://de.wikipedia.org/wiki/Spezial:Statistik, abgerufen am 28.07.2007

[337] Vgl. http://stats.wikimedia.org/DE/TablesArticlesNewPerDay.htm, abgerufen am 28.07.2007

[338] Vgl. http://de.wikipedia.org/wiki/Spezial:Statistik, abgerufen am 28.07.2007

[339] Bei den Angaben handelt es sich um Durchschnittswerte des Jahres 2006. Die Zahl der aktiven Nutzer schwankt zwischen 5.858 und 7.635, insgesamt ansteigend. Vgl. http://stats.wikimedia.org/DE/TablesWikipediansEditsGt5.htm, abgerufen am 28.07.2007.

[340] Vgl. http://stats.wikimedia.org/DE/TablesArticlesEditsPerArticle.htm, abgerufen am 28.07.2007

[341] Vgl. http://meta.wikimedia.org/wiki/List_of_Wikipedias#Grand_Total, abgerufen am 28.07.2007

Arbeitszeit: aktive Wikipedianer durchschnittlich 2 Stunden pro Tag[342]

Motivation: intrinsisch (Spaß, Flow-Erleben, Verwirklichung der Vision)

Funktionsweise: selbstorganisatorisch

Prinzipien:
- Wikipedia ist eine Enzyklopädie
- Neutraler Standpunkt und Verifizierbarkeit der Inhalte
- Freiheit der Inhalte
- Respektvoller Umgang miteinander
- Flexible Regelauslegung

Tabelle 3: Wikipedia – Kurz gefasst

A.4 Social Software-Systeme – Mehr als Technologie

Blogs, Wikis, Tauschbörsen, Bewertungen, Soziale Netzwerke, Lesezeichen im Netz und vieles mehr – über die vorgestellten Social Software-Systeme hinaus gibt es mittlerweile eine Vielzahl von weiteren Anwendungen und es werden täglich mehr.

Typisch für Social Software-Systeme sind einfache, kollaborative, web-basierte Informationstechnologien, die die Basis für eine offene Zusammenarbeit legen. Die Anwendungsfelder dieser Technologien sind überall dort, wo kreativ zusammengewirkt wird, wo die Prozesse nicht klar strukturiert nach einem bestimmten Schema ablaufen. In Massenprozessen und standardisierten Abläufen fehlen hingegen zumeist wichtige Funktionalitäten und Möglichkeiten der Lenkung und Strukturierung. Hier sind klassische Informationssysteme wie zum Beispiel ERP-Systeme nach wie vor ohne Alternative.

---

[342] Vgl. Schroer (Online-Befragung, 2005)

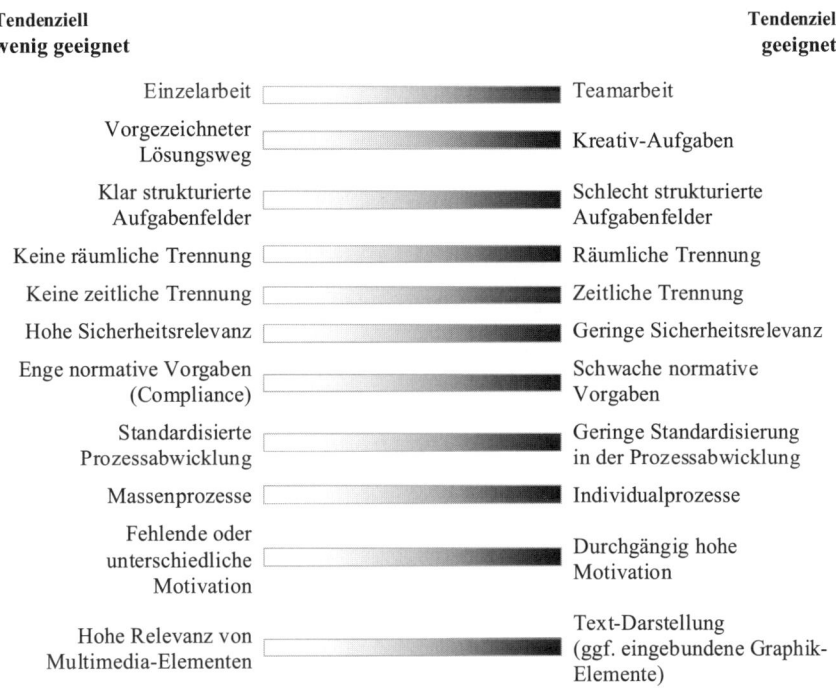

Abbildung 31: Kriterien für die Eignung von Social Software-Technologien[343]

Aber auch in den Anwendungsfeldern, in denen die dargestellten Kriterien für die Nutzung von Social Software-Technologien sprechen, sind die Software-Systeme zwar notwendige, aber keinesfalls hinreichende Voraussetzungen. Social Software-Systeme leben von den Nutzern, die in neuartiger Art und Weise zusammenwirken.

Social Software-Systeme sind offen. Sie basieren auf den durch die Nutzer generierten Inhalten. In den soziotechnischen Systemen kristallisieren sich dabei bestimmte Regeln und Muster für den Umgang miteinander heraus, doch basieren sie nicht auf Managementkonzepten und traditionellen Organisationsstrukturen.

Inwiefern zwischen den vorgestellten Social Software-Systemen und klassischen Organisationsansätzen Unterschiede und Gemeinsamkeiten bestehen, welchen Erklärungsbeitrag die Organisationsansätze für die hohe Systemleistung der soziotechnischen Systeme leisten können, wird im folgenden Abschnitt vorgestellt.

---

[343] Quelle: Komus (Social Software, 2006), S. 43

B Social Software und Organisationsansätze – Social Software als soziotechnisches System

Dieser Abschnitt untersucht, wie beziehungsweise wie gut das Phänomen der Social Software-Systeme mit Hilfe der vorherrschenden Organisationsansätze erklärt werden kann. Welcher Organisationsansatz erlaubt das beste Verständnis der Strukturen, die bei *Wikipedia* und anderen Social Software-Systeme anzutreffen sind? Was lässt sich für die Organisation daraus lernen?

Zu diesem Zweck werden die wichtigsten Organisationsansätze jeweils kurz in ihren wichtigsten Aspekten beschrieben. Dabei wird bewusst auf die Darstellung dieser Ansätze in den einschlägigen Fachbüchern zurückgegriffen, da diese – inzwischen vielmehr als die Originalwerke – das Verständnis der jeweiligen Ansätze in der Praxis prägen. Anschließend werden sie den Organisationsstrukturen von Social Software-Systemen gegenübergestellt. Um einen durchgängigen und konsistenten Vergleich zu ermöglichen, wird stellvertretend für Social Software-Systeme allgemein das besonders prägnante und ausführlich beschriebene Beispiel *Wikipedia* betrachtet. Der Vergleich erfolgt dabei, indem die jeweiligen Organisationsansätze kurz dargestellt werden. Anschließend werden die wichtigsten Kernelemente der jeweiligen Ansätze den Eigenschaften der *Wikipedia* Organisation, wie sie im vorhergehenden Abschnitt beschrieben wurde, systematisch gegenübergestellt. Schließlich werden jeweils noch einmal die wichtigsten Gemeinsamkeiten und Unterschiede zusammengeführt.

Die behandelten Organisationsansätze umfassen Ansätze der Gruppen:

- Klassische Organisationsansätze,
- Verhaltensorientierte Organisationsansätze,
- Situative Ansätze,
- Systemorientierte Ansätze,
- Moderne Organisationstheoretische Ansätze sowie
- Alternative Organisationsmodelle.

Als Alternative Organisationsmodelle werden die Organisation von Open Source-Projekten und der Ansatz der ‚Wisdom of Crowds' behandelt.

B.1 Die klassischen Organisationsansätze

Die Anfänge der wissenschaftlichen Organisationstheorien basieren im Wesentlichen auf drei Wurzeln, die in unterschiedlichen Ländern und kulturellen Traditionen entstanden sind und sich in den ersten Dekaden des 20. Jahrhunderts zu einer wissenschaftlichen Disziplin zusammengefunden haben: In Deutschland veröffentlichte Max Weber seine Bürokratietheorie, in Frankreich entstand die Management- und Administrationslehre von Fayol und in den USA der arbeitswissenschaftliche Ansatz von Taylor.[344] Alle drei Theorien entstanden als Folge der Industriellen Revolution, die eine Anpassung der Strukturen an die neuen Produktions- und Unternehmensformen nötig machte. Der erhöhte Maschineneinsatz, die zunehmende Arbeitsteilung, ein geringes Lohniveau bei den Arbeitern und ein steigender Ehrgeiz bei Angestellten beeinflussten die Ansätze zur Erklärung und Entwicklung von Organisations- und Managementmodellen.[345] Nachfolgend werden die Ansätze Webers, Taylors, Fayols und der deutschen betriebswirtschaftlichen Organisationslehre vorgestellt, die bis heute als klassische Organisationsansätze im deutschsprachigen Raum einen großen Einfluss haben.

B.1.1 Der Bürokratieansatz von Max Weber – Alles muss seine Ordnung haben

Als erster wissenschaftlicher Ansatz und Beginn der Organisationstheorie wird der Bürokratieansatz des deutschen Soziologen Max Weber (1864-1920) angesehen, der in seinem Werk „Wirtschaft und Gesellschaft" posthum 1921 erstmals veröffentlicht wurde.[346] Weber beschreibt hier die von ihm untersuchte Verwaltung moderner Großorganisationen in Staat und Wirtschaft anhand einzelner Strukturmerkmale und entwickelt daraus ein Bürokratiemodell.[347]

Kennzeichen der Bürokratie sind laut Weber „Präzision, Schnelligkeit, Eindeutigkeit, Aktenkundigkeit, Kontinuierlichkeit, Diskretion, Einheitlichkeit, straffe Unterordnung, Ersparnisse an Reibungen sowie sachlichen und persönlichen Kosten".[348] Schulte-Zurhausen fasst vier signifikante Merkmale zusammen, die nach Weber eine leistungsfähige Organisationsform charakterisieren:[349]

---

[344] Vgl. Schreyögg (Organisation, 2003), S. 31

[345] Vgl. Schulte-Zurhausen (Organisation, 2002), S. 7 ff.

[346] Vgl. Schulte-Zurhausen (Organisation, 2002), S. 8; Schreyögg (Organisation, 2003), S. 32

[347] Vgl. Schreyögg (Organisation, 2003), S. 32

[348] Weber (Wirtschaft und Gesellschaft, 1972), S. 561 f.

[349] Vgl. Schulte-Zurhausen (Organisation, 2002), S. 8 und Weber (Wirtschaft und Gesellschaft, 1972), S. 551 ff.

- **Arbeitsteilung**: Jedem Organisationsmitglied werden ein fester Aufgabenbereich und die notwendigen Kompetenzen zugeteilt, wobei die Festlegung generell und personenunabhängig vorgenommen wird.
- **Amtshierarchie**: Der Aufbau sollte streng hierarchisch gegliedert sein, wobei alle Weisungs- und Kontrollbefugnisse fest verteilt sind und die oberen Stellen Befehlsgewalt über die untergeordneten haben. Ebenso ist ein streng hierarchischer Appelationsweg von unten nach oben einzuhalten. Dieser strengen Untergliederung liegt die Annahme zugrunde, dass die höheren Stellen eine bessere Qualifikation aufweisen und einen größeren Überblick haben.
- **Regeln und Normen** zur Aufgabenerfüllung: Die zu erfüllenden Leistungen und die Kommunikationswege werden durch ein System von „generellen, mehr oder minder festen und mehr oder minder erschöpfenden, erlernbaren Regeln"[350] festgelegt.
- **Aktenmäßigkeit der Verwaltung**: Die Aufgabenerfüllung muss schriftlich festgelegt und festgehalten werden, wobei die Dokumentation sich auf getroffene Entscheidungen und individuelle Überlegungen bezieht. Auch die Kommunikation zwischen einzelnen Stellen erfolgt auf dem Dienstweg schriftlich über Briefe, Formulare und Aktennotizen. Diese Dokumentationsvorschriften sollen die Nachvollziehbarkeit aller Entscheidungen und Geschäftvorgänge gewährleisten, in erster Linie für eine kontinuierliche Weiterführung der Vorgänge bei einem Wechsel des Stelleninhabers.

Der zentrale Punkt von Webers Bürokratieansatz ist die Existenz einer durch Regeln geschaffenen Organisationsstruktur und deren Akzeptanz durch die Organisationsmitglieder.[351] Bürokratie bedeutet beim ihm eine Form der legalen Herrschaft. Der Gehorsam der Organisationsmitglieder gilt rational geschaffenen, nachvollziehbaren Regeln.[352] Indem die Organisationsmitglieder die Regeln befolgen, stabilisieren sie die Organisation nach innen und außen und machen den „organisatorischen Komplex Großunternehmung"[353] zu einer berechenbaren und beherrschbaren Größe.[354]

Webers Analyse beschreibt den Idealtypus der Bürokratie und kennzeichnet diesen als effizient.[355] In der Realität sind Unternehmen jedoch mit unterschiedlichen Merkmalen ausgestaltet, und Organisationen mit einer geringeren Arbeitsteilung weisen nicht unbedingt eine geringere Effizienz[356] auf.[357] Kritisiert wird auch eine mangelnde Anpassungsfähigkeit von Organisationen mit einer bürokratischen Struktur an das Unternehmensumfeld[358] sowie eine zu starke Regeltreue der Organisationsmitglieder und einer daraus resultierenden Perspekti-

---

[350] Weber (Wirtschaft und Gesellschaft, 1972), S. 552

[351] Vgl. Schreyögg (Organisation, 2003), S. 32

[352] Vgl. Kieser/Walgenbach (Organisation, 2003), S. 38

[353] Schreyögg (Organisation, 2003) S. 33

[354] Vgl. Schreyögg (Organisation, 2003), S. 33

[355] Vgl. Kieser/Walgenbach (Organisation, 2003), S. 39

[356] Effizient zu agieren bedeutet, aus einem gegebenen Ressourcenbestand das am höchsten geschätzte Ergebnis bzw. ein definiertes Ergebnis mit geringst möglichem Ressourcenaufwand zu erzielen. Vgl. Picot et al. (Organisation, 2005), S. 36

[357] Vgl. Kieser/Walgenbach (Organisation, 2003), S. 39

[358] Vgl. Kieser/Walgenbach (Organisation, 2003), S. 40

venverschiebung, wenn die Regelerfüllung vor die Erreichung der Organisationsziele tritt.[359] Auch hat Weber die Bedürfnisse der Mitarbeiter sowie Einflüsse aus zwischenmenschlichen Beziehungen wie Interessenkonflikte oder Freundschaften ausgeklammert und als Störfaktoren klassifiziert.[360]

Trotz der hier aufgeführten und vieler weiterer Kritikpunkte hat Webers Bürokratieansatz die Organisationslehre stark beeinflusst: In den USA wurde er zur Erklärung für die formale Organisation von Unternehmen herangezogen und damit zum festen Bestandteil von Managementwissen. In Deutschland fand die Bürokratietheorie erst in den 60er Jahren Eingang in die betriebwirtschaftliche Organisationslehre. Eine Bestätigung hat der Bürokratieansatz vorrangig in großen Unternehmen mit einer starken Effizienzorientierung und einem streng hierarchischen Aufbau gefunden.[361]

Betrachtet man Webers Bürokratieansatz im Kontext des Erfolges der Wikipedia, so liefert er keine Erklärungsmöglichkeiten für den Erfolg der *Wikipedia*, die auf Selbstorganisation, Selbstmotivation und extrem flachen hierarchischen Strukturen beruht. Die folgende Tabelle liefert eine kurze Übersicht über die Kontraste zwischen der traditionellsten deutschen Organisationstheorie und der Wikipedia.

In der Gegenüberstellung sind mehr Widersprüche als Übereinstimmungen zu finden. Doch gerade diese Gegensätze zeigen sehr gut, auf welchen Strukturen die Wikipedia basiert. In einem Punkt sind sich die Systeme jedoch nicht unähnlich, da in den Wiki-Systemen alle Arbeiten schriftlich ausgeführt werden sowie alle Änderungsvorgänge an Artikeln, alle Diskussionspunkte und Anmerkungen aufgelistet und archiviert werden. Diese Dokumentation, die der lückenlosen Aktenmäßigkeit der Verwaltung in einer Bürokratie-Organisation ebenbürtig ist, verfolgt den Zweck, die kontinuierliche Verbesserung der Artikel zu unterstützen. Alle Änderungsstände und vor allem die zuletzt getätigten Änderungen können in der Artikelhistorie und den Diskussionsseiten von allen Nutzern eingesehen werden, so dass eine kontinuierliche Verbesserung, Aktualisierung und Erweiterung der Artikel vorgenommen werden kann. Die dargestellten Gegensätze lassen die Frage nach dem Funktionieren der *Wikipedia* noch interessanter werden.

Prinzipien der Bürokratietheorie	Wikipedia
Arbeitsteilung	Selbstorganisation (freie, von den Organisationsmitgliedern selbst gewählte Arbeitsteilung, personen- und interessenabhängig)

---

[359] Vgl. Schreyögg (Organisation, 2003), S. 35

[360] Vgl. Schreyögg (Organisation, 2003), S. 36

[361] Vgl. Schulte-Zurhausen (Organisation, 2002), S. 9

Amtshierarchie	Flache Hierarchie, keine festgelegten Appelationswege
Regeln und Normen zur Aufgabenerfüllung	Regeln entstehen aus der Gemeinschaft, sind in den Grundprinzipien enthalten und sind intuitiv – sollten diese die Motivation blockieren, gilt: „Ignoriere alle Regeln".[362]
Aktenmäßigkeit der Verwaltung	Dokumentation erfolgt in Artikelhistorie und über Diskussionsseiten – für alle Nutzer transparent (ohne geleistete Vorarbeit!)

Tabelle 4: Bürokratieansatz und Wikipedia

B.1.2 Scientific Management – Der Mensch als Maschine

Die Industrielle Revolution führte im Übergang zur Massenproduktion zu einem verstärkten Einsatz von Maschinen sowie zu einer stark anwachsenden Arbeitsteilung im Produktionsbereich. In industriellen Großunternehmen, die ab Ende des 19. Jahrhunderts in den USA entstanden, versuchte man die Konzepte an die neuen Anforderungen anzupassen.[363] In diesem Arbeitsumfeld analysierte der Ingenieur Frederik W. Taylor (1856-1915) die Gestaltung einzelner Arbeitsabläufe.[364] Seine Arbeiten werden heute als *Scientific Management* oder auch als *Taylorismus* bezeichnet. Taylor versuchte mittels Experimenten die Produktionsorganisation nach naturwissenschaftlichen und technischen Prinzipien zu gestalten und letztlich die Produktivität der Arbeiter und die Effizienz des Managements zu steigern.[365]

Dabei entwickelte er fünf Management- und Organisationsprinzipien:[366]

- **Trennung von Hand- und Kopfarbeit**: Das Management übernimmt die Arbeitsplanung und -kontrolle, während sich die Arbeiter auf die Ausführung der vorgeplanten Arbeiten konzentrieren.
- **Zeitstudien**: Alle Arbeitsabläufe werden in möglichst kleine Elemente zerlegt und anschließend zu optimalen, hochspezialisierten Arbeitsabläufen zusammengefasst. So kann eine systematische Arbeitsplanung erfolgen.
- **Differentiallohnsystem**: Nach dem Leistungslohnprinzip oder auch Akkordlohnprinzip führen Leistungen unterhalb der Normalleistung zu geringen Löhnen und hohe Leistungen zu hohen Löhnen, um einen Anreiz zur Überschreitung der normalen Arbeitsleistung

---

[362] Vgl. Fiebig (Wikipedia, 2005), S. 50

[363] Vgl. Schulte-Zurhausen (Organisation, 2002), S. 9

[364] Vgl. Schreyögg (Organisation, 2003), S. 39

[365] Vgl. Kieser/Walgenbach (Organisation, 2003), S. 33

[366] Vgl. Schulte-Zurhausen (Organisation, 2002), S. 9, ähnlich bei Kieser/Walgenbach (Organisation, 2003), S. 34 f. und Schreyögg (Organisation, 2003), S. 40 f.

zu schaffen. Das System baut auf der Annahme steigender Produktivität bei Erfahrungs-gewinnen auf.

- **Festlegung des täglichen Arbeitspensums**: Als Normalleistung („a fair day's work") wird nicht eine repräsentative Durchschnittsleistung zugrunde gelegt, sondern es erfolgt eine Orientierung an der Leistung der Spitzenkräfte: Anhand deren Arbeitspensum wird die täglich zu erbringende Arbeitsleistung festgelegt, an der sich auch das Differential-lohnsystem orientiert.
- **Funktionsmeistersystem**: Um die Trennung von geistiger und körperlicher Arbeit struk-turell zu verankern, schlägt Taylor eine Unterteilung der Weisungs- und Kontrollrechte vor. Es werden mehrere spezialisierte Funktionsmeister eingesetzt, die den Arbeitern je-weils auf ihrem Spezialgebiet Weisungen erteilen. Dies bedeutet zugleich eine Mehr-fachunterstellung der Arbeiter.

Mit den dargestellten Organisations- und Managementprinzipien zielte Taylor auf eine Ver-wissenschaftlichung der Gestaltung von Arbeitsabläufen ab. Dem lag ein Zielsystem zugrun-de, welches die optimale Ausrichtung aller Ressourcen, auch der Mitarbeiter, nach Effi-zienzkriterien vorsah. Das entwickelte Konzept fand weitreichende Beachtung in Praxis und Wissenschaft und beeinflusst noch heute die Diskussion zur Gestaltung von Arbeitsabläufen. Diese von Taylor entwickelte wissenschaftliche Betriebsführung ließ allerdings die Organi-sationskosten in zweifacher Hinsicht steigen: Durch die extreme Arbeitsteilung entstand ein immenser Koordinationsaufwand und die Personalkosten stiegen durch die zusätzlichen Leitungsstellen für die Funktionsmeister.[367] Mit der Einführung der Massenproduktion fan-den die taylorschen Prinzipien eine breite Anwendung in der Fabrikorganisation, wenn auch kaum in der Form einer reinen Übernahme. Kritisiert wurde nicht zuletzt immer wieder die Inanspruchnahme der Mitarbeiter über die Grenzen der physischen und psychischen Belast-barkeit hinaus,[368] die hohe Arbeitsmonotonie und „Sinnentleerung der Arbeit"[369] sowie die Überwachung und Fremdbestimmung der Arbeiter in allen Bereichen. Ebenso wie bei Weber wurden bei Taylor informale Beziehungen und individuelle Bedürfnisse nicht berücksichtigt bzw. als Störung klassifiziert.[370] Das Lohnsystem scheiterte meist am Widerstand der Ge-werkschaften.[371]

Während Taylor sich auf die Rationalisierung handwerklicher Arbeiten beschränkte, setze Henry Ford (1963-1947) die Erkenntnisse Taylors zur rationellen Organisation seiner indus-triellen Automobilproduktion ein. Er übernahm von den Chicagoer Schlachthöfen das Prin-zip der Fließbandfertigung und ordnete die Arbeiter und Maschinen in der Reihenfolge der zu verrichtenden Arbeiten an. Der vorher sehr komplexe Vorgang des Automobilbaus, der Fachkräften mit hoher Qualifikation vorbehalten war, wurde in kleine Aufgabenelemente zerlegt, die ohne große Ansprüche an die Qualifikation der Mitarbeiter erledigt werden konn-

---

[367] Vgl. Schreyögg (Organisation, 2003), S. 41

[368] Vgl. Schulte-Zurhausen (Organisation, 2002), S. 11

[369] Schreyögg (Organisation, 2003), S. 42

[370] Vgl. Schreyögg (Organisation, 2003), S. 42

[371] Vgl. Schulte-Zurhausen (Organisation, 2002), S. 11

ten. Eine Vorraussetzung für einen höheren Mechanisierungsgrad war durch eine Typisierung der Produkte gegeben (nur ein Modell wurde gebaut in nur einer Farbe).[372]

Die arbeitswissenschaftlichen Prinzipien Taylors und Fords sind bis heute beispielsweise in Japan weit verbreitet. Sie finden sich in den detaillierten Arbeitsplänen bei Toyota oder in den Andon-Leuchttafeln[373] in vielen Automobilfabriken wieder.[374]

Wie schon bei Webers Bürokratieansatz finden sich auch im Scientific Management keine grundlegenden Erklärungsansätze für den Erfolg der Wikipedia. Im Folgenden gibt eine Tabelle einen Überblick über die wesentlichen Vergleichspunkte:

Scientific Management	Wikipedia
Trennung von Hand- und Kopfarbeit: Zentrale Arbeitsplanung und -kontrolle	Dezentrale Arbeitsplanung und Kontrolle
Zeitstudien	Freie und selbstbestimmte Arbeitsplanung der Wikipedianer
Differentiallohnsystem	Keine materiellen Anreize zur Steigerung der Arbeitsproduktivität
Tägliches Arbeitspensum	Keine Festlegung, freie Einteilung der Wikipedianer
Funktionsmeistersystem	Unterteilung nach Spezialgebieten ergibt sich aus der Gemeinschaft, da jeder in dem Bereich schreibt, in dem er gut ist bzw. in dem seine Interessen liegen

Tabelle 5: Scientific Management und Wikipedia

Die freie Organisation und die Möglichkeit eines jeden Wikipedianers, seinen Beitrag zur Wikipedia nach Inhalt und Umfang selbst zu wählen, steht der strengen Arbeitsaufteilung Taylors entgegen. Ein Anreizsystem wie das Differentiallohnsystem würde zu einer Kommerzialisierung des Projektes führen und damit den Grundsätzen entgegenstehen und zudem die intrinsischen Motive der Wikipedianer nicht befriedigen. Dass lange Kommunikationswege und mühsame Peer-Review-Prozesse (hierarchische Strukturen und Funktionsmeistersystem) freien Projekten wie der *Wikipedia* abträglich sind, hat sich beim Vorgänger *Nupedia* bereits gezeigt. Das tägliche Arbeitspensum legen Wikipedianer selbst fest und kommen dabei in Ihrer Freizeit auf durchschnittlich zwei Stunden pro Tag – eine beachtliche Stundenzahl für freiwillige Leistungen, die unentgeltlich und in der Freizeit erbracht werden. Eine

---

[372] Vgl. Schulte-Zurhausen (Organisation, 2002), S. 11 f.

[373] Auf den Andon-Leuchttafeln werden die tägliche Soll-Leistung sowie die erbrachte Ist-Leistung angezeigt. Vgl. Schulte-Zurhausen (Organisation, 2002), S. 12

[374] Vgl. Schulte-Zurhausen (Organisation, 2002), S. 12

Zeiteinteilung und Vergabe von Aufgabenlisten durch jeweilige Spezialisten an die Wikipe-dianer hätte eher demotivierende Auswirkungen.

B.1.3 Die Administrations- und Managementlehre nach Fayol – Kommunikation entlang der Linie

Dem Franzosen Henry Fayol (1841-1925) ging es nicht wie Taylor vorrangig um die Effi-zienzsteigerung in den Betrieben, sondern um die optimale Organisation – nicht nur unter-nehmensbezogen.[375] Seine Administrations- und Managementlehre[376] hat Fragen der Aufga-ben- und Abteilungsbildung sowie der Koordination als Schwerpunkt und beschäftigt sich mit der Unternehmensführung.[377] Fayol formulierte in seinem Hauptwerk 14 allgemeine Management- und Organisationsprinzipien, die er nicht als starre Regeln betrachtete, sondern als flexible Orientierungshilfen, die erst in Verbindung mit Erfahrung sinnvoll angewendet werden könnten.[378]

Als Basiselemente guter Führung unterscheidet Fayol Planung, Organisation, Befehl, Koor-dination und Kontrolle. Er betrachtet dabei das Organisieren als eine logisch-konstruktive Aufgabe, bei der zunächst eine technische Struktur geschaffen wird, in die dann später die Menschen so einzupassen sind, dass sie Arbeits- und Koordinationsabläufe anweisungsge-recht ausführen und sie nicht verändern.[379] Hervorzuheben aus Fayols Organisationsprinzi-pien ist das Prinzip der „Einheit der Auftragserteilung", das eine Doppelunterstellung der Arbeiter und Angestellten vermeiden soll und die Kommunikationswege von unten nach oben und umgekehrt vorschreibt. Ausnahmsweise dürfen gleichberechtigte Stellen zur Be-schleunigung des Vorgangs miteinander kommunizieren, es gilt aber ein Informationsgebot an die übergeordneten Stellen.[380]

Fayols Ideen der Prinzipienlehre erwiesen sich letztendlich als wissenschaftlich unhaltbar, da sie zu allgemein gehalten waren und ihnen jede empirische Basis fehlte.[381] Da die Admi-nistrations- und Managementlehre ebenso wie die Ansätze von Weber und Taylor von einem unselbstständigen Menschen ausgeht, der Anweisungen befolgt und einem Regelwerk unter-liegt, lassen sich auch hier keine Parallelen zum *Wikipedia*-Phänomen aufdecken.

---

[375] Vgl. Töpfer (BWL, 2005), S. 1208

[376] Veröffentlicht 1916 unter dem Titel „Administration industrielle et générale".

[377] Vgl. Schulte-Zurhausen (Organisation, 2002), S. 12

[378] Vgl. Kieser/Walgenbach (Organisation, 2003), S. 33, Schulte-Zurhausen (Organisation, 2002), S. 13

[379] Vgl. Schreyögg (Organisation, 2003), S. 36

[380] Vgl. Schulte-Zurhausen (Organisation, 2002), S. 13

[381] Vgl. Schreyögg (Organisation, 2003), S. 39

Administrations- und Managementlehre	Wikipedia
Detaillierte Arbeits- und Koordinationsablaufplanung	Selbstorganisation
Alle Abweichungen gelten als Störungen	Eigeninitiative gefragt
Organisation ist formale Struktur	Informale und soziale Prozesse

Tabelle 6: Administrations- und Managementlehre und Wikipedia

B.1.4 Die Betriebswirtschaftliche Organisationslehre – Aufbau und Ablauf organisieren

Die betriebswirtschaftliche Organisationslehre entwickelte sich zwischen 1930 und 1970 in Deutschland. Sie versteht unter Organisation die Struktur und Ordnung einer gesellschaftlichen Institution und bezeichnet nicht mehr die Institution an sich als Organisation, sondern sieht sie als ein strukturierbares Gebilde.[382] Nordsieck bildete mit seinen Werken in den 30er Jahren des 20. Jahrhunderts die Ausgangsbasis für die zweidimensionale Betrachtung der deutschen Organisationslehre. Durch seine Aufteilung in eine Beziehungslehre und eine Aufbaulehre erfolgte die Grundlage für die Entwicklung der Aufbau- und Ablauforganisation, die sich in Deutschland in Theorie und Praxis durchsetzte:[383]

- Die Aufbauorganisation gliedert das Unternehmen in organisatorische Teileinheiten (,*technische Perspektive*'[384]).
- Die Ablauforganisation stellt den Ablauf des betrieblichen Geschehens innerhalb der Teileinheiten dar (,*soziale Perspektive*'[385]).

Als Grundlage für organisatorisches Handeln sieht Nordsieck zwei Vorraussetzungen:[386]

- Zielkonformität und Rationalität aller Einzelregelungen und vollkommene Harmonie des Zusammenhangs (,*statisches Harmonieprinzip*') sowie
- Wandel der Organisationsform in Abhängigkeit von Aufgaben, Effizienzkriterien und Bearbeitungsobjekt.

Fortgeführt und weiterentwickelt wurden Nordsiecks Gedanken durch Kosiol (1962) und Grochla (1969), bei denen ebenfalls die Aufgaben im Mittelpunkt standen. Das führte häufig zu der Kritik, der Ansatz verfolge diese Richtung zu einseitig.[387] Ausgangspunkt sind Unter-

---

[382] Vgl. Schulte-Zurhausen (Organisation, 2002), S. 13

[383] Vgl. Schulte-Zurhausen (Organisation, 2002), S. 13 f. und Töpfer (BWL, 2005), S. 1208

[384] Vgl. Grochla (Organisationstheorie, 1978), S. 126

[385] Vgl. Grochla (Organisationstheorie, 1978), S. 126

[386] Vgl. Grochla (Organisationstheorie, 1978), S. 125 f.

[387] Vgl. Töpfer (BWL, 2005), S. 1208 und Schulte-Zurhausen (Organisation, 2002), S. 14

nehmen, die auf die Verwirklichung der Unternehmensziele ausgerichtet sind, was durch die Erfüllung von Aufgaben und Teilaufgaben erreicht wird. Die Aufgaben, die als „Zielsetzungen für zweckbezogene menschliche Handlungen"[388] angesehen werden, werden von Aufgabenträgern geprägt. Als Aufgabenträger werden Personen bezeichnet, die nur durch ihre Qualifikation und eine bestimmte Arbeitskapazität gekennzeichnet sind und keine weiteren sozialen oder psychologischen Eigenschaften aufweisen.[389] Die Aufgaben werden durch die Zerteilung der Gesamtaufgabe in die Betriebsgliederung übertragen (Analyse-Synthese-Konzept nach Kosiol).[390]

Der Schwerpunkt der betrieblichen Organisationslehre ist geprägt durch die Lösung von ablauforganisatorischen Problemstellungen, wobei auf arbeitswissenschaftliche Verfahren zur Analyse von Arbeitsvorgängen zurückgegriffen wird. Forschungsergebnisse und Aspekte aus den Sozialwissenschaften finden trotz der sozialen Perspektive kaum Berücksichtigung.[391]

In der Fortsetzung wesentlicher Punkte der zuvor beschriebenen organisationstheoretischen Ansätze lassen sich auch in der betriebswirtschaftlichen Organisationslehre kaum Anhaltspunkte für das Funktionieren der *Wikipedia* finden:

Betriebliche Organisationslehre	Wikipedia
Organisatorische Regeln durch: Aufbau- und Ablauforganisation, Gestaltung durch Analyse-Synthese-Konzeption	Selbstorganisation, Regeln entstehen aus der Gemeinschaft
Systemziele sollten durch Aufgabenerfüllung der einzelnen Aufgabenträger erreicht werden (Effizienzkriterien).	Systemziele werden kollaborativ erreicht.

Tabelle 7: Betriebliche Organisationslehre und Wikipedia

B.1.5 Die klassischen Ansätze und Wikipedia

Den klassischen Theorien sind einige Prinzipien und Ansätze gemeinsam,[392] die im Folgenden (in Tabelle 8) zusammenfassend den Ansätzen und Prinzipien der *Wikipedia* gegenübergestellt werden.

Durch die Gegenüberstellung der *Wikipedia* mit den klassischen Ansätzen werden einige wesentliche Punkte der Funktionsweise der *Wikipedia* besonders deutlich. Sie funktioniert

---

[388] Kosiol (Organisation, 1962), S. 43

[389] Vgl. Schulte-Zurhausen (Organisation, 2002), S. 15

[390] Vgl. Grochla (Organisationstheorie, 1978), S. 127 und Kosiol (Organisation, 1962), S. 45 ff.

[391] Vgl. Schulte-Zurhausen (Organisation, 2002), S. 15

[392] Vgl. Schreyögg (Organisation, 2003), S. 42 f. und Schulte-Zurhausen (Organisation, 2002), S. 15 f.

weitgehend ohne feste Strukturen. Jeder Wikipedianer kann seine individuellen Bedürfnisse verwirklichen, da er seinen Beitrag nach Inhalt und Umfang frei wählen kann. Im Miteinander der Gemeinschaft werden Gruppenbeziehungen beispielsweise über die Diskussionsseiten berücksichtigt – eine Konsensfindung ist vorherrschend im Gegensatz zur hierarchischen Struktur mit dominantem Gehorsamsmuster in den klassischen Organisationsansätzen. Selbstverständlich sind auch in der *Wikipedia* bei der Artikelerstellung und im Umgang miteinander Grundsätze und Regeln einzuhalten, die jedoch gemeinsam erstellt werden und die Mündigkeit sowie selbstständiges Denken der Teilnehmer voraussetzen. Durch die selbstorganisatorische Erstellung der Regeln und Ordnung entsteht auch eine breite Akzeptanz derselben.

Klassische Organisationstheorien	Wikipedia
Regelabweichungen stellen Störungen dar und sind durch Kontrollen zu minimieren.	Eigeninitiative ist gefragt.
Das zentrale Instrument sind organisatorische Regelungen, um das Verhalten der Organisationsmitglieder zu steuern.	Grundprinzipien, die in den meisten Gesellschaften intuitiv sind, regeln den Umgang miteinander. „Ignoriere alle Regeln"
Es liegt die Annahme zugrunde, dass die Arbeitsbedingungen stabil sind, so dass sich die Arbeitsanforderungen genau planen und stabile Regelungen zur Arbeitsausführung aufstellen lassen.	Flexibles und offenes System mit wechselnden Teilnehmern.
Hierarchische Beziehungen dominieren	Flache Hierarchien dominieren
Ziel der Organisationsgestaltung ist die Optimierung der inneren Strukturen und die Perfektionierung der Leistungserbringung. Die Umwelt und die wechselnden exogenen Einflüsse, die situationsbedingte Anpassungen erforderlich machen, werden vernachlässigt.	Ziel ist die größte und beste Enzyklopädie zu entwickeln – die Art der Leistungserbringung obliegt jedem Mitarbeiter selbst. Die Leistung (Artikel) wird kollaborativ in kontinuierlichen Prozessen optimiert.
Die Mitarbeiter willigen bei Eintritt in die Institution (Unternehmen oder Staat) in die vorgegebene Ordnung ein. Individuelle Verhaltensweisen und Bedürfnisse werden ebenso vernachlässigt wie Gruppenbeziehungen – sie werden als Störfaktoren empfunden und sind als solche zu minimieren.	Grundprinzipien sind zu beachten, ansonsten gilt „Ignoriere alle Regeln", sofern die Motivation zur Mitarbeit beeinträchtigt und andere Personen nicht persönlich angegriffen werden. Soziale und Gruppenprozesse sind Grundlage der Wikipedia.

Tabelle 8: Die klassischen organisationstheoretischen Ansätze und Wikipedia

B.2 Die verhaltensorientierten Organisationsansätze

Bei den verhaltensorientierten Ansätzen rücken – im Gegensatz zu den klassischen Ansätzen, bei denen die formale Organisation im Vordergrund steht – die informale Organisation und informale Gruppen in den Mittelpunkt. Menschliche Handlungen und Interaktionen finden in den soziologisch orientierten Ansätzen Berücksichtigung, formale Organisationsstrukturen bleiben im Hintergrund.[393]

B.2.1 Der Human-Relations-Ansatz – Der Mensch als soziales Wesen

Als Grundlage für die verhaltensorientierten Ansätze gilt der Human-Relations-Ansatz nach Mayo, in dem erstmals die Einflüsse der informalen Organisation und die Emotionen der Mitarbeiter berücksichtigt wurden – auch wenn Mayos Ansatz selbst nur eine minder radikale Abwendung von der klassischen Sichtweise beinhaltete.[394] Mayos Arbeiten basierten auf den so genannten Hawthorne-Experimenten, die von Mayo 1924 bis 1932 im Hawthorne-Werk der Western Electric Comp.[395] durchgeführt wurden und als Ursprung des Human-Relations-Ansatz gelten.[396] Bei den Experimenten ging es zunächst um die arbeitswissenschaftliche Erforschung von äußeren Einflüssen auf die Arbeitsbedingungen, wobei sich herausstellte, dass die inneren Einflüsse aus der informalen Organisation wesentlich bedeutsamer sind.[397] Dabei wurden jedoch die Arbeitsbedingungen an sich als unveränderbar angenommen – die Mitarbeiter sollten die Arbeitssituation positiver wahrnehmen,[398] da eine höhere Zufriedenheit, resultierend aus einer positiven Einstellung gegenüber der Arbeit, Vorgesetzten und Kollegen, auch zu einer höheren Arbeitsleistung und Produktivitätssteigerung führt.[399] Eine zentrale Aufgabe von Vorgesetzten sollte darin liegen, durch kooperatives Führungsverhalten für ein angenehmes Arbeitsklima zu sorgen und das Ausmaß der Häufigkeiten von Konflikten möglichst gering zu halten.[400] Der Mensch wurde infolgedessen nicht mehr nur als Maschine unter den Aspekten des Scientific Management angesehen, sondern als soziales Wesen, das nach eigenen Gesetzen funktioniert. Zu den Lohnanreizsystemen wurden daher Anreizsysteme ergänzt, die auch soziale Bedürfnisse der Mitarbeiter anspra-

---

[393] Vgl. Schulte-Zurhausen (Organisation, 2002), S. 16

[394] Vgl. Schulte-Zurhausen (Organisation, 2002), S. 17

[395] Vgl. dazu ausführlicher Schreyögg (Organisation, 2003), S. 43 ff. und Schulte-Zurhausen (Organisation, 2002), S. 16

[396] Vgl. Schreyögg (Organisation, 2002), S. 43

[397] Vgl. Roethlisberger/Dickson (Management, 1970), S. 19 ff.

[398] Vgl. Gebert/Rosenstiel (Organisationspsychologie, 1996), S. 20 f.

[399] Vgl. Schulte-Zurhausen (Organisation, 2002), S. 17

[400] Vgl. Schulte-Zurhausen (Organisation, 2002), S. 17

chen.[401] Emotionen wurden nicht mehr als Störfaktoren betrachtet, sondern als entscheidender Produktivitätsfaktor.[402]

Insgesamt machten die Hawthorne-Experimente deutlich, dass informalen Beziehungen in der Gruppe eine wesentlich größere Bedeutung zugemessen werden muss, als es beispielsweise Weber oder Taylor taten, da diese Beziehungen und Gruppen die Zufriedenheit der Mitarbeiter und ihre Leistungen wesentlich beeinflussen. Damit begann die Integration von Individuum und Organisation.[403]

Human-Relations-Ansatz	Wikipedia
Rationelle Arbeitsbedingungen nach tayloristischen Prinzipien	Freie Arbeitsbedingungen und Selbstorganisation
Pflege zwischenmenschlicher Beziehungen zur Erhöhung der Arbeitszufriedenheit	Arbeitszufriedenheit entsteht eher aus Befriedigung intrinsischer Motive

Tabelle 9: Human-Relations-Ansatz und Wikipedia

Auch wenn hier bereits erste Ansätze zu einer Berücksichtigung individueller Bedürfnisse deutlich wurden, so sind diese Ansätze nicht ausreichend für das hoch motivierte, eigenverantwortliche Arbeiten der Wikipedianer. Hinzu kommt, dass die im Human-Relations-Ansatz zugrunde gelegten tayloristisch organisierten Arbeitsbedingungen diametral der freien Arbeit in der Wikipedia entgegenstehen.

B.2.2 Die Anreiz-Beitrags-Theorie – Leistung durch Anreize

Anknüpfend an die Erkenntnisse aus der Human-Relations-Bewegung, die erstmals individuelle Bedürfnisse der Organisationsmitglieder berücksichtigte, nahm auch Chester I. Barnard (1886-1961) die Bedeutung der informalen Organisation in sein Denken auf.[404] Erstmals wurde der Begriff der Organisation neu definiert, und zwar als ein System von bewusst und absichtlich koordinierten Handlungen von zwei oder mehr Personen[405], wobei der Bestand des Systems jederzeit „prekär"[406] ist[407] und interne und externe Faktoren berücksichtigt werden.[408] Zur Sicherung des Bestehens des Systems müssen Mitarbeiter und Führungskräfte miteinander kommunizieren und die Bereitschaft besitzen, ein gemeinsames Ziel zu errei-

---

[401] Vgl. Kieser/Walgenbach (Organisation, 2003), S. 26

[402] Vgl. Schreyögg (Organisation, 2003), S. 45

[403] Vgl. Schreyögg (Organisation, 2003), S. 47 f.

[404] Veröffentlicht in „Functions of the Executive", gefolgt von weiteren Werken, 1938, vgl. dazu Schreyögg (Organisation, 2003), S. 48 f.

[405] Vgl. Barnard (Organisationen, 1970), S. 16

[406] Schreyögg (Organisation, 2003), S. 48

[407] Vgl. Barnard (Organisationen, 1970), S. 16 f.

[408] Vgl. Weinert (Organisationspsychologie, 2004), S. 554

chen.[409] Die informale Organisation dient dabei als Funktionsvoraussetzung für die Kommunikation.[410] In der Organisation sollen Anreize materieller und immaterieller Natur gesetzt werden, die den Erwartungen und Wünschen der Teilnehmer entsprechen, um somit die Kooperationsbereitschaft zur Erreichung der Organisationsziele zu erhalten. Dadurch werden die Organisations- und Unternehmensziele auch erstmals mit den Zielen der Teilnehmer verknüpft.[411]

In der Entwicklung der Organisationstheorien war die Herausstellung der Bedeutung von den Erwartungen der Mitglieder einer Organisation an den organisatorischen Führungs- und Gestaltungsprozess ein entscheidender Punkt. Die Integration von Individuum und Organisation wurde weiter etabliert, was sich auch in der Aufnahme weiterer verhaltenswissenschaftlicher Aspekte zeigte.[412]

Simon und March trugen Ende der 50er Jahre weiter zur Verbreitung der Anreiz-Beitrags-Theorie bei. Sie analysierten auf Basis von Barnards Ansatz die Entscheidungen von Individuen zur Teilnahme an einer Organisation oder zum Verlassen derselben; insbesondere untersuchten sie die Entscheidung, produktive Beiträge zur Erfüllung der Organisationsziele zu leisten.[413] Insgesamt unterscheiden sie drei Entscheidungstypen von Organisationsteilnehmern, bei denen ein Gleichgewichtszustand zwischen Anreizen und Beiträgen hergestellt werden soll.[414] Die Autoren gehen davon aus, dass sich für die Organisationsteilnehmer nur dann ein Gefühl der Zufriedenheit einstellt, wenn der Nutzen der Anreize für sie höher oder mindestens gleich den Beiträgen ist. Sinkt die Zufriedenheit bei empfundenem unausgeglichenem Anreiz-Beitrags-Verhältnis unter einen gewissen Punkt, so wird die Teilnahme in Frage gestellt. Kritisch zu betrachten ist hier, dass das Anreiz-Beitrags-Verhältnis nicht in objektiven Kennziffern gemessen wird, sondern von den subjektiven Ansprüchen der Organisationsteilnehmer abhängt.[415] Die Entscheidungstypen in Organisationen und die Empfehlungen zur Erreichung des Gleichgewichtszustandes werden nachfolgend denen der *Wikipedia* gegenüber gestellt.

---

[409] Vgl. Weinert (Organisationspsychologie, 2004), S. 553

[410] Vgl. Schreyögg (Organisation, 2003), S. 51

[411] Vgl. Schreyögg (Organisation, 2003), S. 48 f.

[412] Vgl. Schreyögg (Organisation, 2003), S. 52

[413] Vgl. Schreyögg (Organisation, 2002), S. 50 und March/Simon (Organisation und Individuum, 1976), S. 81 ff.

[414] Vgl. Staehle (Management, 1999), S. 433

[415] Vgl. Staehle (Management, 1999), S. 433

Entscheidungstyp und Gleichgewicht	Wikipedia
Entscheidung zur Leistung eines Beitrags zum Erreichen der Organisationsziele:[416] Besondere Beachtung der Übereinstimmung von individuellen Einstellungen und organisatorischen Forderungen, da dieses Verhältnis in der Motivation zur Leistungserbringung reflektiert wird.[417]	Da die Wikipedianer ihre Beiträge nach Art und Umfang selbst auswählen und die Teilnahme freiwillig ist, herrscht eine hohe Übereinstimmung zwischen individuellen Einstellungen und organisatorischen Forderungen. Damit steigt die Motivation zur Leistungserbringung.
Entscheidung zur Teilnahme an der Organisation:[418] Durch Akzeptanz der formalen und informalen hierarchischen Strukturen und Ziele bei Eintritt in die Organisation, kann Einfluss auf die Organisationsteilnehmer ausgeübt werden. Diese Akzeptanz kann durch einen Dienstvertrag mit einem hohen Anreiznutzen hergestellt werden.[419]	In der *Wikipedia* herrscht eine hohe Zielidentifikation. Die Akzeptanz der Grundprinzipien erfolgt konkludent durch das Leisten von Beiträgen zur Erweiterung und Verbesserung der Enzyklopädie.
Entscheidung zum Verlassen der Organisation:[420] Verbesserung des Verhältnisses zwischen Anreiz- und Beitragsnutzen ist notwendig, um die Neigung zum Ausscheiden aus der Organisation zu verringern (wahrgenommene Einfachheit des Austretens und wahrgenommene Zahl der externen Alternativen sind relevante Faktoren).[421]	Die *Wikipedia* kann jederzeit verlassen werden. Ein Wikipedianer wird weiter Beiträge leisten, so lange er seine Bedürfnisse in der *Wikipedia* befriedigen kann. Dadurch entsteht auch eine engere Bindung an die *Wikipedia*.

Tabelle 10: Anreiz-Beitrags-Ansatz und Wikipedia[422]

Erstaunlicherweise kommt *Wikipedia* ohne das explizite Angebot von Anreizen materieller Natur aus. Immaterielle Anreize können in der Möglichkeit der Erfüllung intrinsischer Motive gesehen werden, worin auch der Nutzen für die Organisationsteilnehmer gesehen werden kann. Die Entscheidungen zur Teilnahme, zur Leistung von Beiträgen und zum Verlassen

---

[416] Vgl. Simon/March (Organisation und Individuum, 1976), S. 52 ff.

[417] Vgl. Simon/March (Organisation und Individuum, 1976), S. 79

[418] Vgl. Simon/March (Organisation und Individuum, 1976), S. 85 ff.

[419] Vgl. Simon/March (Organisation und Individuum, 1976), S. 87

[420] Vgl. Simon/March (Organisation und Individuum, 1976), S. 89 ff.

[421] Vgl. Simon/March (Organisation und Individuum, 1976), S. 89

[422] In Anlehnung an Staehle (Management, 1999), S. 431 f. und March/Simon (Organisation und Individuum, 1976), S. 52 ff. sowie eigene vorangegangene Ausführungen.

der Organisation ergeben sich aus intrinsischen Motiven. Können die intrinsischen Motive befriedigt werden, so ist ein Anreiz vorhanden, weiter Beiträge zu leisten und die Organisation nicht zu verlassen. Die Anreiz-Beitrags-Theorie liefert damit zumindest teilweise Erklärungsansätze für das Funktionieren der Wikipedia.

B.2.3 Die motivationstheoretischen Ansätze

Nach der Human-Relations-Bewegung entwickelte sich eine weitere sozialwissenschaftliche Forschungsrichtung, die sich mit dem menschlichen Verhalten in und von Organisationen beschäftigt. Die Forschung wurde auf alle menschlichen Bedürfnisse erweitert und der Zusammenhang zwischen Zufriedenheit, Frustration, Motivation und Leistung untersucht.[423] Diese Forschungsrichtung, die auch unter dem Begriff Human-Resources-Ansatz zusammengefasst wird, untersucht auf der Basis von motivationstheoretischen Überlegungen, die neben den sozialen Bedürfnissen vor allem das Streben nach Selbstverwirklichung der Organisationsteilnehmer berücksichtigen, Führungs- und Strukturmodelle, die die Integration von individuellen Bedürfnissen und ökonomischer Zielerreichung ermöglichen sollen.[424]

Die Ansichten darüber, was Motivation ist, woher sie rührt und mit welchen Faktoren sie in Wechselbeziehungen steht, sind vielfältig. Motivation kann definiert werden als „die aktivierende Ausrichtung des momentanen Lebensvollzuges auf einen positiv bewerteten Zielzustand".[425] Für andere bedeutet Motivation heute ein Streben nach Glück, wobei persönliche Blockaden abgebaut und somit Antrieb, Optimismus und Überzeugungskraft entwickelt werden.[426] Zu den bedeutendsten Vertretern der klassischen Motivationstheorien zählen Maslow, McGregor, Herzberg und Argyris.[427] Im Folgenden werden die Ansätze von Maslow und Herzberg als besonders weit beachtete Beiträge ausführlicher behandelt.

Das hierarchische Motivationsmodell von Maslow – Das Streben nach Bedürfnisbefriedigung
Maslow ging Mitte der 40er Jahre davon aus, dass alle Menschen eine Reihe von Grundbedürfnissen haben, nach deren Befriedigung sie streben.[428] Er unterschied dabei fünf Motivklassen,[429] die meist in einer Bedürfnispyramide dargestellt werden:

---

[423] Vgl. Schulte-Zurhausen (Organisation, 2002), S. 17

[424] Vgl. Schreyögg (Organisation, 2003), S. 53

[425] Vgl. Rheinberg (Motivation, 2002), S. 18

[426] Vgl. Weinert (Organisationspsychologie, 2004), S. 188

[427] Vgl. Schreyögg (Organisation, 2003), S. 53

[428] Vgl. Weinert (Organisationspsychologie, 2004), S. 191

[429] Vgl. Maslow (Motivation, 1954), S. 80 ff.

Abbildung 32: Bedürfnispyramide nach Maslow[430]

Die Bedürfnisse der höheren Stufe entwickeln sich erst dann, wenn die darunterliegenden Bedürfnisse erfüllt sind. Nach Maslows Vorstellung befindet sich der Mensch immer auf einer bestimmten Ebene der Bedürfnishierarchie, wobei die darunterliegenden, bereits befriedigten Bedürfnisse nicht mehr verhaltensrelevant sind. Das Verhalten wird von den darüberliegenden Bedürfnissen gesteuert, wobei die jeweils nächst höhere, noch nicht befriedigte Stufe dominiert.[431] Bei den Defizitmotiven endet der erlebte Drang mit dem Erreichen des Ziels, also der Befriedigung der Bedürfnisse. Die Wachstumsmotive sind dadurch gekennzeichnet, dass sie ihr Ziel niemals abschließend erreichen, sie entfernen und erhöhen sich mit der Annäherung.[432]

Maslows Bedürfnishierarchie führte in der Forschung zu starker Kritik, da insbesondere für die höheren Bedürfnisse eine allgemeingültige, nicht empirisch-wissenschaftlich entwickelte Rangordnung als unzulässig betrachtet wurde.[433] Ebenso wurde die Universalität der Bedürfnisstärke kritisiert, der die Annahme zugrunde liegt, dass die Bedürfnisse für alle Menschen

---

[430] Quelle: Schulte-Zurhausen (Organisation, 2002), S. 18 in Anlehnung an Maslow (Motivation, 1954)

[431] Vgl. Maslow (Motivation, 1954), S. 146 ff.

[432] Vgl. Rosenstiel et al. (Organisationspsychologie, 2005), S. 265

[433] Vgl. Conrad (Maslow-Modell, 1983), S. 260 ff. Conrad gibt in seinem Beitrag eine Übersicht über die Berücksichtung der Maslow-Theorie in der betriebswirtschaftlichen und organisationstheoretischen sowie organisationspsychologischen Literatur.

gleichermaßen gelten.[434] Auch sind die Bedürfnisse nicht überschneidungsfrei und damit nicht eindeutig zuzuordnen.[435] Einigkeit besteht weitgehend darin, dass befriedigten Bedürfnissen nach einer gewissen Zeit keine Motivationswirkung mehr zukommt.[436] Auch wird durch die einfache Untergliederung der Bedürfnisse deutlich, dass die Motivation nicht ausschließlich auf ökonomischen Faktoren beruht.[437]

Überträgt man Maslows Konzept auf *Wikipedia*, so könnte das Ergebnis wie in Abbildung 33 dargestellt aussehen.

Es zeigt sich also, dass eine Einordnung der relevanten Bedürfnisse bei der Mitarbeit bei *Wikipedia* durchaus möglich ist. Gleichzeitig werden aber auch Schwierigkeiten deutlich.

25 Prozent der *Wikipedia*-Teilnehmer sind Studenten, die im Allgemeinen verschiedene Bedürfnisse haben: Sicherheitsbedürfnisse in Bezug auf einen Job, Arbeitsplatzsicherheit nach dem Studium und finanzielle Sicherheit während des Studiums; soziale Bedürfnisse, die durch die Aufnahme in Gruppen erfüllt werden – wie zum Beispiel die Aufnahme in die *Wikipedia*-Gemeinschaft. Erfolg und Anerkennung im Studium oder bei der Mitarbeit in der *Wikipedia* führen zu Selbstvertrauen. Hier ist daher kaum festzustellen, aus welcher Bedürfnisstufe die Motivation für Studenten, an der *Wikipedia* mitzuarbeiten, gespeist wird. Hinzu kommt, dass die meist genannten Motive für die Teilnahme an der *Wikipedia* eher den Organisationszielen der *Wikipedia* gelten, erst an dritter Stelle wird die Erweiterung des eigenen Wissens genannt.[438]

Fast 42 Prozent der Wikipedianer sind Vollzeit-Arbeitnehmer. Ihre Bedürfnisse nach Sicherheit, sozialer Zugehörigkeit sowie Achtung und Wertschätzung können wahrscheinlich bereits im Arbeitsleben gespeist werden.[439] Damit unterscheiden sich die Stufen für die Motivation zur Mitarbeit an der *Wikipedia*: Kann eine Personen alle Bedürfnisse bis zu den Ich-Bedürfnissen am Arbeitsplatz und in einer Partnerschaft erfüllen, so könnte die Teilnahme an der *Wikipedia* Teil der Selbstverwirklichung einer Person sein. Ist eine Person jedoch unzufrieden und sucht in einer anderen als der Arbeitsgruppe Anerkennung, so wäre die *Wikipedia*-Teilnahme schon auf der dritten Stufe motiviert, und die am Arbeitsplatz nicht eintretende Bedürfnisbefriedigung könnte durch die Mitarbeit an der *Wikipedia* kompensiert werden.

---

[434] Vgl. Weinert (Organisationspsychologie, 2004), S. 191

[435] Vgl. Conrad (Maslow-Modell, 1983), S. 260 ff.

[436] Vgl. Schulte-Zurhausen (Organisation, 2002), S. 18

[437] Vgl. Schulte-Zurhausen (Organisation, 2003), S. 21

[438] Vgl. Schroer (Online-Befragung, 2005)

[439] Vgl. zur Bedeutung der fünf Stufen im Arbeitsleben ausführlicher Schulte-Zuhausen (Organisation, 2002), S. 17 f.: Demnach schlagen sich Sicherheitsbedürfnisse v.a. im Wunsch nach Sicherheit des Arbeitsplatzes und des Einkommens nieder, soziale Bedürfnisse können durch die Zugehörigkeit zu einer Arbeitsgruppe befriedigt werden, der Wunsch nach Anerkennung lässt die Mitarbeiter nach guten Arbeitsergebnissen streben. Das Bedürfnis nach Selbstverwirklichung wird wirksam, wenn die Menschen ihre eigenen Vorstellungen mit den Arbeitsanforderungen kombinieren können.

Abbildung 33: Bedürfnishierarchie in Unternehmen und in der Wikipedia[440]

Die Arbeit an der *Wikipedia* ist meist intrinsisch motiviert,[441] sie geschieht also um ihrer selbst Willen. Dies lässt darauf schließen, dass in der *Wikipedia* meist die Befriedigung des Bedürfnisses nach Selbstverwirklichung erstrebt wird, vor allem wenn man unter Selbstverwirklichung versteht, die eigenen Fähigkeiten und Möglichkeiten regelmäßig zu aktualisieren.[442]

Diese Beispiele zeigen, dass die Maslow'sche Darstellung zu universell für die komplexe *Wikipedia*-Gemeinschaft ist, da die große Heterogenität der Teilnehmer, die von unterschiedlicher kultureller, gesellschaftlicher und sozialer Herkunft sind, keine ausreichende Berücksichtigung findet. Das Modell ist daher nur bedingt anwendbar.

Die Zwei-Faktoren-Theorie nach Herzberg – Motivatoren födern, Dissatisfaktoren eliminieren

Da die von Maslow genutzten Motivklassifikationen theoretisch und empirisch mit Problemen verbunden sind,[443] ging Herzberg (1959) dazu über, auf empirischer Basis einen Ansatz

---

[440] Quelle: Schulte-Zurhausen (Organisation, 2002), S. 21 und eigene Darstellung in Anlehnung an vorangegangene Ausführungen

[441] Vgl. Schroer et al. (Wikipedia, 2005)

[442] Vgl. Gebert/Rosenstiel (Organisationspsychologie, 1996), S. 42

[443] Vgl. Gebert/Rosenstiel (Organisationspsychologie, 1996), S. 44

aus einer anderen Perspektive zu entwickeln.[444] Er unterschied zwei Klassen von Motiven, die sich aus einer empirischen Untersuchung in Form einer Befragung von gut 200 kaufmännischen und technischen Angestellten ergeben haben:[445]

Die Befriedigung der so genannten ,*Hygiene-Faktoren*' wird als gegeben vorausgesetzt, sie liefert keinen positiven Handlungsanreiz. Bei Nicht-Befriedigung wird jedoch Unzufriedenheit ausgelöst.[446]

Die Befriedigung der so genannten ,*Motivatoren*' dagegen stellt einen Handlungsanreiz dar.[447] Sie sind durch die aktivierende Wirkung wesentlich für das Zustandekommen der Arbeitszufriedenheit verantwortlich.[448]

Nachfolgend werden die am häufigsten genannten Ereignisgruppen kurz aufgeführt:

Motivatoren	Hygiene-Faktoren
• Leistung vollbringen • Anerkennung finden • Einen interessanten Arbeitsinhalt haben • Verantwortung übernehmen	• Unternehmenspolitik • Art der Personalführung • Beziehung zu Vorgesetzten und Kollegen • Gehalt (gilt bedingt und kurzfristig auch als Motivator) • Äußere Arbeitsbedingungen

Tabelle 11: Motivatoren und Hygiene-Faktoren nach Herzberg[449]

Demnach resultiert Zufriedenheit primär aus Leistung, Anerkennung, Arbeitsinhalten und Verantwortung, während Unzufriedenheit in der Unternehmenspolitik, der Personalführung und den anderen oben genannten Aspekten begründet ist.[450] Herzberg geht davon aus, dass die Motivatoren als Valenzfaktoren für Zufriedenheit auch für die Motivation zur Leistung bedeutsam sind.[451] Für die Organisation (in Unternehmen) gilt daher, dass die Gestaltung der Arbeitsaufgabe mit interessanten Arbeitsinhalten und der Gelegenheit zur leistungsbezoge-

---

[444] Vgl. Schulte-Zurhausen (Organisation, 2002), S. 20

[445] Die 203 technischen und kaufmännischen Angestellten wurden mit der Methode der Kritischen Ereignisse befragt, bei der besonders positive oder negative Gefühle, Erfahrungen und Ereignisse erfragt werden. Herzberg ermittelte, aufgrund der Antworten zu kritischen Ereignissen bei der beruflichen Tätigkeit, elf Gruppen von kritischen Ereignissen, Vorkommnissen und Bedingungen, die als „Zufriedenmacher" (Motivatoren) oder „Unzufriedenmacher" (Hygienefaktoren) angesehen werden. Vgl. Gebert/Rosenstiel (Organisationspsychologie, 1996), S. 44

[446] Vgl. Frese (Organisationstheorie, 1992), S. 268

[447] Vgl. Frese (Organisationstheorie, 1992), S. 268

[448] Vgl. Schulte-Zurhausen (Organisation, 2002), S. 20

[449] In Anlehnung an Gebert/Rosenstiel (Organisationspsychologie, 1996), S. 44

[450] Vgl. Gebert/Rosenstiel (Organisationspsychologie, 1996), S. 44 f.

[451] Vgl. Gebert/Rosenstiel (Organisationspsychologie, 1996), S. 45

nen Bewährung der Organisationsteilnehmer ermöglicht werden muss.[452] Dagegen reichen Maßnahmen wie Lohnsonderzahlungen oder Arbeitszeitverkürzungen, die die Arbeitsbedingungen berühren, nicht aus, da sie lediglich Hygiene-Faktoren sind und keinen Valenzcharakter für Zufriedenheit und Leistungsmotivation aufweisen.[453]

Gegen das Modell wurden jedoch auch immer wieder Einwände erhoben, da die Erhebung methodengebunden ist und durch die Befragung von lediglich zwei Berufsgruppen die Frage der Generalisierbarkeit auftaucht.[454] Schwierig ist auch die Trennung in zwei Dimensionen, da beispielsweise das Gehalt als Motivator und als Hygiene-Faktor auftreten kann.[455] Nachfolgende Forschungen führten zu dem Schluss, dass Zufriedenheit nicht zwei-dimensional anzusehen sei, sondern eindimensional: Die von Herzberg untersuchten Faktoren beeinflussen demnach alle die Zufriedenheit bzw. Unzufriedenheit der Mitarbeiter.[456]

Von Bedeutung ist Herzbergs Zwei-Faktoren-Theorie in erster Linie deshalb, weil er als erster Organisationspsychologe die Arbeit selbst als Quelle der Mitarbeitermotivation identifiziert hat. Darauf geht nicht zuletzt die Ausstattung der Mitarbeiter mit mehr Kompetenzen und Verantwortung zurück.[457]

Für die *Wikipedia* könnten sich Motivatoren bzw. Hygiene-Faktoren ergeben, die im Folgenden den Herzberg'schen Faktoren gegenübergestellt werden.[458] Die Motivatoren fußen dabei auf den Ergebnissen der *Wikipedia*-Studie der Universität Würzburg.[459]

---

[452] Vgl. Schulte-Zurhausen (Organisation, 2002), S. 21 und Gebert/Rosenstiel (Organisationspsychologie, 1996), S. 45

[453] Vgl. Schulte-Zurhausen (Organisation, 2002), S. 21 und Vgl. Gebert/Rosenstiel (Organisationspsychologie, 1996), S. 44 f.

[454] Vgl. Weinert (Organisationspsychologie, 2004), S. 198

[455] Vgl. Schulte-Zurhausen (Organisation, 2002), S. 20

[456] Vgl. Gebert/Rosenstiel (Organisationspsychologie, 1996), S. 46

[457] Vgl. Weinert (Organisationspsychologie, 2004), S. 200

[458] Die hier dargestellten Daten bezüglich Wikipedia wurden nicht nach der Kritischen Ereignis-Methode erfragt, wie von Herzberg vorgesehen, sondern aufgrund der Ergebnisse der o.g. Würzburger Studie als mögliche Motivatoren/Hygienefaktoren zu Zwecken der Anschaulichkeit von der Verfasserin zusammengestellt (Anm. der Verfasser).

[459] Vgl. Schroer (Online-Befragung, 2005)

Herzberg	Wikipedia
Motivatoren	**Motivatoren**
• Leistung vollbringen • Anerkennung finden • Einen interessanten Arbeitsinhalt haben • Verantwortung übernehmen	• Lernen, Artikel schreiben und die Qualität der Artikel optimieren, etwas Bleibendes hinterlassen • Geringe Relevanz externer Anreize • Spaß, frei gewählte Arbeitsinhalte • Verantwortung für Artikel und Enzyklopädie
Hygiene-Faktoren	**Hygiene-Faktoren**
• Unternehmenspolitik • Art der Personalführung • Beziehung zu Vorgesetzten und Kollegen • Gehalt (gilt bedingt und kurzfristig auch als Motivator) • äußere Arbeitsbedingungen	• Zu starke Regulierungen und Einschränkungen könnten demotivierend wirken • Zu geringe Serverkapazitäten könnten zu schlechteren Arbeitsbedingungen führen.

Tabelle 12: Motivatoren und Hygiene-Faktoren nach Herzberg und bei Wikpedia

Insgesamt ist es der *Wikipedia* gelungen, das Umfeld so zu gestalten, dass die Hygiene-Faktoren weitgehend unproblematisch sind, da die Regelungen auf ein Mindestmaß reduziert wurden und die Serverkapazitäten regelmäßig ausgebaut werden. Ebenso können die Motivatoren dermaßen befriedigt werden, dass ein Handlungsanreiz für die Wikipedianer besteht.

B.3 Dic situativen Ansätze – Der komplexe Mensch

Aus der Vielzahl an organisationstheoretischen Ansätzen entstanden ab Mitte der 60er Jahre die situativen Ansätze (auch ‚Kontingenztheorie‘[460]), die die positiven Aspekte vorhandener Beiträge, Definitionen und Überlegungen zusammenfassen.[461] Das Bild des „administrative man" wurde vom Bild des „complex man" abgelöst, der sich an eine komplexe Umwelt mit wechselnden Beziehungen anpassen muss.[462]

Aus der Kritik an den Idealtypen der klassischen Organisationstheorien kristallierten sich zwei Grundthesen heraus, die den situativen Ansätzen zugrunde liegen:[463]

1. Abweichungen in den Organisationsstrukturen werden auf Unterschiede in der Situation (im Kontext) zurückgeführt.[464]
2. Je nach Situation sind bestimmte Organisationsstrukturen und Verhaltensweisen unterschiedlich effizient.[465]

Demnach werden bei den situativen Ansätzen keine allgemeingültigen Organisationsprinzipien aufgestellt. Stattdessen werden Wirkungszusammenhänge zwischen Organisationsstrukturen, Verhalten der Mitglieder, Effizienz (Zielerreichung) der Organisation und jeweils spezifischer Situation mittels empirischen Untersuchungen aufgedeckt.[466]

Kieser und Kubicek (1992) unterscheiden zwei unterschiedliche Grundmodelle.[467] Der analytische Ansatz verfolgt ein theoretisch-wissenschaftliches Ziel, bei dem empirisch gehaltvolle und generelle Erklärungen für beobachtete Phänomene mit Warum-Fragen gewonnen werden sollen.[468] Die pragmatische Variante ist an der Formulierung von Gestaltungsmöglichkeiten interessiert, um Empfehlungen für die Frage nach dem „Wie" bei der Gestaltung der Organisationsstruktur unter Berücksichtigung der situativen Bedingungen geben zu können.[469] Da hier Erklärungen für das Wikipedia-Phänomen gesucht werden, wird nachfolgend nur der analytische Ansatz ausführlich vorgestellt.

---

[460] Vgl. Schreyögg (Organisation, 2003), S. 60 ff. und Weinert (Organisationspsychologie, 2004), S. 580 ff.

[461] Vgl. Kieser/Kubicek (Organisation, 1992), S. 45 f.

[462] Vgl. Hill et al. (Organisationslehre II, 1998), S. 435

[463] Vgl. Schulte-Zurhausen (Organisation, 2002), S. 24

[464] Vgl. Schulte-Zurhausen (Organisation, 2002), S. 24

[465] Vgl. Schulte-Zurhausen (Organisation, 2003), S. 24 und Kieser/Walgenbach (Organisation, 2003), S. 43

[466] Vgl. Schulte-Zurhausen (Organisation, 2002), S. 23 und Kieser/Kubicek (Organisation, 1992), S. 57 ff.

[467] Vgl. Kieser/Kubicek (Organisation, 1992), S. 55 ff.

[468] Vgl. Kieser/Kubicek (Organisation, 1992), S. 56

[469] Vgl. Kieser/Kubicek (Organisation, 1992), S. 59 f.

Auf der Suche nach Erklärungen für die Unterschiede in Organisationsstrukturen versucht die analytische Variante des situativen Ansatzes folgende Aspekte zu berücksichtigen:[470]

- Möglichkeiten der Operationalisierung von Organisationsstrukturen;
- Bedeutung situativer Faktoren und Einflussgrößen als Ursache für unterschiedliche Organisationsstrukturen;
- Auswirkungen situativer Faktoren und Organisationsstrukturen auf das Verhalten der Organisationsmitglieder und die Zielerreichung (Effizienz) der Organisation.

Die Eigenschaften einer Organisationsstruktur (Strukturvariablen) werden als abhängige, zu erklärende Größen betrachtet, während die Situations- und Kontextvariablen (Komponenten der Situation) als unabhängige Größen gelten. Als relevante Situationselemente gelten solche Faktoren, die zur Erklärung von Differenzen in Organisationsstrukturen beitragen, wobei die Wirkungsmechanismen nachträglich interpretiert werden. Des Weiteren werden Auswirkungen der Organisationsstruktur auf das Verhalten der Organisationsmitglieder sowie auf die Zielerreichung und die Effizienz untersucht.[471] Die Organisationsstruktur wird hier als Konstellation von Regeln aufgefasst, die auf verschiedenen Dimensionen basieren.[472]

Die empirischen Untersuchungen des situativen Ansatzes beschränken sich weitgehend darauf, situative Faktoren zu identifizieren und ihre Korrelation mit bestimmten Ausprägungen der Organisationsstrukturen zu interpretieren.[473] Bei der Festlegung der Strukturvariablen wird häufig auf Webers Bürokratiemodell zurückgegriffen, womit eine weitgehend einheitliche Vorstellung von Organisationsstruktur zugrunde liegt.[474] Die Organisationsstruktur wird seither als Konstellation von Regelungen angesehen, die sich auf einige wenige Eigenschaften (Dimensionen) zurückführen lassen.[475] Dieses Modell wurde besonders durch das Aston-Programm ausgefüllt, dessen Hauptleistung in der Differenzierung von fünf Strukturmerkmalen (Dimensionen) der Organisation mit Modifikationen zu Webers Bürokratieansatz bestand:[476]

---

[470] Vgl. Kieser/Kubicek (Organisation, 1992), S. 63

[471] Vgl. Kieser/Kubicek (Organisation, 1992), S. 56 f.

[472] Vgl. Schulte-Zurhausen (Organisation, 2002), S. 28

[473] Vgl. Kieser/Kubicek (Organisation, 1992), S. 59

[474] Vgl. Staehle (Management, 1999), S. 455

[475] Vgl. Schulte-Zurhausen (Organisation, 2002), S. 28

[476] Vgl. Kieser/Kubicek (Organisation, 1992), S. 57 f.

Max Webers Merkmale der Bürokratie	Dimensionen formaler Organisation	Operationalisierung der Kriterien
Arbeitsteilung	Differenzierung	
	- horizontal: Spezialisierung	Grad der Ausdifferenzierung, zum Beispiel Zahl der spezialisierten Stellen
	- vertikal: Konfiguration	Grad der Hierarchisierung, zum Beispiel Zahl der Hierarchieebenen
Amtshierarchie	Koordination	Notwendige Integrationsmechanismen, zum Beispiel Anzahl der mit Koordination Beschäftigten
Aktenmäßigkeit	Standardisierung	Anteil der Routinetätigkeiten, zum Beispiel Zahl standardisierter oder programmierter Verfahren
	Formalisierung	Schriftliche Fixierung organisatorischer Regeln und Vorgänge
Amtsführung	Führungsverhalten Delegation	Grad der Verlagerung von Entscheidungsbefugnissen

Tabelle 13: Dimensionen der Organisationsstruktur[477]

Kieser und Kubicek haben wesentliche interne und externe Komponenten (Merkmale) der möglichen Situation von Unternehmen zusammengefasst, die sich auf die Organisationsstruktur auswirken können:[478]

---

[477] In Anlehnung an Staehle (Management, 1999), S. 455

[478] Vgl. Kieser/Kubicek (Organisation, 1992), S. 209

Dimensionen der internen Situation = alle Eigenschaften, die geeignet sind, die Unterschiede zwischen Organisationen zu erklären[479]	Dimensionen der externen Situation = alle Kontextfaktoren, die geeignet sind, solche Unterschiede zu erklären, die sich aus exogenen Einflüssen ergeben[480]
Gegenwartsbezogene Faktoren • Leistungsprogramm • Größe • Fertigungstechnologie • Informationstechnologie • Rechtsform und Eigentumsverhältnisse	**Aufgabenspezifische Umwelt** • Konkurrenzverhältnisse • Kundenstruktur • Technologische Dynamik
Vergangenheitsbezogene Faktoren • Alter der Organisation • Art der Gründung • Entwicklungsstadium	**Globale Umwelt** • Gesellschaftlich-kulturelle Bedingungen

Tabelle 14: Hauptkomponenten der Situation von Organisationen[481]

Daraus ergibt sich das folgende Modell, das die hypothetischen Wirkungszusammenhänge zwischen der Situation der Organisation oder eines Unternehmens, der formalen Organisationsstruktur sowie dem Verhalten der Mitglieder im Hinblick auf die Effizienz der Organisation darstellt:[482]

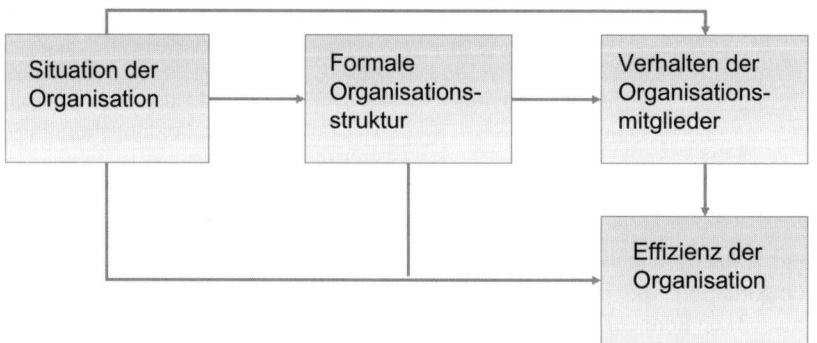

Abbildung 34: Die analytische Variante des situativen Ansatzes[483]

---

[479] Vgl. Kieser/Kubicek (Organisation, 1992), S. 208

[480] Vgl. Kieser/Kubicek (Organisation, 1992), S. 208

[481] In Anlehnung an Kieser/Kubicek (Organisation, 2002), S. 209

[482] Vgl. Kieser/Kubicek (Organisation, 1992), S. 57

[483] Quelle: Kieser/Kubicek (Organisation, 1992), S. 57

Durch die Erhebungen nach dem analytischen Ansatz konnten jedoch keine Gesetzmäßigkeiten für die Beziehungen zwischen Organisation, Situation und Verhalten der Mitglieder aufgedeckt werden.[484] Kritisiert wird unter anderem, dass der situative Ansatz eine konservative Organisationsgestaltung fördere, da sich durch die Orientierung an den Weber'schen Strukturmerkmalen nur Organisationsgestaltungen finden lassen, die sich bisher bewährt haben.[485]

Als Grundannahme der situativen Ansätze gilt, dass Unterschiede in Organisationsstrukturen auf Unterschiede in der Situation zurückzuführen sind. Daher wird zunächst anhand der oben aufgeführten Dimensionen der Situation die Wikipedia mit den möglichen Einflussfaktoren der internen und externen Situation von Unternehmen gegenübergestellt.

	Unternehmen		Wikipedia
Interne Einflussfaktoren	• Leistungsprogramm an Kundenbedürfnissen orientiert • Größe • Fertigungstechnologie beeinflusst Arbeitsgestaltung • Meist festgelegte Kommunikations- und Informationswege, die durch Informationstechnologien unterstützt werden • Rechtsform und Eigentumsverhältnisse: Profit-Organisationen • Alter der Organisation • Gezielte, geplante Gründung • Entwicklungsstadium	**Interne Einflussfaktoren**	• Frei verfügbares Wissen der Welt in der Online-Enzyklopädie • Rasantes Wachstum seit der Gründung in 2001 • Freie Erbarbeitung der Beiträge durch die Wikipedianer • Wikis als IuK-Plattform mit Datenbank zur freien Nutzung • Non-Profit-Organisation mit Wiki-Media Foundation als Eigentümerin • Junge Organisation • Spontane Gründung • Wachstumsunternehmen[486]

[484] Vgl. Kieser/Walgenbach (Organisation, 2003), S. 44

[485] Vgl. Kieser/Walgenbach (Organisation, 2003), S. 45

[486] Nach dem St. Galler Ansatz werden vier evolutionäre Entwicklungsphasen von Unternehmen unterschieden. Vom kreativen Pionier-Unternehmen nahezu ohne formale Strukturen erreichen Organisationen das nächste Stadium, in dem durch die steigende Komplexität und steigende Umsätze Führungs- und Organisationsstrukturen entwickelt werden. In der Reifephase haben die Prozesse eine hohe Effizienz und Professionalität, aber ebenso einen hohen Standardisierungs- und Formalisierungsgrad erreicht. Im Stadium des Wendeunternehmens überwindet das Unternehmen die Reifekrise oder geht unter. Vgl. Schulte-Zurhausen (Organisation, 2002), S. 314.

Externe Einflussfaktoren	Externe Einflussfaktoren
• Konkurrenzverhältnisse auf dynamischen Märkten • Kundenstruktur ist durch definierte Zielgruppe festgelegt • Technologische Dynamik kann zu Überalterung der eigenen Produkte oder der verwendeten Technologien führen • Gesellschaftlich-kulturelle Bedingungen beeinflussen Standort, Einstellungen und Engagement aller Interessensgruppen	• Indirekte Konkurrenz (aus dem Profit-Bereich) durch andere Enzyklopädien • Keine definierte Zielgruppe: Wissen soll allen Menschen zugänglich gemacht werden • Nutzung abhängig von Internet-Nutzungsmöglichkeiten in verschiedenen Ländern • Engagement und Nutzung abhängig von Kultur und sozialen Umfeld, von IT-Affinität der Bevölkerung und vom Informationsbedürfnis

Tabelle 15: Interne und externe situative Einflussfaktoren

Wie aus der Gegenüberstellung deutlich wird, unterscheidet sich die Situation der *Wikipedia* klar von der eines Unternehmens. Diese unterschiedlichen situativen Einflüsse wirken sich dementsprechend auf die formalen Strukturen aus, die nachfolgend gegenübergestellt werden:

Typische Dimensionen formaler Organisation in Unternehmen	Dimensionen formaler Organisation in der Wikipedia
Hoher Spezialisierungsgrad	Nach Interessengebiet der Wikipedianer erfolgt eine Art Spezialisierung in eigendynamischer Entwicklung. Wikipedianer können ihre „Spezialgebiete" frei wählen und wechseln.
Konfigurierung mit vielen Hierarchieebenen	Flache Hierarchien
Koordination erfolgt über Informations- und Kommunikations-Technologien und Beauftragte für Koordination	Integration und Koordination erfolgen durch verschiedene Tools wie über das Wartungs-Portal der Wikipedia in eigenverantwortlicher Arbeit durch einzelne Nutzer und Benutzergruppen.
Hoher Standardisierungsgrad durch hohe Zahl an Routinetätigkeiten; Formalisierung durch Arbeitsplatzbeschreibungen, Arbeitsanweisungen	Individuelle Arbeitsweise der Wikipedianer unter Berücksichtigung einiger Richtlinien zur Artikelerstellung; transparente Dokumentation aller Bearbeitungsvorgänge

| Führungsverhalten: Delegation, geringe Partizipation | Dezentral; Entscheidungen werden konsensdemokratisch getroffen, unter Vorbehalt des Eingriffs durch das Board of Trustees; extrem hoher Delegationsgrad |

Tabelle 16: Dimensionen formaler Struktur in der Wikipedia

Wie die Darstellung zusammenfasst, weist *Wikipedia* nur ein geringes Maß an formalen Strukturen auf. *Wikipedia* ist eine gemeinnützige Organisation, die das Ziel hat, das Wissen der Welt zu sammeln und allen zur Verfügung zu stellen. Sie ist zu diesem Zweck als Non-Profit-Organisation auf die Hilfe und Mitarbeit möglichst vieler freiwilliger Autoren angewiesen, die Beiträge zur Verwirklichung des Ziels leisten. Durch die einfache Wiki-Technik und die einfache Partizipationsmöglichkeit ohne aufwendige Anmeldung hat jeder, der Zugang zum Internet hat, die Möglichkeit, an der *Wikipedia* mitzuwirken. Dass freiwillige Mitarbeiter von einem starken Ausmaß an formalen Strukturen abgeschreckt werden, hat der Vorgänger der *Wikipedia*, die *Nupedia*, gezeigt.

Durch die informalen und partizipativen Organisationsstrukturen, die den Wikipedianern alle Freiheiten bei der Ausgestaltung ihrer Arbeit lassen, wird die Motivation zur Mitarbeit weiter gesteigert. Die Autoren fühlen sich für das Projekt verantwortlich und entwickeln so ein ausgeprägtes Interesse am Aufdecken von Fehlern und Störungen sowie an der gemeinsamen Arbeit zur Zielerreichung. Bei einem starken Einsatz von zentralen Regelungsmechanismen könnte eine Gleichgültigkeit eintreten, die zu einem Rückgang der Aktivitäten und damit des Wachstums führen würde.

Die Situation der *Wikipedia* hat demnach die formalen bzw. informalen Organisationsstrukturen stark beeinflusst. Fraglich ist, ob die gewählte Organisationsform auch tatsächlich effizient ist. An dieser Stelle sei jedoch lediglich insofern darauf eingegangen, dass die Erfolgsgeschichte der *Wikipedia* für sich spricht.

B.4 Die systemorientierten Ansätze

Die systemtheoretischen Ansätze, die in den 60er Jahren des 20. Jahrhunderts entstanden, gehen zurück auf interdisziplinäre wissenschaftliche Studien, bei denen naturwissenschaftliche, ökonomische und soziologische Einflüsse berücksichtigt wurden. Insgesamt handelt es sich dabei um sehr heterogene Ansätze, [487] die als Reaktion auf die zunehmende Komplexität und Größe von Systemen und Organisationen entstanden.[488] Hier werden diese anhand des St. Galler Systemansatzes und des soziotechnischen Ansatzes beschrieben, bevor sie zusammenfassend *Wikipedia* gegenübergestellt werden.

B.4.1 Die St. Galler Systemansätze – Kybernetik und Evolution in Organisationen

Der systemtheoretisch-kybernetische Ansatz und die folgenden St. Galler Systemansätze[489] gehen auf die interdisziplinären Wissenschaften der Kybernetik und der Systemtheorie zurück, die einerseits für das Erkennen und Beschreiben, andererseits für das Lösen von organisatorischen Problemen herangezogen wurden.[490]

Die Systemtheorie wurde von dem österreichischen Biologen van Bertalanffy begründet, der 1951 seine *Theorie der offenen Systeme* veröffentlichte, die der Erklärung von Prozessen des Wachstums, der Anpassung und Selbstregulation dient.[491] Hier wird davon ausgegangen, dass das System-Umwelt-Verhältnis interaktional ist, d.h. das System (das Unternehmen) steht unter starken Umwelteinflüssen, kann aber auch selbst gestaltend auf die Umwelt einwirken. Die hier zugrunde gelegten offenen Systeme können sich nur im Austausch mit der Umwelt erhalten und entwickeln.[492] Als Kybernetik wird die Wissenschaft von der Steuerung und Regelung von Systemen bezeichnet, die von dem Amerikaner Norbert Wiener begründet wurde und das Systemverhalten und die Systemstrukturen auf grundlegende Steuerungs- und Regelungsmechanismen zurückführt.[493]

Aufbauend auf diesen Grundlagen konzipierte Hans Ulrich, der als Begründer des systemtheoretisch-kybernetischen Ansatzes gilt, eine Managementlehre, die das Unternehmen als

---

[487] Vgl. Steinmann/Schreyögg (Management, 1990), S. 56

[488] Vgl. Grochla (Organisationstheorie, 1978), S. 203

[489] Insbesondere geprägt durch Ulrich, Malik, Bleicher und Zimmernann, die in ihren Schriften zur Managementlehre die Gedanken zur Allgemeinen Systemtheorie auf die Fragestellungen der Betriebswirtschaftslehre anzuwenden versuchten. Vgl. Grap (Produktion, 1998), S. 22

[490] Vgl. Steinmann/Schreyögg (Management, 1990), S. 56

[491] Vgl. Schulte-Zurhausen (Organisation, 2002), S. 28

[492] Vgl. Steinmann/Schreyögg (Management, 1990), S. 57

[493] Vgl. Schulte-Zurhausen (Organisation, 2002), S. 29

multidimensionale Ganzheit betrachtet.[494] Inhalt der Betriebswirtschaftlehre sei die „Gestaltung und Führung von Systemen".[495] Sein Systemansatz wurde in den Folgejahren mehrfach überarbeitet und durch Studien ergänzt.[496] Dabei gehen auch die folgenden Systemansätze von einer holistischen, umfassenden und interdisziplinären Perspektive zur Gestaltung und Lenkung komplexer, dynamischer Systeme bei unvollkommenem Wissensstand aus.[497]

Im systemtheoretisch-kybernetischen Ansatz werden Organisationen als offene, dynamische und komplexe Systeme verstanden, die einem permanenten Wandel und einer Eigendynamik unterliegen sowie zielorientiert sind.[498] Offen ist ein System dann, wenn es zu seiner Umwelt Beziehungen aufweisen kann, beispielsweise Teil eines Supersystems ist.[499] Die Dynamik von offenen Systemen äußert sich dabei in vielfältigen Interaktionen des Systems mit seiner Umwelt, also in Input und Output.[500] Die Komplexität der offenen Systeme lässt sich zurückführen auf die Menge an Beziehungen, die zwischen den Systemelementen und der Systemumwelt bestehen.[501] Zuletzt sollen bewusst geschaffene Systeme keine ziellose Dynamik entwickeln, sondern einen bestimmten Output erreichen.[502] Die Summe der Beziehungen in einem System, die in Form von Subsystemen oder Einzelbeziehungen bestehen können, wird als Struktur bezeichnet, wobei diese als instabil gilt, da die Beziehungen im System sich regelmäßig verändern und kaum prognostizierbar sind.[503]

---

[494] Vgl. Malik (Strategie, 2002), S. 23

[495] Vgl. Ulrich (Unternehmung, 2001), S. 123 f.

[496] Vgl. Malik (Strategie, 2002), S. 23

[497] Vgl. Malik (Systemisches Management, 2000), S. 83

[498] Vgl. Malik (Systemisches Management, 2000), S. 81 f. sowie Ulrich (Unternehmung, 2001), S. 144

[499] Vgl. Ulrich (Unternehmung, 2001), S. 141 f.

[500] Vgl. Ulrich (Unternehmung, 2001), S. 143

[501] Vgl. Ulrich (Unternehmung, 2001), S. 147

[502] Vgl. Ulrich (Unternehmung, 2001), S. 144

[503] Vgl. Ulrich (Unternehmung, 2001), S. 137 ff.

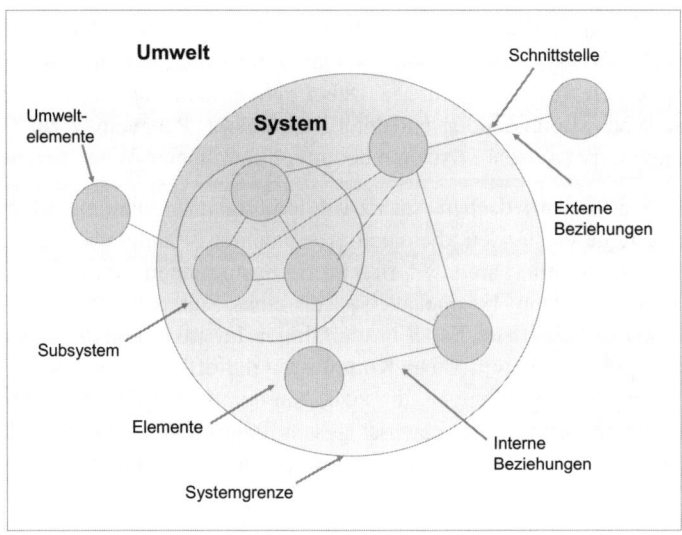

Abbildung 35: Grundbegriffe zur Systemdefinition[504]

Um die Systeme sowohl unter statischen als auch dynamischen Gesichtspunkten erfassen und gestalten zu können sowie zu prüfen, inwieweit sie auf die Organisation übertragen werden können, stehen bei der Betrachtung der Systeme folgende Aspekte im Vordergrund:[505]

- **Selbstregelung** ist die Fähigkeit eines Systems, ohne Lenkung oder Steuerung des Systems von außen einen vorgegebenen Sollwert und eine gewisse Stabilität einzuhalten.
- Unter **Anpassung** versteht man die Fähigkeit eines Systems, nicht nur einen Sollwert stabil zu halten, sondern diesen auch an eine veränderte Umwelt anzupassen.
- **Lernfähigkeit** bezeichnet das Vermögen eines Systems, aus Erfahrungen Konsequenzen für das zukünftige Verhalten zu ziehen, wobei vor allem die organisierte Lernfähigkeit durch verbesserte Informationsrückkopplung und -auswertung untersucht wird.
- Als **Selbstorganisation** wird die Fähigkeit eines Systems zur selbstständigen strukturellen Evolution und Differenzierung, d.h. die Fähigkeit zur eigendynamischen Erhöhung des Komplexitäts- und Organisationsniveaus (Verbesserung oder Erhaltung der internen Struktur) bezeichnet.
- Unter **Automatisierbarkeit** versteht man die Möglichkeit, menschliche Eingriffe in ein System durch dessen oben dargelegte kybernetische Fähigkeiten zu ersetzen und sie weder permanent noch zu festgelegten Zeitpunkten notwendig zu machen.

---

[504] Quelle: Schulte-Zurhausen (Organisation, 2002), S. 34

[505] Vgl. Hill et al. (Organisationslehre II, 1998), S. 440 f., Wieser (Organismen, 1959), S. 40 ff. sowie Schulte-Zurhausen (Organisation, 2002), S. 29

In der Management- und Organisationslehre wurden die Systemaspekte weitgehend übernommen und in Analogiebildungen auf soziale Systeme übertragen.[506]

Vorrangig in der evolutionären Managementkonzeption Maliks (St. Galler Systemansatz), die als Weiterentwicklung des systemtheoretisch-kybernetischen Ansatzes auf den beschriebenen Systemaspekten aufbaut,[507] werden neben den oben beschriebenen kybernetischen Eigenschaften auch evolutionswissenschaftliche Erkenntnisse berücksichtigt.[508] Unternehmen und andere soziale Organisationen werden als „weitgehend selbständernde, selbstevolvierende und selbstorganisierende Systeme" angesehen, die „in wesentlich geringerem Ausmaß als angenommen beherrschbar, d.h. dem steuernden und gestaltenden Einfluss ihrer Leitungsorgane unterworfen, respektive ausgesetzt und zugänglich sind".[509] Damit sind aus der evolutionären Perspektive gestalterische und lenkende Eingriffe aufgrund der Komplexität und Eigendynamik der Systeme nur bedingt möglich.

Dementsprechend wird auch Ordnung von sozialen Systemen nicht als statische Struktur, sondern als dynamisch aufgefasst und gilt als das Resultat interaktiver Prozesse eines Netzwerkes, aus dessen vorhandenen Beziehungen und Interaktionen sich das System selbst organisiert. Ordnung entsteht selbstorganisatorisch aus dem Zusammenspiel von Verhalten und Struktur, was dazu führt, dass Struktur und Organisation sich auch von innen verändern.[510] Durch die bewussten oder unbewussten Regelmäßigkeiten im Verhalten der Organisationsteilnehmer ergibt sich die Möglichkeit der Koordination durch das Erkennen von Fehlendem oder Fehlerhaften; Teile können zusammengefügt, das Verhalten kann abgestimmt werden und mehr.[511] Durch diese Koordinationsmöglichkeiten kann auch erst eine Orientierung im System gewährleistet werden, die wiederum zur Bewältigung der Komplexität und zur Erhaltung der Lebensfähigkeit eines Systems notwendig ist.[512]

Im Kernpunkt des Systemansatzes steht die Fähigkeit der Systeme zur Selbstorganisation, die die einzige Möglichkeit für Systeme darstellt, die Komplexität und Dynamik sowohl der internen Strukturen als auch der externen Einflüsse und Beziehungen zu bewältigen, da sie eine erheblich höhere Anpassungsfähigkeit aufweist, als dies in einer Befehlshierarchie der Fall sein kann.[513] Selbstorganisierte Systeme weisen vier wesentliche intrinsische Charakteristika auf, die hier kurz erläutert werden sollen:[514]

---

[506] Vgl. Hill et al. (Organisationslehre II, 1998), S. 440

[507] Vgl. Malik (Systemisches Management, 2000), S. 183

[508] Vgl. Malik (Systemisches Management, 2000), S. 175 ff.

[509] Malik (Systemisches Management, 2000), S. 176

[510] Vgl. Probst (Selbstorganisation, 1987), S. 85

[511] Vgl. Probst (Selbstorganisation, 1987), S. 68 und Malik (Systemisches Management, 2000), S. 188 f.

[512] Vgl. Malik (Strategie, 2002), S. 41

[513] Vgl. Malik (Systemisches Management, 2003), S. 187

[514] Vgl. Probst (Selbstorganisation, 1987), S. 76 ff.

- **Komplexität** ist ein Produkt aus Kompliziertheit und Dynamik und entsteht als Resultat von Ordnungen, die sich aus interagierenden Elementen bilden. Kennzeichen der Komplexität sind, dass sie nur unvollkommen beschrieben werden kann und Prognosen nur vage möglich sind.[515]

- **Selbstreferenz** bezieht sich darauf, dass jedes Verhalten des Systems auf sich selbst zurückwirkt und zum Ausgangspunkt für weiteres Verhalten wird. Da die Aktivitäten im System sich in Netzwerken vollziehen, spiegeln auch die selbstreferenziellen Rückwirkungen die inneren Zusammenhänge wieder. Informationen werden dabei nicht einfach eingegeben, sondern intern generiert, was zu einer Abgrenzung des Systems nach außen führt.[516]

- Unter **Redundanz** versteht man die mehrfache Ausführung von Aufgaben, in diesem Fall die Verteilung der Gestaltungspotenziale, wobei das System dieses Potenzial verteilt. Dem liegt die Annahme zugrunde, dass jedes Element, das über Informationen verfügt, auch handelt, wodurch Redundanz entsteht und die Informationskapazität sowie das Gestaltungspotenzial erhöht werden. Die Redundanz gilt als Vorrausetzung für die Flexibilität des Systems. Durch die Interaktion von Redundanz und Selbstreferenz entsteht ein Umfeld für Innovationen, Lernen und Kreativität.[517]

- **Autonomie** liegt vor, wenn die Beziehungen und Interaktionen, durch die das System als Einheit definiert wird, nur das System selbst involvieren und keine anderen Systeme. In diesem Sinne wird Autonomie als Selbstgestaltung, -lenkung und -entwicklung verstanden, nicht nur in Form von gewährter Kompetenz bei Dezentralisierung. Die Autonomie gilt als Vorraussetzung für die zur Lebensfähigkeit des Systems notwendigen Anpassungsvorgänge.[518]

Durch die im selbstorganisierten System ablaufenden sozialen Prozesse entsteht eine Eigendynamik, die die Anpassungsfähigkeit, Evolution und Entwicklung der Ordnung zur Erhaltung der Lebensfähigkeit der Organisation garantiert.[519] Die Lebensfähigkeit von Unternehmen beruht dabei auf zwei Grundlagen: zum einen auf der oben beschriebenen Notwendigkeit einer flexiblen und anpassungsfähigen Struktur, zum anderen auf einer „gut durchdachten und immer wieder neu zu überprüfenden strategischen Konzeption".[520]

Aus den oben aufgeführten Erkenntnissen zum kybernetischen und evolutionären Charakter von Systemen ergeben sich für das Management und die strategischen Konzeptionen verschiedene Aspekte.[521] Grundlegend ist die Erfahrung, dass die Fähigkeit der Menschen und Systeme zur Selbstorganisation nicht so weit entwickelt ist, dass sie den Ansprüchen eines sehr großen und komplexen Unternehmens entsprechen kann, was ein gewisses Maß an

---

[515] Vgl. Probst (Selbstorganisation, 1987), S. 76 f.

[516] Vgl. Probst (Selbstorganisation, 1987), S. 79 f.

[517] Vgl. Probst (Selbstorganisation, 1987), S. 81

[518] Vgl. Probst (Selbstorganisation, 1987), S. 82 f.

[519] Vgl. Probst (Selbstorganisation, 1987), S. 69

[520] Malik (Management, 2001), S. 26

[521] Vgl. Malik (Systemisches Management, 2003), S. 119 ff.

Lenkung und Steuerung sowie Korrektureingriffe notwendig macht.[522] Die Kenntnis der wesentlichen Systemeigenschaften, Komplexität und Dynamik, sowie die Unmöglichkeit, Systeme vollständig erfassen und zentral regulieren zu können, führen zur Formulierung übergeordneter Leitbilder und zur Lenkung durch wenige zentrale Organe.[523] Für Malik ergeben sich aus den genannten Erkenntnissen sieben dominierende Denkmuster, die das Management beeinflussen sollen.

Grundlegende Aussagen und Annahmen der Denkmuster für das Management, die sich aus den Systemansätzen und der Selbstorganisation ergeben, stellt die folgende Tabelle dar:

Managementprinzipien[524]
Aufgrund der Dynamik von Systemen ist die kontextabhängige Gestaltung und Lenkung ganzer Institutionen in ihrer Umwelt nötig, nicht lediglich die Führung von Menschen.
Führung vieler Menschen: Da das Gesamtsystem im Vordergrund steht, muss das Verhalten vieler Menschen durch das direkte oder indirekte Einwirken auf die Interaktionsmuster im System koordiniert werden.
Führung ist Aufgabe vieler: Aus der Redundanz in Systemen resultiert, dass jeder, der es anderen ermöglicht Beiträge zu leisten, als Manager im Netzwerk betrachtet werden sollte, um die Flexibilität des Systems zu erhalten.
Indirektes Einwirken auf der Metaebene: Da der Output eines Systems von den Strukturen und dem Verhalten des Systems abhängt, sind bei inakzeptablem Output Änderungen der Systemstruktur notwendig, Organisation findet hier im Sinne der Lenkung der eigendynamischen Prozesse statt.
Da das System über eigene Gestaltungskräfte verfügt, ist das Management auf die Optimierung der Anpassungsfähigkeit, Lernfähigkeit, Organisierbarkeit und letztlich auf die Steuerungsfähigkeit des Systems auszurichten.
Die unvollkommene Wissenslage des Managements soll zu Entscheidungen führen, die bei Veränderungen im Umfeld/der Sachlage revidierbar sind. Perspektive: Überleben, nicht Gewinn um jeden Preis.
Systeme generieren Änderungen von selbst. Daher soll das Management in der Maximierung der Lebensfähigkeit resultieren, um zu zeigen, dass die für das System relevante Komplexität unter Kontrolle gebracht werden konnte.

Tabelle 17: Managementprinzipien des systemisch-evolutionären Ansatzes

B.4.2 Der soziotechnische Ansatz – Mensch und System

Ebenfalls in den 50er Jahren begann die Entwicklung der soziotechnischen Variante der Systemansätze, wobei hier vor allem Eric Trist (1950) zu nennen ist. Sein wichtigstes Anlie-

---

[522] Vgl. Ulrich (Organisation, 1985), S. 10

[523] Vgl. Malik (Systemisches Management, 2003), S. 82, 83, 119 ff.

[524] Vgl. Malik (Systemisches Management, 2003), S. 120 ff.

gen war die Reduzierung der demotivierenden Arbeitsteilung, wozu er den Systemansatz als Rahmenkonzept verwendet, um strukturelle, soziale und technologische Aspekte auf Mikro- und Makrobene (Individuum, Gruppe, Gesamtsystem und Supersystem) zu verbinden und nach den Methoden des situativen Ansatzes zu untersuchen.[525] Strittig ist, ob Trist hier tatsächlich eine eigene Organisationstheorie entwickelte oder eher ein zusammenfassendes Konzept.[526]

Soziotechnische Studien beziehen sich immer auf drei miteinander verbundene Ebenen, wobei das Arbeitssystem, die gesamte Organisation sowie die wirtschaftliche und gesellschaftliche Umwelt untersucht werden. Organisationen werden dem Systemansatz folgend als offene, dynamische, selbstregulierende Systeme betrachtet, die einen bestimmten Input in Output verwandeln und in Interaktion mit ihrer Umwelt stehen.[527]

Aus weltweiten soziotechnischen Studien, bei denen meist jeweils eine zentral organisierte und koordinierte sowie eine autonome, selbstorganisierende Arbeitsgruppe parallel beobachtet wurden, ergaben sich im Laufe der Jahre Anforderungen an Arbeitsplätze, die sich aus den Arbeitsbedingungen und ihren potenziellen Möglichkeiten zusammensetzten. Die Unterteilung erfolgt in extrinsische und intrinsische Einflussfaktoren auf die Arbeitszufriedenheit, die in der folgenden Tabelle aufgeführt werden sollen.[528]

Extrinsische Faktoren	Intrinsische Faktoren
Angemessene und gerechte Bezahlung	Abwechslung und Herausforderung
Sicherheit des Arbeitsplatzes	Ständiges Lernen
Sozialleistungen	Eigenes Ermessen, Autonomie
Sicherheit	Anerkennung und Unterstützung
Gesundheit	Sinnvoller Beitrag in der Gesellschaft
Angemessener Arbeitsgang	Die Arbeit selbst
Anstellungsbedingungen: sozial-ökonomisch	Tätigkeit selbst: psycho-sozial
Gelegenheit zu weiteren Anforderungen aus Charakter der Tätigkeit und Arbeitsorganisation	

Tabelle 18: Extrinsische und intrinsische Bedürfnisse am Arbeitsplatz[529]

Eine Abwendung von der Technik als Bestimmungsfaktor und tayloristischen sowie bürokratischen Arbeitsgestaltungsgrundsätzen soll neue Bedingungen schaffen, die die Zustimmung und Identifikation der Mitarbeiter sowie Innovationen und Vertrauen fördern und dabei die Entfremdung verringern. Die Veränderungen hin zu einem sich ständig anpassenden Lern-

---

[525] Vgl. Schulte-Zurhausen (Organisation, 2002), S. 30, Hill et al. (Organisationslehre II, 1998), S. 443 sowie Trist (Systeme, 1990)

[526] Vgl. Hill et al. (Organisationslehre II, 1998), S. 443

[527] Vgl. Trist (Systeme, 1990), S. 13

[528] Vgl. Trist (Systeme, 1990), S. 16

[529] Vgl. Trist (Systeme, 1990), S. 16

system bilden die entscheidende Grundlage für die Überlebensfähigkeit des Systems in einer sich schnell wandelnden Umwelt.[530]

Ob nun eine eigene Theorie oder ein Konzept – Trist entwickelte aus den Untersuchungen Gestaltungsempfehlungen für Arbeitssysteme:[531]

- Arbeitssysteme sind als funktionierendes Ganzes zu betrachten und es sollten nicht die einzelnen Tätigkeiten im Vordergrund stehen.
- Nicht der Einzelne steht im Vordergrund, sondern die Arbeitsgruppe, da sie als Subsystem das Bedürfnis nach sozialen Kontakten ebenso fördert wie die Flexibilität.
- Systeme (hier: Gruppen) sind selbstregulierend. Daher ist keine externe Kontrolle/Aufsicht nötig.
- Die Mitarbeiter, die als entwicklungsfähige Wesen angesehen werden, die bewerten und lernen können, erhalten einen Entscheidungsspielraum, den sie selbst ausgestalten können. Somit erfolgt eine höhere Zustimmung und Engagement.
- Schaffung einer innovationsfreundlichen Umgebung durch Vertrauen und Offenheit.

B.4.3 Die systemtheoretischen Ansätze und Wikipedia

Da sich die wesentlichen Aspekte beider Ansätze weitgehend decken, erfolgt hier eine gemeinsame abschließende Gegenüberstellung der wesentlichen Systemaspekte, die dem systemisch-evolutionären Ansatz entstammen sowie der *Wikipedia*. Insgesamt bieten die Systemansätze, vorrangig der systemisch-evolutionäre Ansatz der St. Galler Management-Schule, ein großes Erklärungspotenzial für das Funktionieren der *Wikipedia*. Organisationen werden, wie oben ausführlich dargelegt, als offene, dynamische, komplexe Systeme betrachtet, die spontan entstehen und über Fähigkeiten der Selbstorganisation, Selbstregulierung sowie Lern- und Anpassungsfähigkeit verfügen.

Diesem systemisch-evolutionären Organisationsverständnis entspricht *Wikipedia* in starkem Ausmaß. Eine Grenze zwischen dem System und der Umwelt kann kaum gezogen werden, da jede Person Leser und Autor sein kann, anonym oder bekannt. Diese Offenheit ist gleichzeitig eine wesentliche Voraussetzung für das Funktionieren der *Wikipedia*, da sicherlich nicht zuletzt durch das Fehlen komplizierter Registrierungsprozeduren und die Möglichkeit, spontan und ohne anhaltende Verpflichtungen teilnehmen zu können, die Anzahl der Wikipedianer so groß ist. Dadurch kann sich in der großen Gemeinschaft eine Eigendynamik entwickeln.

Ein weiteres Kennzeichen der *Wikipedia* ist ihre eigendynamische Entstehung. Bedenkt man, dass *Wikipedia* als Spielwiese oder Schmierzettel für *Nupedia* gedacht war, so liegt hier ein besonders gutes Beispiel für die evolutionäre Entwicklung eines Systems vor. Ohne explizite Pläne, Anweisungen, Regeln, Aufforderungen und Aufgabenverteilung entstanden bis heute weit über eine Million Artikel für die Enzyklopädie.

---

[530] Vgl. Trist (Systeme, 1990), S. 21 f.

[531] Vgl. Trist (Systeme, 1990), S. 20 ff.

Selbstorganisierend wurden in sozialen Prozessen Verhaltensregeln wie die Wikiquette und die NPOV-Regeln zur Neutralitätssicherung entwickelt und im Laufe der Zeit angepasst. Diese Grundsätze und Regeln spiegeln neben den selbstorganisatorischen Fähigkeiten der *Wikipedia* auch Lernfähigkeit wider, da eine regelmäßige Anpassung aufgrund von Erfahrungen und neuen Gegebenheiten vorgenommen wird. In dynamischen Entwicklungen analog zur Umwelt wurde auf das rasante Wachstum der *Wikipedia* mit Qualitätssicherungsmechanismen wie den Beobachtungslisten oder Sperrungen reagiert. Durch die breite und mehrfache Verteilung der Gestaltungspotenziale (Redundanz), ohne Einschränkungen auf alle potenziellen Leser und Autoren, sind schnelle und flexible Reaktionen möglich, zum Beispiel auf Vandalismus. Der vereinzelt auftretende Vandalismus zeigt auch die Lernfähigkeit des Systems, da besonders anfällige Artikel gesperrt werden können, ebenso wie Nutzer, die durch Vandalismus auffallen. Die Lernfähigkeit des Systems, aber auch seine Anpassungsfähigkeit und Automatisierbarkeit äußern sich in den Meinungsbildern und Diskussionsseiten – hier werden enzyklopädisch relevante Themen diskutiert und abgebildet, um zukunftsfähige Regeln und Bestandteile in der *Wikipedia* zu erhalten. Was in den Diskussionen und Meinungsbildern aufgrund der Ansichten der Mehrzahl der Beteiligten besteht, trifft in der Gemeinde auf Akzeptanz und kann dann auch zur Sicherung der Lebensfähigkeit des Systems beitragen.

Wikipedia kann auch als selbstregulierend betrachtet werden: Zur Erreichung des Ziels werden Artikel angelegt, editiert, korrigiert und erweitert, um durch das Miteinander bei der Artikelverbesserung und die gegenseitige Kontrolle den Sollwert, eine hochwertige Enzyklopädie und Sammlung des Wissens unserer Zeit, zu erreichen. In der *Wikipedia* funktioniert vor allem das Korrigieren oder erste Bearbeiten von Artikeln sehr schnell: Den Ergebnissen der *IBM*-Software History Flow folgend, mit deren Hilfe die Aktivitäten u.a. auf der *Wikipedia* permanent beobachtet werden, werden Fehler und Vandalismus in der Regel so schnell behoben, dass kein anderer Nutzer sie sieht.[532]

Die nachfolgende Tabelle soll einen abschließenden Überblick über die Übereinstimmungen und Erklärungsmöglichkeiten für das Funktionieren der *Wikipedia* nach Systemaspekten geben.

---

[532] Vgl. o.V. (IBM Research Results, 2003)

Systemaspekte	Wikipedia
Offenheit	Grenzen zwischen Wikipedia und Umwelt können kaum gezogen werden.
Selbstorganisierend, Ordnung entsteht aus sozialen Prozessen in Systemen.	In Eigendynamik werden die Verhaltensregeln entwickelt und angepasst.
Dynamische Entwicklung analog zur Umwelt	Koordination/Anpassung an Wachstum und Komplexität
Flexibilisierung durch Redundanz	Schnelle und flexible Reaktionen durch eine Vielzahl von Autoren, Lektoren, Administratoren
Lernfähigkeit für Zukunft	Schließung von Lücken, um Missbrauch entgegenzuwirken, zum Beispiel Sperrung von Artikeln, die für Vandalismus besonders anfällig sind, Sicherungsinstrumente wie Beobachtungslisten und Beobachtungskandidaten
Selbstregelung (durch Rückkopplung zur Einhaltung des Sollwertes)	Gegenseitige Kontrolle und Korrektur zur Zielerreichung
Automatisierbarkeit	Kaum Eingriffe der Schiedsinstanzen
Komplexität als Resultat von Beziehungen und Ordnungen, die aus den Interaktionen resultieren; erschwerte Prognostizierbarkeit und Analyse	Aufgrund der Komplexität der Beziehungen in der Wikipedia sind Reaktionen schwer prognostizierbar.

Tabelle 19: Systemansätze und Wikipedia

B.5 Moderne organisationstheoretische Ansätze

B.5.1 Die Lernende Organisation – Organisationen als Wissenssysteme

Eine weitere wichtige Sichtweise der Organisation ist das Verständnis von der Organisation als lernendes und wissendes System. Erste Ansätze zum Organisationalen Lernen entstanden aus den verhaltenswissenschaftlichen Studien heraus und wurden in den Folgejahrzehnten rund um das organisatorische Wissen und die Veränderungsprozesse in Organisationen weiterentwickelt.[533] Aus der Vielzahl an Literatur und Ansichten ist auch eine Vielzahl an Definitionen für die Begriffe **Organisationales Lernen**, **Lernende Organisation** und **Lernen** entstanden. Hinzu kommt, dass Organisationen aus unterschiedlichen Perspektiven betrachtet werden.[534]

In den Beiträgen zur **Lernenden Organisation** werden Organisationen als Wissenssysteme verstanden, die durch Lernprozesse neues Wissen akquirieren und selbst generieren.[535] Der Begriff **Lernen** bezeichnet die informationsverarbeitenden Prozesse, die zur Veränderung von Verhaltensdispositionen führen. Nach der klassischen Psychologie hat ein Individuum dann etwas gelernt, wenn es auf den gleichen Stimulus anders reagiert.[536] Lernen wird einerseits als Prozess der Adaption von Erfahrungen und Wissen betrachtet, andererseits ergebnisorientiert, wobei die quantifizierbare Verbesserung von Aktivitäten als Ausbau von Wettbewerbsvorteilen betrachtet wird.[537]

Im Laufe der Zeit wurden verschiedene Modelle zum Lernen in Organisationen entwickelt.[538] Zu den bekanntesten Modellen gehört jenes von Agyris und Schön, das organisatorische Lernprozesse aus einer kognitionstheoretischen Perspektive betrachtet. Hier liegt die Annahme zugrunde, dass **Organisationales Lernen** durch die einzelnen Mitglieder entsteht, die ihre aktiv erworbenen Informationen, ihr Wissen und ihre Vorstellungen in die Organisation transferieren und vermitteln. Bei Abweichungen von den bisherigen Vorstellungen der

---

[533] Vgl. Lehner (Wissensmanagement, 2006), S. 108

[534] Vgl. Lehner (Wissensmanagement, 2006), S. 108 ff., Jashapara (Knowledge Management, 2004), S. 59 ff. und S. 243 ff. sowie Weinert (Organisationspsychologie, 2004), S. 581 ff.

[535] Vgl. Schreyögg (Organisation, 2003), S. 550

[536] Vgl. Lehner (Wissensmanagement, 2006), S. 109

[537] Vgl. Kluge/Schilling (Lernen, 2004), S. 851 und Lehner (Wissensmanagement, 2006), S. 109

[538] Eine Übersicht über die Konzepte organisatorischen Lernens findet sich beispielsweise bei Lehner (Wissensmanagement, 2006), S. 111

Organisation zu diesem Aspekt können Korrekturen vorgenommen werden.[539] Es werden dabei drei Ebenen der organisationalen Lernprozesse unterschieden:[540]

- Beim **single-loop-learning** (Einschleifen-Lernen) werden auftretende Probleme gelöst, ohne dass die der Handlung zugrunde liegenden Annahmen und Vorstellungen als gegeben akzeptiert, hinterfragt und geändert werden. Die Bemühungen liegen hier nach der Fehler- oder Abweichungsmeldung auf der Verbesserung der Effektivität der eingesetzten Techniken.[541]
- Beim **double-loop-learning** (Doppelschleifen-Lernen) werden auch die handlungsrelevanten Grundannahmen kritisch hinterfragt und angepasst, was zu einem Wertewandel in der Organisation führen kann. Bei Abweichungsmeldungen werden die Ursachen hinterfragt und alternative Lösungsmodelle und neue Wege in Betracht gezogen.[542]
- Eine weitere Lernebene beim double-loop-learning ist das **Lernen zweiter Ordnung**, das auch als „Lernen des Lernens"[543] charakterisiert werden kann. Innerhalb der single- und double-loop-Lernprozesse wird Wissen über die vergangenen Lernprozesse gesammelt, kommuniziert und reflektiert. Dadurch wird auch ein kontinuierlicher Prozess der Erhaltung der Lernbereitschaft von Organisationen sichergestellt, und Zusammenhänge zwischen den einzelnen Prozessen Organisationalen Lernens sollen verdeutlicht werden.[544]

Die folgende Abbildung stellt die Zusammenhänge grafisch dar:

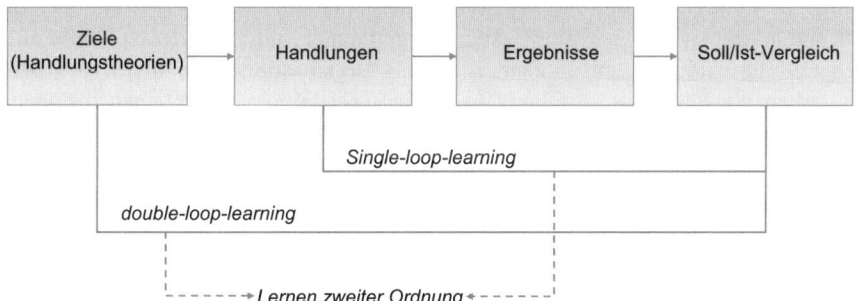

Abbildung 36: Ebenen Organisationalen Lernens nach Agyris/Schön[545]

---

[539] Vgl. Agyris/Schön (Lernende Organisation, 2002), S. 31 f.

[540] Vgl. Agyris/Schön (Lernende Organisation, 2002), S. 35 ff.

[541] Vgl. Agyris/Schön (Lernende Organisation, 2002), S. 35 f.

[542] Vgl. Agyris/Schön (Lernende Organisation, 2002), S. 36 f.

[543] Vgl. Schreyögg (Organisation, 2003), S. 556

[544] Vgl. Agyris/Schön (Lernende Organisation, 2002), S. 43 f. Dieses Konzept beruht auf den Arbeiten von Bateson (1972) und wurde von Agyris/Schön übernommen. Es ist auch unter dem Begriff Deutero-Lernen in der Literatur zu finden. Vgl. beispielsweise Schreyögg (Organisation, 2003), S. 556

[545] Darstellung nach Schreyögg (Organisation, 2003), S. 557

Die Form des Lernens betreffend, lassen sich vier Grundformen unterscheiden:[546]

1. Lerneffekte des **Erfahrungslernens** basieren auf positiven und negativen Erfahrungen, die in der Vergangenheit in der Organisation gesammelt werden konnten. Voraussetzung ist, dass diese Erfahrungen bzw. das daraus Erlernte in der Organisation gesammelt wurden.
2. **Vermitteltes Lernen** erfolgt durch den gewollten oder ungewollten Austausch von Erfahrungen mit einer anderen Organisation, indem deren Erfahrungen für die eigene Organisation nutzbar gemacht werden.
3. Eine weitere Form des Lernens stellt die **Inkorporation neuer Wissensbestände** dar, indem beispielsweise Experten eingestellt werden oder Fusionen stattfinden. Vorher fremdes Wissen wird auf diesen Wegen in die eigene Organisation integriert.
4. Durch die neue Verknüpfung vorhandener Wissenselemente in der internen Kommunikation kann **neues Wissen** in Form neuer Ideen oder Einsichten **generiert** werden. Diese Form des Lernens basiert auf den systemtheoretischen Vorstellungen von den vielfältigen Kombinations- oder Verknüpfungsmöglichkeiten der Elemente im System. Wissen kann dabei durch Experimentieren, Reflektieren oder zufällige Verknüpfungen generiert werden.

Das Systemdenken und die Fähigkeit von Systemen zur Selbstorganisation finden sich auch bei Senge. Er sieht Organisationen als Produkt der Vorstellungen und Interaktionen der Mitglieder und erklärt, wenn „wir die Illusion der getrennten, unverbundenen Kräfte aufgeben, können wir ,lernende Organisationen' schaffen, Organisationen, in denen die Menschen kontinuierlich die Fähigkeit entfalten, ihre wahren Ziele zu verwirklichen, in denen neue Denkformen gefördert und gemeinsame Hoffnungen freigesetzt werden und in denen Menschen lernen, miteinander zu lernen".[547] Als Basis für das Entstehen von Lernprozessen identifiziert Senge die Gruppe und deren Kommunikations- und Interaktionsprozesse.[548] **Fünf Voraussetzungen** für das Entstehen einer Lernenden Organisation gibt es dabei nach Senge:

---

[546] Vgl. Schreyögg (Organisation, 2003), S. 557 ff. sowie Jashapara (Knowledge Management, 2004), S. 59 ff.

[547] Senge (Fünfte Disziplin, 1997), S. 11

[548] Vgl. Lehner (Wissensmanagement, 2006), S. 111

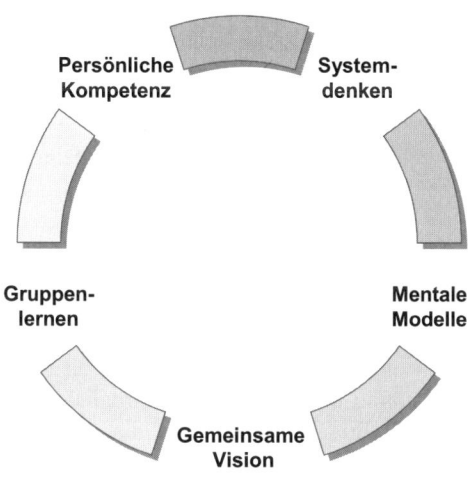

Abbildung 37: Die Lernende Organisation nach Peter Senge[549]

Da eine Organisation nur durch die einzelnen Mitglieder lernen kann, sind deren **persönliche Kompetenzen**[550] und Fähigkeiten sowie der Lernwille von immenser Bedeutung für die Lernende Organisation. Senge bezieht hier auch die eigenen Ziele und Visionen der Mitglieder ein, zu denen geistige Entfaltung und der Wunsch nach lebenslangem Lernen zählen, da er hier ein hohes Leistungsniveau aus der Selbstmotivierung und der permanenten Überprüfung der eigenen Ziele erkennt. Senge sieht hier eine Art kreative Spannung, bei der die Organisationsmitglieder einerseits die eigenen Ziele und Visionen beachten, zum anderen aber um eine möglichst objektive Sicht der Realtiät bemüht sind. Diese Spannung ist für Senge die Quelle für Innovationen und Motivation. Eine übergeordnete, gemeinsame Vision sorgt für eine Vernetzung der persönlichen Kompetenzen der Organisationsmitglieder. Eine Organisation ist immer nur so lernfähig, wie es ihre Mitglieder sind.[551]

Das **Gruppen- oder auch Teamlernen** dient der Entwicklung der Konversations- und Diskussionsfähigkeiten. Durch diesen Prozess soll die Gruppe vom unkoordinierten zum koordinierten Handeln geführt werden, um beispielsweise in kontroversen Diskussionen die Problemlösung schnell und effizient betreiben zu können. Der Gedanke des Teamlernens hängt dabei zum einen sehr eng mit der gemeinsamen Vision zusammen, da diese zu einer Fokus-

---

[549] In Anlehnung an Senge (Fünfte Disziplin, 1997), S. 14 ff. und Jashapara (Knowledge Management, 2004), S. 245 f.

[550] Von Picot als „Selbstmotivierung" übersetzt. Vgl. Picot (Grenzenlos, 2003), S. 509

[551] Vgl. Senge (Fünfte Disziplin, 1997), S. 171 ff.

sierung des Engagements führt, zum anderen mit den persönlichen Kompetenzen, da der Erfolg von Teams wesentlich von den Fähigkeiten ihrer Mitglieder abhängt.[552]

Die **Gemeinsame Vision** ist für Senge die Voraussetzung für die Generierung neuen Wissens und für Innovationen. Die Vision gibt Aufschluss darüber, was erreicht werden soll, und entsteht im Laufe der Zeit durch Dialog und die Visionen Einzelner. Eine gemeinsame Vision „erzeugt den Funken, die Aufregung, die eine Organisation aus dem Profanen heraushebt".[553] Auf der Vision kann dann eine gemeinsame Zielgerichtetheit und positive innovative Arbeitshaltung aufbauen, die tatkräftig an der Zielerreichung arbeitet. Ist das Ziel erst erreicht, kann sie jedoch auch in eine Defensivhaltung umschlagen, um die Position zu halten, was nur noch ein geringes Maß an Kreativität und Begeisterung hervorruft.[554]

Mentale Modelle spielen in vielen Bereichen des Lebens eine Rolle. Sie bilden für Senge die Wissensbasis einer Organisation und werden als internalisierte Annahmen, Generalisierungen, geistige Bilder und Vorstellungen beschrieben, die ein subjektives Bild der Realität entstehen lassen. Sie sind Teil der menschlichen Wahrnehmung und beeinflussen als solche das Handeln. In Lernenden Organisationen sollen nun genau diese mentalen Modelle überdacht und neu entwickelt werden. Dabei sollte das Lernen aus den eigenen Erfahrungen und Fehlern im Vordergrund stehen. Erst bei vielen komplexen Aufgaben sollten im Dialog mit anderen die jeweils eigenen Modelle offen gelegt und gemeinsam überprüft werden, immer unter der Berücksichtigung, dass es sich bei allen Modellen um mentale handelt.[555]

Als **„Fünfte Disziplin"** bezeichnet Senge das **Systemdenken**, die letzte Voraussetzung für die Lernende Organisation. Durch das Systemdenken sollen die bereits erläuterten Voraussetzungen integriert werden, womit einmal mehr die Parallelitäten zu den Systemansätzen deutlich werden. Das Systemdenken soll auch hier zu einem holistischen Ansatz führen, um die Struktur komplexer Situationen und Probleme erkennen zu können. Bei der Suche nach Handlungsalternativen muss das gesamte System mit seinen vernetzten Beziehungen berücksichtigt werden.[556]

Durch das Zusammenspiel und die Integration der geschilderten Voraussetzungen kann eine Lernende Organisation entstehen, wenn im Unternehmen bereits eine Atmosphäre herrscht, die den Änderungsprozess fördert. Die Atmosphäre kann unter anderem durch die gemeinsame Vision, partizipative Offenheit und partielle Autonomie erreicht werden.[557]

Neben den hier geschilderten Modellen gibt es noch eine Vielzahl weiterer Schriften zur Lernenden Organisation und zum Organisationalen Lernen, wobei beide Begriffe häufig synonym verwendet werden.[558] Fehlende empirische Untersuchungen machen eine abschlie-

---

[552] Vgl. Senge (Fünfte Disziplin, 1997), S. 284 ff.

[553] Senge (Fünfte Disziplin, 1997), S. 254

[554] Vgl. Senge (Fünfte Disziplin, 1997), S. 251 ff.

[555] Vgl. Senge (Fünfte Disziplin, 1997), S. 213 ff.

[556] Vgl. Senge (Fünfte Disziplin, 1997), S. 75 ff.

[557] Vgl. Senge (Fünfte Disziplin, 1997)

[558] Vgl. Jashapara (Knowledge Management, 2004), S. 244 ff. und Lehner (Wissensmanagement, 2006), S. 114 ff.

ßende Einordnung und Identifizierung allgemeingültiger Aussagen zur Lernenden Organisation schwierig. Für eine weitergehende empirische Untersuchung des Organisationalen Lernens ist vor allem auch das Problem der Messung und Bewertung der Lernfähigkeit von hoher Relevanz. In der Praxis erweist sich bereits eine absolute Messung und Bewertung der individuellen Lernfähigkeit und Intelligenz als schwierig. Auf der Ebene der Organisation wird diese Problematik noch wesentlich verschärft. Einen Ansatzpunkt bieten hier vergleichende Messungen und Bewertungen, die auch qualitative Aspekte mit berücksichtigen. Dies kann beispielsweise in Form eines Benchmarkings der Organisatorischen Intelligenz erfolgen.[559]

Lehner ordnet die wesentlichen Merkmale organisationstheoretisch wie folgt ein:[560]

- Den Konzepten des individuellen und organisatorischen Lernens werden Aspekte der Systemansätze und der Selbstorganisation zugrunde gelegt. Die Organisation wird nach den Kommunikationskompetenzen der Organisationsmitglieder erschaffen.
- Das Wissen ist die Ausgangsbasis und das Ergebnis des Lernens in Organisationen. Das Lernen wird durch die Umwelt weder initiiert noch determiniert.
- Organisatorisches Lernen basiert auf kognitiven und interpretativen Aspekten, wobei individuelle Beiträge von einzelnen Teilnehmern ebenso dazu gehören wie die Verarbeitung in der Organisation.

Das Konzept des Organisatorischen Lernens weist verschiedene Verbindungen zu den Prozessen und Programmen in Unternehmen auf, so beispielsweise zum Wissensmanagement,[561] zur Kommunikation im Unternehmen, zur Innovationsfindung und zum Verhalten der Organisationsmitglieder.[562] Eine besondere Rolle spielt der Einsatz von Informations- und Kommunikationstechnologien (IuK-Technologien), die zur Dokumentation und Kommunikation effektiv eingesetzt werden können, um den Austausch und die Generierung von Wissen zu fördern.[563]

Die folgende Tabelle gibt Überblick über die bisherigen Organisationsformen im Vergleich zur Lernenden Organisation:

Bisher übliche Organisationsformen	Lernende Organisationsformen
Management entwickelt Vision, erteilt Anreize und Bestrafungen, kontrolliert.	Management und Organisationsteilnehmer entwickeln gemeinsam die Vision, Empowerment[564] und Motivation.

[559] Vgl. Komus (Benchmarking, 2001)

[560] Vgl. Lehner (Wissensmanagement, 2006), S. 115

[561] Vgl. Langenhan (Wissensmanagement, 2003), S. 26 ff.

[562] Vgl. Lehner (Wissensmanagement, 2006), S. 115

[563] Vgl. Picot et al. (Grenzenlos, 2003), S. 513 f.

[564] Unter Empowerment ist das Einräumen von mehr Macht und Einfluss für die Mitarbeiter zu verstehen. Sie können eigene Arbeitsziele setzten und Entscheidungen innerhalb des eigenen Verantwortlichkeits- und Zuständigkeitsbereich treffen. Vgl. Weinert (Organisationspsychologie, 2004), S. 231

Konflikte werden auf Basis der hierarchischen Strukturen gelöst.	Konflikte werden auf Basis gemeinsamen Lernens und unter Berücksichtigung unterschiedlicher Standpunkte gelöst.
Mitarbeiter sind verantwortlich für die eigenen Verpflichtungen und der Fokus liegt auf individueller Weiterentwicklung von Kompetenzen.	Arbeiten stehen offensichtlich im Zusammenhang/in Beziehung miteinander.
Formulierung von Anweisungen erfolgt durch die Organisationsführung.	Formulierung und Umsetzung von Ideen finden auf allen Organisationsebenen statt.

Tabelle 20: Traditionelle Organisation und die Lernende Organisation[565]

Organisationales Lernen kann das Management bei der Bewältigung der immer komplexeren Führungsaufgaben in einer zunehmend dynamischen Umwelt in mehrfacher Hinsicht unterstützen:[566]

- Die holistische Aufgabenabwicklung durch Handlungsautonomie und Entscheidungsbefugnisse für einzelne Mitarbeiter und Teams führt zu erweiterten Gestaltungsspielräumen. Durch das Empowerment, die Übertragung von Einfluss und Verantwortung auf die Mitarbeiter, wird das unternehmerische Denken und Handeln der Mitarbeiter gefördert. An die Mitarbeiter werden neue Anforderungen gestellt wie zum Beispiel Fach- und Methodenwissen, Sozialkompetenz, Kreativität und Innovationsfreudigkeit sowie die Fähigkeit zum Selbstmanagement.
- Für das Management verändern sich ebenso die Aufgaben, da es eher eine Moderatorenals eine Führungsrolle einnimmt. Zu seinen wichtigsten Aufgaben gehört die Entwicklung von Visionen und das Ausschöpfen der Mitarbeiterpotenziale. In diesem Kontext gehören Integrationsfähigkeit, Kommunikationsfähigkeit und die Fähigkeit zur Vertrauensbildung zu den wesentlichen Eigenschaften, die für die Nutzung der Potenziale der Lernenden Organisation notwendig sind.
- Für die Entwicklung von Kreativität muss ein Umfeld geschaffen werden, das die Qualifikationen als Grundlage für Kreativität und Innovationsfähigkeit fördert. Dies kann beispielsweise durch Möglichkeiten der Wissensverarbeitung im Rahmen eines Wissensmanagementsystems, durch ein betriebliches Vorschlagswesen oder andere Freiräume zur Generierung von Ideen erreicht werden.
- Bei der Entwicklung von Unternehmen in einer dynamischen Umwelt kann Organisationales Lernen auch die Anpassungs- und Veränderungsprozesse an veränderte Wettbewerbsbedingungen und neue innerorganisatorische Herausforderungen in Unternehmen unterstützen. Durch den Aufbau einer Wissensbasis in Unternehmen wird die Lernende Organisation unabhängig vom individuellen Wissen. Die Wissensbasis als Abbild der gemeinsam getragenen Strategien, Leitbilder und Ziele ist auch Bezugspunkt für das in-

---

[565] In Anlehnung an Weinert (Organisationspsychologie, 2004), S. 584

[566] Vgl. Picot et al. (Grenzenlos, 2003), S. 516 f.

dividuelle Lernen und Handeln der Menschen in der Organisation, womit ein vernetztes Denken ermöglicht wird.

Analogien zwischen der *Wikipedia* und einer Lernenden Organisation herzustellen, liegt nahe, da beide Systeme eng mit der Sammlung von Wissen verbunden sind. Inwiefern *Wikipedia* tatsächlich als Lernende Organisation angesehen werden kann, soll mit Hilfe der folgenden Gegenüberstellung der fünf Disziplinen Senges, die die wesentlichen Eigenschaften der Lernenden Organisation widerspiegeln, mit der *Wikipedia* ermittelt werden.

Wie die Gegenüberstellung in Tabelle 21 zeigt, können die Wikipedianer ihre eigenen Ziele, das Wissen zu erweitern und zur Erreichung einer Vision beizutragen, in die *Wikipedia* einbringen und sich dabei auf die eigenen Kompetenzen konzentrieren. Die aktive Mitarbeit erfolgt dabei hauptsächlich durch solche Wikipedianer, die über ein sehr hohes Maß an Selbstmotivierung verfügen und dadurch lebenslanges Lernen praktizieren wollen.

Im offenen Redaktionsprozess der *Wikipedia*, in dem alle Artikel und Änderungen von der Gemeinschaft akzeptiert werden müssen, sowie durch die aus der Gemeinschaft entstandenen Regeln werden die einzelnen Handlungen koordiniert. Dies führt letzten Endes zum Erfolg der Einzelnen sowie der gesamten *Wikipedia*. Durch die Diskussionsseiten und Meinungsbilder findet eine intensive Kommunikation in der Wikipedia-Gemeinschaft statt, die auch allen anderen Lesern und Interessenten offen steht. So kann es zu Konfliktlösungen kommen, die von allen akzeptiert werden und zu denen alle einen Beitrag leisten.

Die Vision der Sammlung und Veröffentlichung von Wissen wurde aus der *Nupedia* heraus von Jimmy Wales und Larry Sanger initiiert. Erst in der Gemeinde entwickelte sich jedoch die Vision der *Wikipedia*. Organisationen haben dann Erfolg, wenn Ziele, Werte und Normen, mit deren Hilfe die Tätigkeiten der Organisationsmitglieder auf ein gemeinsames Ziel fokussiert werden können, existieren und von allen gleichermaßen anerkannt und verfolgt werden. Um diese Akzeptanz und Identifikation zu erreichen, sollten die Ziele/die Vision partizipativ erarbeitet werden, so wie in der *Wikipedia* Richtlinien und Normen regelmäßig auf dem Prüfstand stehen und überarbeitet werden.[567]

---

[567] Vgl. auch Picot (Grenzenlos, 2003), S. 511 und Senge (Fünfte Disziplin, 1997), S. 75 ff.

Lernende Organisation	Wikipedia
Persönliche Kompetenz (Selbstmotivierung)	Selbstmotivierung und Ziel, das eigene Wissen zu erweitern sowie an der Erreichung der Wikipedia-Vision mitzuwirken.
Gruppen-(Team-)Lernen	Offener Redaktionsprozess mit Dialog (in den Meinungsbildern), Diskussionen und einer gemeinsamen Vision. Koordination der Aktivitäten erfolgt im MediaWiki.
Gemeinsame Vision, die partizipativ erarbeitet wird	Vision, das gesamte Wissen unserer Zeit zu sammeln und jedem frei zugänglich zu machen, führt zu Identifikation mit Wikipedia.
Mentale Modelle	Der Neutralitätsgrundsatz der Wikipedia führt dazu, dass die eigenen mentalen Modelle permanent überprüft werden müssen. Erfolgt dies nicht durch die Autoren selbst, so erfolgt es durch die Gemeinschaft, die tendenziöse Beiträge diskutiert.
Systemdenken	Integration der Mentalen Modelle, der Vision, der persönlichen Kompetenzen und der offenen Redaktionsprozesse in die *Wikipedia*, die als offenes, dynamisches und komplexes System angesehen wird.

Tabelle 21: Die Lernende Organisation und Wikipedia

Der Neutralitätsgrundsatz der *Wikipedia* soll dazu führen, dass jeder Autor vor dem Schreiben seine mentalen Modelle zu einem Thema überprüft, um den Sachverhalt möglichst objektiv darstellen zu können. Erfolgen dennoch Einträge, die von den Vorstellungen des Autors tendenziös geprägt sind, so folgt in der *Wikipedia* aufgrund der großen Leserschaft eine Änderung des Artikels und/oder eine Diskussion über den Inhalt. Dadurch muss jeder Autor sich mit seinen mentalen Modellen auseinandersetzen. Die Wikipedianer müssen ihr eigenes Denken darlegen können und sich hinsichtlich des Einflusses anderer in der Wikipedia-Gemeinschaft öffnen.

Die Integration der Kompetenzen der einzelnen Wikipedianer, die offenen Redaktionsprozesse der Wikipedia-Gemeinde, die Verarbeitung mentaler Modelle und die Entwicklung der Vision erfolgen in der *Wikipedia* mit dem MediaWiki als Plattform für den Austausch. Das offene, dynamische und komplexe System der *Wikipedia*, die Beziehungen und Verflechtungen, werden durch das MediaWiki koordiniert und abgebildet, wodurch die Vernetzungen als Gesamtsystem sichtbar werden.

B.5.2 Die Virtuelle Organisation – Unternehmen ohne Grenzen

Organisationen werden beschrieben als „gegenüber ihrer Umwelt offene Systeme, die über eine gewisse Zeitspanne hinweg bestehen, spezifische Ziele verfolgen, eine bestimmte Struktur haben, soziale Gebilde sind und mehr oder weniger formale Verhaltenserwartungen an ihre Mitglieder formulieren".[568] In der heutigen Zeit verwischen sich die Unternehmensgrenzen zunehmend, organisatorische Strukturen weichen Netzwerken mit flachen Hierarchien und technische Infrastrukturen lösen eine räumliche und zeitliche Gebundenheit auf.[569] In diesem Zusammenhang wird vermehrt von der **Virtuellen Organisation** gesprochen. Dabei bezeichnet der Begriff ‚virtuell‘ generell die Eigenschaft einer Sache, die zwar nicht real, aber doch im Rahmen der Möglichkeiten existiert und zumindest ihrer Leistungsfähigkeit nach vorhanden ist.[570] Virtuelle Organisationen zeichnen sich besonders dadurch aus, dass die Beteiligten typischerweise an verschiedenen Orten tätig sind, enge Verflechtungen meist unabhängiger Organisationen vorliegen und sie eine besonders hohe Dynamik aufweisen, die sie zu einer schnellen Aufgabenbewältigung führt.[571]

Wichtige Voraussetzung für die Realisierung von Virtuellen Organisationen sind moderne IuK-Technologien. Diese machen standortunabhängige und mobile Arbeitsformen möglich. An Stelle der Zwänge räumlicher und organisatorischer Grenzen wird eine problembezogene, dynamische Verknüpfung von Ressourcen zur Aufgabenbewältigung möglich,[572] die zumeist nur für kürzere Zeit zweckbezogen besteht.[573] Derartige Virtuelle Organisationen können rein innerbetrieblich umgesetzt werden oder in Netzwerken unabhängiger Unternehmen, Kunden und Zulieferer bestehen.[574] Auch bei Virtuellen Organisationen werden organisatorische Gestaltungsregeln nicht komplett außer Kraft gesetzt, sondern sie erfahren eine Erweiterung des Gestaltungsspielraums und damit einen höheren Freiheitsgrad für die Beteiligten. Der Organisation kommt hier einerseits die Funktion zu, die anstehende Aufgabe geeignet aufzuteilen, andererseits die resultierenden Ergebnisse zusammenzuführen. Es ergibt sich also ein Wechselspiel aus Motivation, Aufgabenteilung und Koordination unter den Bedingungen der Standortverteilung und Standortunabhängigkeit.[575]

Ziele beim Aufbau Virtueller Organisationen sind die organisations- und raumübergreifende, intelligente und optimierte Gestaltung von Geschäftprozessen, Kostenteilung, Kombination von Kompetenzen oder die Erschließung neuer Märkte. Dabei bringen die Partner jeweils ihre Kernkompetenzen ein und fokussieren sich darauf. Idealtypischerweise liegt weder ein strategisches Entscheidungszentrum vor, noch existiert ein Organigramm, das die komplexen, vernetzten und im ständigen Wandel befindlichen Interaktionsbeziehungen abbildet.

---

[568] Moser/Batinic (Medien, 2004), S. 927

[569] Vgl. Picot et al. (Grenzenlos, 2003), S. 392

[570] Vgl. Scholz (Organisation, 1997), S. 321

[571] Vgl. Moser/Batinic (Medien, 2004), S. 928

[572] Vgl. Picot et al. (Grenzenlos, 2003), S. 392

[573] Vgl. Macharzina/Wolf (Unternehmensführung, 2005), S. 51

[574] Vgl. Scholz (Organisation, 1997), S. 321

[575] Vgl. Picot et al. (Grenzenlos, 2003), S. 394

Aufgrund der dargestellten Ziele und Potenziale sind Virtuelle Organisationen vornehmlich in sehr dynamischen Branchen anzutreffen. Ihr Ziel ist die Flexibilität, da diese eine höhere Veränderungsbereitschaft und Anpassungsfähigkeit gewährleistet, was unter Effizienzgesichtspunkten in einer dynamischen Umwelt sinnvoller ist als eine Stabilitätsstrategie.[576]

Virtualität kann Organisationen die Bewältigung organisatorischer und flexibilitätsstrategischer Probleme erleichtern.[577] Durch den umfassenden Einsatz der IuK-Technologien kann die Offenheit gegenüber der Umwelt und innerhalb sowie zwischen den Subsystemen erhöht werden, da die Kommunikationsmöglichkeiten verbessert und die zeitlichen und räumlichen Dimensionen der Aufgabenbewältigung verändert werden. Dieser verbesserte Austausch erlaubt es, schneller an Marktinformationen zu gelangen und damit Chancen schneller zu erkennen bzw. auf Veränderungen zu reagieren. Beim umfassenden Einsatz der IuK-Technologien ist aber auch darauf zu achten, dass es nicht zu Informationsüberflutungen kommt, da die daraus resultierende Unsicherheit und das Gefühl der Unkontrollierbarkeit motivationshemmend wirken können.[578] Virtuelle Organisationen können, da die Koordination und Organisation meist ohne formale Strukturen auskommt, auch Kapazitätsprobleme lösen, wenn beispielsweise flexible, temporäre Beschäftigungsverhältnisse eingegangen oder virtuelle Arbeitsgruppen gebildet werden.[579]

Welche Organisationsform für eine effiziente Bewältigung der Aufgaben sinnvoll ist, hängt von den Charakteristika und dem Kontext der Aufgabe ab. Bei der Wahl der Organisationsform kann daher eine zeitliche und räumliche Systematisierung sinnvoll sein, wie sie mittels der Anytime/Anyplace-Matrix vorgenommen wird.[580]

---

[576] Vgl. Picot et al. (Grenzenlos, 2003), S. 424 f.

[577] Vgl. Moser/Batinic (Medien, 2004), S. 928

[578] Vgl. Moser/Batinic (Medien, 2004), S. 929 f. und Picot et al. (Grenzenlos, 2003), S. 425

[579] Vgl. Moser/Batinic (Medien, 2004), S. 931 f.

[580] Vgl. Picot (Grenzenlos, 2003), S. 393 ff.

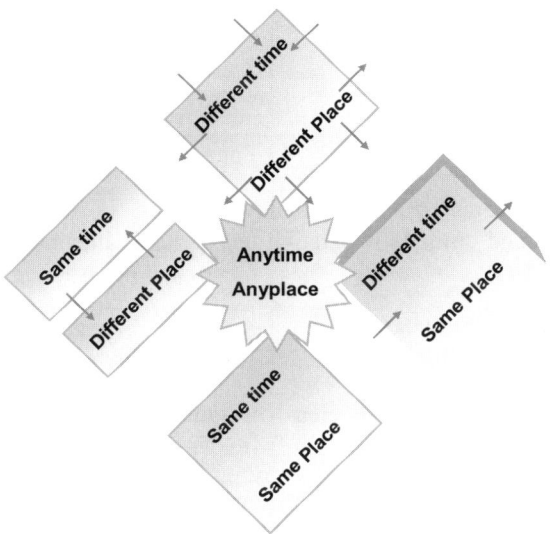

Abbildung 38: Anytime/Anyplace-Matrix[581]

Die Aufgabe der *Wikipedia*, das Wissen der Welt zu sammeln, bedingt nicht unbedingt eine Aufteilung, sie erlaubt diese aber und ist der Zielerreichung förderlich: Jederzeit kann jeder aktive und potenzielle Autor einen Beitrag zur Erreichung der Gesamtaufgabe leisten. Die Koordination der Einzelaufgaben erfolgt in der *Wikipedia*, wo die Beiträge gesammelt und geordnet werden, auf Basis der Wiki-Technologie. Die Offenheit und die Zugriffsmöglichkeit jederzeit und von jedem internetfähigen Rechner aus ermöglichen die große Zahl aktiver Nutzer, die ihre jeweiligen Kernkompetenzen in die *Wikipedia* einbringen können, womit die Leistungsfähigkeit der Organisation und damit ihre Effizienz gesteigert werden kann.[582]

Die folgende Gegenüberstellung macht deutlich, dass *Wikipedia* ein gutes Beispiel für eine Virtuelle Organisation darstellt. Es handelt sich um ein Netzwerk aus unabhängigen Autoren, die mit Hilfe der intensiven Nutzung der Wiki-Technologie (IuK-Technologie) die Prozesse und Strukturen innerhalb der *Wikipedia* organisieren. *Wikipedia* ist sowohl standort- als auch zeitunabhängig. Dabei kann sich jeder Wikipedianer auf seine Kernkompetenzen, Stärken oder Interessengebiete konzentrieren. In der *Wikipedia* erfolgt die virtuelle Vernetzung der unabhängigen Elemente und deren Integration in die Wikipedia-Gemeinde, wobei alle formalen Grenzen aufgehoben werden. Insgesamt gelingt es in der *Wikipedia*, wie auch in anderen Virtuellen Organisationen, durch die Verknüpfung verschiedener Gestaltungsstrategien Effizienz- und Flexibilitätsziele gleichzeitig zu verwirklichen.[583]

---

[581] Vgl. O'Hara-Deveraus/Johansen, 1994, Quelle: Picot (Grenzenlos, 2003), S. 394

[582] Vgl. Picot (Grenzenlos, 2003), S. 443

[583] Vgl. Picot et al. (Grenzenlos, 2003), S. 418

Virtuelle Organisation	Wikipedia
Standortunabhängig	Zugang von jedem internetfähigen Rechner weltweit
Zeitunabhängig	Zugang jederzeit möglich
Vernetzung von Ressourcen zur Bewältigung einer Aufgabe und virtuelle Integration.	Vernetzung in der Wikipedia-Gemeinde und virtuelle Integration in Wikipedia-Gemeinschaft der Autoren
Geeignete Aufteilung der Aufgabe	Aufteilung erfolgt in Eigenregie durch die Wikipedianer.
Zusammenführung der daraus resultierenden Ergebnisse	Zusammenführung erfolgt im MediaWiki (in der Enzyklopädie).
Voraussetzung: Kreativität, Lernfähigkeit und Eigeninitiative, um im strukturfreien Raum Handlungsnotwendigkeiten zu erkennen und erfolgsstiftend zu agieren.	Arbeit erfolgt in Eigeninitiative im lernfähigen System, weitgehend selbstorganisatorisch.
Keine Hierarchien	Keine Hierarchien
Intensiver Einsatz neuer IuK-Technologie	IuK-Technologie in Form des MediaWikis
Beschränkung auf Kernkompetenzen	Jeder Wikipedianer beschränkt sich auf seine Stärken.
Zielorientierung statt Planung	Ziel/Vision im Vordergrund
Strukturelle Veränderlichkeit	Dynamisch und anpassungsfähig

Tabelle 22: Virtuelle Organisation und Wikipedia[584]

---

[584] Vgl. Vorangegangene Ausführungen sowie Macharzina/Wolf (Unternehmensführung, 2005), S. 517 ff.

B.6 Organisationstheoretische Ansätze und Wikipedia – Kontraste und Gemeinsamkeiten

Tabelle 23 gibt einen zusammenfassenden Überblick, welche Merkmale der *Wikipedia* sich in den vorgestellten organisationstheoretischen Ansätzen wieder finden. Um die Merkmale übersichtlicher darzustellen, wurde eine Gruppierung in systemische, motivationstheoretische und strukturelle Aspekte vorgenommen.

Die Entwicklung der Organisationstheorien hat gezeigt, dass mit zunehmender Dynamik der Umwelt neue Organisationskonzepte benötigt wurden. Die klassischen Organisationstheorien betrachten den Menschen als Produktionsfaktor, der gelenkt und gesteuert werden muss. Erst mit der Erkenntnis, dass Menschen nicht nur Produktionsfaktoren sind, sondern soziale Wesen mit eigenen Wünschen, Vorstellungen und Zielen, treten Parallelen zur *Wikipedia* auf. Aus den klassischen Theorien entwickelten sich, unter Einbeziehung der Soziologie, Psychologie und der Naturwissenschaften, neue Managementkonzepte.

Die Gegenüberstellung mit den klassischen Organisationsansätzen macht die Kontraste zu *Wikipedia* besonders deutlich. *Wikipedia* ist offen, funktioniert selbstorganisierend, ist lernfähig, anpassungsfähig, selbstregulierend und selbstkontrollierend sowie automatisierbar. Zur Aufgabenbewältigung ist *Wikipedia* unabhängig von räumlichen und zeitlichen Dimensionen, und durch die Offenheit kann eine Vielzahl von Wikipedianern jederzeit schnell reagieren. Mit den informalen Strukturen, der selbstständigen dezentralen Arbeitsteilung und den flachen Hierarchien sind die Unterschiede zu den klassischen Organisationstheorien sehr deutlich. Dagegen finden sich bei *Wikipedia* diejenigen Merkmale, die den Konzepten der Systemtheoretischen Organisation, der Virtuellen Organisationen und von Lernenden Organisationen entsprechen.

Aufgrund der großen Übereinstimmungen vor allem mit den Systemansätzen der Lernenden Organisation und der Virtualisierung von Organisationen, scheint die *Wikipedia* ein Beispiel für die tatsächliche Verwirklichung der modernen Organisationskonzepte zu sein, und das trotz der situativen Unterschiede von Unternehmen und der *Wikipedia*.

Die Gegenüberstellungen der organisationstheoretischen Ansätze mit der *Wikipedia* zeigen, dass das Funktionieren der *Wikipedia* in vielen Aspekten bereits überraschend gut durch die bekannten modernen Organisationsansätze einzuordnen bzw. erklärbar ist. Vielleicht findet sich bei *Wikipedia* sogar in vielerlei Hinsicht eine konsequentere Umsetzung der modernen Organisationsansätze als es in der unternehmerischen Praxis verbreitet ist, so dass das Funktionieren von *Wikipedia* an vielen Stellen nicht deshalb überrascht, weil keine Theorien existieren, sondern weil die Theorien weiter sind, als die betriebswirtschaftliche Praxis, die die Empfehlungen noch nicht umgesetzt hat. Dabei ist natürlich auch zu berücksichtigen, dass *Wikipedia* mit ihrem spezifischen Zielsystem eine andere Ausgangssituation zur Anwendung der modernen Organisationstheoretischen Ansätze hat, als es in den meisten Unternehmen der Fall ist.

	Merkmale der Organisation der Wikipedia	Klassische Organisationstheorien	Anreiz-Beitrags-Theorie	Hierarchisches Motivationsmodell	Zwei-Faktoren-Theorie	Situative Ansätze	Systemtheoretische Ansätze	Lernende Organisation	Virtuelle Organisation
Systemische Aspekte	Selbstorganisation (Ordnung durch soziale Prozesse, Eigeninitiative)						X	X	X
	Offenheit					X	X	X	X
	Anpassungsfähigkeit/ Dynamik					X	X	X	X
	Lernfähigkeit						X	X	X
	Flexibilität durch Redundanz						X	X	X
	Selbstregulierend (durch Rückkopplung)						X	X	X
	Automatisierbarkeit						X	X	X
Motivationstheoretische Aspekte	Selbstmotivierung/ Eigeninitiative			X	X		X	X	X
	Gruppenprozesse			X	X		X	X	X
	Gemeinsames Ziel							X	
	Selbstverwirklichung			X	X		X	X	X
	Anerkennung			X	X		X	X	
	Interesse an Arbeits- inhalt				X		X	X	X
	Verwirklichung intrinsischer Motive			X	X		X	X	X
Strukturelle Aspekte	Informale Organisation		X	X	X	X	X	X	X
	Flache Hierarchien								X
	Dezentral				X		X	X	X
	Partizipation			X	X		X	X	X
	IuK-Technologie zur Kommunikation						X	X	X

Tabelle 23: Gemeinsame Merkmale der Wikipedia und Organisationstheorien

Angesichts der erfolgreichen Umsetzung moderner Organisationsansätze durch *Wikipedia* ist eine detaillierte Betrachtung und Prüfung der Transfermöglichkeiten umso interessanter. Bleibt doch gerade die Frage nach der konkreten praktischen Umsetzung in den Unternehmen ein wesentliches Defizit der modernen Organisationsansätze. Welche Hinweise zur Organisationsgestaltung Unternehmen aus Social Software-Systemen ableiten können, ist Gegenstand von Abschnitt C. Mit den nächsten beiden Abschnitten wird aber zunächst noch einmal mit der Betrachtung von Open Source-Organisationen und der „Wisdom of Crowds" auf zwei weitere alternative Sichten auf die Organisation eingegangen, die keine klassischen Organisationsansätze darstellen, aber dennoch weitere wichtige Hinweise zur Nutzung kollektiver Intelligenz bzw. kollektiver Leistungsfähigkeit geben.

B.7 Alternative Organisationsmodelle

Wie funktionieren Open Source Software-Projekte und was ist die ‚*Wisdom of Crowds*'? Nachfolgend werden das Phänomen, wie in unkonventioneller Art und Weise äußerst leistungsfähige Software entwickelt wird und wie die ‚Weisheit der Vielen' genutzt werden kann, behandelt. Schließlich sollen wiederum Gemeinsamkeiten und Unterschiede zu Social Software-Systemen am Beispiel *Wikipedia* dargestellt werden.

B.7.1 Open Source-Organisation – Die Kathedrale und der Basar

Wikipedia zeigt mit Ihrer Qualität und ihrem Umfang, dass eine Enzyklopädie erfolgreich geschaffen und fortgeführt werden kann, auch oder gerade wenn viele der bei klassischen Enzyklopädien zu beobachtenden Strukturen und Regeln nicht eingehalten werden. Dies erinnert stark an die bereits in Abschnitt A.2.9 vorgestellten Open Source Software-Systeme. Auch diese funktionieren trotz oder gerade wegen ihres von kommerziellen Softwareprojekten gänzlich unterschiedlichen Ansatzes in Herangehensweise und Organisation. Im Gegensatz zu Open Content-Projekten wie der *Wikipedia* sind aber Open Source-Projekte, die sich bereits seit vielen Jahren in einem kontinuierlichen Prozess etabliert haben, bereits mehrfach wissenschaftlich durchleuchtet worden, um die Eigendynamik der Systeme durchschauen zu können. Entsprechend liegen hier bereits bemerkenswerte Erkenntnisse zur Organisation derartiger Projekte vor, die folgend dargestellt werden.

Ein vielbeachteter Erklärungsansatz für das Funktionieren von Open Source-Software-Projekten stammt von Eric S. Raymond. In seinem Werk „Die Kathedrale und der Basar" vergleicht er den traditionellen Entwicklungspfad von komplexer Software (wie Betriebssystemen) mit dem Bau einer Kathedrale, „*carefully crafted by individual wizards or small bands of mages working in splendid isolation, with no beta to be released before its time*".[585] Dagegen beobachtete er den Entwicklungsstil bei *Linux*: Hier identifiziert Raymond Arbeitsweisen, die eher mit einem Basar vergleichbar sind, auf dem die unterschiedlichsten Zielsetzungen und Arbeitsweisen zusammentreffen und diskutiert werden.[586] Mit Grundsätzen wie „*release early and often*"[587] und „*Given enough eyeballs, all bugs are shalow*"[588], der Delegation von möglichst vielen Aufgaben und ihrer Offenheit entwickelte die *Linux*-Gemeinde ein funktionierendes und stabiles Betriebssystem.[589]

---

[585] Raymond (Cathedral and Bazaar, 2001), S. 21

[586] Vgl. Raymond (Cathedral and Bazaar, 2001), S. 21

[587] Raymond (Cathedral and Bazaar, 2001), S. 21 und S. 28 ff.

[588] Raymond (Cathedral and Bazaar, 2001), S. 30

[589] Vgl. Raymond (Cathedral and Bazaar, 2001), S. 21 f.

Auch wenn den Open Source Software-Projekten eine organisatorische Struktur meistens fehlt, gibt es doch einige Aspekte, die bei der Open Source Software-Entwicklung zu berücksichtigen sind und gleichzeitig Charakteristika für Open Source Software darstellen:[590]

- Open Source Software-Projekte basieren auf einer Community, einem Zusammenschluss von meist geografisch verteilten Personen, „die aufgrund ähnlicher Interessen über einen längeren Zeitraum hinweg miteinander kommunizieren, kooperieren, Hilfe anbieten und voneinander lernen"[591] und von denen jeder Einzelne seinen Beitrag zum Projekt selbst oder zur Verbreitung des Produkts leistet. Brügge et al. folgend ist ein Open Source Software-Projekt dann erfolgreich, wenn eine große Anzahl von Nutzern die entstehende Software sofort anwenden oder adaptieren kann, und wenn viele zur Verbesserung und Erweiterung beitragen.[592]
- Autorität und Glaubwürdigkeit entstehen durch Kompetenz:[593] Führen ist bei *Linux* nicht mehr wert als Mitarbeiten.[594] Ein Beispiel dafür ist Linus Torvalds im *Linux*-Projekt, dessen Qualifikation und Kompetenz als Gründer des *Linux*-Projekts anerkannt ist. Er hat die Reputation erlangt, in strittigen Situationen objektiv aufgrund der technischen Qualität zu entscheiden und Enttäuschungen bei Programmierern zu vermeiden.[595]
- Delegative und partizipative Organisationsprinzipien werden mit klaren Verantwortlichkeiten kombiniert.[596] So hat *Linux* eine Webseite eingerichtet, die klar regelt, in welcher Form Entwickler zum Quellcode beitragen können und an wen sie die Patches[597] schicken sollen. Andererseits entscheiden tausende Entwickler selbst, woran sie arbeiten wollen.[598] Ihre Beiträge werden beachtet und möglichst Konsens erzielt.[599]
- Open Source Software-Projekte weisen meist eine modulare Projektstruktur zur Bewältigung der Komplexität auf.[600] Die Softwareentwicklung erfolgt meist komponentenbasiert in verschiedenen Projektteams, so dass geringe Implementierungsarbeiten nötig sind.[601]
- Entwicklung von Software wird nicht länger unter tayloristischen Gesichtspunkten und im Vergleich mit dem Bau einer Kathedrale betrachtet, sondern als kreativer Prozess, bei dem die einzelnen Aktivitäten nicht nur rein sequentiell ablaufen, sondern adaptiv (Basar). Bereits abgeschlossene Problemfelder können bei Änderungen im Umfeld wieder geöffnet werden (entitätsorientiert), und die der Entwicklung zugrunde gelegten Prozesse

---

[590] Vgl. Hertel at al. (Motivation, 2003), S. 1161 und Brügge et al. (OSS, 2004)

[591] Brügge et al. (OSS, 2004), S. 78

[592] Vgl. Brügge et al. (OSS, 2004), S. 78 f.

[593] Vgl. Hertel at al. (Motivation, 2003), S. 1161 und Evans/Wolf (Netzwerke, 2005), S. 68

[594] Vgl. Evans/Wolf (Netzwerke, 2005), S. 68

[595] Vgl. Brügge at al. (OSS, 2004), S. 35 f.

[596] Vgl. Hertel at al. (Motivation, 2003), S. 1161

[597] Bei Patches handelt es sich um kleine Programme, die Fehler größerer Anwendungen reparieren. Vgl. o.V. (Brockhaus IT, 2003), S. 688

[598] Vgl. Evans/Wolf (Netzwerke, 2005), S. 68

[599] Vgl. Brügge et al. (OSS, 2004), S. 35 f.

[600] Vgl. Hertel et al. (Motivation, 2003), S. 1161

[601] Vgl. Brügge et al. (OSS, 2004), S. 69 f.

können im Laufe der Zeit angepasst und geändert werden (agil). Die hohe latente Änderungsbereitschaft, für die die adaptiven Prozesse in den meisten Open Source Software-Projekten sprechen, scheinen einer der Erfolgsfaktoren der communitybasierten Open Source Software-Projekte zu sein.[602]

- Vorraussetzung für die Agilität oder auch Anpassungsfähigkeit ist eine Kommunikationsinfrastruktur, die die Abstimmung über Prozessanpassungen zwischen Entwicklern einerseits und zwischen Entwicklern und Anwendern/Kunden andererseits ermöglicht.[603]

- „Good Programmers know what to write. Great ones know what to rewrite (and reuse)."[604] Open Source Software-Projekte müssen nicht immer bei Null anfangen, sondern können auf vorhandene Quellcodes als Gerüst zurückgreifen und diese weiterentwickeln. Dabei können sie als evolutionäre Prozesse angesehen werden, wenn man den Quellcode als genetisches Material und die Veränderungen durch die Entwickler als Mutationen im Darwin'schen Sinn betrachtet. Die Community entscheidet, welche Veränderungen Erfolg versprechen und weiter bearbeitet werden.[605]

- Die absolute Offenheit der Open Source Software-Projekte, einerseits durch die Offenlegung des Quellcodes, andererseits durch die offenen Zugangsmöglichkeiten für alle interessierten Entwickler, führt dazu, dass eine große Zahl von Programmierern mittels Tests und Kontrollen Defekte im Quellcode aufspüren und somit den entscheidenden Beitrag zur Qualität, Stabilität und Sicherheit von Open Source Software leisten können.[606]

- Geringer Ressourcenbedarf. Der Ressourcenbedarf ist meist relativ niedrig, da hauptsächlich Opportunitätskosten für die aufgewendetet Arbeitszeit der Entwickler entstehen. Kommerzielle Akteure aus der IT-Branche unterstützen mittlerweile viele Open Source Software-Projekte, was zur besseren Ausstattung der Open Source Software-Communities führt und zu einer weiteren Verbreitung der Produkte.[607]

Für das Funktionieren von Open Source-Software-Projekten wurden die folgenden Erfolgsfaktoren formuliert. [608]

1. Die Projekte müssen mit einem arbeitsfähigen Produkt (oder auch einem Prototyp) starten.
2. Jedes Projekt braucht engagierte Maintainer.
3. Die entstehende Software ist von allgemeinem Interesse.
4. Das Projekt ist in technischer Hinsicht neu und interessant.
5. Die Entwickler sind auch Anwender.
6. Es werden nicht die Ziele eines externen Kunden umgesetzt, sondern eigene Ideen der Entwickler und Anregungen der Nutzer, die dann durch die Community akzeptiert oder abgelehnt werden.

---

[602] Vgl. Brügge et al. (OSS, 2004), S. 74 ff.

[603] Vgl. Brügge et al. (OSS, 2004), S. 78 und Hertel (Motivation, 2003), S. 1161

[604] Raymond (Cathedral and Bazaar, 2001), S. 24

[605] Vgl. Brügge et al. (OSS, 2004), S. 85

[606] Vgl. Brügge et al. (OSS, 2004), S. 90

[607] Vgl. Brügge et al. (OSS, 2004), S. 58

[608] Vgl. Hissam et al., *Perspectives on open source software,* 2001, zit. aus: Brügge et al. (OSS, 2004), S. 90 f. und 81 f., vgl. ebenso Raymond (Cathedral and Bazaar, 2001), S. 23 ff.

Die Motivation der Entwickler entspringt dabei ganz unterschiedlichen Quellen. Sowohl extrinsische als auch intrinsische Motivatoren lassen sich in der heterogenen Entwicklergemeinde ausmachen. So hält Raymond fest, wie wichtig es für die Entwickler ist, dass sie die Software, an der sie arbeiten, brauchen und/oder mögen: „Every good work of software starts by scratsching a developer's personal itch."[609] Eine Befragung in der *Linux*-Community ging von einigen Grundmotiven aus, die auch bestätigt wurden. Zum einen haben die Erweiterung der eigenen Fähigkeiten und die persönlichen Herausforderungen der Softwareentwicklung, auch zum eigenen Bedarf, eine motivierende Wirkung.[610] Ebenso ist der Spaß an der Arbeit von Bedeutung, was auch mit dem Erleben des „Flow" erklärbar ist, also dem Zustand, dass eine Person vollkommen Eins ist mit ihrer Tätigkeit, die sie liebt und beherrscht, und dadurch zusätzlich motiviert wird.[611] Außerdem spielen soziale Komponenten, wie der Wettbewerb mit anderen Entwicklern oder das Interesse, eine Reputation für das berufliche Fortkommen aufzubauen, eine tragende Rolle.[612] Starke Motive ergeben sich außerdem aus der Herausforderung, in virtuellen Teams mit Entwicklern aus anderen Orten und Zeitzonen zusammenzuarbeiten sowie aus dem Gefühl, die eigenen Beiträge seien unentbehrlich für die Arbeit des Teams oder für das ganze Projekt.[613] Die Open Source Software-Entwickler weisen demnach scheinbar ein hohes Verantwortungsgefühl gegenüber ihrer Projektmitarbeit auf.

Gegenüber proprietärer Software bietet Open Source Software ein höheres Fehlerentdeckungspotenzial und damit eine bessere Chance auf hohe Qualität und Stabilität der Programme. Hier kommen die von Raymond beobachteten Prinzipien wie „Release early, release often" und „Given enough eyeballs, all bugs are shallow" zum Tragen: Mit diesen Prinzipien können sogar zwei Ergebnisse erreicht werden: Bei einer hohen Frequenz an Veröffentlichungen werden für die Entwickler die Erfolge ihrer Arbeit schnell sichtbar, was wiederum zu einer konstanten Stimulation und Motivation führt. Andererseits ermöglichen eine hohe Veröffentlichungsfrequenz und die hohe Zahl an Anwendern und Entwicklern die schnelle Entdeckung und Bearbeitung von Fehlern, auch in einem frühen Entwicklungsstadium.[614] Dabei ist zu beachten, dass nicht unbedingt derjenige, der einen Fehler entdeckt, diesen auch behebt; beides passiert in der Regel aber sehr schnell.[615]

Hinsichtlich Innovationen zeigt Open Source Software Vor- und Nachteile, da einerseits jedermann Beiträge zur Weiterentwicklung leisten kann, andererseits große Innovationssprünge meist ausbleiben, da sie sehr kostspielig sind und die Anreize dafür fehlen.[616]

---

[609] Raymond (Cathedral and bazaar, 2001), S. 23

[610] Vgl. Hertel et al. (Motivation, 2003), S. 1162. Die in der Studie ermittelten Motive entsprechen auch denen anderer Untersuchungen und Stellungnahmen, s. zum Beispiel Brügge et al. (OSS, 2004).

[611] Vgl. Hertel et al. (Motivation, 2003), S. 1162 und Gardner et al. (Good Work, 2005), S. 9, S. 22

[612] Vgl. Hertel et al. (Motivation, 2004), S. 1162

[613] Vgl. Hertel et al. (Motivation, 2004), S. 1176

[614] Vgl. Raymond (Cathedral and bazaar, 2001), S. 28 ff.

[615] Vgl. Raymond (Cathedral and bazaar, 2001), S. 30

[616] Vgl. Brügge et al. (OSS, 2004), S. 180

Inwiefern die Funktionsweise von Open Source Software der von *Wikipedia* gleicht, zeigt Tabelle 24.

Die Gegenüberstellung zeigt, dass vielfältige Parallelen zwischen der Wikipedia und den Open Source-Projekten gezogen werden können. Unterschiede zeigen sich teils in der Motivation, da die Teilnahme zu Open Source Software-Projekten auch aufgrund von erhofften karrierefördernden Zielen motiviert wird. Die Teilnahme an Open Source Software-Projekten ist außerdem nicht allen Internetnutzern möglich, wie es bei der *Wikipedia* der Fall ist, sondern nur denen mit Softwareentwicklungskenntnissen. Damit ist die Zahl der potenziellen Autoren bei der *Wikipedia* wesentlich höher.

Wikipedia startete mit einem arbeitsfähigen Produkt, einem Wiki, dass als ,Schmierzettel' für die *Nupedia* dienen sollte. Engagierte Maintainer sind Jimmy Wales, die Bürokraten, Stewards und besonders aktive Wikipedianer, die auch neue Projekte wie die Wikimania-Treffen initiieren. Die entstehende Enzyklopädie ist von allgemeinem Interesse und in dieser Form neu und interessant. Die Autoren sind auch gleichzeitig Leser (und umgekehrt) und sie setzen nicht die Ziele eines externen Auftraggebers um, sondern verwirklichen die eigenen Ziele sowie die der Gemeinschaft.

Der Einsatz von Open Source Software in Unternehmen und das Sponsoring von Open Source Software-Projekten haben sich schon mehrfach vorteilhaft für Unternehmen ausgewirkt. Hier sind zum Beispiel zu nennen:

- Strategische Motive wie das Fehlen von Exklusivrechten und eine bessere Kontrolle über die Entwicklung,
- monetäre Motive wie die oftmals den stabilen, hochwertig entwickelten und lizenzkostenfreien Open Source Software zugeschriebenen niedrigeren Total Cost of Ownership (TCO)[617] sowie
- operative Motive wie eine höhere Stabilität, Sicherheit, Verfügbarkeit des Quellcodes und das Recht ihn zu ändern und weiterzugeben, eine höhere Leistung und eine niedrigere Implementierungs- und Entwicklungszeit.[618]

Ähnliche Abwägungen spielen auch bei der Bewertung von Wikis eine Rolle und sprechen für deren Einsatz.

---

[617] Unter Total Cost of Ownership versteht man die Berücksichtigung aller Kosten, die in Zusammenhang mit der Anschaffung und dem Betrieb (inkl. Wartung und Benutzerbetreuung) einer IT-Komponente, zum Beispiel Software, entstehen. Durch die Einbeziehung dieser langfristigen Kosten wird eine bessere Vergleichbarkeit von alternativen Produkten und eine bessere Einschätzung der Wirtschaftlichkeit ermöglicht. Vgl. Hansen/Neumann (Wirtschaftsinformatik I, 2005), S. 537

[618] Vgl. Brügge et al. (OSS, 2004), S. 115 ff.

Open Source-Software	Wikipedia
Basar – unter Einbeziehung verschiedener Ansätze, Zielsetzungen und Meinungen (s. zum Beispiel *Linux*-Archivseite) entsteht ein Software System	Basar – unter Einbeziehung verschiedener Ansichten und Quellen (s. Diskussionsseiten und Meinungsbilder) entsteht eine Enzyklopädie
Communitybasiert	Wikipedia-Community
Entwickler = Anwender	Autor = Leser
Autorität entsteht durch Kompetenz.	Je aktiver und qualifizierter ein Wikipedianer, desto mehr Akzeptanz und Einfluss genießt er innerhalb der Community.
Delegation und Partizipation	Aufgabenteilung beispielsweise über Wartungs-Portal mit Liste zu bearbeitender Artikel (dort aber Auswahl nach individuellen Stärken) und Beachtung von Vorschlägen sowie Konsensorientierung
Entitätsorientierung und Agilität	Hohe Aktualisierungs- und Anpassungsfähigkeit
Kommunikationsinfrastruktur	Nachrichten über Benutzerseiten, Diskussionsseiten
Evolutionär	Evolutionär: Community entscheidet, welche Beiträge Bestand haben
Offenheit (Anwendung für jedermann, Entwicklung durch jedermann mit entsprechenden Fähigkeiten)	Möglichkeit der Nutzung und aktiven Beteiligung für jedermann (mit Internetzugang)
Hohes Fehlerentdeckungspotenzial	Hohes Fehlerentdeckungspotenzial
Serverbedarf und Opportunitätskosten	Serverbedarf und Opportunitätskosten
Intrinsische Motivation: Spaß, Flow, persönliche Herausforderungen	Intrinsische Motivation: Spaß, Flow, eigenes Wissen erweitern
Extrinsische Motivation: Reputation für Karrierezwecke, Programmnutzung	Extrinsische Motivation: Anerkennung in der Community

Tabelle 24: Open Source-Software und Wikipedia

B.7.2 Wisdom of Crowds und Schwarmintelligenz – Wieso der Publikumsjoker der wertvollste ist

Die Weisheit der Vielen (‚Wisdom of Crowds') und auch die Schwarmintelligenz sind viel beachtete Konzepte, die immer wieder im Zusammenhang mit Wikipedia und Social Software diskutiert werden. Zwar handelt es sich bei beiden Ansätzen nicht um klassische Organisationsansätze, doch lassen sich bei ihnen Aussagen dazu finden, wie sich eine Organisation aufstellen soll, damit sich ihre ‚Weisheit' oder ‚Intelligenz' optimal nutzen lässt.

Wikipedia zeigt, dass die Redensart „viele Köche verderben den Brei" nicht immer zutreffend ist. Aber lässt sich im Umkehrschluss darauf hoffen, dass dort, wo viele Köche am Werk sind, der Brei immer gut wird? Unter gewissen Rahmenbedingungen ja, so argumentiert zumindest James Surowiecki.[619] Eine Vielzahl von Beispielen zeigt, wie die Weisheit der Vielen, die Weisheit oder besser die Expertise Einzelner übertrifft.

So etwa bei der Sendung ‚Wer wird Millionär', die auch in Deutschland seit Jahren eine hohe Beliebtheit beim Fernsehpublikum verzeichnet. Besonderer Clou des Multiple-Choice-Wissensquiz' sind die drei ‚Joker'. Neben dem ‚50-50-Joker', der die Antwortmöglichkeit um 50 Prozent reduziert, erlaubt der ‚Telefonjoker' das telefonische Hinzuziehen eines ‚Experten' aus dem Bekanntenkreis des Kandidaten. Die so ermittelten Antworten haben eine Trefferquote von immerhin 65 Prozent. Eine höhere Treffersicherheit ermöglicht aber der so genannte ‚Publikumsjoker'. Hier stimmt das Publikum vor Ort ab, und der Kandidat kann die jeweiligen Quoten aus dem Publikum für die verschiedenen möglichen Antworten einsehen. Bei dieser Form der Antwortfindung beträgt die Treffsicherheit über die verschiedenen Fragen der unterschiedlichsten Kategorien 91 Prozent.[620]

Ähnliche Phänomene lassen sich auch in anderen Feldern aufzeigen. So lassen sich erstaunliche Beispiele für die Weisheit der Vielen in den unterschiedlichsten Bereichen nennen, so etwa bei der Abschätzung des Schlachtgewichts eines Ochsen, der Lokalisierung eines vermissten U-Boots oder der Prognose der Konsequenzen der Challenger-Katastrophe für die Börsennotierungen einzelner Zuliefererunternehmen.[621]

Wie kommt es, dass eine Gruppe, die eben nicht aus Experten des jeweiligen Feldes besteht, auf Basis weniger Informationen Abschätzungen treffen kann, die so exakt sind und die Berechnungen der Experten an vielen Stellen übertreffen?

Surowiecki identifiziert drei Faktoren als wichtigste Rahmenbedingungen für die Weisheit von Gruppen:[622]

---

[619] Vgl. Surowiecki (Wisdom of Crowds, 2005)

[620] Vgl. Surowiecki (Wisdom of Crowds, 2005), S. 4

[621] Vgl. Surowiecki (Wisdom of Crowds, 2005), S. xiv, S. xxiv und S. 8 ff.

[622] Vgl. Surowiecki (Wisdom of Crowds, 2005), S. xiv, S. xxiv und S. 27 ff.

- Vielfalt
  Nicht der Expertenstatus der Personen, die eine Aussage generieren, ist von Relevanz. Oftmals ist es vielmehr die Vielfalt und die unterschiedlichen Sichtweisen auf die jeweilige Fragestellung, die ein besseres Ergebnis ermöglichen. Dies ist übrigens zugleich die Grundidee des *Diversity Managements*.

- Unabhängigkeit
  Eine weitere wichtige Voraussetzung für wertvolle Gruppenaussagen ist die Unabhängigkeit der Individuen untereinander. Die Vielfalt als Stärke der Gruppe darf nicht durch Beeinflussung einzelner Meinungsführer verdeckt werden. Überzeugende Experten führen oftmals dazu, dass die falsche Expertenmeinung die Oberhand gewinnt.

- Dezentralisierung
  Eng zusammenhängend mit der Forderung nach Unabhängigkeit ist die Forderung nach Dezentralisierung. Durch dezentrale Strukturen kann Vielfalt gefördert und unabhängige Meinungsbildung ermöglicht werden. Ein Erfolgsbeispiel hierfür ist die dezentrale Entwicklung bei Open Source Software-Systemen wie *Linux*.

Eine weitere Voraussetzung dafür, dass die Vielen eine gemeinsame ‚Stimme' finden können, ist die Aggregationsfähigkeit der Einzelstimmen zu einer Gesamtaussage. Dies lässt sich beispielsweise durch die Bildung des arithmetischen Mittels von Schätzwerten oder Ähnlichem herstellen. Lässt sich kein sinnvolles Mittel darstellen, so können Mehrheiten ein aggregiertes Bild vermitteln, wie dies etwa beim Publikumsjoker mit der Darstellung der prozentualen Verteilung der Publikumseinschätzung der Fall ist. Hier kann dann die relative Mehrheit als Ergebnis genutzt werden. Gleichzeitig gibt das Ausmaß der Ungleichverteilung der Stimmanteile einen Hinweis auf die Zuverlässigkeit des Ergebnisses.

Eine besondere Form der Aggregation der verschiedenen Einschätzungen vieler Menschen erlauben Börsen. Mit der Bildung eines Kurses, der ein Gleichgewicht zwischen Angebot und Nachfrage schafft, können ebenfalls erstaunlich sichere Prognosen erstellt werden. Beispiele sind etwa der *Iowa Electronic Market*,[623] eine Börsenplattform zur Vorhersage von Konjunkturindikatoren oder Wahlergebnissen. Zur Prognose der Ergebnisse der Bundestagswahlen haben sich ebenfalls virtuelle Börsen wie die *„Wahlstreet"* bewährt, die oftmals bessere Ergebnisse liefern als die etablierten Meinungsforschungsinstitute.[624] Allerdings zeigen die Ergebnisse dieser Börsen auch, dass sich die ‚Vielen' auch irren können. So versagten diese Prognoseinstrumente beispielsweise bei der Vorhersage des nächsten obersten Richters durch Präsident Bush und in anderen Fällen. Hieraus leitet sich eine weitere Rahmenbedingung für korrekte Prognosen der Vielen ab, nämlich dass das Wissen in fragmentierter Form in der Gruppe vorhanden sein muss. Eine Gruppe, die nicht in Summe über ausreichend viele Informationen verfügt, ist demnach nicht zur Erstellung valider Prognosen in der Lage.[625]

---

[623] Vgl. http://www.biz.uiowa.edu/iem/
[624] Vgl. o.V. (Börse geöffnet, 2005)
[625] Vgl. Sunstein (Nicht immer, 2006)

Ein weiteres Konzept, welches aufzeigt, wie Gruppen insgesamt zu wesentlich effizienteren Verhaltensweisen als die in den meisten klassischen Organisationen vorherrschenden Individual-Entscheider kommen können, ist die *Schwarmintelligenz*. Das Konzept der Schwarmintelligenz beruht auf der Beobachtung, dass an vielen Stellen in der Natur eine Vielzahl von Individuen von geringer Intelligenz als Schwarm schwierige Fragestellungen oft in bestechend effektiver Weise lösen.

Ein Beispiel für derartige Schwarmintelligenz ist das Verfahren, nach dem Ameisen den kürzesten Weg zur Nahrung finden – basierend auf Mechanismen der Selbst-Organisation, die den Individuen zumeist gar nicht bewusst sind. So finden beispielsweise Ameisen den kürzesten Weg zu einer Nahrungsquelle durch Duftspuren, die sie hinterlassen. Gelingt es einer Ameise, einen kürzeren Weg zur Nahrungsquelle und wieder zurück zu finden, so ist die Geruchsintensität des markierten kürzeren Wegs höher als die des Weges, der länger ist und damit weniger oft frequentiert wird. Da der hinterlassene Geruch für andere Ameisen eine anziehende Signalwirkung aussendet, wird der kürzere Weg so immer intensiver genutzt.[626]

Eine derartige Schwarmintelligenz findet sich bei vielen sozialen Tieren, beispielsweise bei Insekten oder Vögeln, und führt augenscheinlich zu äußerst erfolgreichen Lösungen. Diese funktionieren mit erstaunlich einfachen Regeln für das Individuum, die insgesamt zu einem komplexen und bemerkenswert effektiven Verhalten der Gruppe als Ganzes führen. Insgesamt sind die resultierenden Verhaltensweisen der Gruppe oft[627]

- flexibel
  (der Schwarm reagiert sinnvoll auf Veränderungen),
- robust
  (auch, wenn Individuen des Schwarms ausfallen, versagt nicht das Gesamtsystem),
- und selbst-organisiert
  (das System funktioniert ohne eine zentrale Steuerung oder Kontrolle).

Die Nutzung derartiger einfachster Regeln, die erst in ihrem Zusammenspiel komplexe Herausforderungen lösen können, wurde bereits an verschiedenen Stellen erfolgreich in Bereichen wie der Informationstechnologie oder der Logistik eingesetzt. So etwa in Konzepten zur Steuerung von Informationspaketen bei verringerter Inanspruchnahme des Übertragungsnetzwerkes bei *Hewlett-Packard*, zur effektiven Disposition von Gütern bei *Southwest-Airlines* oder zur effektiven Disposition von Lastkraftwagen bei einem Schweizer Heizöl-Distributoren.[628]

Entscheidender Meilenstein bei der Umsetzung von Konzepten der Schwarmintelligenz ist die Entwicklung geeigneter jeweils einfacher **Teilaktivitäten** und vor allem **einfacher Regeln**, die in Summe zur gewünschten Verhaltensweise des Systems führen.

---

[626] Vgl. Bonabeau/Meyer (Swarm Intelligence, 2001), S. 108
[627] Vgl. Bonabeau/Meyer (Swarm Intelligence, 2001), S. 108
[628] Vgl. Bonabeau/Meyer (Swarm Intelligence, 2001), S. 109

Wie eine solche Organisation auf Basis einfachster Regeln für einfache Teilaktivitäten funktionieren kann, zeigt das Beispiel der Aufgabenverteilung nach den Regeln der Eimer-Kette (‚*Bucket-brigade'*) in der Produktion. Hier lautet die Regel ‚Jeder Arbeiter bearbeitet ein Produkt bis zur Fertigstellung'. Wenn der letzte Arbeiter der Kette sein Produkt fertig bearbeitet hat, so geht er die Produktionskette aufwärts und übernimmt die Arbeit seines Vorgängers bis der erste Arbeiter, nachdem sein Produkt von einem anderen Arbeiter übernommen wurde, an den Anfang der Kette geht und ein neues Produkt beginnt. Diese Vorgehensweise führt dazu, dass, obwohl in einer sequentiellen Produktionslinie gearbeitet wird, kein Mitarbeiter auf seinen Vorgänger zu warten braucht. Dieses Verfahren ist robust, das heißt, die optimale Auslastung der Arbeitsressourcen funktioniert auch bei unterschiedlich schnellen Arbeitern und unterschiedlich arbeitsintensiven Produkten in derselben Fertigungslinie. Weiterhin funktioniert das Verfahren selbstregulierend, es werden also keine Ressourcen für die Arbeitssteuerung gebunden. Die dargestellte einfache Vorgehensweise hat sich in einer Vielzahl von Anwendungen, so etwa beim Buchversand (*McGraw-Hill*) oder beim Belegen von Sandwiches (*Subway*), erfolgreich etabliert. [629]

Viele andere Verfahren sind vor allem durch ihr einfaches Regelwerk, welches zugleich komplexe Probleme zu beherrschen hilft, erfolgreich. Hier lässt sich beispielsweise auch das aus Japan übernommene Kanban-Verfahren (von „Kanban" = Karte) nennen. Dieses Verfahren basiert darauf, das durch die Rücksendung einfacher Karten oder leerer markierter Behälter der Vorgängerstelle in der Logistikkette signalisiert wird, dass die jeweiligen Materialien verbraucht wurden und eine entsprechende (neue) Einheit zum Ersatz benötigt wird.[630]

Inwiefern sich die Prinzipien der Wisdom of Crowds und der Schwarmintelligenz bei *Wikipedia* finden lassen, zeigt die tabellarische Zusammenführung. Diese zeigt, dass die zentralen Voraussetzungen für eine Weisheit der Vielen oder eine Schwarmintelligenz sehr gut abgedeckt sind. So sieht auch beispielsweise der Namensgeber der „Web 2.0"-Bewegung, Tim O'Reilly, insbesondere Blogs in ihrer Gesamtheit als eine Ausprägung der Wisdom of Crowds.[631] Der vom Mitbegründer der *Wikipedia*, Jimmy Wales, geprägte Ausdruck der ‚Community of thoughtful users' weist auf eine Wikipedia-spezifische Besonderheit hin. So wird die in der *Wikipedia* dargestellte Information eben nicht durch ein gleichgewichtetes arithmetisches Mittel gebildet. Vielmehr beeinflussen einzelne hoch engagierte Mitglieder der Community das Ergebnis besonders stark.[632]

---

[629] Für eine ausführliche Darstellung mit Animationen und vielen Praxis-Beispielen vgl. Bartholdi/Eisenstein (Bucket-brigades, 2006)

[630] Zu Kanban vgl. beispielsweise Kummerer et al. (Grundzüge Beschaffung, Produktion, Logistik, 2006)

[631] Vgl. O'Reilly (What is Web 2.0, 2005)

[632] Vgl. Wales (Sociographics, 2004)

Weisheit der Vielen	Wikipedia
Vielfalt	Hohe Vielfalt mit überproportionaler Vertretung einzelner Bevölkerungsgruppen[633]
Unabhängigkeit	Unabhängig durch freiwillige Teilnahme ohne finanzielle Vorteile
Dezentralisierung	Hohe Dezentralisierung durch weltweite Verteilung
Bildung einer Gruppenaussage durch geeignetes Verfahren	Bildung einer Aussage, die sich durch kontinuierliche Weiterbearbeitung laufend weiterentwickelt und aktualisiert
Schwarmintelligenz	
Bildung von Teilaktivitäten	Teilaktivitäten in Form der Konzentration auf einzelne Artikel oder Sonderaufgaben ohne notwendigen systematischen Bezug zum Gesamtsystem
Einfache Regeln	Einfache Wikipedia-Grundregeln

Tabelle 25: Die ‚Weisheit der Vielen und Wikipedia'

Damit folgt die Bildung von Ergebnissen der *Wikipedia* aber immer noch recht gut den oben dargestellten Kriterien der Wisdom of Crowds und der Schwarmintelligenz. Vor allem vollführt sich in der *Wikipedia* damit der Bruch mit dem nach wie vor verbreiteten Bild des rationalen Lenkers und Leiters, der alleine seine Entscheidungen trifft und damit das beste Ergebnis für die Organisation realisiert.[634]

---

[633] Vgl. den Abschnitt A.3.4

[634] Vgl. Prusak (Weisheit der Vielen, 2005), S. 108

C Wikimanagement – Anwendungsfelder von Social Software im Management

Nachdem in den vorhergehenden Abschnitten die wichtigsten Social Software-Systeme beschrieben wurden und eine Gegenüberstellung mit den wichtigsten Organisationsansätzen durchgeführt wurde, zeigt dieser Abschnitt auf, wie die Erkenntnisse aus der Analyse von Social Software-Systemen im Management genutzt werden können. Zu diesem Zweck werden zunächst zehn allgemeine Erfolgsfaktoren identifiziert. Anschließend werden Umsetzungsmöglichkeiten und Anwendungsfelder für unterschiedliche Managementbereiche beschrieben.

C.1 Erfolgsfaktoren von Social Software-Systemen – Mehr als Technologie

Wie dargestellt, generieren Social Software-Systeme eine bemerkenswerte Systemleistung. Damit stellt sich natürlich das Management die Frage, was von *Wikipedia* und anderen Social Software-Sysstemen gelernt werden kann beziehungsweise vielleicht auch gelernt werden muss. Es gilt die Erfolgsfaktoren der Social Software-Systeme herauszuarbeiten, um diese anschließend auf deren sinnvolle Anwendbarkeit in anderen Bereichen zu überprüfen. Als Erfolgsfaktoren werden dabei allgemein solche Quellen, Komponenten und Bausteine im Wertschöpfungsprozess bezeichnet, aus denen Wettbewerbsvorteile resultieren.[635]

Folgend werden zehn besonders prägnante Faktoren dargestellt, die Social Software-Systemen gemein sind und zu deren Erfolg beitragen.[636]

1. Gemeinsame Ziele und Vision
„Imagine a world in which every single person is given free access to the sum of all human knowledge. That's what we're doing."[637] Mit dieser gemeinsamen Vision, der Sammlung des

---

[635] Vgl. Töpfer (BWL, 2005), S. 510

[636] Vgl. auch Komus/Wauch (Erfolgsfaktoren 2008)

[637] Vgl. http://en.wikiquote.org/wiki/Jimmy_Wales, abgerufen am 01.01.2008.

Wissens unserer Zeit zur Schaffung einer freien Enzyklopädie von höchster Qualität und mit freiem Zugang für jedermann,[638] kann die Online-Enzyklopädie *Wikipedia* ein Ziel aufweisen, an dem sich alle Teilnehmer orientieren können und unter dem jeder seine eigenen Ziele, wie die Erweiterung des eigenen Wissens, verwirklichen kann.[639] Die starke Identifikation vieler Wikipedianer mit dem gemeinsamen Ziel trägt zu einer starken Motivation und wesentlich zum Erfolg der *Wikipedia* bei. Damit erfüllt *Wikipedia* erfolgreich die Hoffnung, die in vielen Unternehmen in eine aufwendig entwickelte übergeordnete Zielsetzung gesetzt wird.[640]

Auch in anderen Social Software-Systemen lassen sich gemeinsame oder zumindest gleiche Ziele der Nutzer erkennen. Die User von Kontaktbörsen wie *XING* betreiben Networking für geschäftliche Zwecke und/oder die eigenen Karrieremöglichkeiten. Die *StudiVZ*-Nutzer suchen Kontakt innerhalb der großen Studierendengemeinschaft, Bekanntschaften, Freunde oder wollen einfach Kontakte aufrechterhalten. In den Communities haben die Nutzer jeweils die Möglichkeit, ihre eigenen Ziele unter dem gemeinsamen Community-Ziel, das auch ein Gemeinschaftsgefühl hervorrufen kann, umzusetzen.

2. Partizipativ und integrativ

Um die hohe Akzeptanz und Identifikation der Wikipedianer mit den Zielen der Organisation zu erreichen, werden die Ziele, Prinzipien, Strukturen, Programme und Inhalte partizipativ erarbeitet und nicht, wie in klassischen Anätzen vorgesehen, in hierarchischen Strukturen vorgegeben. Im Laufe der Zeit werden sie überarbeitet, an aktuelle Kontextbedingungen angepasst und durch Abstimmungen von der Community legitimiert und honoriert. Durch die Integration der Organisationsmitglieder in die Entscheidungsfindung und Meinungsbildung, ihre Partizipation bei anstehenden Anpassungen und Veränderungen erfahren sie Anerkennung, was ein höheres Engagement nach sich zieht.[641] Weiter ruft diese Partizipation eine höhere Akzeptanz für Veränderungen hervor, da Inhalte direkt im Gesamtzusammenhang vermittelt und kollaborativ erarbeitet werden können. Das Fehlerentdeckungspotenzial erhöht sich, Kompetenzvorteile können genutzt und Ideen generiert werden.

Potenziale zur Steigerung der organisatorischen Leistungsfähigkeit durch Partizipation wurden bereits an vielen Stellen identifiziert.[642] In der Praxis finden sich allerdings oft Strukturen, die diesem Ideal nicht entsprechen, da eine gezielte organisatorische Entwicklung unter partizipativen und integrativen Prinzipien wohl als schwierig angesehen wird. Dabei ergeben sich gerade durch die Integration und Partizipation möglichst vieler Teilnehmer neue Chancen, da unterschiedlichstes Wissen global verteilt ist. Durch die Standortunabhängigkeit der

---

[638] Vgl. Wales (Wikipedia is an encyclopaedia, 2005)

[639] Zu diesen Ergebnissen kam auch die Studie der Universität Würzburg (vergleiche Abschnitt A.3.4), die die Motive der ‚Wikipedianer‘ der deutschsprachigen Ausgabe untersucht hat. Sie zeigt, dass die hohe Motivation vorrangig auf intrinsischen Motiven beruht. Im Vordergrund steht der Wunsch, die Qualität von *Wikipedia* insgesamt zu verbessern und die Überzeugung, dass Information frei verfügbar sein sollte. Vgl. Schroer et al. (Wikipedia, 2005) sowie Schroer (Online-Befragung, 2005)

[640] Der Begriff Vision wird von den Verfassern im Sinne von übergeordneten Zielen gebraucht.

[641] Vgl. dazu auch Trist (Systeme, 1990), S. 20 ff. und Wood/Nink (Gallup, 2004), S. 7 f.

[642] Vgl. Gallup (Engagement Index, 2004) sowie Trist (Systeme, 1990)

Mitarbeit an der *Wikipedia* können beispielsweise die heterogenen Kernkompetenzen der aktiven und potenziellen Autoren weltweit genutzt werden. Die Kombination der unterschiedlichen Kompetenzen und Stärken verschafft der *Wikipedia* eine Steigerung der Leistungsfähigkeit. Wären die Autoren an hierarchische oder geografische Beschränkungen gebunden, so würde die Leistung wesentlich geringer ausfallen. Durch die Partizipation global verteilter Projektteilnehmer, die aufgrund der Vernetzung über Social Software-Technologien möglich ist, kann jeder jederzeit Beiträge leisten, aktualisieren, modifizieren und korrigieren oder neue Leistungen erbringen.

3. Vertrauenskultur

Während klassische Organisationsansätze von einer Vorgehensweise ausgehen, die eine enge Überprüfung aller Arbeitsvorgänge und Zwischenschritte vorsieht, herrscht in Social Software-Systemen wie *Wikipedia* eine ausgeprägte Vertrauenskultur. Die Initiatoren und Leser vertrauen den Autoren, die Autoren vertrauen wiederum die Inhalte der Enzyklopädie der Nutzergemeinde an. Das Vertrauen innerhalb der heterogenen virtuellen Gemeinschaft und das Vertrauen in das Umfeld beschleunigen und erleichtern die Abwicklung von Vorgängen in der *Wikipedia*, da beispielsweise Änderungen direkt produktiv umgesetzt werden, auf zeitaufwendige Anmeldeprozeduren sowie auf die gegebenenfalls kostspielige Einbindung von Experten verzichtet wird.

Allerdings kennt diese Vertrauenskultur auch Grenzen. So nutzt auch *Wikipedia* Mechanismen, um sich vor wiederholtem Missbrauch zu schützen. So etwa in Form der Sperrung von Nutzern, IP-Adressen oder Seiten. Auch andere Gemeinschaften wie *StudiVZ* sind bereits wegen umstrittener Inhalte in die Schlagzeilen geraten,[643] was einmal mehr demonstriert, dass auf Kontrollmechanismen nicht gänzlich verzichtet werden kann. Idealerweise etablieren sich diese, wie bei *Wikipedia*, aus der Community heraus.

Insgesamt führt das große Vertrauen in Gemeinschaften und ihre Teilnehmer zu einer beschleunigten Erstellung sichtbarer Ergebnisse – insbesondere im Zusammenspiel mit der inkrementellen Verbesserung. Die direkte Umsetzung der eigenen Arbeit in ein sichtbares Ergebnis trägt wiederum zu einer erhöhten Motivation durch Selbstverwirklichung bei.

4. Flexible Regelauslegung

Ein weiteres Merkmal von Social Software-Systemen sind die der Zusammenarbeit zugrunde liegenden Regeln und Strukturen. Hier ist insbesondere das gelebte, flexible Regelwerk interessant.

Die Basis für die Zusammenarbeit bilden nur wenige Grundregeln (‚five pillars‘).[644] Zwar gibt es eine Vielzahl weiterer Regeln und Konventionen, diese sind aber eher intuitiv und im gesunden Menschenverstand verankert. Seit der Gründung der *Wikipedia* sind aus der Community heraus unzählige Richtlinien und Konventionen entstanden, die zur Erstellung der Enzyklopädie mit einheitlichen Formalien beitragen sollen. Der Nutzer wird aber ausdrücklich dazu aufgefordert, sich von diesen nicht entmutigen zu lassen und im Zweifelsfall auch

---

[643] Vgl. beispielsweise Meusers (Peinliche Pannen, 2006)

[644] Vgl. http://en.wikipedia.org/wiki/Wikipedia:Five_pillars, abgerufen am 26.12.2007, vgl. dazu auch Abschnitt A.3.3

gegen Sie zu verstoßen, um den Spaß an der Teilnahme nicht zu gefährden. Für die Nutzer reduzieren sich die Arbeitsflusshemmung und die Störung der Motivation durch Regularien und formale Wege. So kann ein größerer Kreis von aktiven Nutzern für die Arbeit gewonnen werden. Erfolgsmindernd kann sich jedoch die Notwendigkeit der Nachbearbeitung auswirken.

Das entscheidende bei der *Wikipedia* ist jedoch das Ergebnis, nicht die Regeleinhaltung. Hier zeigt sich außerdem wieder die ausgeprägte Vertrauenskultur. Selbst dort, wo Regeln existieren, werden diese – von wenigen Grundregeln abgesehen – zur Disposition gestellt, um den Zugang zu erleichtern und zur Teilnahme zu motivieren.

Diese lose Handhabung von Regeln, die Dissatisfaktoren bei der Arbeit weitgehend eliminiert, trägt zunächst zu einer höheren Arbeitszufriedenheit bei. In Krisensituationen kann bei einem einfachen Regelwerk flexibler reagiert werden, Probleme können kreativ und mit vereinten Kräften im Netzwerk angegangen werden.

5. Mix verschiedener Herrschaftsformen

Ein weiteres typisches Merkmal von Social Software-Systemen ist ein unkonventioneller Mix sehr unterschiedlicher Herrschaftsformen. Eine oberflächliche Betrachtung der Steuerung von Systemen wie *flickr*, *del.icio.us* oder *Wikipedia* deutet auf eine sehr weitreichende Form der Basisdemokratie hin. Die Nutzer können – oftmals ohne Anmeldung – direkt Änderungen vornehmen und diese werden ungeprüft veröffentlicht, also in ‚Produktion' genommen. Gleichwohl zeigt eine genauere Untersuchung ein wesentlich vielschichtigeres Bild.

Jimmy Wales selbst weist auf dieses vielschichtige Konstrukt hin:[645] „A confusing but workable mix of Consensus, Democracy, Aristocracy, Monarchy. Wikipedians are flexible about social methodology: results over process."[646] Besonders interessant ist im Kontext des auf den ersten Blick basisdemokratischen Systems *Wikipedia* die Monarchie. Was Wales damit bei *Wikipedia* meint und wie ernst es ihm damit ist, zeigt sich in einem anderen Zitat Wales': „I should point out that these are my principles, (…) this is how Wikipedia will be run."[647] An anderer Stelle wird von Wales auch als ‚benevolant dictator' gesprochen.[648] Wales hat inzwischen seine Entscheidungsmacht allerdings an ein Arbitration Commitee, das aus der Gemeinschaft gewählt wird, als oberste Instanz abgegeben.

Neben den dargestellten Steuerungsformen lassen sich auch meritokratische Elemente erkennen. Autorität in der *Wikipedia*, wie auch vielen anderen Online-Communities, basiert auf fachlicher Kompetenz, Erfahrung und Engagement, nicht auf hierarchischen Strukturen,[649] womit die Akzeptanz für Entscheidungen durch Autoritäten in kritischen Situationen steigt.

---

[645] Vgl. Abschnitt A.3.6

[646] Wales (Sociographics, 2004)

[647] Jimmy Wales, URL: http://en.wikipedia.org/wiki/User:Jimbo_Wales/Statement_of_principles, abgerufen am 01.01.2008

[648] Vgl. http://de.wikipedia.org/wiki/Wikipedia, abgerufen am 26.12.2007

[649] Vgl. Hertel et al. (Motivation, 2003)

Auch sinkt die Gefahr, dass es zu kontraproduktivem Arbeiten oder Enttäuschungen als Folge einer nicht akzeptierten autoritären Entscheidung kommt.

Trotz oder gerade wegen der Vielzahl der Steuerungsansätze scheint der Mix bei *Wikipedia* und anderen Online-Communities zu funktionieren. Gemäß der formulierten Devise ‚results over process'[650] sind die aktiven Mitarbeiter motiviert, und es lässt sich feststellen, dass wenig Energie in die Diskussion der Ausrichtung des Systems insgesamt fließt. Eine langfristige Prognose hinsichtlich der Konstanz scheint allerdings schwierig.

6. Selbstverwirklichung

Eine Voraussetzung für die hohe Systemleistung von Systemen wie der *Wikipedia* ist die große Nutzer-Gemeinschaft mit ihren eingespielten Formen der Zusammenarbeit und vor allem die hohe Motivation der Beteiligten.

Bei *Wikipedia*, *YouTube* und *StudiVZ* u.a. gibt es keine materiellen oder finanziellen Anreize, die die Nutzer dazu animieren, sich aktiv an der Erstellung der Enzyklopädie bzw. der Generierung von Inhalten zu beteiligen. Dennoch herrscht ein besonders hohes Maß an Motivation. Dies ist nicht unbedingt verwunderlich, da Studien bereits die Erkenntnis gebracht haben, dass materielle Anreize wie Boni die Wirkung intrinsischer Motivation untergraben und eher dazu führen, dass nur im Rahmen des spezifischen Ziels gute Arbeit geleistet wird, aber nicht darüber hinaus.[651]

Bei der *Wikipedia* stehen intrinsische Motive im Vordergrund: Die Wikipedianer können ihre Wünsche nach Erweiterung des eigenen Wissens und nach Spaß an der Arbeit befriedigen. Ähnlich wie in der *Linux*-Gemeinde werden die Nutzer durch die Teilnahme an einem offenen Projekt zu Höchstleistungen motiviert: „Wenn sie etwas schaffen wollen, das sie der ganzen Welt übergeben, … dann werden sie immer ihr Bestes geben."[652] Die Verwirklichung der eigenen Ziele und Motive sowie die Anerkennung in der Gemeinschaft (beispielsweise durch exzellente Artikel) führen auch dazu, dass die Nutzer sich intensiver an die *Wikipedia* gebunden fühlen und damit weniger Austrittsgedanken hegen.[653] Die Motivation der Selbstverwirklichung dürfte auch bei vielen anderen Social Software-Systemen im Vordergrund stehen, so etwa bei den inzwischen über 70 Millionen Weblogs[654] oder bei Anwendungen wie *flickr*, bei der (Hobby-)Fotografen ihre Werke vorstellen und austauschen.

Ein weiterer motivierender Faktor ist die Autonomie, also die persönliche Freiheit und Unabhängigkeit der Wikipedianer bei der Arbeitsgestaltung.[655] Keine festen Stellen- und Arbeitsplatzbeschreibungen, keine Arbeitsrichtlinien und -anweisungen – diese Autonomie steht im Widerspruch zur Praxis in vielen Organisationen. Mitglieder von Online-

---

[650] Vgl. Wales (Sociographics, 2004)

[651] Vgl. Rosenstiel et al. (Organisationspsychologie, 2005), S. 282

[652] Linus Torvalds, 1998, in einem Interview mit dem Technologiekolumnisten Robert Cringley, zit. aus Evans/Wolf (Netzwerke, 2005), S. 70

[653] Vgl. auch Rosenstiel et al. (Organisationspsychologie, 2005), S. 285, 102 ff.

[654] Vgl. oben Abschnitt A.2.2

[655] Vgl. Weinert (Organisationspsychologie, 2004), S. 205 f.

Communities entscheiden selbst, wann, wo und wie sie etwas beitragen wollen. Dabei müssen sie keine externen Vorgaben erfüllen, sondern können von ihren eigenen ehrgeizigen Standards ausgehen. Die Autonomie bei der Arbeitsgestaltung führt, in Verbindung mit der Bedeutsamkeit und Ganzheitlichkeit der Aufgabe sowie der Aufgabenvielfalt, zu einer hohen intrinsischen Arbeitsmotivation, einer hohen Qualität und Zufriedenheit sowie zu einer niedrigen Fluktuationsrate.[656] Die positiven Aspekte der Autonomie der Mitarbeiter wurden an verschiedenen Stellen schon früher identifiziert,[657] sind aber nur eingeschränkt in der organisatorischen Praxis außerhalb von Social Software-Systemen zu finden. Nach dem Erfolg von Open Source-Projekten wie *Linux* zeigen *Wikipedia* und *flickr* einmal mehr den Erfolg der Autonomie bei der Arbeitsgestaltung.

7. Einfachheit in der Nutzung

Die Basis für das Funktionieren der *Wikipedia* liefert die Wiki-Technologie, die die Kommunikation, Diskussion und Koordination der Aktivitäten aller Wikipedianer ermöglicht. Das besondere Kennzeichen der intuitiven und einfachen Bedienbarkeit führt dazu, dass tatsächlich auch jeder, der die Vision der *Wikipedia* teilt und einen Beitrag leisten will, hier die Möglichkeit hat, sich einzubringen und nicht durch technologische Barrieren davon abgehalten wird. Der einfache Zugang bezieht sich dabei nicht nur auf das Regelwerk und die Möglichkeit, auch ohne Anmeldung, also anonym, mitarbeiten zu können. Eine einfache, funktionierende Kommunikations- und Koordinationsplattform und deren ausgesprochene Nutzerfreundlichkeit sind entscheidende Voraussetzungen für den Erfolg von Communities wie der *Wikipedia*. Der Editiervorgang bei Wikis erinnert an das inzwischen von vielen Millionen Nutzern beherrschte Schreiben einer E-Mail in einer Web-Applikation. Ebenso einfach sind der Aufbau und die Pflege eines Blogs bei Anbietern wie *blogger.de*. Neben den einfach zu bedienenden Editier- und Publishing-Funktionen sind vor allem die Spezialseiten für die Auswertungen von hoher Relevanz. Sie ermöglichen Überblicke, zum Beispiel über neue oder geänderte Artikel, nach bestimmten Kriterien und stellen damit die technologische Basis für das Funktionieren des Gesamtsystems durch Selbstregelung dar. Erst die geringen technologischen und psychologischen Zugangsbarrieren erlauben eine Beteiligung derart vieler Personen.

8. Emergente Entwicklung

Eine weitere auffallende Eigenschaft in der Entwicklung von Social Software-Systemen ist ihre emergente Entwicklung. Während in der klassischen Betriebswirtschaft ein großer Teil der Managementtätigkeit auf Planung und Controlling einer gezielten und systematischen Entwicklung von Organisationen und Produkten entfällt, folgt die Entwicklung von Online-Communities anderen Gesetzmäßigkeiten. So fehlen beispielsweise in der Wikipedia jegliche Vorgaben, zu welchen Themen die Enzyklopädie Artikel enthalten soll. Folgt man der klassischen betriebswirtschaftlich-geprägten Planung, so würde es zentrale Vorgaben, abgeleitet aus einer übergeordneten Strategie und unter Berücksichtigung von Marktanalysen und Zielgruppendefinition, geben. In Social Software-Systemen gibt es dagegen keine Planung,

---

[656] Vgl. Rosenstiel et al. (Organisationspsychologie, 2005), S. 102 ff., 282

[657] Vgl. Weinert (Organisationspsychologie, 2004), S. 205 f. und Rosenstiel et al. (Organisationspsychologie, 2005), S. 102 ff., S. 282

in welchen Bereichen Schwerpunkte gebildet werden sollen. Schwerpunkte bei Themen von Artikeln in der *Wikipedia* oder den Angeboten bei *eBay* bilden sich eher durch die spezifischen Bedürfnisse, Interessen-, Erfahrungs- und Ausbildungsschwerpunkte der aktiven Nutzer. Zwar gab es auch für das Projekt *Wikipedia* ursprünglich eine quantitative Zielsetzung, welche aber bald überschritten wurde. Derartige Entwicklungssystematiken finden sich in der Betriebswirtschaftlichen Planungslehre auch in moderneren Ansätzen, wie im ‚Grassroot-Model of Strategy Formation‘ von Mintzberg.[658]

Bei *Wikipedia* & Co. ermöglichen die fehlenden planerischen Vorgaben ein hohes Engagement, da die Selbstverwirklichung in den individuellen Interessensgebieten ermöglicht wird. Zudem werden keine Ressourcen im Planungsprozess gebunden und die Organisation kann mit geringem Managementaufwand existieren. Die Dynamik und Schnelligkeit, mit der bei *Wikipedia* aufgrund der weitgehend fehlenden hierarchischen Strukturen und planerischen Tätigkeiten auf Veränderungen reagiert werden kann, verschaffen ihr einen klaren Vorsprung gegenüber ihren kommerziellen Wettbewerbern, bei denen Planungsprozesse mit anschließender Kommunikation und Implementierung durchlaufen werden müssen, bevor Veränderungen Einzug finden. Dieser Vorteil zeigt sich bei *Wikipedia* zum Beispiel in der schnellen und flexiblen Aktualisierung und der schnellen Erstellung von neuen Artikeln zu aktuellen Themen sowie bei der Fehlerbehebung.

Auffallend ist, dass mit der fehlenden strategischen Planung bisher noch keine sichtbaren Defizite erkennbar wurden. Im Gegenteil – vielmehr zeigen Unternehmen im Umfeld moderner Internet-Lösungen ebenfalls nur geringes Vertrauen in die Planbarkeit des Geschäfts. So etwa *Google*, welches bewusst die Entwicklung von neuen Produkten in einem bottom-up-Prozess fördert und nach Einschätzung von Mitgründer Sergey Brin kaum auf Basis eines systematischen Prozesses durch das Management initiiert neue erfolgreiche Produkte entwickelt hat.[659]

9. Inkrementelle Entwicklung

Ein weiteres typisches Merkmal von Social Software-Systemen ist ihre inkrementelle Entwicklung, also die Entwicklung in einer Vielzahl von kleinen Schritten. *Wikipedia* ist hierfür wiederum ein besonders prägnantes Beispiel. So stammt etwa die älteste Version des Artikels zum Thema ‚Deutschland‘ vom 24. August 2001. Seither wurde der Artikel über 5.500 Mal[660] überarbeitet, also über 70 Mal monatlich. Die vorgenommenen Änderungen umfassten dabei teilweise nur die Ergänzung einzelner Worte oder Zeichen.

Artikel in der *Wikipedia* entwickeln sich von zum Teil nur wenigen Worten schrittweise zu oft mehrseitigen Abhandlungen. Aber auch bei Bewertungsportalen, Video- und Photo-Sites ist eher ein fast kontinuierliches Wachstum in vielen, vielen kleinen Einzelschritten zu beobachten. Analysiert man die Entwicklungsschritte in Blogs, so ist auch hier offensichtlich, dass es sich um eine eher inkrementelle Entwicklung handelt. Die einzelnen eingestellten

---

[658] Mintzberg et al. (Strategy, 1998), S. 214-216 (vgl. auch Abschnitt C.2.1)

[659] Vgl. (Brin, Web 2.0, 2005)

[660] 5.676 Bearbeitungen am 23.12.2007 (http://de.wikipedia.org/wiki/Spezial:Meistbearbeitete_Seiten)

Beiträge sind zumeist eher kurz und leben eben davon, dass sie eine gewisse Spontaneität verkörpern, die dann auch die hohe Authentizität unterstützt.

Damit unterscheidet sich der Entwicklungsprozess bei Social Software-Systemen von den bekannten Entwicklungsprozessen in beispielsweise klassischen Medien, klassischer Software und auch den meisten Systemen der Betriebswirtschaft.

So werden die papierenen Ausgaben der Enzyklopädien schon alleine aus logistischen Gründen nur in relativ langen Zeiträumen überarbeitet und herausgegeben – zwischen den einzelnen Auflagen liegen mehrere Jahre. Gleiches gilt auch für die klassischen Print-Monografien. Dies führt dazu, dass ein Artikel einen Mindestumfang und eine Mindestreife haben muss, damit er überhaupt erscheinen kann. Zudem soll vor dem Erscheinen jeder Auflage sichergestellt werden, dass die Inhalte von höchster Qualität sind. Immer wieder auftauchende Fehler in Büchern und nicht zuletzt die Qualitätsvergleiche zwischen *Wikipedia* und den klassischen Enzyklopädien zeigen, dass diese Verfahrensweise auch Grenzen hat. Gleichzeitig steht diese Vorgehensweise in großen Entwicklungssprüngen auch im Konflikt mit dem Wunsch nach Spontaneität, zeitnaher Reaktion, schnell sichtbaren Ergebnissen etc.

Der Ansatz, in großen Entwicklungsstufen Produkte zu veröffentlichen, findet auch in der klassischen Softwarebranche seine Entsprechung. Produkte wie *Microsofts* Windows oder auch die Hauptversionen von *SAPs* ERP-Systemen werden zwar inzwischen auch in kurzen Zyklen durch eine Vielzahl von so genannten Patches aktualisiert. Zumeist haben diese kleinen Updates aber ihren Schwerpunkt in der Behebung von Fehlern und Sicherheitslücken. Hier geht wiederum die Open Source-Software einen anderen Weg. Gemäß der Devise ‚Release early – release often'[661] werden Open Source-Software-Produkte in kürzeren Zyklen weiterentwickelt und schnell online gestellt.

Auch im Management findet sich eine Vorgehensweise, die diesem Denkansatz folgt. Ist ein Plan einmal beschlossen, so hat er zumeist für längere Zeit seine Gültigkeit. Klassische Planungsprozesse und -zyklen gehen nicht von einer kontinuierlichen Entwicklung in vielen kleinen Schritten aus. Vielmehr sollen umfassend Analysen und strategische Methoden eine Planung erlauben, deren Aussagen für längere Zeit Gültigkeit haben. Eine Vorgehensweise, die angesichts zunehmend schneller Veränderungen der Rahmenbedingungen immer schwieriger aufrecht zu erhalten ist.

10. Entprivatisierung und persönlicher Stil

Ein weiterer wichtiger und vor dem Hintergrund der anhaltenden Debatte um einen geeigneten Datenschutz erstaunlicher Aspekt von vielen Social Software-Systemen ist die Entprivatisierung. Eine Vielzahl von Blogs sowie Angebote wie *YouTube, StudiVZ, flickr* und *XING* beruhen darauf, dass Nutzer auf Datenschutzrechte weitgehend verzichten und persönlichste Details in aller Öffentlichkeit preisgegeben werden.

Dabei hat sich eine Kultur entwickelt, die eben diese Form der Darstellung erwartet. Bei Blogs besteht eine verbreitete Erwartung, dass gerade die persönliche Sicht zumeist dargestellt aus dem privaten Kontext im Vordergrund steht. Bei Netzwerken bestehen für diejeni-

---

[661] Vgl. oben Abschnitt B.7.1

gen, die ihr Profil mit vielen persönlichen Informationen anreichern, besonders gute Chancen, dass ihr Profil von anderen angesehen wird und sich daraus Kontaktmöglichkeiten ergeben.[662] Meist bestimmen die Mitglieder der Communities dabei selbst, wie viel sie von sich selbst und ihrem Leben preisgeben wollen. Zugleich ist aber ein hoher sozialer Druck zu erahnen, und die Gefahr groß, dass die Privatsphäre in ungewollter oder in der Konsequenz unverstandener Art und Weise verletzt wird oder Daten missbraucht werden. Medienkompetenz, die sich für die meisten Menschen bisher vor allem auf die Nutzung und Interpretation konsumierter Medien bezog, bekommt nun bei der aktiven Darstellung eigener Inhalte in bisher ungekannter Art und Weise eine neue Bedeutung.

Zugleich lässt sich ein Wandel im Stil der Darstellung und der Sprache beobachten. Die in vielen IT-Bereichen und im Internet schon lange typische informalere und persönlichere Art wird auch im Kontext der Social Software genutzt. Dies zeigt sich unter anderem in einer Vielzahl von CEO-Blogs, in denen Vorstandssprecher die Möglichkeiten der persönlicheren und – vermeintlich – sympathischeren Darstellung nutzen; so auch im Video-Blog der Bundeskanzlerin Angela Merkel.

Die Darstellung in Tabelle 26 führt die isolierten Erfolgsfaktoren mit ihren wichtigsten Kennzeichen zusammen.

Die identifizierten Erfolgsfaktoren verdeutlichen noch einmal, dass zwar die (einfache) Technologie eine wesentliche und notwendige Grundlage des Erfolgs ist, die hohe Systemleistung der sozio-technischen Social Software-Systeme aber auf vielen weiteren Faktoren beruht. Folgend wird für verschiedene Managementfelder dargestellt, wie die genannten Erfolgsfaktoren in den einzelnen Bereichen jeweils ausgeprägt und angewandt werden können.[663]

Erfolgsfaktor	Kennzeichen
1. Gemeinsame Vision	• Gemeinschaftsgefühl • Realisierung eigener Ziele unter einem gemeinsamem Ziel
2. Partizipativ	• Einbindung aller • Wer möchte, darf
3. Vertrauenskultur	• Direkte Arbeit im operativen System • Beschleunigte Erstellung sichtbarer Ergebnisse

---

[662] Alby (Web 2.0, 2006), S. 108 ff.
[663] Vgl. auch Komus/Wauch (Wikis 2007), S. 275 ff.

4. Flexible Regelauslegung	• Ergebnis vor Regelkonformität • Eliminierung von Dissatisfaktoren
5. Mix verschiedener Herrschaftsformen	• Autorität basiert auf Kompetenz • Resultate wichtiger als Prozesse und Systeme
6. Selbstverwirklichung	• Verwirklichung intrinsischer Motive • Autonomie bei der Arbeitsgestaltung
7. Einfachheit in der Nutzung	• Intuitive, benutzerfreundliche Technologie • geringe techn. Mindestanforderungen
8. Emergente Entwicklung	• Geringer Ressourcenaufwand für Managementtätigkeiten • Verzicht auf Planung ermöglicht Flexibilität und Schnelligkeit
9. Inkrementelle Entwicklung	• ‚Release early – release often' • Kontinuierliche Qualitäts- und Quantitätsentwicklung
10. Entprivatisierung und persönlicher Stil	• Nutzer stellen sich selbst dar • Informalerer, vertrauensvollerer Stil

Tabelle 26: Wikimanagement – Erfolgsfaktoren und Kennzeichen

C.2 Die Erfolgsfaktoren von Social Software – Anwendungsfelder im Unternehmen

C.2.1 Wikimanagement – Social Software-Erfolgsfaktoren im Management

Aministrer, c'est prévoir, organiser, commander et contrôler. (Adminstration, das bedeutet planen, organisieren, anweisen und kontrollieren.)[664] So charakterisierte Henry Fayol 1916 die wichtigsten Aufgabenfelder dessen, was heute als Management bezeichnet wird. Der Gedanke des geplanten, rationalen Vorgehens, nach dem ein kleiner Kreis von Führungskräften auf Basis systematischer Analyse Entscheidungen trifft und diese anschließend durch die nachfolgenden Hierarchieebenen umgesetzt werden, findet sich in einer Vielzahl von Managementkonzepten. Dieses Verständnis wird explizit und noch öfter implizit in einer kaum überschaubaren Zahl von Büchern, Beiträgen, Vorlesungen und Trainings in der Betriebswirtschaftslehre verfolgt.

Typisch für diesen Managementansatz sind Analyse, Planung, Umsetzung und Kontrolle als systematischer Prozess, der einer **emergenten und inkrementellen Entwicklung** entgegensteht. Nicht erst seit Charlie Chaplins ‚Modern Times' zeigt sich, dass an vielen Stellen die Mitarbeiter nicht integriert und motiviert werden, wie es durch eine **gemeinsame Vision, Partizipation und Selbstverwirklichung** vielleicht möglich wäre. Klare hierarchische Strukturen stehen oft einer **flexiblen Regelauslegung** und dem **Mix verschiedener Herrschaftsformen** diametral entgegen. Große Apparate zur Planung, Steuerung und zum Controlling des Unternehmens sowie definierte Planwerke mit festen Planungsperioden und Planungszeitpunkten entfernen viele Unternehmen von den zuvor als Wikimanagement-Erfolgsfaktoren identifizierten Vorgaben der **einfachen Nutzung, emergenten und inkrementellen Entwicklung**. Schließlich führt eine oftmals wahrgenommene bewusste Trennung zwischen den verschiedenen Führungsebenen und insbesondere der Unternehmensführung und den Mitarbeitern dazu, dass **persönlicher Stil und private Darstellung** weit von der wahrgenommen Realität abweichen.

Nicht erst mit dem Erfolg von Social Software-Systemen wurden viele der klassischen Managementkonzepte in Frage gestellt. Verschiedene Wirtschaftswissenschaftler hatten schon früher dieses Managementverständnis als nicht sinnvoll, insbesondere als nicht der betriebswirtschaftlichen Realität entsprechend, hinterfragt.

Henry Mintzberg hinterfragte das durch Fayol geprägte Bild von Management und Manager, indem er vorhandene Studien über die Tätigkeiten von Managern auswertete und selber die tatsächlichen Tätigkeiten von Managern untersuchte. Im Ergebnis bezweifelt Mintzberg, dass

---

[664] Vgl. Fayol (Administration, 1916), S. 8

in der Realität die Tätigkeiten des Managements mit den allgemeinen Annahmen (,*Folklore'*) übereinstimmen. So zeigen seine Zeitstudien, dass die Arbeitsmuster von Managern dem verbreiteten Bild vom Manager als effektivem systematischen Planer nicht entsprechen. Auch verbringen Manager einen relevanten Teil ihrer Zeit mit Routineaufgaben, Weitergabe weicher Informationen und Arbeiten, die leicht zu delegieren wären, statt sich beispielsweise auf übergeordnete Planungsaufgaben zu konzentrieren. Weiterhin beruhen die Topmanagemententscheidungen nicht wie angenommen auf aggregierten, für Entscheidungzwecke aufbereiteten Berichten, sondern vielmehr auf informalen Informationen, die aus persönlichen Gesprächen, Telefonaten etc. generiert werden können. Schließlich zeigte sich auch, dass Entscheidungsprozesse oft eben nicht auf systematischen, strukturierten Prozessen beruhen, sondern vielmehr in weiten Teilen auf Intuition und Bauchgefühl.[665]

Andere Arbeiten bezweifeln ebenfalls das verbreitete Bild von Managern und Management als nur durch Systematik und rationale Verhaltensweisen getrieben und erklärbar. So kommt etwa Lindblom zum Schluss, dass das Handeln von Entscheidungträgern, welches er anhand politischer Akteure untersucht hat, sich als Kunst des Muddling-Through (Sich-Durchwursteln) interpretieren lässt.[666] Cohen, March und Olsen führen die von ihnen in Entscheidungsprozessen erkannten Prozessstrukturen im ,Garbage Can Model of Organizational Choice' (Mülleimer-Modell der organisatorischen Wahl) zusammen. Demnach werden Entscheidungen wesentlich durch vier Strömungen (Problemstrom, Lösungsstrom, Teilnehmerstrom und Strom von Entscheidungsarenen) beeinflusst. Je nachdem, wie diese vier Ströme zusammenlaufen, kann es zu sehr unterschiedlichen Managemententscheidungen kommen.[667]

Die dargestellten Untersuchungen und Modelle stellen also das klassische Bild vom Management bereits weitgehend in Frage. Welche Konsequenzen sind nun daraus zu ziehen und wie ist der Managementprozess vor diesem Hintergrund auszurichten?

Verschiedene Managementschulen rücken vor diesem Hintergrund vom Bild der systematischen, rationalen Planung und Entscheidung durch einen eng begrenzten Personenkreis des Managements ab und stellen den Prozess des Managements selber in den Vordergrund.[668] So werden kulturelle oder mentale Sichtweisen auf den Planungsprozess den klassischen präskriptiven Ansätzen gegenübergestellt.[669] Besonders deutlich wendet sich das ,Grassroots Model of Strategy Formation' (Graswurzelmodell) von tradierten Denkmustern ab. Das Grassroots-Model fußt auf der Annahme, dass Strategien wie Unkraut im Garten wachsen. Strategien können dabei an allen Stellen des Unternehmens entstehen. Im Grassroots-Ansatz ändert sich die Aufgabe des Managements dahingehend, dass es nicht in erster Linie für die Entwicklung neuer Strategien zuständig ist. Vielmehr gilt es, die verschiedenen ,Pflänzchen'

---

[665] Vgl. Mintzberg (Manager's Job, 1975)

[666] Vgl. Lindblom (Muddling Through, 1969)

[667] Vgl. Cohen et al. (Garbage Can, 1972)

[668] Vgl. Komus (Wettbewerbsvorteile, 2003)

[669] Vgl. Mintzberg et al. (Strategy, 1998), S. 5

sich entwickeln zu lassen. Erst wenn erkennbar ist, wie gedeihlich die verschiedenen Ergebnisse sind, gilt es die falschen auszuselektieren und die richtigen zu hegen und zu pflegen.[670]

Fernab traditioneller Denkmuster hat auch Scheer Empfehlungen für das Management erarbeitet. Er analysierte Organisationsprinzipien des Jazz', um daraus Erfolgsfaktoren für das Management abzuleiten. Jazz erlaubt es den verschiedenen Musikern, sich individuell einzubringen und zu entfalten. Dies gibt der Musik die Vielfalt und die Abwechslung. Gleichzeitig sorgt ein geringes Set an Regeln (definierte Freiräume für Soli, Stückaufbau, Harmoniefolgen) für einen gemeinsamen Rahmen, der sicherstellt, dass die Kreativelemente der einzelnen Musiker nicht im Chaos enden, sondern als Teamleistung zu einem harmonischen Gesamtergebnis führen.

Scheer empfiehlt – ein Konzept von Tomenendal aufnehmend[671] – diese Erkenntnis auch auf das Management anzuwenden und durch eine Kombination von tendenziell geringer Regelungsintensität und hoher Konnektivität zu einer geeigneten Balance zwischen Stabilität und Flexibilität zu kommen.[672]

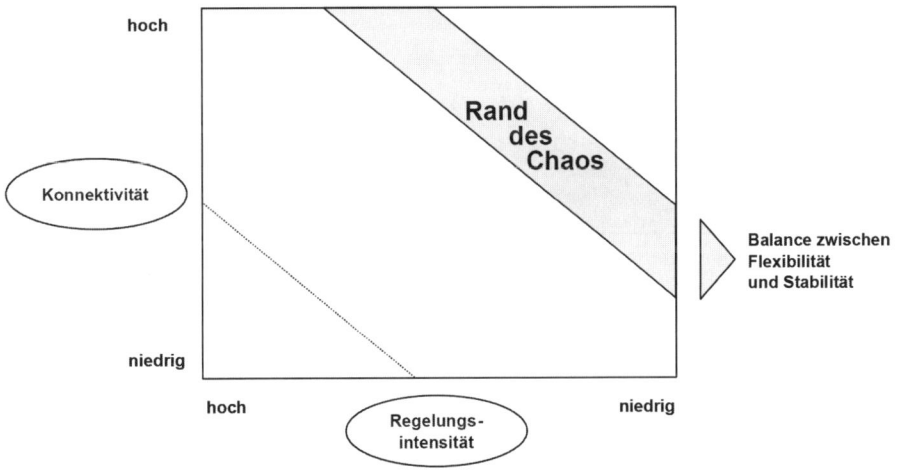

Abbildung 39: Optimale Kombinationen zwischen Konnektivität und Stabilität[673]

Die dargestellten Ansätze beinhalten ähnliche Erfolgsfaktoren wie die emergente und inkrementelle Entwicklung, die integrativen und partizipativen Elemente, die auch als Erfolgsfaktoren für das Wikimanagement identifiziert wurden. Wie die Umsetzung der Erfolgsfaktoren des Wikimanagements in den verschiedenen Bereichen eines Unternehmens aussehen könnte,

---

[670] Vgl. Mintzberg (Management, 1989), S. 214

[671] Vgl. Tomenendal (Chaos, 2002)

[672] Vgl. Scheer (Jazz, 2002)

[673] In Anlehnung an Tomenendal (Chaos, 2002)

soll in den folgenden Abschnitten vorgestellt werden. Dazu wird jeweils kurz das Themenfeld mit seinen spezifischen Herausforderungen skizziert. Anschließend werden Ansätze zur Umsetzung der Wikimanagement-Philosophie diskutiert und schließlich wird auf die besonderen Potenziale der informationstechnischen Unterstützung durch die für Social Software typischen IT-Systeme im jeweiligen Bereich eingegangen.

Wikimanagement-Beispiel – Business-Plan 2.0 bei Blowfly

Dass das Wikimanagement-Prinzip in Profit-Organisationen funktionieren kann, zeigt das Beispiel der australischen Biermarke Blowfly. Die Firma wurde im Jahr 2002 von Personen gegründet, die weder Ahnung vom Bierbrauen noch von Marketing hatten. Daher entschieden sie, praktisch alles gemeinsam mit den Kunden zu entwickeln – die Konsumenten in die Unternehmensprozesse zu integrieren. Über die Webseite www.brewtopia.com.au konnten die zukünftigen Kunden mitbestimmen und erhielten im Gegenzug Anteile an der Firma. Die Firmengeschichte aus Sicht der Macher:

„...in 2002 we created a beer built on a concept we called Viral Equity – thousands of people across 20 countries helping us make a brand new beer over the internet. Crazy? Yes. Doomed to fail? Yes. But it didn't.... And for giving us input we gave those folks a chance for stake in the company! And for a limited time we're giving others the ability to have their own allocation, a right to part of Brewtopia just for drinking the beer! Click below to take a look-see at something that may absolutely amaze you."

Abbildung 40: Blowfly – Create your own beer, wine and water[674]

Mehrere tausend Freiwillige in zwanzig Ländern arbeiteten mit und machten das Konzept zu einem großen Erfolg. Heute haben alle Kunden von Blowfly noch immer die Möglichkeit, die Produktgestaltung selbst zu bestimmen. Die Produkte werden direkt an die Kunden vertrieben. Die eingesparten Kosten durch die fehlenden Zwischenhändler werden an die Kunden weitergegeben bzw. gehen in Shipping-Gebühren. Das Unternehmen ist inzwischen an der Börse notiert und sehr erfolgreich.[675]

---

[674] URL: http://www.blowfly.com.au/, abgerufen am 16.11.2006

[675] Vgl. zu Blowfly auch Ballhaus (Marketing, 2006) und http://www.blowfly.com.au

C.2.2 Wissen managen – Mehr als Sammeln und Dokumentieren

Noch im Jahr 1900 verrichteten ca. 83 Prozent der arbeitenden Personen körperliche Arbeit, 17 Prozent wurden als Wissensarbeiter bezeichnet. Im Jahr 2000 hatte sich dieses Verhältnis gedreht: 62 Prozent der Beschäftigten verdienten ihr Geld mit Wissensarbeit, nur noch 38 Prozent mit körperlicher Arbeit. Bis 2020 sagt das Zukunftsforschungsinstitut eine Zunahme der Wissensarbeiter auf 75 Prozent voraus. Parallel dazu hat eine *IBM*-Studie ergeben, dass die Halbwertzeit des Wissens sich immer weiter verkürzt. Vor allem in IT-Bereichen wird Wissen nach geschätzten zwei Jahren bereits obsolet sein.[676] Unabhängig davon, wie valide diese Zahlen sind, so geht in jedem Fall der Trend in diese Richtung. Immer mehr Wissen in Gesellschaft, Wirtschaft und Politik muss immer schneller aktualisiert und in global tätigen Unternehmen und Arbeitsgruppen vernetzt werden.

Auch organisationsübergreifend spielt die Dokumentation und die Vermittlung eine immer wichtigere Rolle. Mit zunehmend komplexeren und immer schneller wechselnden Produkten wird die verständliche Dokumentation zu einem entscheidenden Verkaufsargument. Die Software mit den neuesten Features, der mp3-Player mit den weitestgehenden Möglichkeiten und das neueste Navigationssystem entfalten ihren Nutzen nur dann, wenn das Wissen der Entwickler auch den Kunden verfügbar gemacht wird und – noch besser – das durch Kunden in der täglichen Nutzung gewonnene Know-how allen zur Verfügung gestellt wird.

Wenn Siemens wüsste, was Siemens weiß – und wenn Siemens auch noch wüsste, was die Kunden wissen
Unzählige Informationen sind in Unternehmen vorhanden – in Wissensmanagementsystemen, Outlook-Postfächern, Projektordnern, Word- und Excel-Dokumenten, CRM-Systemen etc., vor allem aber in den Köpfen der Mitarbeiter. Der Wissensaustausch erfolgt häufig in der Kaffee-Küche, beim Mittagessen, durch die Suche in den verschiedenen Datenbanken. Es ist in den Unternehmen nur schwer möglich, das gesamte Wissen zu identifizieren und damit in allen Bereichen nutzbar zu machen. Das vielfach genutzte Bonmot ,Wenn Siemens wüsste, was Siemens weiß' zeigt die Problematik des Managements des vorhandenen Wissens.

Im traditionellen Wissensmanagement gibt es häufig feste Beauftragte, die für die Verwaltung von Wissen in Contentmanagement-, Dokumentenverwaltungs- und CRM-Systemen zuständig sind. Dies führt zu der Schwierigkeit, dass Inhalte oftmals nicht schnell genug aktualisiert und vollständig generiert werden. Dokumente können vielfach nicht aufgefunden werden und ihre Aktualität und Qualität hängt einzig von den jeweils verantwortlichen Autoren ab.[677]

Dabei stellen Informationen und Wissen für Unternehmen einen entscheidenden Wettbewerbsvorteil dar. Bei der zunehmenden Homogenisierung von Produkten und den geringen Unterschieden in der Produktionsqualität können Wettbewerbsvorteile durch das richtige Wissen zur richtigen Zeit erreicht werden. Die Hoffnungen für das langfristige Bestehen von

---

[676] Vgl. Baumeister (Kommunikation, 2007), S. 37
[677] Vgl. Gilmour (Teile und profitiere, 2004), S. 2

Unternehmen liegen daher oft im Wissensmanagement und in offenen, flexiblen Organisationsformen, die den Austausch von Wissen fördern.[678]

Als Problemfelder im Wissensmanagement identifzieren Probst, Raub und Romhardt die folgenden Kernprozesse des Wissensmanagements:

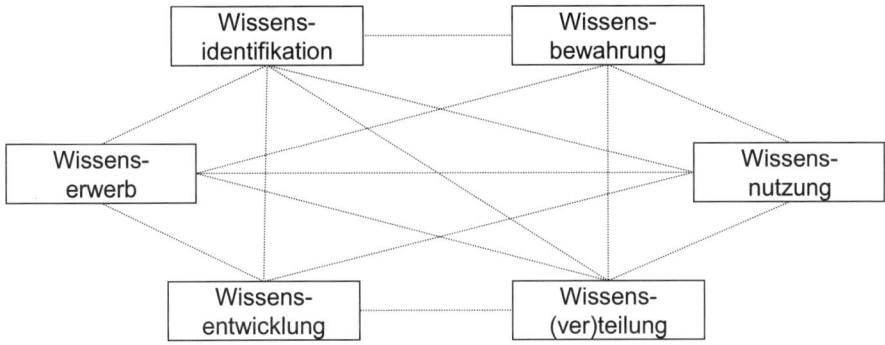

Abbildung 41: Kernprozesse des Wissensmanagements nach Probst[679]

Demnach sollen die folgenden Fragen zur Implementierung eines erfolgreichen Wissensmanagements beantwortet werden:[680]

- *Wissensidentifikation:* Wie kann intern und extern Transparenz über vorhandenes Wissen geschaffen werden?
- *Wissenserwerb:* Welche Fähigkeiten sollten/können extern generiert oder gekauft werden?
- *Wissensentwicklung:* Wie kann neues Wissen aufgebaut werden?
- *Wissensverteilung:* Wie kann das Wissen an den richtigen Ort gebracht werden?
- *Wissensnutzung:* Wie kann die Anwendung sichergestellt werden?
- *Wissensbewahrung:* Wie schütze ich mich vor Wissensverlusten?

Notwendige Bestandteile eines erfolgreichen Wissensmanagements sind dabei die Wissensziele und eine Wissensbewertung:

- *Wissensziele:* Wie können die Aktivitäten im Rahmen des Wissensmanagements eine bestimmte Richtung und Struktur erhalten (Schaffung einer wissensbewussten Unternehmenskultur, Definition strategischer Wissensziele, operative Wissensziele)?
- *Wissensbewertung:* Wie kann der Erfolg der Lernprozesse gemessen werden?

Ein weiteres Ziel von Wissensmanagement ist die Entwicklung der Kreativität von Mitarbeitern. Dafür muss ein Umfeld geschaffen werden, das ihren Qualifikationen entspricht und

---

[678] Vgl. Lehner (Wissensmanagement, 2006), S. 1 ff.

[679] Quelle: Probst et al. (Wissen managen, 2003), S. 28

[680] Vgl. Probst et al. (Wissen managen, 2003), S. 29 ff.

Kreativität sowie Innovationsfähigkeit fördert.[681] Das kann durch die Möglichkeiten der Wissensverarbeitung erfolgen, also in Wissensmanagementsystemen. Das externalisierte, also dokumentierte und gespeicherte Wissen, das Wissen der Mitarbeiter werden dabei zentral gesammelt und dargestellt. Wird ein offenes System wie das der Wikipedia gewählt, bei dem jeder im Unternehmen Beiträge leisten kann, so kann durch die neue Verknüpfung von Informationen und Daten auch neues Wissen entstehen, was zur Innovationsfindung beiträgt. Die Veröffentlichung von Inhalten und Beziehungen ermöglicht es anderen Personen, prozessuales Wissen und Erfahrungen in der für sie relevanten Art und Weise weiterzuverwenden.[682]

Eine der größten Herausforderungen im Wissensmanagement dürfte darin bestehen, die Mitarbeiter zur Weitergabe ihres Wissens zu motivieren. So steht dem optimalen Wissensaustausch oft das ‚Information Hiding‘, also das bewusste Zurückhalten relevanter Informationen entgegen. So kann es vorkommen, dass Wissensarbeiter ihr Wissen ‚horten‘, um ihre Stellung oder auch Position im Unternehmen zu sichern. Andere mögen mit Arbeit so sehr überlastet sein, dass schlicht keine Zeit bleibt. Viele Mitarbeiter schätzen gegebenenfalls ihr Wissen auch als nicht relevant ein oder wissen nicht, dass es in anderen Bereichen genutzt werden könnte. Erschwerend lässt sich zudem in der Praxis beobachten, dass die finanziellen Anreize für die Mitarbeiter sich in den wenigstens Fällen auf Beiträge zum Wissensmanagement beziehen. Die genannten Probleme im Wissensmanagement legen es nahe, die Erfolgsfaktoren des Wikimanagements auf das Management von Wissen zu übertragen.

Dabei endet die dargestellte Problematik nicht an den Unternehmensgrenzen. Unabhängig davon, ob die entwickelte Maschine, die neue Software oder das definierte Verfahren für die innerbetriebliche Nutzung entwickelt wurde oder für den externen Kunden. Die Herausforderung des optimalen Wissenstransfers bleibt auch über die Grenzen der Organisation hinaus relevant.

Erfolgsfaktoren Wikimanagement im Wissensmanagement
In der *Wikipedia* wird das Wissen der Welt gesammelt, bei Wikibooks werden ganze Bücher zu verschiedenen Themen verfasst, Blogs liefern wichtige und wertvolle Informationen – der Gedanke, die Erfolgsfaktoren von Social Software-Systemen auch im Wissensmanagement von Unternehmen zu nutzen, ist naheliegend.

Um das Wissensmanagement in Unternehmen und Organisationen zum Erfolg zu führen, sollten die als Wissensbasis verwendeten Systeme propagiert werden,[683] um mit ihnen die **gemeinsame Vision** zu transportieren, die dazu beiträgt, die Mitarbeiter für ihren aktiven Beitrag zum Wissensmanagement zu gewinnen. Da möglichst umfassend Wissen nutzbar gemacht werden soll, sollte den Organisationsmitgliedern ein Wissensmanagement-Projekt

---

[681] Vgl. Picot (Grenzenlos, 2003), S. 516 f.
[682] Vgl. Burg/Pircher (Social Software, 2006), S. 27
[683] Vgl. Gilmour (Teile und profitiere, 2004), S. 3 und Lamprecht (Wikis, 2005)

nicht einfach auferlegt, sondern vielmehr die Vorstellungen und Ziele der Teilnehmer bei der Planung berücksichtigt werden.[684]

In der Praxis bedeutet dies beispielsweise, die Relevanz und Wertschätzung des gemeinsam entwickelten und genutzten Wissens für alle deutlich zu machen. Jedes Organisationsmitglied muss verstehen, wie sehr er oder sie als Einzelner und als Mitglied des Unternehmens von einer gut funktionierenden Wissensentwicklung und einem regen Austausch profitiert. Dies muss sich in der Kommunikation nach Innen und Außen, im Vorleben durch das Management und nicht zuletzt in den Anreizsystemen zeigen.

Bei einer hohen Arbeitsbelastung von Mitarbeitern und umfangreichen Anforderungen an die Dokumentation ist es nicht leicht, die Zielgruppe für die **Partizipation** an einem offenen Wikimanagement-System zu begeistern. Daher kann bei der Implementierung das Projekt Wissensmanagement an bereits bestehende Projekte angebunden und so langsam integriert werden. Die Abwehrhaltung der Mitarbeiter ist dann geringer. Auch die Gründung von Allianzen zwischen einzelnen motivierten Mitarbeitern und zwischen Funktionsbereichen sowie die Etablierung von so genannten Key-Usern, die als Multiplikatoren dienen und denen beim Aufbau eine besondere Bedeutung zukommt, ist wichtig. Das Wissensmanagementprogramm muss kommuniziert und dabei der Nutzen für den Einzelnen und für die Gemeinschaft herausgestellt werden. Das Projekt sollte auch von einem Change Management Programm begleitet werden, das bereits bestehende Gruppen berücksichtigt und integriert sowie schnelle Erfolge kommuniziert.[685]

Es gilt dabei, auch kulturelle Hürden zu überwinden. In vielen Köpfen sind Vorstellungen darüber verankert, wie Wissen entwickelt und dokumentiert wird. Diese Vorstellungen müssen an verschiedenen Stellen hinterfragt und angepasst werden. Neben der hohen Wertschätzung von Wissensarbeit muss deutlich gemacht werden, dass die Aufgabe Wissen zu entwickeln und zu pflegen nicht auf Einzelne beschränkt ist, sondern jedermanns Aufgabe ist. Zudem muss bei allen Beteiligten klar werden, dass eine Weiterentwicklung, Erweiterung und auch Korrektur bestehender Dokumentationsinhalte, die durch Dritte erstellt wurden, nicht etwa ein persönlicher Angriff, sondern ganz normale Prozesse sind.

Den Mitarbeitern muss auch klar gemacht werden, dass sie von der Weitergabe ihrer Kenntnisse profitieren können. Werden die gegebenenfalls auch global verteilten Wissensressourcen für die Arbeit in Wissensnetzwerken gewonnen, so werden Zeit und Kosten gespart, die Anzahl an Mehrfachentwicklungen sinkt, und Wissen aus unterschiedlichen Bereichen wird transportiert und ausgetauscht. Durch die Öffnung der Systeme kann das Wissen bisher unbekannter Experten im Unternehmen erschlossen werden, kollektive Fähigkeiten können sichtbar gemacht und Wissenslücken geschlossen werden. Durch die Einbeziehung externer Wissensträger können neue Wissensquellen angezapft und externe Stakeholder integriert werden, was zu einer Erweiterung der Wissenbasis, zur Identifikation von Synergiepotenzialen und zur Entwicklung von Innovationen führen kann.

---

[684] Vgl. Bendel (Wikis und Weblogs, 2006), S. 28

[685] Vgl. Probst et al. (Wissen managen, 2003), S. 259 f.

Wesentlich für das Funktionieren eines offenen Wissensmanagements ist eine ausgeprägte **Vertrauenskultur** im Unternehmen. Dies bedeutet zunächst, dass Mitarbeiter unmittelbar die Dokumentation verändern können, also in einem ‚produktiven' Dokumentationssystem arbeiten. Zusätzliche psychologische und prozessbezogene Hürden durch Prüfung, Eingabe und Freischaltung durch besondere Verantwortliche und ähnliches sollten, wo möglich, vermieden werden. Gelingt es derartige offene Strukturen aufzubauen, so hat dies eine zusätzliche motivierende Wirkung.

Die beschleunigte Erstellung und Aktualisierung von sichtbaren Ergebnissen kann nur dann erreicht werden, wenn das Vertrauen in die Fähigkeiten der Mitarbeiter so weit ausgeprägt ist, dass **Regeln flexibel ausgestaltet** werden und die Mitarbeiter einen gewissen Freiraum bei der Gestaltung ihrer Beiträge zum Wissensmanagement genießen können. So sollten die Produzenten von Inhalten die Möglichkeit der Anonymisierung der Beiträge haben, da dann auch in kritischen Phasen und Umgebungen umstrittene Themen angefasst, unliebsame Gedanken ausgesprochen und letztendlich hoch innovative Ideen entwickelt werden.[686] Auch bei Sprachvorgaben der Organisation und bei der formalen Ausgestaltung der Beiträge sollte das Prinzip der Großzügigkeit gelten, da zu hohe Auflagen zu Barrieren für die Nutzer führen, die dann eher keinen Beitrag leisten. Autonomie bei der Gestaltung der Inhalte von Beiträgen zum Wissensmanagementsystem und die Möglichkeit zur **Selbstverwirklichung** durch das Einbringen eigener Interessen können dabei auch ein Anreiz für das Generieren von Inhalten sein. Barrieren wie komplexe Contentmanagementsysteme, die nicht **einfach zu bedienen** sind, demotivieren dagegen die potenziellen Nutzer.

Um nach dem Wikipedia-Prinzip erfolgreich Wissensmanagement betreiben zu können, kommt es zwangsläufig zu einem **Mix verschiedener Herrschaftsformen** und zu einer Verwässerung der hierarchischen Strukturen. Die Organisationsteilnehmer müssen sich daran gewöhnen, dass ihre Einträge von anderen, über hierarchische Strukturen hinweg, bearbeitet und geändert werden. Mitarbeitern, die es nicht gewohnt sind, Kontrolle aufzugeben und Verantwortung zu delegieren, wird die Arbeit mit offenen Systemen schwer fallen. Mitarbeiter, die es nicht gewohnt sind, Freiräume zu haben müssen motiviert werden, diese auszufüllen. Hier sind ein umfangreiches Change Management und die Darstellung der Vorteile dieser Form des Wissensmanagements notwendig, um Konflikte zu vermeiden. Für den direkten Umgang miteinander sollten außerdem Spielregeln aufgestellt werden, beispielsweise dazu, wie mit Kritik umzugehen ist.[687] Als Vorbild kann hier die Wikiquette der *Wikipedia* fungieren.

Damit einher geht auch die **inkrementelle und emergente Entwicklung** von offenen und kollaborativ gefüllten Wissensmanagementsystemen. Planungsvorgaben mit zu erstellenden Inhalten und eine Qualitätssicherung der generierten Inhalte können wohl oft nicht ganz ausbleiben, muss doch für viele Bereiche eine Dokumentation vom ersten Tag an sichergestellt werden; auch dann, wenn sich keine Interessenten für die Erstellung finden. Doch sollte dann insofern Freiraum bestehen, dass auch für neue Themen, die nicht in der Planung, im Inhalts-

---

[686] Vgl. Bendel (Wikis und Weblogs, 2006), S. 24 und Lamprecht (Wikis, 2005)

[687] Vgl. Gamböck/Pichler (E-Learning, 2006), S. 63

verzeichnis oder der Schlagwortliste vorgesehen waren, Raum besteht, um diese zu platzieren und zu entwickeln. Ein weiteres Argument für die inkrementelle und emergente Entwicklung ist die höhere Akzeptanz der Community für die Inhalte, die kollaborativ und von Kollegen erstellt wurden, nicht einzig von ‚fernen' Experten.

Die kollaborative Arbeit an Wissensmanagementsystemen ermöglicht außerdem die Herausbildung von Jobprofilen, da durch die Transparenz einerseits die Fähigkeiten und Potenziale von Mitarbeitern erkannt werden können, andererseits für neue Themen benötigte Jobprofile sichtbar werden.

Die Gegenüberstellung des traditionellen Wissensmanagements und Wissensarbeit nach Wikimanagement in Tabelle 27 macht Veränderungspotenziale erkennbar.

Die dargestellten Ansätze lassen sich zum Großteil auch auf Dokumentationen und Handbücher für Externe übertragen. Auch hier gilt es, das Konzept des alleinverantwortlichen Autors bzw. der kleinen, definierten Autorengruppe zu verlassen und die Dokumentation einem offenen Redaktionsprozess zu übergeben. Dabei ist es beispielsweise denkbar, klassische Produktdokumentationen, wie sie derzeit erstellt werden, für die Mitarbeit von Nutzern zu öffnen. Die Nutzer selber können dort, wo ihnen die Handbücher fehlerhaft, nicht aktuell, missverständlich oder ähnliches erscheinen, zur Verbesserung beitragen. Dabei können sich die Inhalte und Strukturen dann auch in Richtungen entwickeln, die nicht vorhersehbar sind, und somit zugleich aufzeigen, wo Nutzer ihre Schwerpunkte bei Problemen, Nutzungsmöglichkeiten etc. sehen.

An vielen Stellen wird der Einbeziehung in die Produktdokumentation sicherlich ein mangelndes Vertrauen in die Arbeit der Nutzer entgegenstehen. So wird die Angst vor Fehlern, Sabotage, Negativdarstellungen und rechtlichen Problemen in vielen Fällen die Diskussion über die mögliche Einbindung von Nutzern in die Dokumentation prägen. Betrachtet man aber die Leistungsfähigkeit anderer Produkte, die durch einen ähnlichen Prozess entstehen, so spricht dies für einen Vertrauensvorschuss. Zudem kann sich ein Unternehmen ohnehin nicht mehr derartiger Beiträge durch Dritte entziehen. Unzählige Foren und Internetseiten zu allen möglichen Aspekten von Produkten Dritter existieren ohnehin unkontrolliert im Internet. Mit einer gemeinsamen Plattform bietet sich die Möglichkeit, derartige Strömungen zu kanalisieren. Eine weitere Möglichkeit, die Problematik zu entschärfen, ergibt sich vielleicht durch einen hybriden Ansatz. Neben einer sich frei entwickelnden Dokumentation, bei der das Unternehmen darauf hinweist, dass nicht alle Inhalte geprüft sind, können die klassischen Produktinformationen ja weiterhin parallel zur Verfügung gestellt werden. Der Nutzer kann dann individuell entscheiden, wie viel Vertrauen er der freien Dokumentation schenkt bzw. welche Darstellung für ihn hilfreicher ist.

Traditionelles Wissensmanagement	Wissen managen nach Wikimanagement
Es gibt einen verantwortlichen Autor.	Artikel sind Gemeingut und entstehen in einem offenen Redaktionsprozess.
Änderungsauftrag besteht	Wer Änderungen und Aktualisierungen für nötig hält, nimmt sie in Eigeninitiative vor.
Dokumentation beruht auf Konzept und Vorgaben.	Umfang und Inhalt beruhen auf Initiativen und Interessen der Besucher und Autoren.
Vorgegebene Inhaltsverzeichnisse	Inhaltsverzeichnisse sind das Resultat sozialer Prozesse.
Terminologie mit definierten Schlüsselbegriffen; Artikel werden zentral verlinkt sowie verwaltet.	Schlüsselbegriffe entstehen dynamisch (Social Tagging).
Formale Anforderungen basierend auf Organisationsvorgaben und Kontrollen, da keine Fehler erlaubt sind. → Fehlerkultur	Formale Freiheiten und Fehler sind erlaubt, da sie jederzeit gefunden und korrigiert werden können („Vor tausend Augen ist ein Fehler kein Risiko"). → Vertrauenskultur
Verantwortlicher „sammelt" Wissen bei Mitarbeitern ein.	Nutzer stellen ihr Wissen freiwillig und selbstständig zur Verfügung.
Wissensbewertung erfolgt durch beauftragten Wissensmanager.	Eine Form der Wissensbewertung kann durch Social Tagging erfolgen. Häufig aufgerufene Beiträge weisen auf eine hohe Relevanz und Qualität hin. Der Erfolg des Wissensmanagements kann beispielsweise an den generierten Inhalten und der Zahl der aktiven User gemessen werden. Hier wird deutlich, inwiefern die operativen Ziele erreicht wurden und eine wissensbewusste Unternehmenskultur entstanden ist.
Professionelle Präsentation in teurer Software	Präsentation meist in einfachen Formaten wie Wikis

Tabelle 27: Wissen managen nach Wikimanagement[688]

---

[688] Unter Einbindung von Gilmour (Teile und profitiere, 2004)

Werkzeuge der Social Software für Wissensmanagement und Handbücher
Wikis sind ideal für das Wissensmanagement in Organisationen und über deren Grenzen hinaus: Wissen jeder Art kann flexibel dokumentiert zur Verfügung gestellt werden. Wikis können in der abteilungsübergreifenden Gruppenarbeit ebenso eingesetzt werden, wie bei Projekten, in kleinen lokalen Arbeitsgruppen, wie bei global verteilten Ressourcen, innerhalb des Unternehmens wie auch im Zusammenspiel mit den Nutzern. Die Webbrowser-Applikationen sind einfach zu implementieren und weisen eine hohe Benutzerfreundlichkeit und weitgehend intuitive Bedienbarkeit auf.

Bei der Arbeit in Social Software-Systemen, vor allem in Wikis, ergeben sich gegenüber herkömmlichen Systemen neue Lebenszyklen für die Artikel. Dort, wo der Prozess bisher von klar getrennten Schritten (Entwurf, Prüfung, Überarbeitung, Nutzung, Freigabe und Pflege) geprägt war, ergibt sich nun nach der erstmaligen direkten Erstellung eine kontinuierliche Folge von Verbesserungs- bzw. Aktualisierungsschritten.

Artikel-Life-Cycle

Traditionell	Wikimanagement
Entwurf	Erstellung
⇨ Prüfung	⇨ Verbesserung/Aktualisierung
⇨ Überarbeitung	⇨ Verbesserung/Aktualisierung
⇨ Freigabe	⇨ Verbesserung/Aktualisierung
⇨ Nutzung	⇨ ...
⇨ Pflege	

Abbildung 42: Artikel-Life-Cycle

Die Vorteile von Wikis liegen auch bei den geringen Kosten. Im Vergleich zu kommerziellen Software-Systemen im Wissensmanagement, seien es nun Standard- oder Individualsoftware-Systeme, fallen die Kosten der Wiki-Technologie sehr gering aus. Wikis, wie beispielsweise das MediaWiki der *Wikipedia*, das in Open Source-Projekten entstanden ist, können lizenzkostenfrei genutzt und mit relativ geringem Personal- und Programmieraufwand an die Bedürfnisse des Unternehmens angepasst werden. Da die meisten Wikis Open Source-Communities entspringen, werden sie dort auch kontinuierlich weiterentwickelt. In so genannten Online-Service-Communities wird außerdem Support für die Produkte angeboten. Wikis eignen sich nicht nur für die *Identifikation* und Externalisierung bisher impliziten Wissens sowie für die Entwicklung und die Schaffung von Mehrwert aufgrund der Vernetzung, sondern auch für *Erwerb, Verteilung, Nutzbarmachung, Bewahrung und die kontinuierliche Bewertung und Verbesserung von Wissen.*

Unterstützung bei der Beantwortung der Fragen zur Implementierung von Wissensmanagement bieten nicht nur Wikis. In Weblogs können Erfahrungen dokumentiert und für andere zugänglich publiziert werden, womit die Identifikation von vorhandenem Wissen und dessen Distribution erleichtert werden. Durch Social Tagging, das kollaborative Indexieren, werden die Quellen und das Wissen unterschiedlicher Menschen vernetzt und damit in verschiedener Hinsicht ein Mehrwert generiert.

Über Soziale Netzwerke kann auch externes Wissen leichter identifiziert und erworben werden. Durch die Dokumentation und Verteilung von Wissen in offenen Systemen kann sich das Unternehmen außerdem vor Wissensverlusten schützen. Der Erfolg der Wissensentwicklung kann offen von allen gemessen werden. Das Wissen kann in unterschiedlichen Kontexten weiterverarbeitet werden, wobei der Einsatz von Social Software-Systemen die Anwendung des Wissens insofern vereinfacht, dass es leichter zugänglich ist.

Besondere Chancen bietet Social Software auch bei der Identifikation von Wissensträgern. Ausgehend von den begrenzten Möglichkeiten, vorhandenes Wissen zu dokumentieren, kommt der Identifikation von Wissensträgern in bestimmten Themenfeldern eine besondere Bedeutung zu. Dort, wo das explizite Wissen in Form von Dokumentationen endet, kann an vielen Stellen ein direkter Austausch mit den jeweiligen Wissensträgern weitreichende neue Erkenntnisse bringen und auch den Weg zu neuen Wissensdokumentationen weisen. Hier können selbstgepflegte Fachgebiete und die Zugehörigkeit zu Communities in Sozialen Netzwerken eine wichtige Hilfe sein. Aber auch die Möglichkeit des Taggings bietet weitreichende Chancen. Werden die ohnehin vorhandenen Möglichkeiten des Taggings zu Personen in Sozialen Netzen genutzt und die Ergebnisse allgemein einsehbar, so lassen sich anhand von Tags zugehörige Personen identifizieren, umgekehrt gibt die Tag Cloud einer Person Auskunft über fachliche Schwerpunkte. Auf diesem Wege entwickeln sich die von Davenport und Prusak geforderten ‚Pointers to People‘[689] in einem gemeinschaftlichen kontinuierlichen Prozess. Erweitert man das Netzwerk über die Organisationsgrenzen hinaus, so können Experten unter den Nutzern identifiziert werden, die beispielsweise auch bei der Weiterentwicklung von Produkten eingebunden werden könnten.

Wie die Nutzung von Social Software-Technologien funktionieren kann, zeigen bereits heute viele Beispiele. So eignen sich Wikis besonders, um kollaborativ Ratgeber zu erstellen. War bisher die Stiftung Warentest für Verbraucher einer der umfassendsten Ratgeber, so können Informationen über die Qualität, den Service und das Preis-Leistungsverhältnis von Produkten und Dienstleistungen auch über Bewertungsportale abgerufen werden, die es mittlerweile zu den unterschiedlichsten Themen gibt. Über Plattformen wie www.edelight.de erhalten die User Anregungen für Geschenke, in dem Nutzer anderen ihre Lieblingsgeschenke empfehlen; auf www.gesundheit.de können Fragen rund um das Wohlbefinden platziert werden. Die Ratgeber können jedoch nicht nur in Form von Foren, Blogs oder Wikis gestaltet sein. Das Wikimedia-Projekt Wikibooks liefert eine denkbare Vorlage für das Erstellen von Ratgebern zu verschienen Themen, wobei die als Wikibooks hinterlegten Ratgeber den Vorteil haben, dass sie jederzeit aktualisiert werden können. Das Prinzip kann ebenso für Handbücher angewendet werden. Anfragen zu Produkten können an Service-Communities delegiert werden, Ratgeberplattformen in Internet-Communities, wie sie für Fragen zu Software und Hardware schon lange Verbreitung gefunden haben.

---

[689] Vgl. ‚include pointers to people‘, Davenport/Prusak (Information Ecology, 1997), S. 169

Ein Beispiel für das erfolgreiche Funktionieren einer Ratgeberplattform bietet die bereits seit 1996 bestehende Webseite *www.wer-weiss-wass.de*. Registrierte Nutzer geben bei Anmeldung ihr Fachgebiet an. Die User können selbst fragen stellen und die Fragen anderer beantworten.

Abbildung 43: Ratgeber-Plattform wer-weiss-was.de[690]

Durch die Öffnung des Wissensmanagements über die Unternehmensgrenzen hinaus können externe Wissensquellen akquiriert und genutzt werden. Neben der Steigerung des Innovationspotenzials können auch Vorteile in anderen Bereichen entstehen. Kunden und Mitarbeiter können Tipps zur Handhabung von Geräten geben, indem sie die Gebrauchsanweisungen ergänzen, die in einem Wiki veröffentlicht wurden. Dadurch kann einerseits die Verbesserung der Handbücher erreicht werden, andererseits können Informationen zur Verbesserung der Produktqualität gesammelt werden. Dies führt auch zu einer Steigerung der Kundenzufriedenheit, da Benutzerfreundlichkeit und Qualität der Produkte erhöht werden und die Kunden das Gefühl bekommen, vom Unternehmen ernst genommen zu werden. Dabei wird hier auch der enge Zusammenhang zum Produktmanagement bzw. zur Produktentwicklung deutlich.

Als externe Wissenbasis können auch Plattformen wie *Innocentive.de* oder *NineSigma.com* genutzt werden. Hier finden Unternehmen wie *Procter & Gamble*, *Kraft* und *DuPont* Lösungen für technische Probleme. Dabei werden die Probleme geschildert und die Anforderungen

---

[690] http://www.wer-weiss-was.de/content/start.shtml, abgerufen am 28.07.2007

formuliert, die dann von Wissenschaftlern aus aller Welt aufgenommen und erarbeitet werden.[691] Darüber hinaus gibt es die Möglichkeit, das Wissen von erfahrenen Experten über Unternehmen wie *YourEncore.com* einzukaufen. Die Plattform *YourEncore.com* verbindet Unternehmen wie *Lilly*, *Procter & Gamble* oder auch *Boeing* mit pensionierten Wissenschaftlern und Ingenieuren, die gegen Honorar kurzfristig ihr Wissen und ihre Erfahrung branchenübergreifend in Projekten zur Verfügung stellen.[692] Über *Yet2.com* geht die Vernetzung weiter. Hier werden Unternehmen mit anderen Unternehmen, Universitäten, Forschungseinrichtungen und Labors verbunden. *Yet2.com* erstellt zusammen mit dem Unternehmen eine Spezifikation zur Beschreibung einer gesuchten oder zur Lizenzierung angebotenen Lösung, die dann über das globale Netzwerk verbreitet wird. Der erste Kontakt zwischen Universität, Unternehmen, Forschungseinrichtung oder einzelnen Wissenschaftlern und dem anfragenden Unternehmen wird durch *Yet2.com* hergestellt und für das ausgeschriebene Projekt vermittelt. Besonders erfolgreich ist die Verbindung dann, wenn die Zusammenarbeit über das Projekt hinausgeht und weitere gemeinsame Projekte entstehen.

Selbstverständlich können durch die Nutzung externer Ressourcen und die Vernetzung mit den unterschiedlichsten Quellen die interne Forschungs- und Entwicklungsarbeit sowie das bestehende interne Wissensmanagement nicht ersetzt werden – aber in jedem Fall können Unternehmen wertvolle Ergänzungen erlangen.

Einen weiteren Ansatzpunkt zur Öffnung des Wissensmanagements über die Unternehmensgrenzen hinaus bieten Handbücher, wenn diese in einem offenen Prozess mit Hilfe von Social Software-Konzepten und -Technologien entwickelt werden. Ein Beispiel für eine derartige Handbuchplattform ist die Wiki-Plattform für die Dokumentation des Hochschulverwaltungsprogramms HIS (Hochschul-Informations-System), welches an über 220 deutschen Hochschulen zur Unterstützung in Bereichen wie Studierendenverwaltung, Prüfungsverwaltung, Finanz- und Sachmittelverwaltung etc. im Einsatz ist.[693] Hier steht die Dokumentation des umfangreichen Programms als Wiki zur Verfügung. Registrierte Nutzer können weite Teile der Dokumentation direkt editieren. Folgende Abbildung zeigt die Wiki-Dokumentation von HIS für das Modul QIS.

---

[691] Vgl. dazu www.innocentive.de und www.ninesigma.com, jeweils abgerufen am 28.07.2007

[692] Vgl. dazu www.yourencore.com

[693] Vgl. http://www.his.de/unternehmen, abgerufen am 08.11.2007

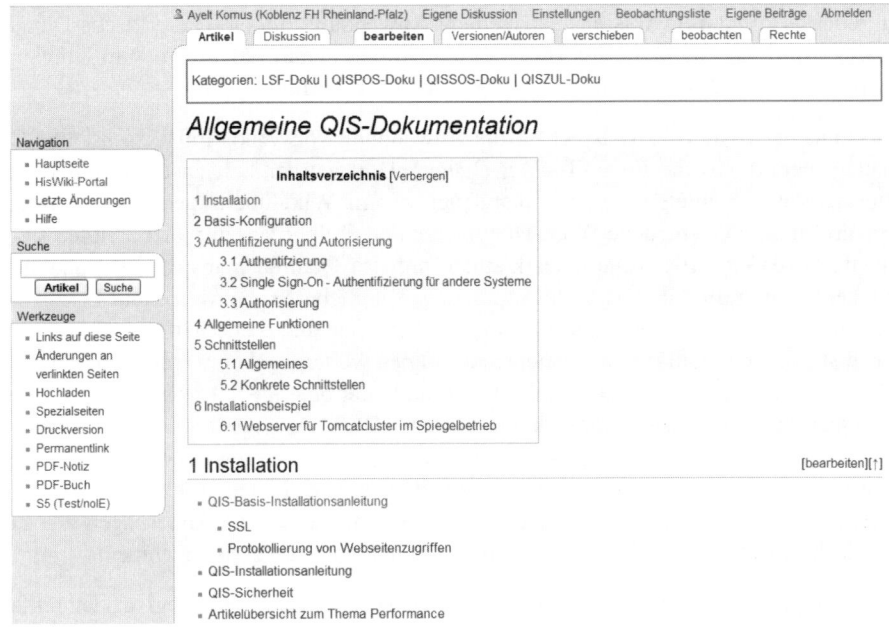

Abbildung 44: Wiki-basierte Dokumentation HIS (Modul QIS)[694]

Die resultierenden Vorteile für Unternehmen und Kunden liegen dabei auf der Hand. Ein lizenzkostenfreies Wiki erlaubt eine einfache, flexible und unmittelbare Dokumentation, die direkt im Web zur Verfügung steht. Änderungen und Verbesserungen können unmittelbar in die Dokumentation eingearbeitet werden. Dabei reduziert sich der Kreis der Redakteure nicht nur auf die Mitarbeiter der HIS GmbH, sondern umfasst auch die vielen Nutzer.

 Eine solche Vorgehensweise lässt sich auf viele Bereiche und Produkte ausweiten: Kochrezepte für Lebensmittel, Dokumentation eines Mobiltelefons, Nutzung der Waschmaschine mit Waschtipps und vieles mehr.

Denkbar sind viele weitere Szenarien für den Einsatz von Social Software-Systemen im Wissensmanagement. So ist vorstellbar, dass auch die Mitarbeiter eines Unternehmens, die nicht an einem Standort arbeiten, sich zukünftig auf einer ‚Unternehmensinsel' in virtuellen Welten wie *Second Life* treffen und dort in einer Kaffee-Küche oder in Meetings Wissen austauschen, das dann in Wikis dokumentiert und weiterentwickelt werden kann. Der Vorteil am Wissensaustausch in virtuellen Welten ist die ‚persönlichere Atmosphäre', in der zusätzlich zu den harten Fakten und Daten wesentlich mehr implizites Wissen weitergegeben werden kann.

---

[694] http://wiki.his.de/mediawiki/index.php/Allgemeine_QIS-Dokumentation, abgerufen am 08.11.2007

Auch Podcasts können im Wissensmanagement Anwendung finden. Die britische Düngemittel-Sparte von *Bayer* stellte beispielsweise Landwirten Fachinformationen zum Umgang mit landwirtschaftlichen Abfällen mittels eines Podcasts zur Verfügung.[695]

Ein besonders erfolgreiches Beispiel für die Anwendung von Wikis im Wissens- und Qualitätsmanagement liefert die *Bayer*-Tochter *Dynevo*. Dort wurden zunächst versuchsweise alle Inhalte aus dem Qualitätsmanagementhandbuch in ein Wiki übertragen. Zuvor waren die Informationen auf verschiedene Word-Dokumente und Ordner verteilt; jetzt konnten sie zentral abgelegt werden. Alle Mitarbeiter konnten auf das Qualitätsmanagement-Handbuch im Wiki jederzeit zugreifen und aktuelle Anpassungen vornehmen. Hinweise und Ergänzungen, die bei einem herkömmlichen Prozess im Qualitätsmanagement erst hätten erfasst und dann an den zuständigen Qualitätsmanagementbeauftragten weitergegeben werden müssen, können nun direkt erfasst werden. Ein Drittel der 170 Mitarbeiter betätigt sich konstruktiv als Verfasser am Qualitätsmanagementhandbuch, ein weiteres Drittel korrigiert sporadisch Einträge.[696] Selbstverständlich kommt ein solches Handbuch, gerade im Rahmen von offiziellen Zertifizierungen, nicht ganz ohne eine gewisse Kontrolle aus. Hier bieten Wikis für den Qualitätsmanagementbeauftragten die Möglichkeit, über die Liste der letzten Änderungen alle Editierungen nachzuvollziehen und gegebenenfalls formale Korrekturen vorzunehmen.

Der Vorteil gegenüber kommerziellen Wissensmanagementsystemen liegt in der einfachen Bedienbarkeit und Implementierung. Für die Mitarbeiter sind keine aufwendigen Schulungen notwendig. Schulungen sollten aber im Sinne eines Change Management Programms nicht ganz ausbleiben. Sie können durch Schulungsvideos ergänzt werden, die die Mitarbeiter zur Auffrischung der Inhalte wieder ansehen können.

Neben Wikis bieten sich besonders Weblogs im Wissensmanagement an. Sie eignen sich für die Dokumentation von Erfahrungen (mit Methoden, Arbeitsschritten, IT-Systemen etc.) und Informationen ebenso wie für das Festhalten von offenen Fragen oder zur Dokumentation von Lernfortschritten. Der Mehrwert entsteht, wenn die Blogs über das Intranet offen zugänglich sind und andere Mitarbeiter die Inhalte über Suchbegriffe finden können. So kann ein reger Austausch entstehen, Experten können sich finden und Wissen gemeinsam weiterentwickeln und austauschen. Persönliche Blogs eignen sich für Notizen, Links zu interessanten Informationsquellen im Unternehmen oder auch außerhalb. Darüber hinaus können sie als Journale genutzt werden, in denen Mitarbeiter Beobachtetes und Gelerntes festhalten. Werden diese Beobachtungen und Erfahrungen über eine Volltextsuche von anderen Mitarbeitern gefunden, so kann in einem größeren und neuen Kontext auch Wissen entstehen und weiterentwickelt werden. Der Informationsaustausch über Blogs kann auch dabei helfen, dass Tipps und Tricks, die den alltäglichen Arbeitsablauf erleichtern, hier wiedergefunden werden, während sie im Mailpostfach gelöscht oder ignoriert werden, sofern sie nicht eine aktuelle Brisanz besitzen.[697]

---

[695] Vgl. Algesheimer/Leitl (Unternehmen 2.0, 2007), S. 89

[696] Vgl. Algesheimer/Leitl (Unternehmen 2.0, 2007), S. 91

[697] Vgl. Algesheimer/Leitl (Unternehmen 2.0, 2007), S. 90

Die großen Hersteller von Informationsaustauschstrukturen wie *Microsoft* und *IBM* erweitern ihre Software-Systeme gerade um solche Komponenten, die die Kernprozesse des Wissensmanagements unterstützen. *IBM* hat in seine neue Software *Lotus Quickr* bereits ein Portal für die Zusammenarbeit in Teams und Projekten integriert. Dazu gehören auch Wikis und Blogs sowie ein vereinfachter Austausch von Informationen und Dokumenten. *Lotus Connection* umfasst darüber hinaus die Verwaltung von Vorgängen, Communities, Blogs und Social Tagging (Bookmark Sharing) durch die Vergabe von Tags, auf deren Basis die gesammelten und verarbeiteten Informationen wiedergefunden werden können.[698] Auch *Microsofts Sharepoint Server* umfasst inzwischen die notwendigen Funktionalitäten für Wikis und Blogs.[699]

Mit den neuen interaktiven und flexiblen Möglichkeiten der Wissensgenerierung und -teilung stehen in vielen Bereichen grundlegend neue Technologien und Ansätze zur Verfügung, die Kosten reduzieren, Partizipation erhöhen, Qualität und Aktualität steigern. Allerdings werden gerade die einfachen und flexiblen Möglichkeiten zur Änderung an vielen Stellen Widerspruch provozieren. Fehlendes Vertrauen zu Mitarbeitern und Unternehmensexternen, angestammte Strukturen und viele andere Argumente sind bei der Einführung dieser neuen Ansätze zu berücksichtigen bzw. zu überwinden. An vielen Stellen wird auch die Einhaltung von Gesetzen und Vorgaben ('*Compliance*') der Einführung von Social Software-Systemen entgegenstehen. Hier ist genau zu prüfen, ob die Vorgaben eine Nutzung wirklich unmöglich bzw. sinnlos machen. Gegebenenfalls sind aber vielleicht auch Hybrid-Lösungen, in denen klassische unveränderliche Dokumentationen neben dynamischen angeboten werden, an vielen Stellen ein sinnvoller Kompromiss.

Ein wichtiger Erfolgsfaktor ist zudem eine geeignete Form der Einführung. Es ist nicht ausreichend, Wikis, Blogs und andere Social Software- oder auch Groupware-Systeme für die Mitarbeiter zu implementieren und ins Intranet zu stellen. Entscheidend ist vielmehr, das Wissensmanagement und die entsprechende Kultur in die Mitarbeiterschaft zu tragen und umfassende Austauschmöglichkeiten zu unterstützen, um das Wissen und die Wissensträger nicht nur zu identifizieren, sondern das Wissen auch zu interpretier- und nutzbar zu machen.[700] Auch hier können im internen Marketing Social Software-Systeme eingesetzt werden, um die Ideen des Wissensaustauschs zu propagieren.

---

[698] Vgl. Baumeister (Weg zu Web 2.0), S. 40

[699] Vgl. http://www.microsoft.com/technet/technetmag/issues/2007/01/Wiki/default.aspx?loc=de, abgerufen am 08.11.2007

[700] Vgl. dazu auch Jacobson/Prusak (Informationen, 2007), S. 6 f.

Wiki-Anwendungsbeispiel: Systemdokumentation bei der Rasselstein GmbH

Die Rasselstein GmbH in Andernach ist mit einem Absatz von über 1,4 Mio. Tonnen und einem Umsatz von 1,15 Mrd. Euro einer der drei größten Weißblechlieferanten in Europa. Rasselstein produziert Weißblechlösungen für höchste Ansprüche. Qualität und Lösungskompetenz sind entscheidend für das Bestehen im Wettbewerb.

Voraussetzung dafür sind neben einer umfassenden SAP-Systemlandschaft eine Vielzahl von Zusatz- und Individualentwicklungen für kritische Aufgabenfelder wie die Produktionsplanung, Fertigungssteuerung und Qualitätssicherung.

Trotz des hohen Qualitäts- und Lösungsbewusstseins steht die Rasselstein GmbH vor einem typischen Problem: Auch für motivierte und qualifizierte Anwendungsentwickler komplexer Systemlösungen sind die notwendigen Systemdokumentationen eher die ungeliebten ‚Hausaufgaben' als die heißgeliebte Kür. Natürlich kann aber bei derart kritischen Anwendungen nicht auf eine umfassende Dokumentation für Support, Schulung und Weiterentwicklung verzichtet werden.

Hier leistet seit einiger Zeit ein Wiki-System wichtige Hilfe. Basierend auf der Software „TWiki" dokumentieren die Mitarbeiter des Entwicklungsbereiches die erstellten Systeme. Applikationsbeschreibungen, Handbücher für IT-Systeme, Projektdokumentationen und Verwaltungsinformationen werden mit Hilfe des Rasselstein Wiki direkt online dokumentiert und sind sofort für alle verfügbar.

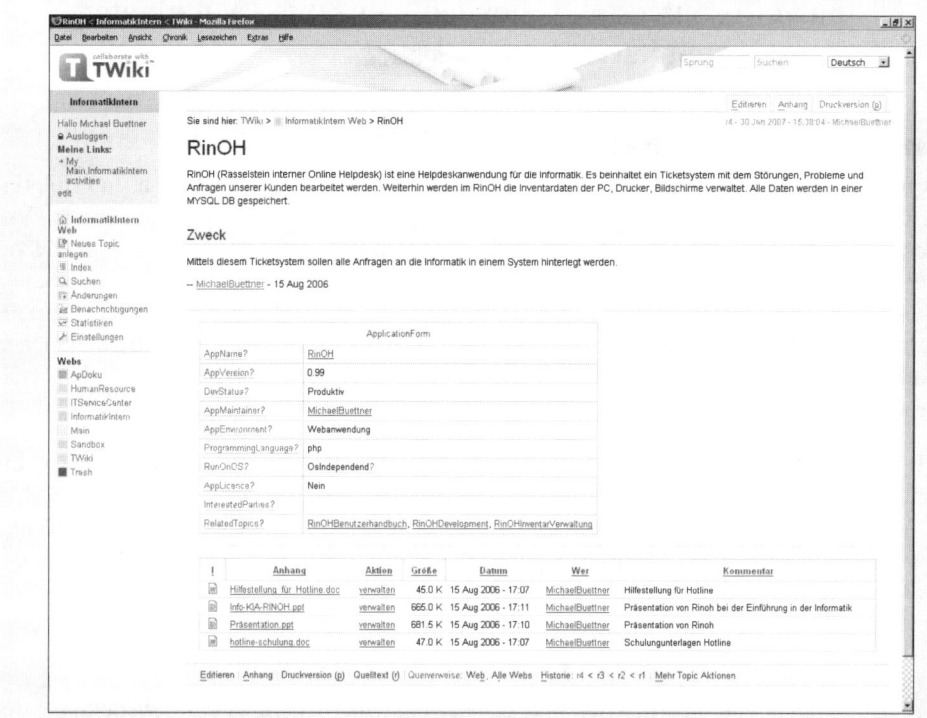

Abbildung 45: Wiki-Dokumentation „RinOH' (Rasselstein interner Online Helpdesk)

Inzwischen ist eine Vielzahl von Vorteilen deutlich geworden. Die Dokumentation kann von vielen Mitarbeitern parallel erstellt und erweitert werden. Sie liegt sofort vor, ist äußerst einfach zu erstellen, es bedarf keiner zusätzlichen Software auf dem Desktop, Verlinkungen sind einfach möglich, die Suche kann mit Hilfe erprobter Suchmaschinen durchgeführt und Fehler können direkt korrigiert werden, sobald sie auffallen – und die Akzeptanz des online-Werkzeugs ist bei den Web-affinen Systementwicklern äußerst positiv.

So geht die notwendige Dokumentation an vielen Stellen ein wenig einfacher von der Hand, ist immer aktuell und erfreut sich guter Akzeptanz. Das neue Konzept funktioniert so gut, dass derzeit bestehende Dokumentationen in das Wiki übertragen werden. Außerdem wird die Wiki-Lösung zurzeit in der „Personalverwaltung" (Personalhandbuch – Wissenssammlung für alle personalrelevanten Vorgänge) und im „Produktionsbetrieb" (Dokumentationen von Prozessen, Anlagen, Produkten) eingeführt.

C.2.3 Human Resources und Blended Learning – Mitarbeiter finden, motivieren und entwickeln

Das Herz der Unternehmen managen

Mitarbeiter sind das Herz und der wesentliche Erfolgsfaktor von Unternehmen. In erfolgreichen Organisationen sind qualifizierte und motivierte Mitarbeiter nicht wegzudenken. Vor allem im Dienstleistungssektor und in rohstoffarmen Ländern sind Mitarbeiter als ‚Intellectual Capital' zur Sicherung der Wettbewerbsfähigkeit zu betrachten. Unternehmen unterhalten große Personalabteilungen, die sich mit den unterschiedlichsten Funktionen der Personalpolitik auseinandersetzen. Jedoch endet das Personalmanagement häufig in einer umfangreichen Personaladministration, die von vielen Mitarbeitern weniger als Unterstützung, sondern vielmehr als zeitaufwendiger Bürokratismus empfunden wird.

Die Bedeutung der Mitarbeiter ist dabei vielschichtig. Vorrangig sind sie als qualitative Erfolgsfaktoren für Unternehmen anzusehen. Qualifizierte Mitarbeiter verfügen über erhebliches Wissen zu Prozessen und Produkten sowie über interne und externe Netzwerke und Kommunikationsstrukturen. Daher ist ein Schwerpunkt des Personalmanagements in der gezielten Personalbindung der guten Mitarbeiter zu sehen, da sie einen wesentlichen Wettbewerbsfaktor darstellen und mit Personalfluktuation auch immer Wissensfluktuation verbunden ist.

Neben der Bindung von qualifizierten und geschätzten Mitarbeitern ist eine zweite Säule des Personalmanagements die Personalbeschaffung. Damit kann sowohl die interne Suche nach Mitarbeitern mit einem passenden Profil und Kompetenzen für eine Stelle gemeint sein als auch die externe. Genau hier ist eine große Herausforderung zu sehen. Es ist oft sehr schwer – sei es nun intern oder extern – die passenden Mitarbeiter zu finden. Alternativ können die benötigten Kompetenzen durch eine gezielte Weiterentwicklung von Mitarbeitern im eigenen Unternehmen geschaffen werden.

Insgesamt können verschiedene Funktionen des Personalmanagements zusammengefasst werden, die in der folgenden Grafik dargestellt werden:[701]

---

[701] Vgl. zu den Funktionen der Personalpolitik Jung (Personalwirtschaft, 2003), S. 4 ff. und Töpfer (BWL, 2005), S. 923 ff.

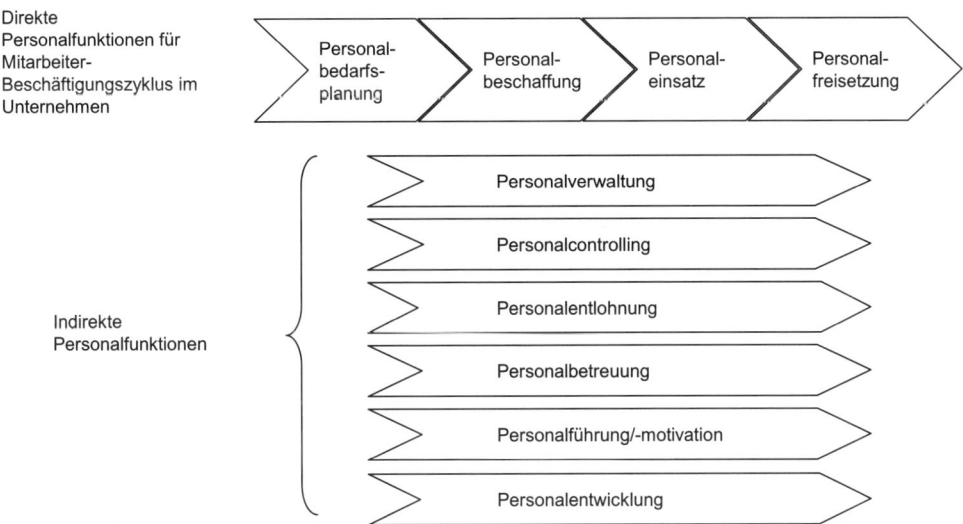

Abbildung 46: Funktionen des Personalmanagements[702]

Im Rahmen der **Personalbedarfsplanung** werden Soll- und Ist-Bedarf anhand verschiedener Kriterien gegenübergestellt. Diese beziehen sich auf die benötigten Qualifikationen (ermittelbar beispielsweise über Stellenbeschreibungen und Arbeitsanalysen in den Wertschöpfungsprozessen), zeitliche (beispielsweise langfristig oder saisonal) und örtliche Aspekte (Sind die Mitarbeiter an dem Ort vorhanden, an dem sie benötigt werden?). Auf Basis der Planung wird die **Personalbeschaffung** durchgeführt. Dabei kann zunächst grundsätzlich zwischen interner Personalausschreibung und -beschaffung und externem Recruiting differenziert werden. Dabei ist die interne Beschaffung mit (Versetzung, innerbetriebliche Stellenausschreibung, Personalentwicklung) und ohne Personalbewegungen (Mehrarbeit, Arbeitszeitverlängerung, Qualifizierung, Einarbeitung und Umschulung der Mitarbeiter) möglich. Die externe Beschaffung kann passiv, durch das Zurückgreifen beispielsweise auf eine vorhandene Bewerberdatenbank, Personalleasing, oder aktiv, durch Stellenanzeigen, Internet-Jobbörsen, Recruiting an Hochschulen, Personalberater, Öffentlichkeitsarbeit oder auch durch die Nutzung von Netzwerken und Kontakten der Mitarbeiter oder eigene Unternehmensnetzwerke, erfolgen. Mit der Personalbeschaffung einher geht auch die Personalauswahl. Diese erfolgt häufig durch Einbeziehung von psychologischen Persönlichkeitstests oder Assessment Centern.[703]

Bei der **Planung und Durchführung des Personaleinsatzes** werden Personen konkreten Aufgaben, Tätigkeiten und Einsatzorten zugewiesen. Dabei wird zwischen der kurzfristigen Zuordnung von Mitarbeitern nach zeitlichen und kapazitätsmäßigen Kriterien und der mittel- und langfristigen Zuordnung unterschieden. Bei der letzteren geht es um die Anpassung der

---

[702] Vgl. Töpfer (BWL, 2005), S. 924

[703] Vgl. Jung (Personalwirtschaft, 2003), S. 107 ff. und S. 147 ff., Töpfer (BWL, 2005), S. 925 ff.

Arbeitskräfte an die Arbeitsanforderungen und umgekehrt. Dabei sollen Über- und Unterforderung vermieden, eine teilautonome Arbeitsablaufgestaltung und Entwicklungsmöglichkeiten erreicht und eine humane Arbeitsplatzgestaltung gewährleistet werden.[704]

Der wohl sensibelste Part im Personalmanagement ist die Personalfreisetzung. Diese kann ihre Ursachen im Betrieb haben, in der Qualifikation der Person, beispielsweise bei einem Technologiewandel, oder im Verhalten des Mitarbeiters begründet liegen. Selbst wenn die entsprechende und frühzeitige Kommunikation von Veränderungen die Mitarbeiter auf ebendiese vorbereiten kann, so ist die Akzeptanz bei den Betroffenen nur äußerst schwierig zu erreichen.

Neben diesen direkten Personalfunktionen haben Unternehmen eine Vielzahl indirekter Funktionen im Rahmen des Personalmanagements zu erfüllen: Die **Personalverwaltung** umfasst die Verarbeitung der Personalstammdaten, die Vorbereitung und Abwicklung von Personalbewegungen, die Lohn- und Gehaltsabrechnungen sowie das Führen der Personalstatistik.[705] Im Rahmen des **Personalcontrollings** werden die Personalarbeit, das menschliche Potenzial, Leistungs- und Arbeitsverhalten sowie Ergebnisse betrachtet. Das strategische Personalcontrolling befasst sich mit der Integration des Personalmanagements und der Personalplanung in die Strategie des Unternehmens, mit der Bewertung der Umsetzung von Strategien in konkrete Plandaten und Maßnahmen sowie mit der Evaluierung von Zielen, Konzepten, Programmen, Ressourcen und Erfolgspotenzialen. Das operative Personalcontrolling beschäftigt sich im quantitativen Bereich mit der Kosten- und Wirtschaftlichkeitsrechnung, im qualitativen mit der Qualität und Wirksamkeit von Prozessen sowie den Strukturen, Denk- und Verhaltensmustern von Führungskräften und Personalmanagement. Dabei liegt der Fokus auf dem Tagesgeschäft.[706]

Eine besondere Bedeutung kommt der **Personalentlohnung** zu. Auf das Empfinden, ob ein Gehalt gerecht ist oder nicht, wirken die unterschiedlichsten Faktoren ein, darunter das Streben nach der Sicherung (und Verbesserung) des Lebensstandards, der soziale Vergleich mit den Kollegen, die erbrachte Leistung und die Stellung oder auch die Dauer der Tätigkeit im Unternehmen und nicht zuletzt die Preisbildung für bestimmte Berufsfelder auf dem Arbeitsmarkt. Die Festlegung und Findung von Gehaltsmodellen für die Belegschaft erfolgt je nach Unternehmen und Branche unterschiedlich. Basis kann beispielsweise eine prämienorientierte Entlohnung nach Erfüllungsgrad von definierten Zielen, ein Tariflohn wie der Tarifvertrag des öffentlichen Dienstes (TvÖD) oder auch ein Zeitlohn sein.[707]

Die **Personalbetreuung** im engeren Sinne befasst sich mit dem betrieblichen Sozialwesen (Leistungen und Einrichtungen, die über das vereinbarte Gehalt hinaus den Arbeitnehmern zukommen). Im weiteren Sinn fallen hierunter auch das interne Marketing, Mitarbeiterbefragungen oder auch die umfassende Information von Mitarbeitern zu den aktuellen Themen im Personalbereich sowie die Bewertung von Vorgesetzten. Diese erfolgt in einer besonders

---

[704] Vgl. Töpfer (BWL, 2005), S. 928 ff. sowie Jung (Personalwirtschaft, 2003), S. 180 ff.

[705] Vgl. Töpfer (BWL, 2005), S. 934 ff.

[706] Vgl. Jung (Personalwirtschaft, 2003), S. 926 ff.

[707] Vgl. Töpfer (BWL, 2005), S. 937 ff. sowie Jung (Personalwirtschaft, 2003), S. 554 ff.

umfassenden Form mittels einer *360 Grad Beurteilung*. Sie setzt sich aus den Bewertungen von Führungskräften aus vier Perspektiven zusammen:[708]

- Bewertung von oben nach unten durch den übergeordneten Vorgesetzten (leistungs- und potenzialbezogen).
- Bewertung von unten nach oben durch eine Mitarbeiterbefragung.
- Bewertung horizontal durch gleichgesetzte Kollegen im selben Unternehmensbereich (hinsichtlich Qualität der Zusammenarbeit innerhalb einer Organisationseinheit).
- Bewertung horizontal der internen Kunden-Lieferantenbeziehung im Unternehmen durch Kollegen anderer Unternehmensbereiche (Qualität der Organisationseinheiten übergreifenden Zusammenarbeit). In diese Bewertung können auch externe Kunden einbezogen werden.

Durch Befragungen von Mitarbeitern können Probleme und Verbesserungspotenziale aus deren Sicht identifiziert werden. Die Ermittlung von Kritikpunkten und die Bereitschaft zur aktiven Beteiligung an deren Beseitigung müssen miteinander einhergehen, was jedoch häufig problematisch ist. Einerseits muss das Management bereit sein, die Mitarbeiter in den Verbesserungsprozess einzubeziehen, andererseits müssen die Mitarbeiter bereit sein, die damit einhergehenden Veränderungen zu tragen und umzusetzen. Durch die Befragung von Mitarbeitern entsteht eine Erwartungshaltung hinsichtlich der Ergreifung von Maßnahmen durch das Management und das Aufgreifen der Kritikpunkte. Ein Defizit bei der Mitarbeiterbefragung ist häufig auch die subjektive Schilderung von Problemen, die dann nur Einzelmeinungen widerspiegeln. Hier ist es wichtig, eine möglichst breite Meinungsvielfalt einzufangen.[709]

Weitere sehr wichtige Funktionen des Personalmanagements sind die Personalführung und -motivation sowie die Personalentwicklung. Als für den Arbeitsprozess bedeutsam werden von Jung intrinsische (Leistung, Kompetenz, Geselligkeit) und extrinsische (Geld, Sicherheit, Status) Motive unterschieden.[710] Als wesentliche für die Beeinflussung der Arbeitsmotivation identifizieren Rosenstiel et al. die Anreizgestaltung und die Personalentwicklung. Die Anreizgestaltung kann sich dabei auf die Unternehmenszielsetzung beziehen, die betrieblichen Prozesse so zu gestalten, dass die intrinsischen Motive der Arbeitnehmer befriedigt werden können. So könnte das autonome Arbeiten innerhalb eines umfangreichen Handlungsspielraums mit einem entsprechenden variablen Gehaltsanteil oder anderen materiellen Anreizen einen gewissen Belohnungscharakter erhalten. Hier wäre eine Kombination aus intrinsischen und extrinsischen Anreizen gegeben, wobei diese Form der Anreizgestaltung insofern mit Vorsicht zu werten ist, als in Studien bereits nachgewiesen wurde, dass die extrinsischen Anreize die intrinsischen kannibalisieren können. Kann beispielsweise ein Mitarbeiter im Rahmen einer autonomen Arbeitsgestaltung seine intrinsischen Bedürfnisse befriedigen, so wird zu Spaß an der Arbeit und hoher Motivation wesentlich beigetragen. Werden nun zusätzlich extrinsische Anreize ergänzt, so mag die Motivation sogar weiter erhöht werden. Fallen

---

[708] Vgl. Töpfer (BWL, 2005), S. 942 f.

[709] Vgl. Töpfer (BWL, 2005), S. 943 f.

[710] Vgl. Jung (Personalwirtschaft), S. 363

diese dann aber weg, da beispielsweise Kosteneinsparungen notwendig sind, so werden auch die intrinsischen Ziele nicht mehr erreicht werden.[711] Weitere Anreize können in der Arbeitsumgebung, im Arbeitsinhalt, in der sozialen Umgebung und in der Gestaltung der Ziele geschaffen werden. Verschiedene Studien haben zur Gestaltung der Ziele unter anderem folgendes ergeben:[712]

- Schwierige Ziele führen zu besseren Leistungen als leichte.
- Spezifische Ziele bringen höhere Ergebnisse als vage Vorgaben.
- Ziele und Rückmeldungen über das erzielte Ergebnis wirken in Kombination leistungssteigernd.
- Die Leistung steigt mit wachsender Zielbindung, was zum Beispiel eher für Zielvereinbarungen als für Zielvorgaben spricht.
- Leistungsbezogene Entlohnung stärkt die Zielbindung.

Die Nutzung von Zielen als Leistungsanreiz mittels Zielvereinbarungen im Sinne eines „Management by Objectives" sollte auch dabei unterstützen, die Mitarbeiter nicht nur für die eigenen, sondern auch für die Ziele der Organisation zu gewinnen. Kann ein Mitarbeiter im Rahmen der Ziele der Organisation seine persönlichen Ziele verwirklichen, so steigt das Commitment gegenüber der Organisation, die Arbeitszufriedenheit wird höher sein und die Abwanderungsgedanken geringer. Bedenkt man den zunehmenden Mangel an qualifizierten Nachwuchskräften, so sollten diese Aspekte besondere Beachtung im Rahmen der Personalführung erhalten.

Neben diesen Möglichkeiten der Führung durch Anreize und Ziele ist noch das Herbeiführen von so genannten Flow-Erlebnissen zur Motivation der Mitarbeiter zu nennen. Verschiedene Studien von Csikszentmihalyi legen es nahe, dass, bei einer hohen Entsprechung der Herausforderungen einer Aufgabe und den Qualifikationen und Fähigkeiten des Einzelnen, Handeln und Bewusstsein insofern verschmelzen, dass man vollkommen in der Arbeit aufgeht und dabei in eine Art Rausch gerät. Das Auftreten dieser Erlebnisse taucht beispielsweise häufig bei Entwicklern und Programmierern oder auch bei Sportlern auf.[713] Als wesentliche Voraussetzungen für das Eintreten eines Flow identifiziert Csikszentmihalyi acht Faktoren:[714]

1. Die Ziele für jeden einzelnen Schritt im Hinblick auf das Ziel müssen klar sein.
2. Die Rückmeldung kommt sofort.
3. Handlungsmöglichkeiten und Fähigkeiten entsprechen einander. Sofern der Mitarbeiter über- oder unterfordert ist, werden Stress bzw. Langeweile eintreten.
4. Die Konzentration steigt zunehmend.
5. Was zählt, ist die Gegenwart.
6. Die Beherrschung der Situation.
7. Das Zeitgefühl verändert sich.
8. Das Aussetzen des Ich-Bewusstseins.

---

[711] Vgl. Rosenstiel et al. (Organisationsphsychologie, 2005), S. 281 ff.

[712] Vgl. Rosenstiel et al. (Organisationsphsychologie, 2005), S. 284 sowie Csikszentmihalyi (Flow, 2004), S. 126 ff.

[713] Vgl. Csikszentmihalyi (Flow, 2004), S. 58 ff.

[714] Vgl. Csikszentmihalyi (Flow, 2004), S. 63 ff.

Eine der Aufgaben der Personalführung besteht darin, die Anreize und Arbeitsbedingungen so zu gestalten, dass möglichst viele Mitarbeiter erreicht werden können. Dies wird durch möglichst individuell anpassbare Gehaltsgefüge erreicht, was jedoch gerade in großen Unternehmen schwer umzusetzen ist. Dies kann auch über abgestimmte Maßnahmen in der Personalentwicklung erfolgen, indem einerseits kognitives Wissen, fachliche Qualifikationen und soziale Kompetenzen geschult werden, andererseits auch zur Entwicklung von Motiven beigetragen wird, die der persönlichen Entfaltung der Mitarbeiter dienen und die Ziele der Organisation stützen.

Die rasante Informationszunahme und die immer kürzer werdende Halbwertszeit des Wissens zwingt alle dazu, ihr Wissen immer wieder zu aktualisieren. Zu den Aufgaben der **Personalentwicklung** gehört es daher, eine dynamische Wissensanpassung zu ermöglichen. Dabei müssen auch unternehmens- und mitarbeiterbezogene Ziele miteinander vereinbart werden. Dabei gibt es drei Zielbereiche, die angestrebt werden: **Fachliche, soziale** und **methodische** Kompetenz.[715] Die Personalentwicklung umfasst dabei die Bestimmung der Entwicklungsziele, die Ermittlung des Entwicklungsbedarfs und die Bedarfsdeckung. Der Prozess kann auch folgendermaßen dargestellt werden.

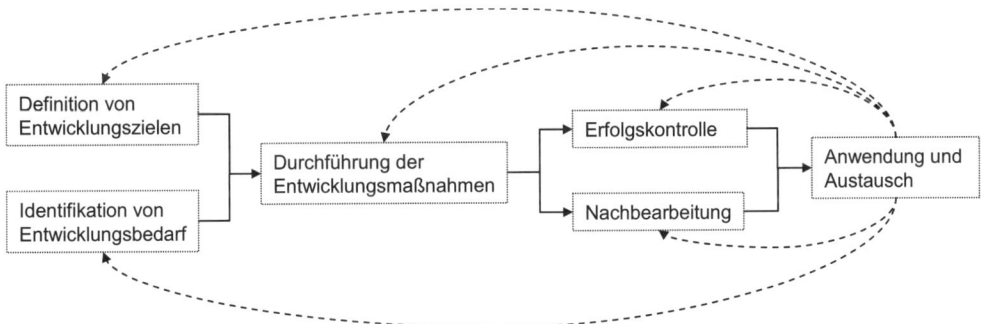

Abbildung 47: Personalentwicklungsprozess

Das Personalmanagement steht damit vor einer Vielzahl von Herausforderungen, die zu bewältigen sind, um das Personal an das Unternehmen zu binden und die Potenziale der Leistungsfähigkeit auszuschöpfen. Denn Mitarbeiter, die sich emotional an ein Unternehmen gebunden fühlen, wollen Spitzenleistung erbringen und geben alles für den Erfolg, womit die Geschäftsentwicklung letztlich positiv beeinflusst wird.[716] Die Ergebnisse der Gallup-Studie Engagement-Index 2006 zeigen jedoch, dass 87 Prozent der Arbeitnehmer in Deutschalnd keine echte Verpflichtung gegenüber ihrem Arbeitgeber verspüren, 68 Prozent machen Dienst nach Vorschrift, 19 Prozent haben die Kündigung bereits innerlich vollzogen.[717] Die sich

---

[715] Vgl. Jung (Personalwirtschaft, 2003), S. 244 ff.

[716] Vgl. Coffmann/Gonzales-Molina (Gallup-Prinzip, 2003), S. 122 ff.

[717] Vgl. o.V. (Engagement der ArbeitnehmerInnen, 2006)

daraus ergebenden Forderungen an die Unternehmen sind vielschichtig. Während Kersten provokant die radikale Demotivierung von Arbeitnehmern fordert, da sie dann leichter zufrieden zu stellen seien,[718] bieten die Ergebnisse der Gallup-Studie auch Anlass, die Übertragung der Erfolgsfaktoren des Wikimanagement auf andere Organisationen zu prüfen und Potenziale zur Erreichung einer höheren Zufriedenheit der Mitarbeiter zu ermitteln.

Wikimanagement im Personalwesen

Wie bereits dargestellt, spielen bei der Motivierung und Bindung der Mitarbeiter an das Unternehmen die Ziele der Organisation und der Mitarbeiter eine wesentliche Rolle. Ein zentrales Element der Personalführung ist die **gemeinsame Vision**. Sie ist Basis für die Motivation der Mitarbeiter und erhöht die Akzeptanz von Entscheidungen. Wichtig für die einzelnen Mitarbeiter ist, dass sie ihre persönlichen Ziele unter die Ziele der Organisation subsumieren können. Wichtig ist, dass die Ziele des Unternehmens auch in das Unternehmen hineingetragen werden und sich in den Zielen und Zielvereinbarungen der Mitarbeiter nachvollziehbar wiederfinden.

Mitarbeiter werden bereits in den unterschiedlichsten Bereichen in die Gestaltung des Personalmanagements einbezogen. Die **Partizipation** bei den 360 Grad Bewertungen ermöglicht einen umfangreichen Informationsgewinn für Veränderungs- und Verbesserungspotenziale. Jedoch sollte hier genau geprüft werden, inwiefern die Kultur im Unternehmen bereits eine offene Bewertung und Diskussion der Ergebnisse zulässt oder in welchen Fällen „Wie Du mir, so ich Dir"-Effekte eintreten können oder befürchtet werden, was wiederum zu einer Verzerrung der Ergebnisse führen würde.

Ein weiteres Feld für die Integration der Mitarbeiter in die Prozesse des Personalmanagements bietet die Personalbeschaffung. Stellenbeschreibungen können durch die Interaktion mit den Stelleninhabern, durch den Austausch mit Stelleninhabern ähnlicher Stellen in anderen Abteilungen, die Einbeziehung von Kollegen und Vorgesetzten und gegebenenfalls sogar Kunden in einer Art 360 Grad Betrachtung gemeinsam analysiert, verbessert und angepasst werden. So können die von Bewerbern geforderten Qualifikationen und vor allem die zum Team passenden Soft Skills deutlicher erfasst werden. Auch hier können die Mitarbeiter wieder einbezogen werden, zum Beispiel durch Programme wie ‚Mitarbeiter werben Mitarbeiter'. Im Jahr 2006 kamen laut einer Studie des Instituts für Arbeitsmarkt und Berufsforschung in Nürnberg bereits 40 Prozent aller Neueinstellungen durch persönliche Kontakte und über die Netzwerke von Mitarbeitern zustande.[719]

Die Partizipation von Mitarbeiten ist auch aus Sicht des Personalmanagements bei anstehenden strategischen und strukturellen Veränderungen von Bedeutung. Werden die Mitarbeiter frühzeitig in Veränderungsprozesse eingebunden und informiert, durch Maßnahmen des internen Marketings und durch Anreize zur Unterstützung animiert, so kann eine höhere Akzeptanz für die geplanten Veränderungen erreicht werden.

---

[718] Vgl. Kersten (Demotivation, 2005)

[719] Vgl. o.V. (Netzwerke für Jobsuchende, 2007)

Die Gestaltung des Arbeitsumfeldes und der Aufgaben, die Möglichkeiten zur Selbstverwirklichung und eine **Vertrauenskultur** erhöhen ebenso die Motivation und die Bindung der Mitarbeiter an das Unternehmen. So stehen Unternehmen vor der Frage, ob sie einer Vertrauens- oder eine Kontrollkultur im Unternehmen wünschen. Ein Beispiel ist die Kontrolle der Arbeitszeiten über technologische Hilfsmittel, wie Zugangskarten, oder die Vertrauensarbeitszeit. Der reinen Vertrauensarbeitszeit stehen jedoch auch die Interessen vieler Arbeitnehmer und des Betriebsrates entgegen, da gerade die Kontrollmechanismen auch dazu dienen, die Mitarbeiter vor ungerechtfertigt vielen (unbezahlten) Überstunden zu schützen.

Die Bedeutung der **Selbstverwirklichung**, der Möglichkeit eigene Ziele innerhalb der beruflichen Aufgaben zu erfüllen, wurde bereits dargestellt (vgl. B.2). Sie führt zu einer geringeren Personalfluktuation und einer erhöhten Motivation. Zur Erhöhung der Motivation und zur Erreichung des Flow-Erlebnisses leistet die Verankerung von Wikimanagementprinzipien in der Organisationskultur einen entscheidenden Beitrag. Die **flexible Auslegung von Regeln**, eine autonome Arbeitsgestaltung und die Möglichkeit für die Mitarbeiter, sich ihre Aufgaben selbst zusammenzustellen, bieten Unterstützung bei der Erreichung der Ziele. So ist denkbar, dass Mitarbeiter aus einem internen Aufgabenpool diejenigen Aufgaben wählen, bei denen die höchste Entsprechung zwischen ihren Fähigkeiten und der Aufgabenstellung erreicht wird. Das stellt einerseits hohe Anforderungen an die Flexibilität und Selbstorganisation der Mitarbeiter, andererseits wird einer zu starken Monotonie bei der Arbeit entgegengewirkt. Mit der Möglichkeit, aus einem Pool definierter Aufgaben diejenigen auszuwählen, bei denen Handlungsmöglichkeiten und Fähigkeiten sich am meisten entsprechen, sind bereits wichtige Voraussetzung für die Erreichung des Flow-Erlebens und damit für die Motivation und Leistungssteigerung von Mitarbeitern gesetzt. Um auch die Bearbeitung unliebsamer Aufgabenstellungen in einem solchen Aufgabenpool zu gewährleisten, kann ein Anreizsystem geschaffen werden, beispielsweise ein Punktesystem auf Basis einer internen Aufgabenbörse.

Nicht zuletzt kommt es durch eine autonome Arbeitsgestaltung und die Selbstverwirklichung der Mitarbeiter auch zu einer **Entprivatisierung** und einer persönlicheren Kommunikation im Unternehmen. Bekommen Mitarbeiter beispielsweise die Möglichkeit, im Intranet oder einer internen Jobbörse, ihre Profile selbst einzustellen und zu pflegen, oder auch in einer Kompetenzbörse ihre Qualifikationen abteilungsübergreifend anzubieten, so werden durch die Informationen zu Qualifikationen, Interessen und gegebenenfalls weitergehenden Informationen zunehmend auch die Menschen hinter den Stellen und Profilen erkennbar. Mit der integrativen Ausgestaltung von Stellenbeschreibungen werden persönliche Ansichten berücksichtigt.

Auch die Vernetzung und abteilungsübergreifende Öffnung führen zu einem informaleren und vertrauensvolleren Umgang miteinander. Durch die Möglichkeit der Selbstverwirklichung kommt es auch zu einer tieferen Vernetzung von Privat- und Berufsleben. Vor allem dann, wenn Hobbys, Interessen und besondere Fähigkeiten der Mitarbeiter erkannt, gefördert und genutzt werden. Zu einer Vermischung kommt es zudem, wenn Mitarbeiter in Online-Communities wie *stayfriends.de*, *studiVZ.net* oder *flickr.de* berufliche Themen aus ihrer persönlichen Sicht heraus miteinbinden. Hier kann diese Entprivatisierung durchaus auch zu weitreichenden Konflikten führen. Etwa, wenn negative Einträge über das Unternehmen online gestellt werden oder auch peinliche Bilder von Führungskräften – etwa von der letzten Betriebsfeier – publiziert werden.

Die Forderung nach **emergenter und inkrementeller Entwicklung** ist zunächst mit dem Abschied von einer stringenten Personalplanung verbunden. Flexible Personalbewegungen nach übergeordneten Kriterien, über Abteilungsgrenzen hinweg, erhöhen die Flexibilität von Unternehmen. (Ressourcen werden nicht in einem Bereich ohne Beschäftigung vorgehalten, was auch demotivierende Wirkung hat, obwohl sie woanders gebraucht werden könnten.) Abteilungen und Arbeitsgruppen mit bestimmten Schwerpunkten sollten sich in kleinen Schritten selbst entwickeln können (weniger Vorgaben zur Planung) und größere teambezogene Freiräume haben.

Aspekte der Personalpolitik	Personalführung und -entwicklung nach Wikimanagement
Personalbedarfsplanung	Weniger stringente Personalplanung, interaktives Erstellen von Anforderungen und Qualifikationsprofilen
Personalbeschaffung	Durch die Nutzung sozialer Netzwerke und die frühzeitige Interaktion mit internen und externen Bewerbern können Potenziale frühzeitig erkannt und gute Bewerber für das Unternehmen gewonnen werden.
Personaleinsatz	Flexiblerer Personaleinsatz über Hierarchien und Abteilungsgrenzen hinweg erhöht die Möglichkeiten des mitarbeiter- und bedarfsgerechten Personaleinsatzes. Die emergente und inkrementelle Entwicklung von Arbeitsgruppen zu bestimmten Schwerpunkten führt zu verbesserten Teamstrukturen.
Personalfreisetzung	Frühzeitige Einbindung von Mitarbeitern in anstehende Veränderungsprozesse und Vorbereitung auf Einschnitte.
Personalverwaltung	Weniger isolierte Personalverwaltung, mehr Integration der Mitarbeiter
Personalentlohnung	Anreizorientierte und individuelle Gehaltsmodelle erhöhen die Motivation der Mitarbeiter.
Personalführung/-motivation	Vor allem durch Partizipations- und Selbstverwirklichungsmöglichkeiten und die Möglichkeit, eigene Ziele im Rahmen der Erfüllung der Unternehmensziele zu erreichen, wird die Motivation von Mitarbeitern gesteigert. Eine ausgeprägte Vertrauenskultur fördert Motivation und Bindung der Mitarbeiter an das Unternehmen.

Personalentwicklung	Interaktive Personalentwicklungsmöglichkeiten, die den Austausch zwischen Lernenden und Lehrenden fördern und die Möglichkeit, Gelerntes anwenden und weiterentwickeln zu können, fördern nicht nur den Wissenstransfer im Unternehmen, sondern auch die Erfüllung der individuellen Entwicklungsanforderungen.

Tabelle 28: Personalführung und -entwicklung nach Wikimanagement

Netzwerke, Bewerbungs- und E-Learning-Plattformen – Social Software-Technologien in Human Resources und Blended Learning
Zur Umsetzung der Erfolgsfaktoren des Wikimanagements im Personalwesen und zur Nutzung der Potenziale ist der Einsatz der verschiedensten Social Software-Technologien möglich.

In der **Personalbeschaffung** bietet sich die Nutzung von Social Networking Plattformen an, um einerseits Präsenz im Bewerbermarkt, aber auch bei anderen Plattform-Nutzern zu zeigen und andererseits nach Mitarbeitern zu suchen. Dabei kann sowohl gezielt nach Qualifikationen gesucht, als auch mit Hilfe der Präsenz der potenziellen Kandidaten im Web weitergehende Auskünfte erhalten werden. Plattformen wie beispielsweise *studiVZ.net*, *xing.com* oder auch *flickr.com* bieten den Unternehmen die Möglichkeit, sehr viele Umfeldinformationen und auch Privates über die Bewerber und Mitarbeiter zu erfahren. Zudem bieten Sie eine Plattform zur Kontaktaufnahme und für die Kommunikation und Interaktion mit möglichen Bewerbern und Partnern für die Rekrutierung von Personal.

Im Rahmen von Stellenausschreibungen oder der Mitarbeiterintegration sind Verlinkungen auf Erfahrungsblogs mit anderen Neulingen im Unternehmen oder mit bisherigen Arbeitnehmern denkbar. Hier können die Bewerber einen tieferen Einblick erhalten, ob ihr Profil tatsächlich zur ausgeschriebenen Stelle und zur Unternehmenskultur passt. Die Stellenausschreibungen können mittels Podcasts oder Videos wesentlich ansprechender gestaltet werden. Umgekehrt kann Bewerbern die Möglichkeit gegeben werden, nicht nur ihr Profil in einem Online-Bewerberportal zu hinterlegen, sondern zusätzlich Podcasts oder Videos zu erstellen und mit der Bewerbung einzureichen. Damit können durch die Blogs, Podcasts und Videos sowohl Ziele im Marketing und der Außendarstellung des Unternehmens als auch die Interaktion und Kommunikation mit potenziellen Arbeitnehmern erreicht werden.

Auch im Rahmen der **Personalauswahl** kann eine Einbindung von Social Software-Systemen erfolgen. Erste Telefoninterviews können durch den Einsatz von Wikis begleitet werden, in denen die Bewerber kurze Inhalte erstellen bzw. gemeinsam bearbeiten können. Das Wiki kann auch dazu genutzt werden, das Profil näher zu beschreiben, wobei die geringen Möglichkeiten der grafischen Darstellung zu bedenken sind.

Weitere Möglichkeiten bieten auch Web-Sessions an, bei bei denen einfache Aufgaben direkt online gestellt werden können, die eine erste Orientierung zur Leistungsfähigkeit der Bewerber geben. So ist der Einsatz von Wikis parallel zu ersten Telefoninterviews denkbar, bei denen der Bewerber in einer vorgegebenen Zeit Aufgaben bearbeiteten kann, die dann direkt diskutiert werden. Personalmitarbeiter haben hier direkt die Möglichkeit zu sehen, wie der Bewerber an die Lösung der Aufgabe herangeht. Auch können Präsentationen über *YouTube.com* erstellt werden – der Bewerber kann sich selbst ebenso vorstellen wie das Unternehmen.

Virtuelle Welten können darüber hinaus auch für Jobbörsen, Vorstellungsgespräche oder für ein Mitarbeiterintegrationsprogramm eingesetzt werden. Das persönliche Gespräch kann und soll in den allermeisten Fällen dadurch nicht ersetzt werden, doch bietet sich den Unternehmen und den Bewerbern die Möglichkeit einer besseren Vorauswahl. Hier kommt es vor allem auf den Mix der Kommunikationskanäle an. Ist ein Unternehmen nicht in allen Kanälen vertreten, so entgehen ihm potenziell hervorragende Arbeitnehmer. Im Rahmen des Personalmarketing können potenzielle Mitarbeiter in einer virtuellen Welt und mit dem Input der Erfahrungsblogs im Prinzip am Arbeitsplatz „probesitzen".

Soziale Netzwerke wie *XING* können auch in der **internen Beschaffung von Arbeitskräften** eingesetzt werden. Über eine Plattform mit ähnlichen Funktionalitäten wie etwa *XING* im Intranet hätten Unternehmen die Möglichkeit, Mitarbeiter mit den passenden Qualifikationen und Interessen zu identifizieren. Gerade in großen Unternehmen ist dies eine schwierige und wichtige Aufgabe. Hier läge es in der Verantwortung der Mitarbeiter, ihre Profile regelmäßig zu aktualisieren, neu erworbene Kenntnisse und Erfahrungen im Rahmen einer Qualifikationsfortschreibung zu publizieren und für sich selbst Marketing zu betreiben. Damit sinkt die Abhängigkeit von oftmals unflexiblen und zentral geführten Datenbanken im Personalwesen, die auf den Input von verschiedenen Stellen angewiesen und daher gegebenenfalls nicht unbedingt aktuell sind. Gerade im internen Personalmarkt sind auch Foren und Blogs mit Tipps und Tricks für die interne Karriere denkbar.

Im Falle von **Outplacement**-Programmen kann der Betrachtungsbereich interner Foren auch auf externe Bewerbungen erweitert werden. Für Betroffene kann ein Forum einsetzt werden, in dem Experten ihre Fragen beantworten und sie aktiv bei der Jobsuche unterstützen, zum Beispiel können gemeinsam mit einem Berater Bewerbungsunterlagen erstellt werden. Neben Foren und Blogs können auch Videos oder Podcasts eingesetzt werden, die die Inhalte noch lebhafter vermitteln. Gerade bei emotionalen und sehr persönlichen Themen, wie Entlassungen und Versetzungen, sollte die persönliche Kommunikation im Vordergrund stehen, da hier die Gefahr besteht, dass sich frustrierte Mitarbeiter „gegenseitig hochschaukeln" und zu schlechter Stimmung in den informalen Kommunikationsforen, wie dem Austausch in der Kaffeeküche etc., beitragen bzw. nun auch im Web oder zumindest im Intranet zum Multiplikator negativer Inhalte werden. Andererseits bietet sich genau hier für Betroffene die Möglichkeit zum Austausch mit ebenso Betroffenen und zum Diskutieren der Probleme und Chancen in dieser Runde.

Eine weitere Möglichkeit, die Kommunikation und die Entwicklung von Mitarbeitern zu fördern, bieten Blogs oder Foren für **Auszubildende**. Hier können Diskussionen und Erfahrungsaustausch angeboten werden. Das Ausbildungsberichtsheft kann in einem Wiki oder Blog erstellt werden. Die Transparenz erhöht zwar den Druck für die Auszubildenden, aber die Qualität der Inhalte sollte zunehmen und das Wissen sich beim Auszubildenden verfestigen, da er beim Schreiben der Berichte in einem Blog das Gelernte noch tiefer reflektieren wird. Für die Auszubildenden können auch Lernplattformen für die Erarbeitung von Inhalten und für Gruppenaufgaben im Netz zur Verfügung gestellt werden. Dabei erhalten sie Anregungen, und schwierige Themen können kollaborativ erarbeitet werden.

Im Rahmen der Personalführung und der Motivation von Mitarbeitern ist es besonders wichtig, einerseits die Ziele der Organisation zu vermitteln, andererseits den Mitarbeitern die Bildung und Subsumierung eigener Ziele zu ermöglichen. Zur Unterstützung der Organisationsziele können diese sowie Informationen rund um aktuelle Themen und Entwicklungen beispielsweise in Web-Sessions vermittelt werden, bei denen die Teilnehmer auch die Möglichkeit haben, per Chat Fragen zu positionieren, die dann direkt oder im Anschluss beantwortet und diskutiert werden.

Besonders attraktiv und einfach ist auch der Einsatz von Blogs wegen der Kommentierfunktionen, der einfachen Bedienung und der Möglichkeit der Vernetzung. In der **internen Kommunikation** werden Hierarchien leichter überwunden, wenn Mitarbeiter über einen Blog direkt Kontakt zu ihrem CEO aufnehmen und kommentieren. Mitarbeiter können über Abteilungs- und Ländergrenzen hinweg kommunizieren und Wissen austauschen. Sollen die Blogs jedoch auch offene Diskussionsprozesse fördern und kritische Punkte zu Tage bringen, ist die Grundvoraussetzung, dass die Mitarbeiter darauf vertrauen können, für kritisch-sachliche Anmerkungen nicht negativ sanktioniert zu werden. Dazu gehört eine offene, transparente Unternehmenskultur, die auf gemeinsamen Überzeugungen der Organisationsangehörigen beruht und gelebt wird. Betreibt ein Unternehmen interne Blogs, fördert dabei aber nicht die Bildung von Kontakt- und Informationsnetzwerken, von bereichsübergreifender Zusammenarbeit und ein hohes Commitment der Mitarbeiter, so werden die Blogs nicht erfolgreich sein.

Der Einsatz von Blogs in Unternehmen hat auch den Vorteil, dass Potenziale bei Mitarbeitern erkannt und dementsprechend gefördert, entwickelt und genutzt werden können. Auch Wikis erleichtern die Potenzialerkennung bei Mitarbeitern. Vereinbaren Führungskraft und Mitarbeiter in den Zielen des Mitarbeiters, einen produkt- oder themenspezifischen Blog zu führen, so reflektiert und entwickelt er dabei einerseits sein Wissen, andererseits erhöhen sich die Leistungsanreize durch die Kombination mit der Möglichkeit, direkt eine Rückmeldung aus dem offenen System zu erhalten.

Early Adopter im Wikimanagement-Personalmanagement

Viele Unternehmen nutzen bereits die Einsatzpotenziale von Social Software-Systemen. So lernen beispielsweise in der britischen Radio- und Fernsehanstalt *BBC* die Mitarbeiter mit Wikis und Blogs. Im September 2006 gab es bereits 300 Blogger im Unternehmen, die unternehmensintern und -extern weltweit bloggten. Wikis werden bei kleineren Projekten für geschlossene Gruppen eingesetzt, aber ebenso gibt es offen zugängliche Wikis. So werden beispielsweise alle Unternehmensgrundsätze und Richtlinien in Wikis veröffentlicht. Um die Nutzung der Wikis und Blogs für die potenziellen Autoren möglich und attraktiver zu machen, werden Workshops angeboten, in denen die Anwendungsmöglichkeiten vorgestellt werden.[720]

IBM, die sich als Early Adopter betrachten und bereits in vielen Bereichen Social Software-Systeme nutzen, will eine Atmosphäre schaffen, „in der der Mitarbeiter als Autor und Experte auftritt".[721] Bis zu 60.000 Mitarbeiter seien gleichzeitig über *Sametime* (den *IBM*-Messenger) online, chatten, diskutieren und lösen Probleme, abteilungsübergreifend und hierarchiefern. Auch die Vorteile von Blogs liegen für *IBM* auf der Hand. Schütt, Knowledge Manager der *IBM* Software Group, betont aber auch, dass für die Nutzung und den Einsatz von Blogs im Unternehmen durch die Mitarbeiter vor allem ein Umdenken, ein Wandel in der Unternehmenskultur notwenig sei. Während früher Inhalte extern gekauft wurden, werden sie heute von Mitarbeitern beispielsweise in Blogs zur Verfügung gestellt. Die Mitarbeiter stellen die Inhalte zusammen und haben ein Interesse daran, dass sie aktuell und gepflegt sind. Auch würde bei den Angestellten die Teilnahme an den öffentlichen Blogs auf hohe Akzeptanz stoßen, da Wissen und Ideen nicht an der Unternehmensgrenze halt machen.[722]

Auch Unternehmen wie *Sun Microsystems* oder *Siemens* setzen Social Software-Systeme unter anderem zur internen Kommunikation, zur Verbreitung der Unternehmenskultur und von Wissen ein. Bei *Sun* existieren neben dem CEO-Blog, der nicht nur mit Neuigkeiten zum Unternehmen, zu Strategie, Erfolg und Misserfolg aufwartet, sondern auch gelegentlich mit persönlichen Berichten des CEO, über 1000 Mitarbeiterblogs, die die Kommunikation über alle Hierarchien hinweg verbessern.[723]

Im Rahmen der Personalbeschaffung und -integration ist die Nutzung von virtuellen Welten möglich. Denkbar sind Jobmessen in virtuellen Welten, bei denen erste Kontakte geknüpft werden können. Persönliche Gespräche sollen dadurch nicht ersetzt werden, sondern ergänzt. Zumindest können in der virtuellen Welt die Vorstellungen über den zukünftigen Job ausgetauscht und vorgestellt werden. Firmen, die bereits in der virtuellen Welt präsent sind, wie beispielsweise *IBM*, können ihr Unternehmen umfangreich und greifbar vorstellen. *IBM* nutzt virtuelle Welten auch für Integrationsprogramme und Mentorentreffen. Müssten normalerweise weite Strecken für ein Treffen überwunden werden, so bietet sich stattdessen auch mal ein Treffen in der virtuellen Welt an, das vielfach als persönlicher als die Kommunikation über Telefon oder E-Mail angesehen wird.[724] In dieser Form sind auch Foren für Auszubildende möglich, in denen sie sich auf persönlicherem Wege über Abteilungs- und Landesgrenzen hinweg austauschen können. Dazu können Diskussionsräume für die Auszubildenden eingerichtet werden, die durch Mentorenprogramme unterstützt werden und auch Lerneinheiten vermitteln können.

---

[720] Vgl. http://www.computerwoche.de/job_karriere/581829/, abgerufen am 14.08.2007

[721] Peter Schütt, Leiter Knowledge Management der *IBM* Software Group, im Gespräch mit Kathrin Schmitt, Schmitt (Blogs und Wikis, 2006)

[722] Vgl. Schmitt (Blogs und Wikis, 2006)

[723] Vgl. http://blogs.sun.com/jonathan/, abgerufen am 18.11.2007 sowie
http://klauseck.typepad.com/prblogger/2005/03/sun_im_bloghimm.html, abgerufen am 18.11.2007

[724] Vgl. Algesheimer/Leitl (Unternehmen 2.0, 2007), S. 93

E-Learning und Blended Learning – Wissen wird mobil

Für die Umsetzung der Entwicklungsmaßnahmen gibt es eine Vielzahl von Möglichkeiten, die je nach Arbeitsplatz, Tätigkeit, Entwicklungszielen, Lerntypen oder auch technischen Möglichkeiten eingesetzt werden können.^{725} Eine dieser Möglichkeiten ist das seit einigen Jahren verbreitete **E-Learning**. Das E-Learning umfasst computerbasierte Trainingsprogramme für Mitarbeiter auf CD/DVD, im Intranet oder Internet, häufig auch in verschiedenen Sprachen. Es kann synchron mit einem Mentor oder Dozenten in Life-Internet-Sitzungen oder asynchron in aufbereiteten Selbstlernlektionen erfolgen, bei denen die Abstimmung über Instant Messaging oder E-Mail erfolgt. Die Inhalte können spezielle fachliche Themen aufgreifen, aber auch übergreifendes Wissen beispielsweise zu Veränderungsmanagement, Marketing, Projektmanagement oder auch Konfliktlösung. Besonders vorteilhaft ist E-Learning dort, wo Teilnehmer zur Weiterbildung oder auch zum Studium nicht an einen bestimmten Ort gebunden sein wollen. *„E-Learning hat Wissen mobil gemacht"*^{726} und ist damit auch zum Inbegriff für virtuelle Lernwelten geworden.^{727} Das Lernen kann im persönlichen Tempo des Lernenden, inhaltlich individualisiert, orts- und zeitunabhängig stattfinden.

Doch bestehen in Unternehmen häufig Akzeptanzprobleme. Die Gründe dafür sind vielfältig. So wird technologisch gestütztes Lernen von vielen noch als unpersönlich empfunden, der soziale Austausch mit anderen Teilnehmern fehlt oder ist nur virtuell möglich. Hinzu kommt, dass die Mitarbeiter ein hohes Maß an Selbstlernkontrolle, Motivation und Selbstorganisationsfähigkeit aufbringen müssen. Werden diese Fähigkeiten nicht vermittelt und gepflegt, fehlt ein internes Marketing, die Zeit für die Nutzung der Angebote oder Anwendersupport, so werden die E-Learning-Angebote kein Akzeptanzwachstum erfahren.^{728}

Diese Nachteile des reinen E-Learning können durch das hybride Lernen, auch als **Blended Learning** bezeichnet, aufgefangen werden. Dabei werden die Potenziale und technologischen Möglichkeiten des E-Learning mit denen der klassischen Präsenzschulungen verbunden. In Präsenzkursen, die beispielsweise durch webbasierte Vor- und/oder Nachbereitungskurse zur Homogenisierung der Wissensstände ergänzt werden, können die Teilnehmer individuell unterstützt und Lerninhalte flexibel anpasst werden. Auch bieten die Präsenzseminare den Trainern oder Dozenten die Möglichkeit, direkt Einfluss auf die Motivation der Teilnehmer zu nehmen und durch eine interaktive Moderation der Kurse viel Wissen zu vermitteln.^{729}

Wikis und Blogs bieten sich dabei besonders an, um kollaborativ Wissen zu sammeln und weiterzuentwickeln. Durch die Dokumentation von Lernfortschritten und Erfahrungen mit unterschiedlichen Lernmethoden reflektiert der Lernende durch das Aufschreiben im Wiki oder Blog das Gelernte, andererseits können Leser und andere Lernende in einer Gruppe von den Lernerfahrungen profitieren. Dabei können sie sowohl im Rahmen eines eher autodidak-

---

^{725} Vgl. zur Vielzahl der Möglichkeiten Jung (Personalwirtschaft, 2003), S. 276 ff.

^{726} Weinert (Organisationspsychologie, 2004), S. 721

^{727} Vgl. Weinert (Organisationspsychologie, 2004), S. 721 f.; Jung (Personalwirtschaft, 2003), S. 295 ff.

^{728} Vgl. Alami/Hager (Flexibles Lernen, 2004)

^{729} Vgl. Fitznar (Blended Learning, 2003)

tischen Lernens eingesetzt werden, als auch zur Lösung von Gruppenaufgaben und zur Unterstützung und als Kommunikationsplattform für Teamaufgaben.[730]

Besonders im Bereich der Personalentwicklung, in dem eine hohes Maß an Interaktion, Dialog und attraktiver, abwechslungsreicher Gestaltung der Lerninhalte wichtig ist, um die Mitarbeiter zu motivieren und zu begeistern, bietet sich der Einsatz von Social Software-Systemen an. Audio- oder Videodateien, die als Podcasts zur Verfügung gestellt werden, bieten die Möglichkeit, Lerninhalte nicht nur rein text- und bildbasiert zu vermitteln. Ganz besonders geeignet ist der Einsatz von Podcasts dann, wenn die Sprache eine Rolle spielt. So können Unternehmen zur Verbesserung oder Auffrischung der Englischkenntnisse ihrer Mitarbeiter Podcasts zur Verfügung stellen, die dann in zur Verfügung gestellter Arbeitszeit oder auf dem Weg von und zur Arbeit, beim Laufen, je nach Gusto des Mitarbeiters, gehört werden können. Ein großer Vorteil von Podcasts ist, dass sie auch dann genutzt werden können, wenn der Nutzer nicht online ist, und damit das mobile Lernen mit mp3-Playern ermöglichen. Der Lernerfolg kann in Online- oder Präsenztests gemessen werden. Auch die Messung über den parallelen Einsatz von Wikis oder Blogs zur Dokumentation des Lernfortschritts ist gut denkbar. Für neue Anwendungen im Unternehmen ist der Einsatz von Videodateien möglich, wie sie bereits zunehmend zu finden sind. In den Filmen können Schulungen komplett erfolgen oder Lerninhalte aus Präsenzschulungen aufgefrischt werden. Werden Handbücher und Verfahrensanweisungen für die Mitarbeiter in Wikis zur Verfügung gestellt, können Inhalte direkt weiterentwickelt und nachvollzogen werden. Tipps und Tricks, die den Anwendern die Arbeit oder den Lernenden das Lernen erleichtern, können zusätzlich erfasst werden. Damit wird auch vermieden, dass es unterschiedliche Quellen zu einem Thema gibt.

Podcasts kommen bereits vielfach zum Einsatz. So können Universitäten über ‚iTunes U' Inhalte publizieren, wahlweise öffentlich oder nur für die eigenen Studenten zugänglich. Genutzt wird das Angebot bereits von namhaften Universitäten wie Stanford oder auch Berkley. Letztere bietet Vorlesungen aus Psychologie, Informatik, Physik oder auch Literaturwissenschaft als Podcasts an. Weiter geht das Angebot, durch Video-Podcasts, die während Vorlesungen aus der Perspektive des Auditoriums aufgenommen werden und damit dem Podcaster visuelle Informationen bieten, das Lernen zu unterstützen. In Videochats können die Zuschauer parallel zur Präsentation der Inhalte Fragen platzieren, so dass durch Dialog und Interaktion der Lernprozess gefördert wird. Die Mitglieder einer Lerngruppe können das Gehörte direkt kommentieren und diskutieren.[731] In diesem Zusammenhang bietet es sich auch an, (ruhigeren) Teilnehmern bei Präsenzveranstaltungen und auch in Videochats über Live-Chats die Möglichkeit zu geben, ihre Fragen oder Anmerkungen zu platzieren. Ein Moderator kann dann eingreifen, wenn sich die Fragen häufen und deutlich wird, dass zu viele Teilnehmer der Gruppe „verloren gegangen" sind. Der Dozent kann aufgrund des Hinweises des Moderators dann zunächst die Fragen beantworten und das Tempo den Lernenden besser anpassen.

---

[730] Vgl. Groß/Hülsbusch (Weblogs und Wikis, 2005), S. 51 f.

[731] Vgl. http://itunes.standford.edu/, http://webcast.berkley.edu/index.html, Alby (Web 2.0, 2007), S. 81 f.

Gerade der Mix der unterschiedlichen Lernformen, die Kombination aus Präsenzveranstaltungen, individuellen und kollaborativen Dokumentations- und Übungswerkzeugen sowie visueller und akustischer Präsentation von Lerninhalten, die Möglichkeit der Diskussion mit anderen und des Positionierens von Fragen sowie ein Kanal für Rückmeldungen, machen den Erfolg des Blended Learning aus, der mit den vorgestellten Umsetzungsmöglichkeiten umso besser erreicht werden kann. Der Erfolg wird zunehmen, je höher die Affinität zu neuen Medien sein und je selbstverständlicher der permanente Umgang mit PCs und anderen technologischen Hilfsmitteln wird. Vor allem aber bieten sich Werkzeuge und Philosophie von Social Software-Systemen in geradezu idealer Weise an, die Aktiv-Passiv-Trennung zwischen Trainern und Lernenden zu überwinden und so frühzeitig Übung, Interaktion und Praxisumsetzung nahtlos miteinander zu verbinden.

Wie der Einsatz von kleinen Lehrfilmen erfolgen kann, zeigt das Beispiel CoolIris. Für das Firefox Add-On, dass es den Nutzern ermöglicht, Webseiten nebeneinander anzusehen um Inhalte besser vergleichen zu können, wurde ein Video-Podcast erstellt, der es den Nutzern einfach ermöglicht, den Umgang mit dem Tool zu erlernen. Zum Publizieren nutzt CoolIris die Video-Plattform *YouTube.com*.

Besonders reizvoll erscheinen im Kontext von Blended Learning virtuelle Welten. Die Volkshochschule Goslar bietet den Besuchern ihres Online-Zentrums das Lernen auf „Wolke 7" oder im Klassenzimmer „Wiese" an. Andere Organisationen haben die Möglichkeit, die Online-Räume der VHS zu mieten und dort selbst Schulungen abzuhalten. Im Ideenpark ist Platz für die Präsentation von neuen Entwicklungen, Skulpturen und Büchern (mit Leseprobe).

Abbildung 48: Volkshochschule Goslar in Second Life[732]

Auch Hochschulen, darunter die berühmte Harvard Law School, sind bereits in der virtuellen Welt vertreten, teilweise allerdings nur zugänglich für die eigenen Studenten. An der Rheinischen Hochschule Köln wird nicht nur eine Einführung in das Leben in einer virtuellen Welt angeboten. Hier hat sich unter anderem auch ein Forum platziert, das sich mit dem Thema Recht im Internet und im *Second Life* beschäftigt. Die JuraWiki-Community trifft sich in regelmäßigen Abständen in der virtuellen Welt und setzt in der realen Welt ein Wiki ein, um die erarbeiteten und offenen Inhalte sowie die Diskussionen zum Thema Recht im Internet zu dokumentieren und kontinuierlich und kollaborativ weiterentwickeln zu können.

---

[732] Aus www.secondlife.com

Abbildung 49: Zusammenspiel von Wikis und virtuellen Welten[733]

Werden Tools wie Wikis, Blogs und Podcasts in die Personalentwicklung integriert, so können die Inhalte auch dann weiterentwickelt und diskutiert werden, wenn nicht gerade ein Treffen in der virtuellen Welt verabredet werden konnte. Rückmeldungen sind hier zeitversetzt ebenfalls möglich, so dass die Voraussetzungen für die Motivation der Mitarbeiter in einem kollaborativen Lernumfeld wesentlich gefördert werden.

C.2.4 Projektmanagement – Einfacher und schneller gemeinsam arbeiten

Qualitäts-, Kosten- und Terminziele erreichen
Aufgrund des schnellen Wandels der Kontextbedingungen werden Unternehmen immer wieder vor neue Probleme gestellt, die mit den vorhandenen Organisationsstrukturen nur schwer oder gar nicht bewältigt werden können. Um traditionelle Organisationsgrenzen überwinden und auf die sich ändernde Unternehmensumwelt reagieren zu können, bedient man sich der Instrumente des Projektmanagements, um in temporär angelegten Organisationsstrukturen

---

[733] Aus www.secondlife.com

komplexe Problemstellungen beantwortet zu können.[734] Dabei kommt es bei Projekten immer wieder zu Schwierigkeiten. So haben Studien ergeben, dass beispielsweise Softwareprojekte regelmäßig etwa doppelt so viel Geld benötigen, wie geplant, sie dauern fast doppelt so lange oder werden im Projektverlauf gegebenenfalls neu gestartet.[735]

Im Allgemeinen sind Projekte dadurch charakterisiert, dass Spezialisten in einem begrenzten Zeitraum koordiniert eine bestimmte Aufgabe bewältigen.[736] Kennzeichnend ist dabei vor allem die Einmaligkeit der Bedingungen in ihrer Gesamtheit.[737] Unter Einhaltung von definierten Kosten-, Zeit- und Qualitätskriterien sollen interdisziplinäre Probleme gelöst werden, wie beispielsweise eine Softwareimplementierung, die Qualifizierung von Arbeitskräften für eine neue Arbeitsorganisation oder firmenübergreifende Projekte wie die Einführung eines Mautsystems.[738]

Typischerweise handelt es sich um Aufgabenstellungen, die nur im Team bewältigt und bei denen die Vorteile der Gruppenarbeit genutzt werden können und sollen. Die Motivation der Projektmitarbeiter ergibt sich dabei unter anderem aus der Identifikation mit dem Projekt und seinen Zielen, der Kenntnis der Gesamtzusammenhänge und der laufenden Informationsübermittlung im Projekt sowie aus der aktiven Beteiligung bei der Festlegung des Vorgehens zur Problemlösung.[739]

In der **Projektzieldefinition** werden die Ziele durch den Auftraggeber festgesetzt, Projektaufgaben definiert und ein Lastenheft erstellt (was und wofür).[740] Grundsätzlich sollten sich die Projektziele aus der der Unternehmensstrategie und den Unternehmenszielen ableiten lassen. Für konkrete Projekte ergeben sie sich aus der Problemerkennung und -analyse.[741]

Klassische Vorgehensweisen des Projektmanagements versuchen durch detaillierte Planung und die Zerlegung des Vorhabens in Aufgabenpakete, eine Orientierungsmöglichkeit zu schaffen.[742] Im Rahmen der **Projektplanung** werden dabei ein Pflichtenheft (wie und womit), die Problemanalyse, Maßnahmen- und Ablaufplanung erstellt.[743] Da das übergeordnete Ziel oftmals weit entfernt ist und der jeweilige Fortschritt, gemessen an der Gesamtzielsetzung, eher langsam erscheinen kann, dienen eine Vielzahl von Zwischenzielen als Wegmarken, um eine laufende Fortschrittskontrolle zu ermöglichen. Dies birgt auch eine Vielzahl von Gefahren, wenn sich beispielsweise die Rahmenbedingungen verändern oder einzelne Prämissen nicht stabil sind. Das Erreichen einzelner Wegmarken kann dann weniger aussagekräftig oder sogar irreführend sein.

---

[734] Vgl. Frese (Grundlagen, 2005), S. 512

[735] Vgl. Kühl et al. (Routine, 2005), S. 2

[736] Vgl. Picot (Grenzenlos, 2003), S. 499

[737] Vgl. DIN (DIN 69901 Projektwirtschaft, 1987)

[738] Vgl. Rosenstiel et al. (Organisationspsychologie, 2005), S. 161 und Kühl et al. (Routine, 2005), S. 2

[739] Vgl. Schulte-Zurhausen (Organisation, 2002), S. 389

[740] Vgl. Corsten (Projektmanagement, 2000), S. 20

[741] Vgl. Aichele (Projektmanagement, 2006), S. 35

[742] Vgl. Aichele (Projektmanagement, 2006), S. 34

[743] Vgl. Corsten (Projektmanagement, 2000), S. 20 und Kühl et al. (Routine, 2005), S. 3

In der **Projektabwicklung/Realisation** erfolgt die Umsetzung der im Rahmen der Projektplanung ermittelten und definierten Arbeitsschritte durch die beauftragten Projektteilnehmer.[744] Gerade im Rahmen der Umsetzung bestehen hohe Anforderungen an die Projektmitglieder und ihre Kooperations- und Teamfähigkeit. Diese steigen mit der Komplexität des Projektes und der Anzahl an Schnittstellen zwischen Teilprojekten, die einen hohen Abstimmungsaufwand mit sich bringen. Gerade in internen Projekten ist Mitarbeitern häufig daran gelegen, die Interessen ihrer eigenen Abteilung und Arbeit zu vertreten. Um hier die Anforderungen der unterschiedlichen Projektthemen abzustimmen, sollte während der Projektrealisierung durch das Integrationsmanagement die Aufnahme, Koordination, Abstimmung und Planung (Aktualisierung der Projektplanung, Initiieren von Change Requests etc.) der Aktivitäten erfolgen.

Die **Projektdokumentation und Projektkommunikation** erfolgen parallel und umfassen die Evaluierung, Ergebnisdokumentation, Einführungsentscheidung etc.[745] sowie die Kommunikation zwischen den Beteiligten. Traditionell erfolgt die Dokumentation schriftlich, Listen und Fachkonzepte werden versioniert meist per E-Mail verteilt. Häufig wird ein zentrales Projektlaufwerk eingerichtet, auf das die Projektteilnehmer zugreifen können.

Ebenso parallel zur Projektdurchführung verläuft das **Projektcontrolling**. Es umfasst eine Vielzahl von Aufgaben rund um die Budgetkontrolle, Informationsbeschaffung und Auswertung: Budget- und Aufwandsschätzungen, Ressourcenplanung, eine auf Basis dieser Pläne orientierte Steuerung der Projekte (im Hinblick auf die Hauptfaktoren Qualität, Kosten und Zeit, vgl. dazu unten) sowie die Nachkalkulation.[746]

Im **Qualitätsmanagement** werden Qualitätspläne erstellt sowie die Qualitätssteuerung im Rahmen der Projektabwicklung sichergestellt.[747] Die Erstellung des Qualitätsplanes umfasst die Festlegung von Qualitätszielen (Termintreue, fachliche Richtigkeit etc.), die Definition von Maßnahmen zur Zielerreichung und die Festlegung von Methoden und Werkzeugen. Im Rahmen der Qualitätslenkung und -prüfung erfolgen Prüfungen, Abnahmen und Freigaben. Zur Ergebnissicherung werden Dokumentvorlagen zur Verfügung gestellt und deren Archivierung im Rahmen des Dokumentationsmanagements gesichert.

Je nach **Organisationsstruktur** gibt es eine unterschiedliche Zahl von Projektinstanzen mit zugeteilten Kompetenzbereichen und eine hierarchische Gliederung, die im Projektorganigramm abgebildet wird.[748]

Das Management von Projekten sieht sich typischerweise mit einem ‚magischen Zieldreieck‘ konfrontiert. In vielen Fällen kann eine Optimierung in einer der Zieldimensionen ‚Zeit‘, ‚Qualität‘ und ‚Kosten‘ nur zu Lasten mindestens einer anderen Zieldimension erfolgen. So wird beispielsweise bei einer übermäßigen Berücksichtigung von Leistungs- oder Qualitäts-

---

[744] Vgl. Corsten (Projektmanagement, 2000), S. 20 f.

[745] Vgl. Corsten (Projektmanagement, 2000), S. 21

[746] Vgl. Aichele (Projektmanagement, 2006), S. 169 ff.

[747] Vgl. Corsten (Projektmanagement, 2000), S. 34 f.

[748] Vgl. Schulte-Zurhausen (Organisation, 2002), S. 398

zielen zu Lasten von Kosten- und Zeitzielen von einem ‚Overengineering‘ gesprochen. Eine Vernachlässigung von Leistung und Qualität zu Gunsten von Kosten und Terminen stellt hingegen einen ‚Schnellschuss‘ dar.[749] Diese Konstellation wird in der folgenden Abbildung dargestellt.

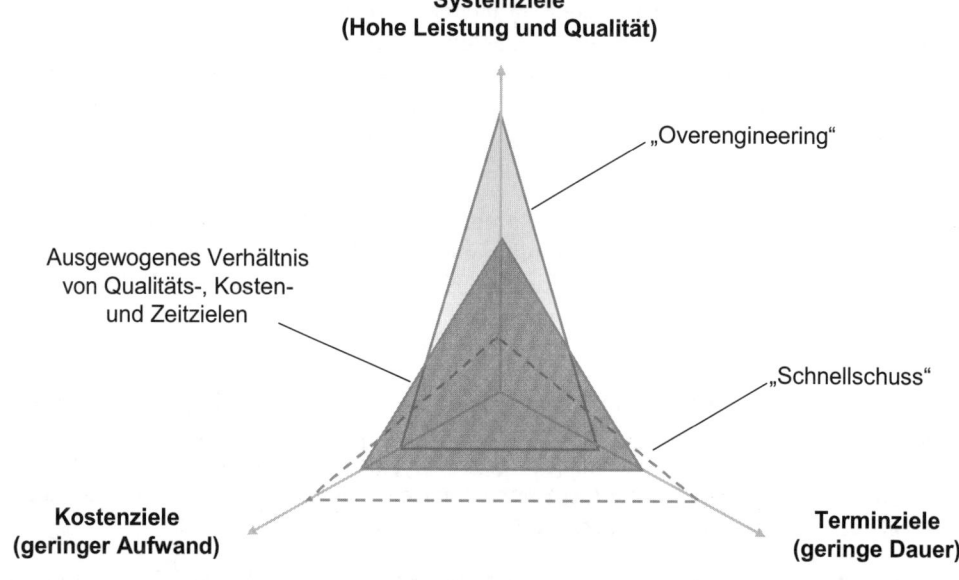

Abbildung 50: Magisches Dreieck des Projektmanagements[750]

Die Sehnsucht nach dem Meer – Wikimanagement-Erfolgsfaktoren im Projektmanagement

Mit der Dominanz von Faktoren wie der Neuartigkeit der Aufgabenstellung, die sich aus der Einmaligkeit der Aufgabenstellungen ergibt, dem hohen Anspruch an Teamarbeit und Motivation, ist Projektmanagement ein naheliegendes Anwendungsfeld zur Übertragung der identifizierten Erfolgsfaktoren.

Die aktive Entwicklung einer **gemeinsamen Vision** spielt im Projektmanagement eine besondere Rolle. Während die einzelnen Arbeitspakete der Mitglieder eines Projektes als kleine Schritte oft den Eindruck erwecken, vom Projektziel noch weit entfernt zu sein, kann die übergeordnete Vision eine wichtige Orientierung bieten, wie bereits Antoine de Saint-Exupéry erkannte: *„Wenn Du ein Schiff bauen willst, so trommle nicht Männer zusammen, um Holz zu beschaffen, Werkzeuge vorzubereiten, Aufgaben zu vergeben und die Arbeit einzutei-*

---

[749] Vgl. Schulte-Zurhausen (Organisation, 2002), S. 388

[750] Eigene Darstellung in Anlehnung an Schulte-Zurhausen (Organisation, 2002), S. 388

len, sondern lehre die Männer die Sehnsucht nach dem weiten endlosen Meer."[751] Es gilt also, die Schaffung einer gemeinsamen Vision, die durch alle Projekt-Team-Mitglieder getragen wird, als einen wichtigen Bestandteil des Projektmanagements zu erkennen und entsprechende Maßnahmen zu ergreifen. In Form von Workshops, Gesprächen, gemeinsamen Dokumenten – zum Beispiel in Form eines Wikis, Videos, Blogs etc. – gilt es, eine Vision zu entwickeln und auszumalen, die alle gleichermaßen begeistert, motiviert und Orientierung auch bei weitreichenden Veränderungen auf dem Weg gibt.

Eine Übertragung der Erfolgsfaktoren **inkrementelle und emergente Entwicklung** in den Projektkontext bedeutet ebenfalls ein Hinterfragen der detaillierten Projektplanung und eines aufwändigen Change Request Management-Prozesses, also eines genau definierten und fein ausgearbeiteten Vorgehens, wie Projektziele und erwartete Ergebnisse aktualisiert und überarbeitet werden können, wie es in vielen Großprojekten die Regel ist. Eine inkrementelle und emergente Entwicklung bedeutet ein Verabschieden von der Zielsetzung, jeden Schritt eines Projektes von Anfang an planen zu können und zu wollen. Dagegen ergibt sich die Alternative, Dinge ‚sich entwickeln zu lassen' und laufend Planungen zu überprüfen, zu verwerfen, weiter auszugestalten und zu präzisieren.

Eine praktische Ausgestaltung lässt sich beispielsweise durch verringerte Planungstiefen und erweiterte Planungsfreiräume durchführen. Viele erfahrene Projektleiter planen stets Puffer ein, die ein sicheres Erreichen der gesetzten Ziele erlauben. Weitere Schritte in diese Richtung sind etwa die Verfeinerung der Planung durch die jeweiligen Teilprojektteams und eine Planungsphilosophie, die laufend Prämissen hinterfragt und auf ein zu frühes detailliertes Planen bewusst verzichtet. Voraussetzung für das Funktionieren einer solchen Vorgehensweise ist dabei umso mehr das klare gemeinsame Bild vom angestrebten Projektziel, die gemeinsame Vision sowie eine zentrale Abbildung des aktuellen Projektstandes.

Aufgrund der spezifischen Eigenschaften von Projekten gestaltet sich das Projektcontrolling meist schwierig, auch wenn die vielen Hilfsmittel des Projektcontrollings, die ja zum Großteil wieder auf Dekomposition von Projektzielen, Projektkosten etc. basieren, eine detaillierte Planung ermöglichen. Doch dies führt auch oft dazu, dass die übergeordnete Vorgehensweise und die zugrunde gelegten Prämissen aus den Augen verloren werden. Wird diese Scheingenauigkeit in Organisationsstrukturen, Budgetvorgaben etc. bis ins Detail umgesetzt, so besteht die Gefahr, dass bei den Projektmitarbeitern sowohl der Blick für das Wesentliche, als auch Engagement und Verantwortungsgefühl verloren gehen. Durch **Partizipation, Vertrauenskultur und eine flexible Regelauslegung** kann diesem Problemfeld frühzeitig entgegengesteuert werden.

In der Ausgestaltung von Teil-(Projekt-)Zielen und Aufgaben für die einzelnen Mitarbeiter und Teilprojektteams kann durch eine erhöhte Einbindung ein Mehr an Motivation und Transparenz erreicht werden. Während in vielen Projekten einmalig Budgets und Zielvorgaben Top-Down festgelegt werden, führt ein Einbezug der jeweiligen Aktoren schon in der (Teil-)Zielausgestaltung und -budgetierung zu einer erhöhten Identifikation, Verantwortung

---

[751] Vgl. http://de.wikiquote.org/wiki/Antoine_de_Saint-Exup%C3%A9ry, abgerufen 13.1.2008

und der Fähigkeit, Anpassungen und Auslegungen im Projektverlauf selbstständig durchführen zu können (und zu wollen).

Mit dem integrativen Aspekt der Partizipation eröffnet sich zudem eine weitere Chance für die im Projektmanagement so wichtige Interdisziplinarität. Gelingt es, verschiedene Fachrichtungen, Kulturen und Hintergründe einzubinden, so ist die Basis für die Betrachtung und Lösung der anstehenden Herausforderungen aus den unterschiedlichsten Perspektiven heraus gelegt.

Beiträge zur Einbindung unterschiedlichster Perspektiven können zudem der **Mix der verschiedenen Herrschaftsformen**, **Selbstverwirklichung** und die **Einfachheit in der Nutzung** leisten.

Der **Mix der verschiedenen Herrschaftsformen** ist für das Projektmanagement besonders naheliegend und wird an vielen Stellen bereits praktiziert. So kann es gerade bei Projekten immer wieder zu interessanten Konstellationen kommen, in denen eine Person in einem Kontext einer anderen unterstellt, in einem anderen Kontext hingegen überstellt ist. So beispielsweise im Umfeld der Unternehmensberatung, wo es durchaus vorkommt, dass ein in der Linie untergeordneter Mitarbeiter eines Vorgesetzten in der Sekundärorganisation des Projektes der Projektvorgesetzte des Linienvorgesetzten ist. Durch das Teilen von Wissen in offenen Systemen kann es zu einer weiteren Verwässerung der hierarchischen Strukturen kommen. Die bessere Verfügbarkeit von Wissen und wichtigen Informationen kann in Projekten dazu führen, dass einzelne ihr Wissen nicht länger als Machtinstrument gebrauchen können.

Auch weitreichende Elemente der Meritokratie können sich herausbilden, wenn neue Herausforderungen auf eine junge Projektorganisation zukommen. Mitarbeiter, die im Tagesgeschäft ihre Qualitäten nicht vollständig zur Geltung bringen können, haben im Projekt die Chance, sich mit ihren Fähigkeiten einzubringen. Hier gilt es gemäß dem Grundsatz ‚Results over Processes‘ individuell und flexibel zu bewerten, wie zum Beispiel für die jeweilige – oftmals einmalige – Aufgabe die organisatorisch beste Lösung geschaffen werden kann – unabhängig von bestehenden Routinen und Aufbauorganisationen in der Primärorganisation. Damit stehen Unternehmen vor einer Herausforderung, wie sie für jüngere Unternehmenskulturen, beispielsweise IT-orientierte Organisationen oder Unternehmen mit starkem Wachstum, erfahrungsgemäß leichter sein dürfte als für etablierte Unternehmen und Organisationen.

Sollen verschiedenste und zum Teil auch brachliegende Talente genutzt werden, so kommt den Erfolgsfaktoren **Selbstverwirklichung** und **Einfachheit in der Nutzung** eine besondere Bedeutung zu. Die Arbeit über die Grenzen des Tagesgeschäftes hinaus erlaubt eine spezifische Berücksichtigung von Interessen. Angesichts der Tatsache, dass Projekte oftmals besondere Anforderungen an Leistungsfähigkeit und Leistungswillen stellen, sollte auch in klassischen Organisationen wie Unternehmen, versucht werden, das große Potenzial, das in vielen Social Software-Systemen deutlich geworden ist, in den Menschen zu wecken und herauszufordern. Dies bedeutet vor allem eine weitreichende Berücksichtigung von Interessenlagen und Wünschen bei der Verteilung von Aufgaben in Projekten. Soll hier die Motivation für das übergeordnete Projektziel nicht durch aufwändige Prozeduren und schwierig zu bedienende Technologie gemindert werden, so gilt es, durch schlanke und einfach zu bedienende Prozesse und Technologien die Arbeit der Projektmitarbeiter nicht unnötig zu behindern. Die Betrachtung gebräuchlicher Reporting-, Rückmelde- und Controllingsysteme zeigt, dass diese Herausforderung nicht einfach zu lösen ist und oft noch weitreichendes Potenzial besteht.

Auch die Faktoren **Entprivatisierung und persönlicher Stil** haben im Bereich des Projektes eine besondere Bedeutung. Das in der Praxis verbreitete Kick-Off-Event, Maßnahmen zum Teambuilding etc. sind zumeist durch einen Austausch und persönlicheres Kennenlernen gekennzeichnet. Dies stellt dann oft ebenso wie bei Social Software-Systemen einen wichtigen Faktor auf dem Weg zu einer erhöhten Identifikation und damit einer erhöhten Leistungsbereitschaft und -fähigkeit dar.

Doch dem Prinzip der freien Planung und der minimalen Organisationsstrukturen sind gerade in großen Projekten auch Grenzen gesetzt. Während die Übertragung der Erfolgsfaktoren von Social Software-Systemen viele neue Möglichkeiten eröffnet, besteht gerade in großen Projekten ein gewisser Koordinationsbedarf, um die Tätigkeiten einer Vielzahl von Mitarbeitern abzustimmen, Mehrfacharbeiten zu verhindern und damit den Eintritt des Projekterfolgs zu beschleunigen. Dass im Großprojekt Wikipedia gerade die freie Planung einen Erfolgsfaktor darstellt und der Koordinationsbedarf gering ist, mag unter anderem daran liegen, dass dort im Gegensatz zu Projekten in Unternehmen alle Beteiligten freiwillig partizipieren. In unternehmerischen Großprojekten sind dagegen auch Mitarbeiter vertreten, die nicht am Projekt teilnehmen wollen, weil sie beispielsweise an anderen Themen mehr Interesse haben und daher lieber in anderen Projekten eingebunden wären.

Die nachfolgende Tabelle soll einen Überblick über wesentliche Veränderungspotenziale im Projektmanagement durch die Nutzung der Erfolgsfaktoren von Social Software geben:

Traditionelles Projektmanagement	Wikimanagement-Projektmanagement
Die **Projektzieldefinition** erfolgt durch den Auftraggeber.	Im Mittelpunkt steht die Schaffung einer gemeinsamen Vision auf Basis der definierten Projektziele. Die Erarbeitung und Anpassung im Projektverlauf erfolgt in enger Abstimmung.
Im Rahmen der **Projektplanung** erfolgt die Dekomposition der Aufgabe und die Zuteilung der Ressourcen zu Aufgabenpaketen.	Die Projektplanung erfolgt unter enger Einbeziehung des Fachwissens der zukünftigen Projektmitglieder. Bei der Verteilung der Aufgabenpakete werden die Interessen, Ziele und Kompetenzen der Projektmitglieder berücksichtigt.
Währen der **Projektrealisierung** werden die Aufgaben von den definierten Ressourcen erledigt und durch einen Integrationsmanager koordiniert.	Die Arbeitschritte werden von den beteiligten Mitarbeitern kollaborativ entsprechend ihrer Stärken durchgeführt. Die Projektgruppen können aus wechselnden Teilnehmern zusammengesetzt werden, wodurch eine breitere Wissensbasis erschlossen werden kann.

Die **Projektdokumentation und Projektkommunikation** erfolgt in definierten Formaten und Kommunikationswegen.	Die Projektdokumentation erfolgt zeitnah und schnell in offenen Systemen. Dadurch kommt es zu einer Reduzierung von Schnittstellen, organisatorischen Brüchen und Medienbrüchen. Das Suchen in Aktenordnern wird reduziert. Durch die offene Kommunikation können Ergänzungen und neue Ideen schneller erfasst und ggf. entwickelt werden.
Das **Projektcontrolling** dient der Entscheidungskoordination und Sicherstellung ihrer koordinierenden Wirkung.	Die Entscheidungskoordination kann u.a. über Meinungsportale stattfinden. Der Projektcontroller kann im Wiki Entscheidungen koordinieren und deren Wirkungen überwachen.
Im **Qualitätsmanagement** werden Qualitätspläne erstellt sowie die Qualitätssteuerung im Rahmen der Projektabwicklung sichergestellt.	Die Qualitätskontrolle erfolgt durch alle Projektteilnehmer. Fehler und Fehlentwicklungen können in offenen Systemen schnell erkannt und korrigiert werden.
Je nach Organisationsstruktur gibt es **Projektinstanzen** mit zugeteilten Kompetenzbereichen und eine hierarchische Gliederung.[752]	Eine möglichst geringe Zahl an Projektinstanzen und hierarchischen Strukturen fördert eine direkte, offene und schnelle Kooperation und Kommunikation.

Tabelle 29: Projektmanagement à la Wikipedia

Social Software-Systeme im Projektmanagement
Betrachtet man die Bereiche des Projektmanagements hinsichtlich der Nutzung von Social Software-Technologien, so ergeben sich unzählige Einsatzmöglichkeiten.

Die **Projektzieldefintion** kann unter Einbeziehung von Auftraggeber, Projektleitung und Projektteilnehmern sowie einer definierten Gruppe von Stakeholdern über ein Wiki, einen Blog oder ein Forum koordiniert werden. So können die Betroffenen einbezogen und gleichzeitig deren Anliegen dokumentiert werden. Die Projektziele, das Lastenheft und die Definition der Projektaufgaben können transparent gemacht und für alle sichtbar bei Notwendigkeit angepasst werden. Allerdings ist zu berücksichtigen, dass die Projektziele gegebenenfalls Teil eines Vertrags sind und damit auf statischen, nicht von jedermann änderbaren Seiten erfasst sein sollten, um die Rechtssicherheit des zugrunde liegenden Projektauftrages durch ziellose Anpassungen nicht zu gefährden. Anpassungsvorschläge können auf einer Diskussionsseite zum Thema Change Request Management diskutiert werden.

Im Rahmen der **Projektplanung** kann die Erstellung des Pflichtenhefts in einem Wiki unter Partizipation der Projektmitarbeiter erfolgen. Alternativ kann es zumindest zum Editieren oder für Ergänzungen in ein Wiki oder Forum gestellt werden, so dass zum Beispiel Mitarbeiter mit einem bestimmten Kompetenzgebiet notwendige Schritte hinzufügen können. Durch

---

[752] Vgl. Schulte-Zurhausen (Organisation, 2002), S. 398

die Transparenz bei den zu erledigenden Aufgaben haben die Projektmitglieder wiederum die Möglichkeit, sich Aufgabengebiete herauszusuchen, die ihrem Kompetenzgebiet oder einem gewünschten Entwicklungsfeld entsprechen. In einem Blog können aktuelle Themen aus dem Pflichtenheft diskutiert werden. Ebenso können die Problemanalyse sowie die Maßnahmen zur Ablaufplanung interaktiv über ein Wiki erfolgen und koordiniert werden.

Während der **Projektabwicklung/-realisierung** kann Social Software sehr gut zur Koordination von Aufgaben sowie zur **Dokumentation und Kommunikation** genutzt werden. Ähnlich der Möglichkeit, den Bearbeitungsstatus eines Artikels in der Wikipedia anzuzeigen, können die einzelnen Projektschritte nach einem Ampelsystem mit dem entsprechenden Status gekennzeichnet werden. Diese Darstellung kann für den gesamten Projektplan erfolgen, so dass dieser für jedes Projektmitglied und den Auftraggeber transparent wird. Die zentrale Dokumentation aller Protokolle, Anmerkungen, Schriftstücke und Ideen reduziert die Zahl der Medienbrüche, da nicht mehr in Aktenordnern oder dezentralen Verzeichnissen gesucht werden muss. Hinzu kommt, dass Ergänzungen und Modifizierungen direkt bei Erfassung auch für alle anderen Projektmitglieder sichtbar werden, beim Einsatz von Wikis werden in der Versionsgeschichte meist alle Änderungen dokumentiert. Wird ein (RSS-)News-Feed in das Projekt-Wiki integriert, so werden die anderen Teilnehmer sofort über die Änderungen informiert. Ideen und Anregungen können direkt kommuniziert werden. Durch die Integration eines Instant Messaging Systems können Projektteilnehmer, die an unterschiedlichen Orten arbeiten, außerdem schnell und einfach kommunizieren, beispielsweise auch über Video-Konferenzen.

Der offene Zugang zu den Dokumentationen bereits abgeschlossener Projekte dient einem optimierten Wissensmanagement in Unternehmen sowie einer historischen Analyse des Vorgehens in vorangegangen Projekten. Werden die Dokumente beispielsweise in einem Wiki zur Verfügung gestellt (Dokumentationen bereits abgeschlossener Projekte können schreibgeschützt eingestellt werden), in dem nach verlinkten Schlagworten gesucht werden kann, so können Wissen und Erfahrungen aus vorangegangenen Projekten einfließen, ebenso können Anmerkungen zu aktuellen neueren Erkenntnissen gemacht bzw. Verlinkungen erstellt werden (über ein Kommentarfeld oder die Diskussionsseite). Fragen und Anregungen zu aktuellen Projekten können in Wikis und Blogs diskutiert werden. Damit verringert sich die Zahl der verschickten E-Mails. Das Risiko, einen Projektteilnehmer im E-Mail-Verteiler zu vergessen, entfällt.

Durch die die zentrale Sammlung von Daten durch Links in Wikis können Gesamtzusammenhänge im Projekt verdeutlicht werden. Dienen Wikis eher als Glossare, deren Einträge miteinander verlinkt werden, so können Blogs zur chronologischen Darstellung von Projektinhalten eingesetzt werden. Wikis sind korrigierbar, Blogs aktualisierbar. Während in Wikis nach verlinkten Begriffen gesucht und die Verlinkung zu Begriffen oder Themen auch in einen Blog integriert werden kann, ist ein umgekehrter Bezug vom Wiki zum Blog schwer zu realisieren, da der Bearbeiter des Inhalts eines Wikis, anders als im chronologisch geordneten Blog, kaum wissen wird, wann der Sachverhalt, erwähnt wurde. Hier können Permalinks in den Blogs eine Lösung darstellen. Eine Brücke zwischen beiden Systemen kann durch die Vergabe von Schlagworten geschaffen werden. Durch die Verwendung gleichnamiger

Schlagwörter beim Tagging lassen sich Bezüge zwischen Wikis und Blogs in beiden Richtungen herstellen.[753]

Nachteilig beim Einsatz von Wikis und Weblogs kann sich dagegen auswirken, dass sie nicht für die Generierung von Präsentationen für die Auftraggeber genutzt werden können. Das Wiki-Design ist einfach und zweckmäßig. Professionelle Software ermöglicht dagegen auch die Aufbereitung von Daten in Tabellen. In der Kommunikation und dem Austausch untereinander kommen Wikis eine große Bedeutung zu, der Verzicht auf andere Systeme ist jedoch ohne deutliche Einbußen bei Funktionalitäten wie grafischer Darstellungsmöglichkeit und ähnlichem beim heutigen Stand der Technik nicht möglich, womit es auch immer wieder zu Systembrüchen kommen wird, die eine potenzielle Fehlerquelle darstellen.

Durch eine Statusverwaltung von Teilprojektschritten und die konsequente Dokumentation von Teilprojektergebnissen in einem Wiki oder anderen offenen System kann die Erfolgsbeurteilung und Informationsgewinnung zur **Projektkontrolle** zentral durch alle erfolgen. Ebenso kann Social Software im **Projektcontrolling** angewendet werden. Entscheidungen können koordiniert und kommuniziert werden, über Meinungsportale können die Projektteilnehmer ihre Sicht auf die Dinge einbringen.

Der Vorteil der offenen Dokumentation und Kommunikation über Social Software im Projektmanagement zeigt sich im **Qualitätsmanagement**. Nach dem Motto der Open Source-Communities ‚Given enough eyeballs, all bugs are shallow‘ steigt auch im Projektmanagement das Fehlerentdeckungspotenzial, wenn die Unterlagen zentral und für die Projektinteressenten offen zum Beispiel in einem Wiki gesammelt und bearbeitet werden.

Als Voraussetzungen für jeglichen Einsatz von Social Software-Technologien im Projektmanagement wurden von Gamböck und Pichler ein gutes Betriebsklima, Offenheit, gegenseitiges Vertrauen, eine ausgeprägte Fehlerkultur und flache Hierarchien identifiziert – Faktoren, die auch als Erfolgsfaktoren von Social Software-Systemen isoliert wurden. Grundsätzlich ist beim Einsatz von Wikis zu beachten, dass es bestimmte Verhaltensregeln zur sachlichen und konstruktiven Zusammenarbeit geben sollte.[754] Wie in der Wikipedia auch, können einfach Grundregeln aufgestellt und durch Konventionen ergänzt werden, die wiederum in einem Wiki aktualisiert und diskutiert werden können.

Eine weitere wesentliche Voraussetzung bei unterstützender Social Software im Projektmanagement ist eine möglichst intuitive Bedienbarkeit und Benutzerfreundlichkeit. Nur so kann es allen Projektteilnehmern ermöglicht werden, auch ohne hohen zeit- und kostenintensiven Schulungsaufwand die Tools zu nutzen und nicht in ihrer Motivation gebremst zu werden.

Inwieweit Wikis, Blogs oder andere Tools auch Stakeholdern über den Kreis der Projektteilnehmer hinaus zugänglich gemacht werden, kann nur im Einzelfall entschieden werden und hängt sicherlich in großem Ausmaß von der Thematik ab. Gegebenfalls kann es aber sinnvoll sein, Stakeholder einzubeziehen, um Konflikte bei einer späteren Umsetzung zu vermeiden und Ideen und Gedanken von außerhalb aufzunehmen.

---

[753] Vgl. zum Tagging als Bindeglied zwischen Wikis und Weblogs ausführlich Przepiorka (2006), S. 13 ff.

[754] Zu den in Wikiquette festgehaltenen Grundsätzen für die Verhaltensregeln vgl. Abschnitt A.3.3

Ebenso wie in der Wikipedia steht Vandalen und Gegnern von Veränderungen beim Einsatz offener Technologien im Projektmanagement das System frei zur Verfügung. So kann es zu längeren Entscheidungswegen kommen oder Projekte können blockiert werden, wenn die Mehrzahl der Interessenten zunächst gegen das Projekt ist und die Arbeit über die Unterstützungswerkzeuge negativ beeinflusst. Auch hier zeigt sich wieder, dass für die Gestaltung von offenen Organisationsstrukturen ein umfassendes Change Management[755] zur Erhöhung der Akzeptanz der Veränderungsprogramme sowie Qualitätssicherungsmechanismen im Projektmanagement notwendig sind.

ProjectWiki & Co.
Inzwischen weisen die Communities im WWW bereits unzählige Beispiele dafür auf, wie Social Software-Systeme auch in der Projektarbeit genutzt werden können. Die verschiedensten Anbieter offerieren kostenlose Wikis, die für kleinere Projekte problemlos genutzt werden können. Beispiele dafür finden sich u.a. unter *www.wikiway.de/pwiki/* oder unter *www.pbwiki.com/*.

Die wohl bekannteste Wiki-Software ist das Mediawiki, welches bei der *Wikipedia* eingesetzt und mittlerweile auch in vielen Unternehmen genutzt wird. Da bei der Konzeption Benutzerfreundlichkeit, Funktionalität und auch Skalierbarkeit einen besonders hohen Stellenwert einnehmen, ist es für den Einsatz in Projekten besonders geeignet, da beispielsweise die intuitive Bedienbarkeit weitgehend gegeben ist.[756]

Besonders anschaulich wird die Einsatzmöglichkeit von Wikis im Projektmanagement mit *ProjectWiki*[757]. Die einfache Wiki-Lösung, die auf der Qwikiwiki-Wiki-Software basiert, wird kostenlos im Internet angeboten. Besonders bei kleineren Projekten bietet *ProjectWiki* eine hilfreiche Unterstützung.

---

[755] Vgl. zum Change Management ausführlicher Abschnitt C.2.8

[756] Zum Mediawiki vgl. ausführlich den Abschnitt: Das MediaWiki – Ein Wiki für die Internet-Enzyklopädie, Abschnitt A.3.5

[757] Vgl. dazu ausführlich http://www.wikiway.de/pwiki/, abgerufen am 17.02.2007

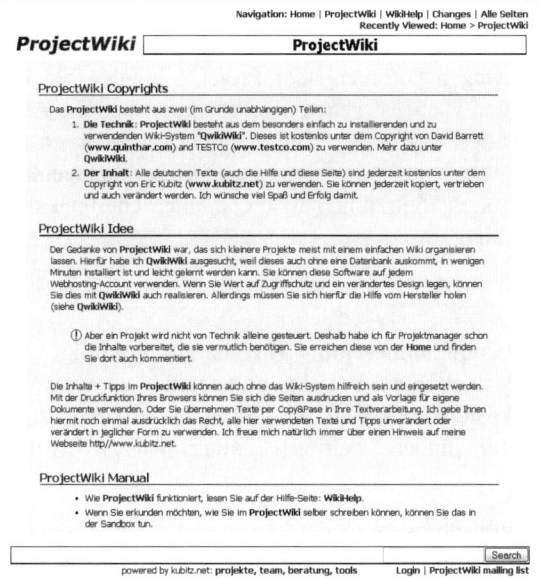

Abbildung 51: ProjectWiki[758]

Für die Projektarbeit sind fünf wesentliche Module vorgesehen:

- Die Kontaktdaten der Projektteammitglieder werden in einem Modul gesammelt.
- Im Modul „Spezifikation" können die Zieldefinition, Manuals und/oder technische Spezifikationen erarbeitet werden.
- Im dritten Modul wird der Zeitplan abgebildet: Wann wird was gemacht? Wie ist der Zeitplan für ein Roll-out? …
- Für offene Fragen, die erfahrungsgemäß in jedem Projekt vermehrt auftreten, bietet das vierte Modul Raum. Der Adressat kann hier die Fragen beantworten und erläutern. Hier ergeben sich gegebenenfalls auch erste Ansätze für ein Change Request Management.
- Im fünften Modul erfolgt die Dokumentation: Alle Protokolle, sei es von Jour Fix, Kickoff oder Krisenmeeting, werden hier abgebildet und zugänglich gemacht.

Doch nicht nur in kleinen Projekten sind Wikis als Instrumente im Projektmanagement geeignet. So setzt *DHL* im Rahmen der Ausweitung der *Packstationen* (automatisches Paketauslieferungssystem) ein TWiki ein. Das Wiki wird als integrative Kommunikationsplattform genutzt, um Informationen schnell zu übermitteln und Suchzeiten zu minimieren. Auch neue Mitarbeiter können historische Daten aus dem Projekt im Wiki schnell auffinden und verfol-

---

[758] URL: http://www.wikiway.de/pwiki/index.php?page=ProjectWiki, abgerufen am 25.07.2007

gen. Selbst das Customizing und die Benutzerverwaltung (für bestimmte Gruppen) können über das Wiki abgewickelt werden.[759]

Für die Projektrückmeldung und Statuserfassung sind Social Software-Systeme dagegen in der Regel weniger geeignet. Insbesondere in Großprojekten basieren wichtige Funktionen wie die Rückmeldung eingebrachter Arbeitsstunden auf komplexen Funktionen und idealerweise auf einer hohen Integration von ERP-Systemen. Selbst wenn Wikis zunächst nicht für die gesamte Projektarbeit eingesetzt werden, so sind sie doch ein einfaches Hilfsmittel in verschiedenen Teilbereichen des Projektmanagements, so etwa, wenn es um die Erstellung und Vorbereitung von Veranstaltungen oder Telefonkonferenzen geht. Oft wird ein großer Teil der kostbaren Zeit für Meetings und Telefonkonferenzen dafür verwendet, alle Teilnehmer auf einen aktuellen Stand zu bringen. Dieser notwendige Zeitaufwand kann in vielen Fällen dadurch reduziert werden, dass die Inhalte und die Agenda bereits im Vorfeld in einem Wiki zusammengestellt werden, wie es bereits beim *Investmenthaus Dresdner Kleinwort* der Fall ist. Dort können die Teilnehmer den aktuellen Informationsstand einsehen, die Telefonkonferenz oder das Meeting kann auf die Diskussion aktueller Probleme und Ideen beschränkt und damit wesentlich verkürzt werden.[760] Auch lassen sich die gewünschten Inhalte von Meetings mit Hilfe von Wikis in hervorragender Weise organisieren, indem die Agenda schon vorher per Wiki online gestellt wird und so alle Beteiligten die ihnen wichtigen Punkte schon im Vorfeld einbringen können.

Der Einsatz von Social Software-Systemen in Projekten ist kein Allheilmittel gegen Kommunikations- und Dokumentationsmängel. Sie müssen propagiert und vom Management, der Projektleitung, den Teilprojektleitern unterstützt werden. Harvard Professor McAfee, der seit Jahren Web 2.0-Anwendungen untersucht, empfiehlt als besten Weg, die Mitarbeiter zu motivieren, ihre Mails in Projekten nicht zu beantworten, sondern nur auf Einträge in den Projekttools, also zum Beispiel im Wiki, zu reagieren.[761] Hinzu kommt, dass bei Projektstart ein Wiki vollkommen leer ist, was für viele abschreckende Wirkung hat. Hier empfiehlt es sich, zumindest einfache Strukturen vorzugeben, an denen sich die Projektmitglieder beim Erstellen der Inhalte orientieren können. Sinnvoll ist hier vor allem die Darstellung der Projektziele im Wiki, denn ohne ein klares Ziel werden die Projektmitglieder nicht in der Lage sein, relevante Inhalte zu erstellen.

C.2.5 Produkt- und Innovationsmanagement – Produkte vom Kunden für den Kunden

Während einige Unternehmen um strengste Geheimhaltung aller Produktentwicklungen bis zur letzten Minute bedacht sind, entscheiden sich andere für Open Source Marketing und nutzen Communities, um Innovationen offen zu realisieren. Kunden werden nach ihrer Meinung gefragt und ihre Kreativität wird genutzt, um Produkte und Marken voran zu bringen.

---

[759] Vgl. http://twiki.org/cgi-bin/view/Main/TWikiSuccessStoryOfDHLPackstation, abgerufen am 17.02.2007

[760] Vgl. Algesheimer/Leitl (Unternehmen 2.0, 2007), S. 90

[761] Vgl. Algesheimer/Leitl (Unternehmen 2.0, 2007), S. 91

Auch hier kann eine Umsetzung der Wikimanagement-Erfolgsfaktoren einen wichtigen Beitrag zur Optimierung des Produkt- und Innovationsmanagementprozesses leisten.

Innovationen, Produkte und Marken managen
Der Innovations- und Kostendruck auf Unternehmen nimmt zu, die Qualitätsansprüche der Kunden steigen, während viele Produkte immer komplexer und Techniken immer kurzlebiger werden. Diese Bedingungen stellen eine immer größere Herausforderung für das Produktmanagement von Unternehmen dar: Die Notwendigkeit für schnelle Innovations- und Entwicklungsprozesse steigt und die Produktlebenszyklen verkürzen sich. Damit steht das Produktmanagement etablierter Produkte und Marken vor neuen Anforderungen: Die Entscheidungen für Produktaktualisierungen oder -eliminierungen müssen schneller und näher an den Kundenbedürfnissen erfolgen. Der hohe Anteil an Innovationsflops, der beispielsweise bei Konsumgütern bei ca. 70 Prozent liegt,[762] ist Anlass genug, althergebrachte Innovations- und Produktmanagementprozesse mit den Möglichkeiten des Web 2.0 neu zu durchleuchten.

Das Produktmanagement spielt eine entscheidende Rolle im Marketing-Mix. Meffert bezeichnet die Produktpolitik eines Unternehmens auch als „Herz des Marketing".[763] Die Produkte, Bündel von materiellen und immateriellen Leistungen, müssen dabei entsprechend den Bedürfnissen, Ansprüchen, und Problemen der Kunden gestaltet werden, wobei es nicht nur auf technologische, sondern auch auf marktgerechte Entscheidungen ankommt.[764]

Im Wesentlichen lässt sich das Produktmanagement in drei Bereiche untergliedern: das **Innovationsmanagement**, das **Management** bereits auf dem Markt **vorhandener Produkte** und das **Markenmanagement**.[765] Diese Bereiche orientieren sich an den verschiedenen Phasen des Produktlebenszyklus.[766]

Das **Innovationsmanagement** spielt bereits vor der Entwicklung und Markteinführung eine wichtige Rolle. Schwerpunkte sind die Neuentwicklung attraktiver Produkte und die Optimierung (Verkürzung der Zeit bis zur Markteinführung, Senkung der Entwicklungskosten) des Innovationsprozesses. Bei den unternehmensinternen Quellen für die Ideengewinnung und -konkretisierung spielt neben der Forschung und Entwicklung das betriebliche Vorschlagswesen eine entscheidende Rolle. Als weitere Quellen können das Beschwerdemanagement und Mitarbeiter mit direktem Kundenkontakt dienen.[767] Externe Quellen wie Kunden, Experten, andere oder eigene Märkte werden meist durch Marktforschungsmethoden wie Befragungen, Beobachtungen und Analysen bei Konsumenten, Konkurrenten und Märkten erschlossen.[768] Während dies bisher meist einseitig von Unternehmen ausgehend geschah, können die Kunden nicht länger nur reaktiv und während einer Befragung integriert werden, sondern aktiv

---

[762] Vgl. o.V. (Innovationsflops, 2006) und Grauel (Einbahnstraßen, 2006)

[763] Vgl. Meffert (Marketing, 2000), S. 327

[764] Vgl. Meffert (Marketing, 2000), S. 327 f.

[765] Vgl. Brassington (Marketing, 2003), S. 266 ff.; Homburg/Krohmer (Marketingmanagement, 2003), S. 461 ff.

[766] Vgl. Meffert (Marketing, 2000), S. 338 ff.; Homburg/Krohmer (Marketingmanagement, 2003), S. 461

[767] Vgl. Homburg/Krohmer (Marketingmanagement, 2003), S. 465

[768] Vgl. Homburg/Krohmer (Marketingmanagement, 2003), S. 465

und aus eigener Initiative heraus in die Innovationsprozesse von Untenehmen einbezogen und nach ihren Ideen gefragt werden.

Im Mittelpunkt des **Managements** bereits **vorhandener Produkte** stehen Entscheidungen über die Breite und Tiefe des Produktprogramms. Unternehmen müssen ihre Entscheidungen (Produktvariation, -differenzierung, -diversifikation, -eliminierung)[769] dabei an den Kunden-bedürfnissen sowie an Markt- und Wettbewerbssituation ausrichten. Als Grundlage für diese Entscheidungen dienen einerseits Marktforschungsergebnisse, andererseits die Kosten für Weiterentwicklungen und Konstruktion, begleitende Serviceleistungen und Qualitätssiche-rungsmaßnahmen. Besonders bei der Ermittlung der Markt- und Kundenbedürfnisse bezüg-lich der Notwendigkeit einer Produktanpassung sind die Unternehmen auf die Interaktion und die Meinung ihrer Kunden angewiesen. Im Bereich der Produktvariation haben die Kunden bereits seit vielen Jahren eine Mitsprachemöglichkeit: Auch wenn sie wenig oder gar nicht in die grundsätzliche Entscheidung, ob zum Beispiel ein Facelifting bei einem Modell durchge-führt werden soll, einbezogen werden, so können sie jedoch Farbe, Form (Kombi oder Li-mousine), Innenausstattung, Motorleistung usw. in einem vorgegebenen Rahmen selbst nach eigenem Geschmack zusammenstellen und geben so durch ihre Kaufentscheidung bereits wichtige Hinweise zum Stand und der Entwicklung der Vorlieben der Käufer.

Die steigende Produkt- und Markenvielfalt, der sich die Konsumenten und Unternehmen gegenüber sehen, führt zu der Notwendigkeit eines systematischen **Markenmanagements**, da sich gerade aus den Marken eine wichtige Orientierung für Kunden im Rahmen ihrer Kauf-entscheidungen ergibt. Die Kunden leiten aus einer Marke unter anderem ein gewisses Quali-tätsversprechen ab, und die daraus resultierende Reduktion des Kaufrisikos bietet einen emo-tionalen Zusatznutzen, den No-Name-Produkte in dieser Form nicht generieren können.[770]

Die hohe Relevanz der Marke zeigt sich auch darin, dass der Markenwert eines Unterneh-mens einen entscheidenden Vermögenswert darstellt. So lag der Markenwert 2006 für Coca-Cola nach der Markenbewertung durch Interbrand bei 67 Mrd. $, der für Mercedes bei ca. 22 Mrd. $.[771] Die hohe Anzahl an regelmäßigen Markenwechslern[772] lässt es gerade bei Fragen zum Markenimage, zur Bekanntheit oder den markenbezogenen Einstellungen und Erwartun-gen der Zielgruppe sinnvoll erscheinen, die Interaktionsmöglichkeiten mit den Konsumenten neu zu betrachten. Auch die Homogenisierung der Produkte und Märkte, das veränderte Kauf- und Mediennutzungsverhalten der Konsumenten lassen die Erweiterung herkömmli-cher Instrumente um neue Managementformen in der Produkt- und Programmpolitik sowie im Innovationsmanagement sinnvoll und notwendig erscheinen.

Produkte von den Kunden, für die Kunden, den Konsumenten zum **Prosumenten**[773] machen .... Für manche Unternehmen ist das bereits keine Zukunftsmusik mehr, sondern Realität, nämlich dann, wenn sie die Kunden in ihr Produktmanagement einspannen, um Kreativpoten-

---

[769] Vgl. dazu ausfürhlich Homburg/Krohmer (Marketingmanagement, 2003), S. 508 ff.

[770] Vgl. Homburg/Krohmer (Marketingmanagement, 2003). S. 514 ff.

[771] Vgl. o.V. (Best Global Brands, 2006), S. 11

[772] Vgl. dazu u.a. Homburg/Krohmer (Marketingmanagement, 2003), S. 535

[773] Vgl. Kotler (Marketingmanagement, 2003), S. 37

zial zu erschließen, Produktentwicklungen gemeinsam voran zu treiben, Markenprofile zu schärfen oder die Kunden in die Gestaltung der Sortimentspolitik einbeziehen.

Die Erfolgsfaktoren des Wikimanagements und das Produktmanagement
Kunden haben in Bezug auf Produkte eines Unternehmens aufgrund individueller Präferenzen hauptsächlich Individualziele. Soll es gelingen, die Kunden oder andere externe Interessensgruppen in die Innovations- und Produktmanagementprozesse eines Unternehmens einzubeziehen, so muss ein **gemeinsames Ziel** vorgegeben werden, an dem sie sich orientieren können und mit dem sie sich bestenfalls identifizieren. Die Vision des Unternehmens muss transparent sein, und klare Ziele sollten formuliert werden, beispielsweise der Bau eines umweltfreundlichen Kleinwagens, die Entwicklung einfacher, aber leistungsstarker Software oder ähnliches. Wie im Projekt des Open Sources-Cars Oscar kann die Vision in einem Manifest formuliert und allen Community-Mitgliedern auf einer Internet-Plattform zur Verfügung gestellt werden.[774]

Die Interaktion mit den Kunden, die **Partizipation** der Kunden und Mitarbeiter am Produktmanagement eines Unternehmens gewinnt immer mehr an Bedeutung. Bezieht ein Unternehmen externe und interne Gruppen beispielsweise in die Weiterentwicklung von Produkten mit ein, so fühlen sie sich einerseits besonders angesprochen, da ihre Meinung berücksichtigt wird. In diesem Gefühl der Mitbestimmung und der Freiräume bei der Weiterentwicklung der Marke liegt auch die intrinsische Motivation für die Kunden, ohne (oder mit geringen) finanzielle Anreize bei der Produktentwicklung mitzuwirken und kreative Ideen für neue Produkte oder die Verbesserung/Modifizierung bereits vorhandener Produkte zu liefern.[775] Andererseits können die Unternehmen ihre Entwicklungskosten senken, indem sie auf offenen Plattformen Ideen, auch unterstützt durch Anreize beispielsweise in Form von Preisgeldern, weiterentwickeln lassen. Dabei entstehen auch in der Produktentwicklung Vorteile, da die Bedürfnisse der Kunden mit Hilfe der Partizipation ermittelt und damit besser getroffen werden können.

Die Integration von verschiedenen Gruppen (Experten, Lieferanten, Kunden, Mitarbeiter, Begeisterte) ermöglicht die schnelle und günstige Generierung von Ideen und technologischen Möglichkeiten zur Verkürzung des Innovationsprozesses. Die Rückmeldungen von Kunden machen die Phasen im Produktlebenszyklus transparenter und den Prozess sicherer. Damit können Entscheidungen der Produkt- und Programmpolitik schneller und präziser vorbereitet und getroffen werden. Konsumenten sagen, was sie wollen, sie liefern die Ideen, werden zu Entwicklern und Designern.

Wesentlich beim Produktmanagement nach Wikimanagement-Aspekten ist eine ausgeprägte **Vertrauenskultur**. Anbieter müssen beobachten, was ihre Kunden über ein Produkt wissen. Da Konsumenten sich über Produkte austauschen, steigt die Fehlertransparenz. Daher ist Ehrlichkeit gegenüber allen Interessengruppen geboten. Dies vor allem auch im Umgang mit den von Konsumenten oder Mitarbeitern weiterentwickelten oder erarbeiteten Ideen. Die absolute Transparenz kann dazu führen, dass Kunden das Vertrauen in das Unternehmen

---

[774] Vgl. Merz (Oscar Manifest, 1999)
[775] Vgl. Ballhaus (Marketing, 2006), S. 36

verlieren, sollten Versprechen nicht eingehalten oder Ideen missbraucht werden. Kunden, Mitarbeiter oder Partnerunternehmen werden ihre Ideen dann nicht mehr an dieses Unternehmen weitergeben, sondern sich einem anderen zuwenden oder ganz auf die kollektive Entwicklung von Ideen verzichten.

Im Rahmen der Öffnung von Unternehmen im Produktmanagement verändern sich vielfach die **hierarchischen Strukturen**. Nicht mehr die Entwickler in Labors bestimmen, was gemacht und gebraucht wird, sondern es kehren demokratische Elemente ein. Ein Beispiel hierfür ist *LaFraise*, der Online-T-Shirt-Händler, bei dem jeder Kunde das Design seines T-Shirts nach eigenem Gusto gestalten kann. Regelmäßig finden Abstimmungen bezüglich des Designs von T-Shirts statt, die dann in limitierter Auflage gestaltet und bedruckt werden (*www.lafraise.de*). Auch bei anderen Produkten ist es denkbar, die Kunden über bestimmte Produkteigenschaften (mit-)entscheiden zu lassen. Den Produktmanagern bleibt Spielraum erhalten, Auswahlmöglichkeiten zu begrenzen und in den Entwicklungsprozess einzugreifen. Da die Produktentwicklung aber vor allem vom Mitmachen lebt, bedarf es bei solchen Eingriffen eines großen Fingerspitzengefühls. Produktmanager und -entwickler werden sich dort durchsetzen, wo Grenzen in der Umsetzung erreicht werden, oder sie werden den aktuellen Entwicklungsstand wiederum publizieren, um Unterstützung von Kunden, Lieferanten oder Mitarbeitern zu erhalten. In Entwicklungsprojekten werden oft auch meritokratische Elemente auftauchen, wenn sich die besten oder erfahrendsten Projektteilnehmer durchsetzen.

Durch die Mitarbeit an der Produktentwicklung, das Einbringen von Ideen, die Anerkennung, die den Kunden und Mitarbeitern gegebenenfalls zuteil wird, kann **Selbstverwirklichung** erreicht werden. Vor allem bei der Entwicklung und Gestaltung von Markenprodukten können solche Nachfrager Selbstverwirklichung erlangen und die Marken zur Selbstdarstellung nutzen.[776]

Eine wesentliche Voraussetzung für die Einbindung von internen und externen Gruppen in das Produktmanagement ist die **Einfachheit** der zur Interaktion genutzten Technologien. Geringe Zugangsbarrieren ermöglichen die permanente Interaktion mit den Interessensgruppen und damit die laufende Generierung von Feedbacks zu Produkten, Ideen und Modellen zur (Weiter-)Entwicklung durch Experten, Konsumenten, Lieferanten und Mitarbeitern.

Die **emergente und inkrementelle Entwicklung** zeigen sich darin, dass die Produkt- und Sortimentsplanung nicht mehr zentral für lange Planungsperioden, sondern dezentral und kontinuierlicher erfolgen, indem Kunden vorgeben, welche Produkte entwickelt oder in das Sortiment aufgenommen werden sollen. Dabei geht die Rolle der Kunden noch weiter: Sie beeinflussen nicht nur das Sortiment eines Anbieters, sie gestalten es selbst, indem sie wie bei *eBay* eigene Produkte anbieten. Hinzu kommt eine gewisse Eigendynamik bei Produktentwicklungen im Web, wie sie zum Beispiel bei *Google* sichtbar wird. Hier werden Produkte laufend im Beta Status gelaunched und mit den Kunden zur Marktreife geführt. Den Mitarbeitern werden 20 Prozent der Arbeitszeit für freie Innovationsentwicklung eingeräumt, um auch interne Potenziale erschließen zu können.[777] Hinzu kommt ein Umdenken im Planungsprozess

---

[776] Vgl. Homburg/Krohmer (Marketingmanagement, 2003), S. 516
[777] Vgl. Tapscott (Wikinomics, 2007), S. 260

der Produktentwicklung. Das Unternehmen muss lernen, Produkte ‚sich entwickeln' zu lassen und flexibel zu agieren. Ein permanentes Überdenken und Hinterfragen des Entwicklungsplanes und daraus resultierende Anpassungen verändern die Arbeit der Entwickler. Fehler sind erlaubt und ein geringeres Risiko, da sie ‚*vor tausend Augen*' leichter erkannt und frühzeitig eliminiert werden können, was wiederum einen positiven Einfluss auf Produktionskosten und Qualität hat und eine kontinuierliche Qualitätsverbesserung vereinfacht. Während es mit herkömmlichen Formen der Innovations- und Produktentwicklung allein durch die entstehenden Personalkosten oft zu teuer ist, etwas auszuprobieren, können über Innovationsplattformen Ideen, auch solche die zu keinem Ergebnis führen, ohne oder nur mit geringen Aufwendungen für das Unternehmen diskutiert werden. Das Scheitern von Ideen führt hier zu geringeren Folgekosten – Ansätze, die nicht auf Interesse stoßen, können frühzeitig als Misserfolge identifiziert werden.[778] Erfolgversprechende Ideen werden sich in der Community durchsetzten und im besten Fall in die Produktentwicklung gehen.

Produktmanagement nach Wikimanagement bringt eine **Entprivatisierung** und das **Einbringen des persönlichen Stils** der Beteiligten mit sich: Kunden personalisieren Produkte nicht nur im Web, sie machen sie zu Individualware. Beispiele hierfür sind etwa die persönliche Kreditkarte der Deutschen Bank, die mit privaten Motiven versehen werden kann, individuelle Stifte von Stabilo, T-Shirts von LaFraise etc. Durch die laufende Überprüfung von Foren, Themenblogs und virtuellen Welten wie *Second Life*, in denen Trends und Bedürfnisse der Kunden diskutiert, Ideen ausgetauscht und Produkte entwickelt werden, können Unternehmen schneller differenzieren: ‚Was sind die ‚Renner', was die ‚Penner'?' Unternehmen sehen auf eigenen oder fremden Seiten, was ihre Kunden entwickeln (und kaufen), welche Themen sie beschäftigen. Durch diese Entprivatisierung von Ideen haben Unternehmen mehr und mehr die Möglichkeit, von den Anwendern und Konsumenten zu lernen und die Themen in ihrem Produktmanagement zu berücksichtigen.

Während das traditionelle Produktmanagement – vereinfacht zusammengefasst – eher darauf beruhte, Markt- und Trendforschungsergebnisse auszuwerten und in einem abgeschirmten Prozess umzusetzen, ergeben sich nun vollkommen neue Möglichkeiten, die hier zusammenfassend dargestellt werden sollen:

---

[778] Vgl. Shirky (OSS in Firmen, 2007), S. 21

Traditionelles Produktmanagement	Wikimanagement – Produktmanagement
Innovationsmanagement • Das Innovationsmanagement erfolgt meist intern, auf Basis von Expertenuntersuchungen, Forschung und Entwicklung, Brainstorming, Ideengenerierung und Entwicklung durch Angestellte im Produktmanagement oder der Entwicklung. • Austausch mit Kundengruppen erst in der Testphase	Innovationsmanagement • Kollaborativ unter Einbeziehung möglichst vieler Interessensgruppen, wobei sowohl interne Gruppen (Mitarbeiter, eigene Forschungs- und Entwicklungsabteilung) als auch externe Gruppen (Kunden, Experten, Interessierte) in den Innovationsprozess einbezogen werden. • Frühzeitige Einbeziehung von Kundengruppen
Management bereits auf dem Markt vorhandener Produkte • Produktentwicklung und –relaunches erfolgen auf Basis von Marktforschungsergebnissen unternehmensintern unter höchster Geheimhaltung bis zur letzten Minute.	Management bereits auf dem Markt vorhandener Produkte • Integration von Kunden und Lieferanten in Entwicklungsmöglichkeiten, offener Umgang mit Fehlern und Verbesserungen
Markenmanagement • Management starker Marken erfolgt durch interne Weiterentwicklung anhand der Ansprüche der Zielgruppe, die im Rahmen von Marktforschungsaktivitäten ermittelt werden.	Markenmanagement • Einbindung der Markenkunden zur Weiterentwicklung der Marke und dadurch zur Bindung der Kunden an die Marke

Tabelle 30: Wikimanagement im Produktmanagement

Die technologische Basis für die Prosumenten
Voraussetzung für die Generierung von Inhalten für das Produktmanagement durch externe und interne Gruppen ist einmal mehr die Social Software-Technologie in all ihren Facetten.

Welchen Wert offene Systeme für Unternehmen haben können, zeigt sich schon seit vielen Jahren in der Open Source-Bewegung. *IBM* investiert seit Jahren immer wieder dreistellige Millionenbeträge in die Weiterentwicklung des Open Source Betriebssystems *Linux* und stellt Server und Entwickler zur Verfügung.[779] Durch die immer noch große Zahl freiwilliger Entwickler und diejenigen, die für andere Unternehmen an der Weiterentwicklung von *Linux* arbeiten, sind die Softwareentwicklungskosten noch immer günstiger, als es bei einer eigenen

---

[779] Vgl. beispielsweise http://www.heise.de/newsticker/meldung/24430, abgerufen am 24.07.2007 und http://www-05.ibm.com/de/pressroom/presseinfos/2006/10/26_2.html, abgerufen am 24.07.2007

Entwicklung der Fall wäre; Kosten für die Lizenzen anderer Anbieter von Betriebssystemen können eingespart und eigene Ziele vorangetrieben werden.

Im Produktmanagement gibt es eine Vielzahl weiterer Nutzungsmöglichkeiten für Social Software-Technologien. Über Social Software-Systeme können beispielsweise Wettbewerbe mit selbst gedrehten Videos oder eigens kreierten Collagen und Skulpturen platziert werden (zu ergänzen gegebenenfalls durch reale Meetings), um so Ideen von Kunden zu generieren und in die verschiedenen Elemente des Marketing-Mix zu integrieren. Beispiele dafür liefern Red Bull mit Design-Wettbewerben für die Dosen, Converse oder auch BMW Mini.[780]

Auktions- oder Tauschbörsen wie *eBay* oder *Hitflip* bieten eine Möglichkeit, dass Kunden selbst das Warenprogramm gestalten. Die Anbieter der Verkaufs-, Auktions- oder Tausch-plattformen geben damit die Sortimentsgestaltung an die Kunden weiter und greifen lediglich in Ausnahmenfällen regulierend ein (zum Beispiel bei verbotenen Artikeln). Kunden können mit relativ wenigen Klicks ihre Produkte platzieren. Damit wird für Beobachter auch transparent, welche Produkte gekauft und welche verkauft werden. Diese einfache Möglichkeit hat sich auch *Amazon* zu Nutze gemacht, indem die eigene Verkaufsplattform selbst zum Produkt gemacht wurde und von Kunden zum Verkauf genutzt werden kann.

Virtuelle Welten wie *Second Life* bieten Unternehmen die Möglichkeit, die Marktakzeptanz ihrer Produkte zu erproben. Adidas macht genau das bereits mit Turnschuhen, Toyota mit einer Autostudie.[781] Durch die Kommunikation mit den Marktteilnehmern in der virtuellen Welt können Produktfehler frühzeitig erkannt und eliminiert werden. Darüber hinaus dienen virtuelle Welten als Quelle für Innovationen und Informationen, um zum Beispiel den Stand eines Produktes im Produktlebenszyklus besser ableiten und rechtzeitig zum Beispiel einen Relaunch einleiten zu können.

Mittels Podcasts können die Kunden sich ihre Audio- oder Video-Produkte selbst zusammen-stellen. Kunden von Zeitungen oder Radiosendungen können Nachrichten, aktuelle Berichte oder Musik zu bestimmten Themen auswählen und/oder abonnieren. Das Nachrichtenpro-gramm eines Tages kann ein Kunde sich damit selbst aus den Themen zusammenstellen, die für ihn interessant sind.

Mindmap-Wikis bieten die Möglichkeit, in verschiedenen Stadien der Produktentwicklung Ideen zu strukturieren und Produkte sowie die Produktplanung voranzutreiben. Dabei können die Mindmap-Wikis leicht implementiert werden. Sofern die Arbeit in abgeschlossenen Pro-jektteams erfolgt, kann das Wiki mit einem Passwort gesichert werden. Das Mindmap-Wiki kann in unterschiedlicher Weise unterstützend eingesetzt werden: für Brainstorming in ge-schlossenen Gruppen oder offenen Foren, für die Strukturierung von Ideen oder die Projekt-planung. Ergänzt werden kann das Tool durch ein Wiki, in dem die Ideen ausführlicher be-leuchtet und diskutiert werden (über die Suchfunktion können die Schlagworte aus dem Mindmap im Wiki beschrieben werden). Denkbar ist dafür auch ein Blog, in dem die Doku-

---

[780] Vgl. Ballhaus (Marketing, 2006), S. 38

[781] Vgl. Algesheimer/Leitl (Unternehmen 2.0, 2007), S. 94

mentation chronologisch erfolgt, so dass die jeweils aktuellsten Ergänzungen immer sichtbar sind.

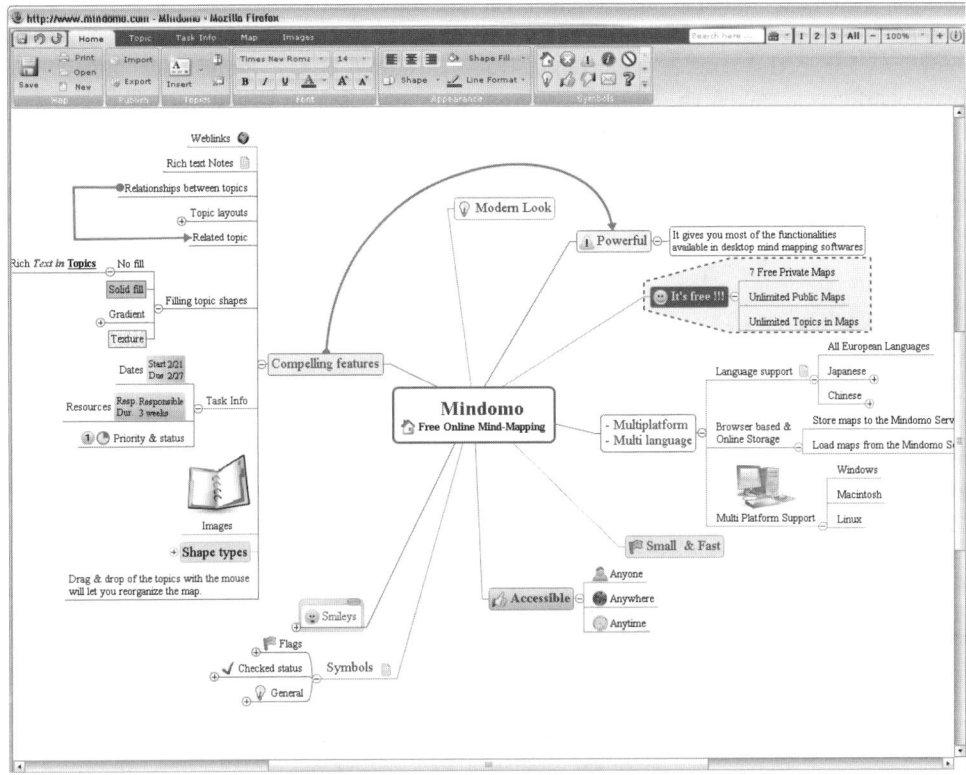

Abbildung 52: Beispiel für ein Mindmap-Wiki zum Einsatz in der Produktentwicklung[782]

Nicht nur in Mindmap-Wikis, auch in Blogs mit ihren Kommentarfunktionalitäten können Ideen diskutiert und weiterentwickelt werden. Ein Blog kann mit geringem Aufwand implementiert werden und ist einfach zu bedienen. Zur Ideenfindung haben Unternehmen die Möglichkeit, Blogs im Web zu durchsuchen. Ziel muss es hier sein, mit möglichst vielen anderen Blogs verlinkt zu werden, um eine breite Community zu erreichen, die bei der Ideenentwicklung mitwirken kann. Dabei ist es gerade bei Blogs häufig schwierig, Lesenswertes von nicht Lesenswertem zu unterscheiden. Hier sind Filterdienste wie *Technorati* eine sinnvolle Hilfe. *Technorati* ist eine Suchmaschine für Blogs, die einen ähnlichen Suchalgorithmus wie *Googles PageRank* nutzt. Dabei wird die Relevanz einer Seite durch die Anzahl an Links bestimmt, die auf sie verweisen, was zwar nicht zwingend Rückschlüsse auf die Qualität zulässt, aber doch zumindest Hinweise auf wichtige Blogs gibt.

---

[782] Quelle: http://www.mindomo.com/, abgerufen am 23.07.2007

Podcasts und Blogs sind auch ein einfaches Mittel, um einerseits Kunden über neue Produkte und beispielsweise deren Bedienung zu informieren, andererseits können gerade Blogs hervorragend zur Kommunikation zwischen Produktentwicklung/-management und Vertrieb eingesetzt werden, um die Vertriebsmitarbeiter stets auf dem Laufenden über Produktneuerungen zu halten. In sozialen Netzwerken, die sich durch Blogs, Foren oder andere Austauschplattformen etablieren, können Experten oder Interessierte Produkte, Ideen und Entwicklungsmethoden austauschen und diskutieren.

Die Beispiele zeigen: Es gibt eine Vielzahl an Möglichkeiten, um das Innovations- und Produktmanagement zu unterstützen – wobei die Potenziale und Möglichkeiten sicherlich noch lange nicht erschöpft sind.

Nachrichten, Navigationsdaten, Gold und Handys – Social Software im Produktmanagement

Für die Umsetzung dieser Anwendungsmöglichkeiten finden sich bereits unzählige Beispiele. Eines ist die Platzierung von Podcasts und Videos auf der Unternehmensseite durch die Kunden. Hier werden die Konsumenten selbst zu Produzenten. Verbreitet ist diese Anwendungsmöglichkeit nicht nur in Plattformen wie *YouTube* oder *myvideo*, sondern auch im Nachrichtensektor. Die ersten Bilder zu weltweiten Ereignissen werden häufig von Passanten per Mobiltelefon aufgenommen und an die Nachrichtensender übermittelt. Beispielsweise über einen Blog kann den Konsumenten von Informationen die Möglichkeit gegeben werden, selbst zu „Journalisten‘ zu werden, indem sie Nachrichten platzieren. Diese Freizeit-Reporter oder auch Bürgerjournalisten heißen bei RTL „Handyreporter", bei N24 „Augenzeugen" und bei CNN werden sie „i-Reporter" genannt. Teilweise treten sie ohne Entlohnung ihre Rechte an den Informationen ab, in anderen Fällen winken Prämien für besonders gelungene Aufnahmen, wobei Fotografien ebenso willkommen sind wie Kurzfilme. Die so genannten RTL-Handyreporter – Privatpersonen und Zuschauer – übermitteln Nachrichten und Bilder an den Sender, der diese in den Nachrichtensendungen verwenden kann, solange noch keine offiziellen Pressebilder vorliegen oder einfach, weil die Privatpersonen keine Rechnung an den Sender stellen. Der Sender kann seinen Kunden somit aktuelle Nachrichten und Bilder liefern, von denen er sicher sein kann, dass zumindest ein Teil der Kunden sich tatsächlich dafür interessiert.

Abbildung 53: N24 sucht Augenzeugen[783]

Aber nicht nur Nachrichten können durch die eigentlichen Konsumenten produziert werden, auch vermeintlich lustige Filme aller Art. SAT1 lässt sich auf diese Weise über die Plattform *myvideo.de* die Inhalte einer ganzen Unterhaltungssendung zusammenstellen.

Auf Basis von Internetbewertungen und Präferenzen von Kunden werden bei *last.fm* Kundenprofile gesammelt und Sampler zusammengestellt, die die Musik verschiedener Interpreten wiedergeben, ausgehend von einem beliebten Interpreten. Ist ein Besucher von *last.fm* beispielsweise Fan von Norah Jones, so kann er einen Sampler mit Musik von Norah Jones und ähnlichen Interpreten aktiv zusammenstellen oder auf einen automatisch generierten Sampler zurückgreifen und dabei Musik von Katie Melua, Diana Krall etc. zu hören bekommen. Die Generierung der Sampler erfolgt dabei auf Basis von Bewertungen und Zusammenstellung von Samplern durch Kunden, die auch eine Affinität zu Norah Jones haben. Damit wird die Zusammenstellung von Samplern auf die Kunden übertragen – Unzufriedenheit beim Kunden über Musik, die er nicht mag, aber in einem vom Musikverlag zusammengestellten Sampler mit bezahlen muss, wird reduziert. Die Kunden haben gleichzeitig die Möglichkeit, Beschreibungen zu den Alben und Interpreten zu ergänzen oder zu korrigieren, womit die Produktbeschreibungen kontinuierlich erweitert werden können. Die Kunden lernen Interpreten kennen, die vielleicht weniger bekannt sind, aber ähnliche Musik wie Norah Jones machen – *last.fm*

---

[783] Quelle: http://www.n24.de/tv/augenzeugen, abgerufen am 23.07.2007

ist also auch eine Plattform, um unbekannte Musiker zu platzieren, die durch die Community-Bewertungen schnell Bekanntheit erlangen.

Ein herausragendes Beispiel für die Nutzung von Netzwerken im Innovations- und Produktmanagement bietet dabei die von Cambridge, Boston aus gestartete Netzwerkplattform *innocentive.com*. *Innocentive* bietet Unternehmen die Möglichkeit, Forschungsaufträge, die sie selbst nicht zufriedenstellend bearbeiten können oder aufgrund von Finanz- oder Personalmangel nicht bearbeiten wollen, bei Innocentive zu platzieren und damit auf externes Wissen zurückzugreifen. Wissenschaftler aus aller Welt haben nach Registrierung Zugriff auf die Forschungsaufträge und können sich mit den erarbeiteten Ergebnissen um die Prämien bewerben. Dabei können die Wissenschaftler und Experten sich etablieren, Unternehmen senken die Kosten für Forschung und Entwicklung. Unter den registrierten Wissenschaftlern finden sich selbstständige Forscher, die durch die prämierten Forschungsausschreibungen Zusatzverdienste und Referenzen erlangen können, ebenso pensionierte Wissenschaftler, die hier weiterhin ihre Ideen verarbeiten können. Dabei sind alle Nationalitäten, von Frankreich über Taiwan bis hin zu Kanada, vertreten. Im Falle von *innocentive.com* wurden bereits Lösungen in den unterschiedlichsten Branchen erarbeitet, vom Pharmasektor bis hin zur Konsumgüterindustrie und Agrarforschung. Diejenigen Unternehmen, die die Offenheit bei der Produktentwicklung scheuen, können bei *innocentive.com* anonym bleiben. Dabei bleibt abzuwägen, ob sich ein Unternehmen durch die kollaborative Entwicklung eines Produktes ganz oder nur teilweise öffnen will. Die wenigsten Unternehmen werden das gesamte Wissen an die Community weitergeben wollen. Sie sollten dann aber damit rechnen, dass die Ergebnisse aufgrund unvollständiger Informationen nicht in der erwarteten Qualität erzielt werden und dass das Vertrauen der Entwickler nur eingeschränkt vorhanden sein wird (vgl. hierzu auch Abschnitt C.2.2). So hat sich bei *Procter & Gamble* das Prinzip der Open Innovation bereits bewährt. Durch die Nutzung verschiedener Netzwerkplattformen, wie *innocentive.com*, *Yet2.com* oder auch *yourEncore.com*, sowie die Einbeziehung von Lieferanten und Kundengruppen in einem umfangreichen Open Innovation-Konzept konnte erreicht werden, dass 35 Prozent der neuen Produkte durch Beiträge von Externen entstanden. Die Erfolgsquote bei Innovationen hat sich mehr als verdoppelt, während der Anteil der F&E-Ausgaben am Umsatz gesunken ist.[784]

Auch wenn Unternehmen ihre Produktentwicklung nicht unbedingt an Innovationsbörsen wie *innocentive* abgeben, so binden viele große Unternehmen ihre Kunden bereits in die Produktentwicklung und den Innovationsprozess ein, darunter beispielsweise *Audi*, *adidas*, *BMW* oder auch *Lego*.[785] Bei *Lego* werden junge und alte Lego-Fans auf der Website dazu animiert, neue Lego-Bausätze zu kreieren und die Ergebnisse einzusenden. Unter den Teilnehmern wird ein Preis vergeben, *Lego* erhält Ideen für neue Bausätze, die an Kunden weitergegeben werden können. Die Baupläne werden auch direkt für weitere Kunden verfügbar gemacht – Kunden entwickeln neue Möglichkeiten für andere Kunden.[786]

---

[784] Vgl. Huston/Sakkab (P&G, 2006), S. 20 ff.

[785] Vgl. Piller (Open Innovation, 2005), S. 176

[786] Vgl. dazu www.creator.lego.com

Ein weiteres beeindruckendes und populäres Beispiel für Kollaboration im Netz kommt aus Kanada. Der Vorsitzende der *Goldcorps Inc*, Rob McEwen, war überzeugt, in einer Goldmine weitere Ressourcen erschließen zu können. Um möglichst viele Experten für die Auswertung der geologischen Daten der Mine erreichen zu können, veröffentlichte das Unternehmen Ende der 90er Jahre die geologischen Daten im Internet und setzte ein Preisgeld für die erfolgreiche Auswertung der Daten aus. Innerhalb weniger Wochen erhielt McEwen Auswertungen von Geologen, Mathematikern und Physikern mit der Angabe von 110 Zielen, an denen Gold geschürft werden könnte. Die Hälfte davon war dem Unternehmen bis dahin nicht bekannt, an 80 Prozent der angegebenen Fundorte fand man tatsächlich große Mengen von Gold. Goldcorp konnte durch die kollaborative Auswertung der Daten und die Experten aus den unterschiedlichsten Branchen, die Technologien einsetzten, die bis dahin gar nicht oder zumindest nicht in der Goldindustrie verwendet worden waren, und das ausgeschriebene Preisgeld mehrfach in Gold abbauen.[787]

Auch die Frage nach einer engen Anbindung zwischen Unternehmen und ihren Zulieferern wird heute kaum noch gestellt. Das „Wie" ist dagegen nach wie vor für viele Unternehmen eine große Herausforderung. Die enge Zusammenarbeit mit den Lieferanten sollte dabei in verschiedenen Bereichen forciert werden. Potenziale stecken sicherlich im gesamten Produkt- und auch im Distributionsmanagement. Ebenso wie Kunden, Mitarbeiter und externe Gruppen von der Ideenfindung bis zur Produktgestaltung integriert werden können, so bietet sich diese enge Kooperation und Integration auch in der Zusammenarbeit mit den Zulieferern an. Durch die Integration in die Entwicklungsarbeit können Produkte und Prozesse optimiert werden, da sie jeweils von Hersteller- wie auch von Zuliefererseite optimal aufeinander abgestimmt werden können. Wesentliche Voraussetzungen sind dabei die Diskussion über gemeinsame und abgestimmte Ziele, Offenheit und Vertrauen. Neben Wikis und Blogs, die den Austausch von Informationen, Arbeitsständen in Forschungs- und Entwicklungsprojekten und Produkthinweisen erleichtern, bieten auch virtuelle Welten Möglichkeiten der Zusammenarbeit. Gerade Designer haben hier die Möglichkeit, ihr Design vorzuführen und zu diskutieren, Hersteller und Zulieferer können Lieferketten und gemeinsame Produktentwicklungen und Prozesse simulieren.[788]

Beeindruckende Beispiele für die Integration verschiedener Stakeholder hat vor allem die Open Source Gemeinde mit der hohen Zahl an Entwicklungen von Software für die unterschiedlichsten Zwecke geliefert. Am bekanntesten sind das Betriebssystem *Linux* und der Internetbrowser *Mozilla Firefox*, Anwendungen für die Wirtschaft wie *GanttProject* oder auch Spiele. Das Konzept der Open Source-Anwendungen zeigt, dass es möglich ist, durch die intensive Einbindung von Kunden und Nutzern erfolgreich zu sein. In manchen Fällen mag dabei die Steigerung des Kundennutzens als Motivation ausreichen, da durch die eigenen Beiträge auch intrinsische Motive des Kunden befriedigt werden können, zumal wenn das Unternehmen die Anregungen sogar aufnimmt, und der Kunde ein Produkt erhält, das seinen Bedürfnissen besser entspricht. In anderen Fällen bedarf es kleiner Anreize, die von Unternehmen gesetzt werden können. Bei der Interaktion eines Unternehmens mit den Kunden, die

---

[787] Vgl. o.V. (Internet Gold Rush, 2000) und o.V. (Innovation, 2007)

[788] Vgl. Algesheimer/Leitl (Unternehmen 2.0, 2007), S. 8

zu Innovationsquellen, Marketingmitarbeitern oder auch Produktmanagern werden, kann ein besonders hoher Grad der Anpassung von Produkten an Kundenwünsche erreicht werden, da das Unternehmen eine große Zahl an Informationen über die Kunden erhält. Durch die enge Kommunikation mit den Kunden bekommt das Unternehmen besonders schnell alle Informationen zu Trendentwicklungen und Veränderungen auf dem Markt, wodurch es schneller reagieren kann. Ein Beispiel dafür liefert auch *Motorola*. Der Hersteller von Mobiltelefonen macht die Kunden zu Zukunftsforschern, um die Trends in der Zielgruppe direkt aufnehmen zu können.

Abbildung 54: Innovationsmanagement bei Motorola[789]

Tom Tom, Hersteller von Navigationssystemen, hat bereits erkannt, welchen Mehrwert die Nutzer für die Weiterentwicklung von Produkten leisten können. Mit der Software *Tom Tom Mapshare* hat der Benutzer die Möglichkeit, Navigationskarten anzupassen und zu korrigieren, wo sie nicht der Realität entsprechen. Die Änderungen werden dann durch eine Synchronisationssoftware mit allen anderen Anwendern geteilt.[790]

Bei allen Chancen und Vorteilen, die sich für die Unternehmen ergeben, bleibt für das Produktmanagement zu beachten, dass kollaboratives Innovations- und Produktmanagement über das World Wide Web auf Internet-affine Zielgruppen beschränkt ist. Dieser Schwachpunkt

---

[789] URL: http://motorola.newmediaserver.de/, abgerufen am 23.07.2007

[790] Vgl. http://www.tomtom.com/news/category.php?ID=4&NID=428&Lid=3, abgerufen am 09.11.2007

verliert allerdings mit der Zeit an Bedeutung, da der Kreis der Internetnutzer in fast allen Zielgruppen stark wächst. Es kann also die Gefahr bestehen, dass Anregungen und Trends bei relevanten Zielgruppen, die aber zu einem Großteil nicht Internet-affin sind, nicht oder verzerrt erfasst werden. Doch kollaboratives Innovations- und Produktmanagement ist auch über herkömmliche Wege – Events, Meetings, Messen etc. – möglich.

Die wichtigste Voraussetzung für kollaboratives Produkt- und Innovationsmanagement mit Hilfe von Social Software-Technologien sind geringe Zugangsbarrieren für die Nutzer. Aufwendige Registrierungsverfahren, schwer nachvollziehbare Bedienbarkeit und zu lange Antwortzeiten (beispielsweise aufgrund aufwendiger Animationen) erschweren den möglichen Ideengebern und Produzenten die Mitarbeit. Auch im Bereich von Zusatzdienstleistungen zu Produkten, beispielsweise bei Hilfestellungen zur Bedienung von Software, ist der Einsatz von Online-Communities denkbar.

Produkt- und Innovationsmanagement nach Wikimanagement-Aspekten bedeutet vor allem einen Abschied von der Geheimhaltung als Basis für den Wettbewerbsvorteil. Bei immer kürzer werdenden Entwicklungszyklen verliert aber genau diese Geheimhaltung ohnehin tendenziell an Relevanz, da implizites Wissen, funktionierende und eingespielte Prozessstrukturen sowie schnelles, flexibles am Kundenbedarf ausgerichtetes Agieren ohnehin zunehmend gegenüber explizitem Wissen in Form von Blaupausen, Fotos und anderem etc. an Bedeutung gewinnt. Und nicht nur bei der Weiterentwicklung von Produkten oder der Innovation neuer Produkte kann ein Umdenken angebracht sein. *Amazon* hat gezeigt, wie die Vertriebsplattform selbst zum Produkt gemacht werden kann, indem sie anderen als Verkaufsplattform sowie als Empfehlungsgenerator dient.

Oscar – Das Strom-Auto

Für die Bekanntheit von Oscar – dem schmalen, windschnittigen Strom-Auto, das für zwei hintereinander sitzende Personen Platzt bietet – gibt es viele Gründe: Oscar ist ein fahrbereites Konzept für umweltfreundliche Mobilität, vorrangig für Städte und Ballungsgebiete geeignet. Oscar ist ein Einliter-Auto, was bei steigenden Rohstoffpreisen ein attraktives Argument für potenzielle Käufer in den avisierten Regionen sein sollte. Auch die Form ist aufsehenerregend, lässt das Design doch an eine futuristische Version eines Messerschmitt Kabinenrollers denken.

Abbildung 55: Oscar – Das Strom-Auto[791]

Oscar wurde allerdings nicht von einem der großen Autohersteller gebaut, sondern ist ein Open Source-Auto (Oscar steht als Abkürzung für **O**pen **S**ource-**CAR**), das Ende 1999 als freies und offenes Hardware-Projekt aufgesetzt wurde, mit dem Ziel, über das Internet ein Konzept für ein umweltfreundliches Auto zu erstellen, dass überall auf der Welt modulartig zusammengebaut werden kann und dessen Module flexibel verwendbar sind. Über die Projekt-Webseite konnten über tausend Beteiligte, darunter vor allem Studenten, aber auch Ingenieure, Autobauer, Elektrotechniker und Designer gewonnen werden, die an

---

[791] URL: http://www.akasol.de/?node=2&lang=, abgerufen am 23.07.2007

dem Konzept für ein baufertiges Auto mitgearbeitet haben und es noch immer kontinuierlich weiterentwickeln.

Abbildung 56: Projekt-Webseite des Open Source-Autos[792]

Der Ideengeber für Oscar, Markus Merz, hat in einem Manifest, das auf der Projektseite mittlerweile außer auf Deutsch und Englisch auch auf Französisch, Rumänisch und Ungarisch zu finden ist, die Idee oder besser die Vision geschildert und sie damit allen Interessierten zugänglich gemacht. In diesem Manifest beschreibt Merz die Ziele, den Weg und die Werkzeuge: „Einen Kopf, zwei oder drei Hände und einen Computer im Netz. … Gut wir wollen versuchen, eine Website zu bauen, die eurem Tatendrang keinen Widerstand leistet. Der Rest wird sich schon ergeben. … Sollte es das eine oder andere Werkzeug, das wir brauchen, egal ob im Web oder in der Werkstatt, nicht geben, dann werden wir es eben erfinden… Ich verlass mich da auf die vielen klugen Köpfe dieser Welt…"[793]

---

[792] URL: http://www.theoscarproject.org, abgerufen am 23.07.2007

[793] Merz (Oscar Manifest, 1999)

Für die Gemeinschaft wurden einige Grundregeln festgehalten:

- „… Vertrauen ist die Basis unserer Zusammenarbeit.
- Jeder hat eine Stimme.
- Wissen ist frei.
- Die Sprache ist frei. …
- Die kluge Mehrheit entscheidet. …
- Was im Web steht, stimmt.
- Wir werden, wann immer möglich, miteinander reden.
- Es ist nett, wichtig zu sein, aber es ist wichtiger, nett zu sein."[794]

Damit hat Merz ähnliche Grundgedanken formuliert, wie sie auch in der Wikipedia oder in unzähligen Open Source-Projekten immer wieder auftauchen. Die flexible Planung und Regelauslegung ermöglichen ein kurzfristiges Reagieren auf aktuelle Entwicklungen und Ideen, die emergente und inkrementelle Entwicklung führen zu Schnelligkeit und einem relativ geringen Aufwand für Managementtätigkeiten, die offene Kommunikation und das Vertrauen in die Community bilden die Basis für die erfolgreiche Zusammenarbeit – hier konnten die im Wikimanagement identifizierten Erfolgsfaktoren bereits praktisch unter Beweis erstellt werden.

Bereits seit 1996 entwickeln und bauen die Mitglieder der Werkstatt der Akademischen Solartechnikgruppe e.V. (Akasol) an der Technischen Universität Darmstadt erfolgreich, zusammen mit zahlreichen Partnern aus Industrie und Wirtschaft, Solar- und Elektrofahrzeuge. Durch Akasol wurde auch die Umsetzung von Oscar übernommen. In der Werkstatt an der TU Darmstadt bauten die Studenten nicht nur das komplette Fahrzeug. Ihr Ziel ist es auch, die verschiedenen Komponenten des Wagens bis zur Serienreife zu entwickeln. Akasol will zusammen mit Partnern eine erste Serie von 1000 Autos auf den Markt bringen, um die Alltagstauglichkeit testen zu können.[795] Eine Frage der Zeit also, bis das erste **Open Source-Car** in einer Großstadt live zu bestaunen ist.

C.2.6 Kommunikation – Dialog interaktiv

Nicht erst seit die Ergänzung 2.0 in die Marketingzeitschriften und Portale Einzug gehalten hat, verschieben sich die Trends in der Unternehmenskommunikation. Seit Jahren bemühen sich Unternehmen mit der Wandlung vom Massenmarketing zum One-to-One-Marketing zunehmend um eine gezielte Ansprache der Kunden, um so der allgemeinen Informationsflut gezielte und relevante Kommunikation entgegenzusetzen. Unternehmen suchen nach Wegen, die Kommunikation besser auf die Kundenbedürfnisse abzustimmen und interaktiver zu ges-

---

[794] Merz (Oscar Manifest, 1999)
[795] Vgl. Thomas (Oscar, 2007)

talten. Das Web 2.0 hat dafür vollkommen neue Perspektiven eröffnet. Durch die Grundprinzipien von Social Software-Systemen kann der Gedanke der zweiseitigen Kommunikation auf die individuellen Interessen und Bedürfnisse der Rezipienten ausgerichteten Kommunikation tatsächlich zu Ende geführt werden, da die Kunden direkt reagieren und aktiv in die Kommunikationsmaßnahmen von Unternehmen integriert werden können. Doch nicht nur das Ziel der One-to-one-Kommunikation kann erreicht werden – Kommunikation im Web 2.0 umfasst mehr: Kunden kommunizieren mit Kunden, Mitarbeiter mit Kunden, Unternehmen mit Lieferanten und Mitarbeitern etc. Damit entsteht eine Many-to-many-Kommunikation, die Unternehmen vor vollkommen neue Strukturen, Möglichkeiten und Herausforderungen in der Kommunikationspolitik stellt.

Kommunikationspolitik – Kommunikation in vernetzen Welten
Die klassischen Aufgaben der Kommunikationspolitik in Unternehmen umfassen ein weites Gebiet. Im Rahmen der Kommunikationsplanung müssen grundlegende Aspekte berücksichtigt werden. Die Planung der Kommunikationsziele kann beispielsweise auf Basis einer Kategorisierung der Ziele nach dem AIDA Modell – Attention, Interest, Desire und Action – erfolgen: Hat ein Unternehmen oder Produkt einen gewissen Bekanntheitsgrad erreicht und Aufmerksamkeit erzeugt, so können Interessen und ein bestimmtes Verlangen nach dem Produkt erweckt werden, was im besten Fall in einer Kaufhandlung mündet. Um dies zu erreichen, wird die Kommunikation auf differenzierte Zielgruppen ausgerichtet. Die Zielgruppendefinition basiert auf demografischen, sozioökonomischen, kaufverhaltens- und nutzenbezogenen Kriterien sowie auf allgemeinen Persönlichkeitsmerkmalen. Gerne wird dabei auf standardisierte Typologien zur Definition der Zielgruppen zurückgegriffen.[796]

Das Aufgabenfeld umfasst außerdem die Budgetierung und Mediaplanung (finanzielle, zeitliche und inhaltliche Verteilung auf verschiedene Medien) sowie die Festlegung der Kommunikationsinstrumente. Zu den Instrumenten gehören neben der klassischen Mediawerbung (Print, TV, Radio) die Verkaufsförderung, Messen und Events, Sponsoringkonzepte, Öffentlichkeitsarbeit und die Werbung mit neuen Medien. Hinzu kommt die interne Unternehmenskommunikation, die vor allem Aspekte der Corporate Identity und Mitarbeiterintegration beinhaltet.[797]

Bei der Gestaltung des Kommunikationsauftritts geht es sowohl um die Gestaltung inhaltlicher Elemente (Slogan, werblicher Text) als auch um visuelle, auditive und sonstige Elemente wie den Geruch bei Proben, den Geschmack oder auch haptische Eindrücke, die durch Berührung aufgenommen werden, wie die Papierqualität. Grundlegend ist dabei die Erkenntnis, dass die Wirkung der Kommunikationsmaßnahmen von einer Vielzahl situativer Bedingungen abhängt, die bei der Gestaltung des Kommunikationsauftritts berücksichtigt werden müssen. Darunter fällt vor allem das ‚Involvement' der Angesprochenen, also der Grad der (emotionalen) Einbindung, die Zahl der Wiederholungen und Beeinflussungsmodalität, die sich auf die Verwendung bildlicher versus textlicher Elemente bezieht (Bilder werden emotionaler

---

[796] Vgl. Homburg/Krohmer (Marketingmanagement, 2003), S. 625

[797] Vgl. zu den Kommunikationsinstrumenten der Kommunikationspolitik ausführlich Homburg/Krohmer (Marketingmanagement, 2003), S. 649 ff.

und intuitiver verarbeitet, während Texte vom Empfänger eher rational verarbeitet werden).[798] Vor der Durchführung der Kommunikationsmaßnahmen wird meist ein Pretest durchgeführt, nach dem Anlaufen der Kampagnen erfolgen Kontrollen zum Kommunikationserfolg.[799] Letztere basieren auf unterschiedlichsten Verfahren, darunter aparative Verfahren wie die Messung von Hautreaktionen oder die Blickaufzeichnung, aber auch Befragung und Beobachtung.[800]

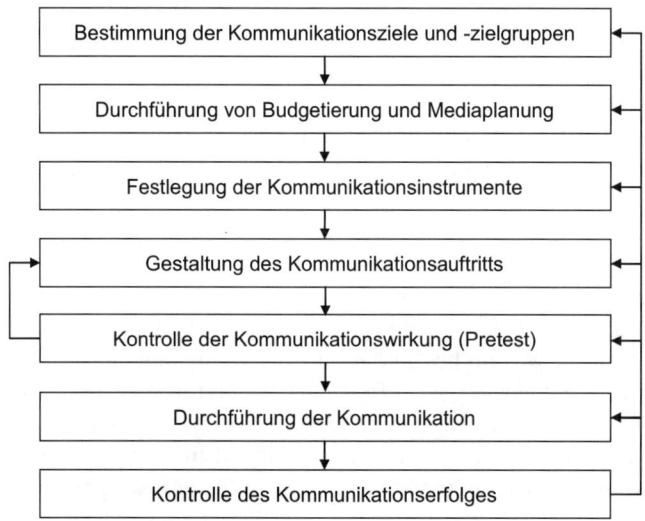

Abbildung 57: Idealtypischer Prozess der Kommunikationspolitik[801]

Bei den Kommunikationsinstrumenten haben vor allem die ‚neuen Medien' eine zunehmend starke Bedeutung. Gemeint sind diejenigen Kommunikationskanäle, die im weitesten Sinne IT-gestützt genutzt und meist über das Internet verbreitet werden. Neben einseitigen Kommunikationsmedien wie CDs oder DVDs gibt es auch so genannte Kiosksysteme, computergestützte Auskunftsterminals, die häufig interaktiv gestaltet sind. Die Kiosksysteme können reine Informations- und Kommunikationszwecke haben, zum Beispiel um Kaufinteresse zu wecken, sie können aber ebenso zur kompletten Kaufabwicklung eingesetzt werden.[802] Die Interaktion beschränkt sich hier aber bisher zumeist darauf, dass Kunden vorgegebene Aktionen durchführen, nicht aber selbst Inhalte generieren können.

---

[798] Vgl. Homburg/Krohmer (Marketingmanagement, 2003), S. 669 f.

[799] Vgl. Homburg/Krohmer (Marketingmanagement, 2003), S. 623

[800] Vgl. Homburg/Krohmer (Marketingmanagement, 2003), S. 688

[801] Entnommen aus Homburg/Krohmer (Marketingmanagement, 2003), S. 623

[802] Vgl. Homburg/Krohmer (Marketingmanagement, 2003), S. 652

Wesentlich mehr Möglichkeiten ergeben sich durch das Internet und die Welt des Web 2.0, das die Vielfalt der möglichen Kommunikationskanäle und -arten wesentlich erweitert hat. Gerade unter dem Aspekt, dass mittlerweile mehr als 60 Prozent der über 14-Lährigen und über 82 Prozent der 14- bis 29-Jährigen der deutschen Bevölkerung im Netz unterwegs sind,[803] wird deutlich, welche Potenziale sich hier ergeben. Als Instrumente stehen hier beispielsweise Banner-Werbung, Affiliate-Programme (Vernetzung von Websites innerhalb von Kooperationen durch die Integration eigener Elemente in die Websites von Partnern), Pop-up-Werbung oder herkömmliche Websites und E-Mails zur Verfügung. Zwar weisen diese Online-Instrumente bereits interaktive Elemente auf, doch Anwendungen wie Blogs, Wikis, Netzwerkplattformen, Videoportale und andere Social Software-Systeme, bei denen die User die Inhalte generieren, bieten ein wesentlich größeres Potenzial für die Interaktion mit den verschiedenen Bezugsgruppen. Seit einiger Zeit wird hier auf verschiedene Formen des Empfehlungsmarketing gesetzt, im Internet kommt vor allem das **Virale Marketing** zur Anwendung. Das Internet wird dabei als „kostengünstiger Empfehlungsgenerator mit hoher Reichweite"[804] genutzt. Virales Marketing entsteht durch Zufall oder indem ein Unternehmen es initiiert. Empfehlungen werden mit hoher exponentieller Wirkung und Schnelligkeit in Foren, Blogs, per E-Mail und Chat verbreitet. Beispiele für das Funktionieren des Viralen Marketings sind das Spiel Mohrhuhn und das Kinderlied Schni-schna-Schnappi. Problematisch ist, dass meist kaum vorhergesagt werden kann, ob eine Botschaft eine positive oder negative Richtung annimmt.[805]

Durch das Internet stehen Unternehmen neuen und globalen Öffentlichkeiten gegenüber, Netzwerken mit eigenen Strukturen, Themen, Kommunikationsabläufen und Aufmerksamkeitsregeln. Die Bezugsgruppen entscheiden selbst, über welche Kanäle sie sich informieren wollen und in welchem Umfang, womit die Unternehmen immer mehr Steuerungsmöglichkeiten verlieren. Während noch dieselben Kunden, Interessenten am Unternehmen, Mitarbeiter und Lieferanten wie bisher als Adressaten und Zielgruppe im Internet vertreten sind, bilden sich aus genau diesen altbekannten Stakeholdern neue Gruppen.[806] So entstand beispielsweise rund um Casual Streetwear eine Community, in der Neuheiten, Produkte, Fälschungen von Markenwaren und die Qualität der Produkte diskutiert werden. Hier beteiligen sich die (Stamm-)Kunden, die Markenbegeisterten, die bisher bereits die Produkte kauften und nutzen und jetzt eine Möglichkeit gefunden haben, sich darüber auszutauschen – sogar international. Flops, Qualitätsschwächen und Fauxpas' verbreiten sich ebenso schnell, wie besonders gelungene Aktionen.[807] Ein herausragendes Kennzeichen der virtuellen Bezugsgruppen ist, dass sie sich kurzfristig und binnen kurzer Zeit über Plattformen, Blogs und Foren verbinden, gemeinsam diskutieren, handeln und sich ebenso schnell wieder auflösen können. Dabei handelt es sich vielfach um Stakeholdergruppen, die ein Thema entdecken, miteinander in Kontakt treten, das Thema diskutieren und eskalieren, um gemeinsam gegen wahrgenommene

---

[803] TNS Infratest/Inititiative D21 ((N)Online Atlas 2007, 2007), S. 10

[804] Schüller (Kaufmannstugend, 2007)

[805] Vgl. Schüller (Kaufmannstugend, 2007)

[806] Vgl. Zerfaß (Öffentlichkeitsarbeit, 2005), S. 411 ff. und 417 ff.

[807] Vgl. www.found-nyc.com

Missstände vorzugehen. Welchen Einfluss solche Kritikergruppen erlangen können, zeigt das Beispiel des Online-Boykotts der Lufthansa im Jahr 2001, als Abschiebungsgegner nicht nur eine reale Demonstration gegen die von Lufthansa durchgeführten Abschiebungen auf die Beine stellten. Sie mobilisierten auch mehr als 10.000 Online-Demonstranten, die mittels einer eigens heruntergeladenen Software in kurzen Intervallen die Flugbuchungsseite der Lufthansa aufriefen und damit die Website für buchungswillige Kunden blockierten.[808]

Eine besondere Herausforderung besteht für Unternehmen in der dezentralen Organisation und immens weitläufigen Vernetzung von Meinungsmachern im Netz. Ein eindringliches Beispiel für das Unterschätzen der Multiplikatoreffekte in Online-Communities und insbesondere in der Bloggosphäre lieferte der Klingeltonanbieter Jamba. Im Dezember 2004 wurde im Blog *Spreeblick* ein Artikel über *Jamba* und die Gründer, die Samwer Brüder, in leicht lesbarer Form und mit kritischen Inhalten zum Abo-Tarifmodell der Klingeltonvertreiber veröffentlicht. Innerhalb kurzer Zeit mehrten sich Blogs, die auf den Spreeblick-Artikel verlinkten, zahlreiche Leser hinterließen Kommentare die bezeugten, dass sie den Artikel über *Jamba* positiv aufgenommen haben und dem Geschäftsmodell ebenfalls kritisch gegenüber stehen. Während Jamba-Mitarbeiter sich auch in die Diskussion einschalteten und das Abo-Modell verteidigten, wuchs die Zahl der Vernetzungen so weit, dass der Spreeblick-Blog in den großen Suchmaschinen gelistet wurde. Auch Branchendienste wie *Heise.online* oder *W&V* griffen das Thema auf. Erst dann entschied sich *Jamba* zu einer offiziellen Stellungnahme. Der Reputationsverlust war jedoch bereits hoch, die Massenmedien hatten das Thema ebenfalls entdeckt. Jamba hatte mit schweren Imageverlusten zu kämpfen.[809]

Ein weiterer Grund für die notwendige Neubetrachtung der Kommunikationsgestaltung im Marketing liegt in den vielschichtigen Einflussfaktoren auf das Kaufverhalten der Konsumenten. So bestätigt eine Untersuchung der Columbia University, New York, die sich mit Verkaufserfolgen in der Unterhaltungsindustrie beschäftigte, die verbreitete Erkenntnis, dass nicht allein die Produkteigenschaften und die Präferenzen von Verbrauchern entscheidend für die Kaufentscheidung sind. Menschen werden davon beeinflusst, was andere denken, tun oder kaufen, ihre Entscheidungen entstehen im Rahmen von komplexen sozialen Netzwerken.[810] Genau diese Verstärkung können sich Unternehmen zunutze machen, sobald ihr Produkt Anhänger gefunden hat. Die Wirkung sozialer Faktoren kann forciert werden, indem mehr Kunden und Gruppen auf diejenigen Personen aufmerksam gemacht werden, die bereits von einem Produkt begeistert sind. Kunden werden so für die Kommunikation von Unternehmen direkt eingesetzt.

Für Unternehmen haben sich die Rahmenbedingungen für die Kommunikationspolitik gerade durch Social Software-Systeme, User Generated Content und offene Netzwerke so stark verändert, dass es für die Planung und Ausführung von Kommunikationsmaßnahmen sinnvoll erscheint, die Erfolgsfaktoren genau dieser veränderten Umgebung, die Erfolgsfaktoren der Social Software-Systeme, zu implementieren.

---

[808] Vgl. Zerfaß (Öffentlichkeitsarbeit, 2005), S. 422

[809] Vgl. Spreeblick-Blog, http://www.spreeblick.com/2004/12/12/jamba-kurs/, abgerufen am 24.07.2007

[810] Vgl. Watts/Hasker (Ende der Blockbuster, 2006), S. 13

Wikimanagement Erfolgsfaktoren im Kommunikationsprozess
Die Ziele der Kommunikation sind eng mit den Unternehmens- und Marketingzielen verbunden. Dabei werden sie nach Innen und Außen über die Coporate Identity transportiert. Im Sinne des Wikimanagements sollten die Ziele den verschiedenen Stakeholdergruppen, von Mitarbeitern über Kunden bis zu Informationsmittlern, wie zum Beispiel Journalisten, offen kommuniziert werden. Erfolgen kann dies durch ein Manifest, auch ergänzt durch Videos, in dem die Vision eines Unternehmens und die Ziele eines Projektes überzeugend vorgestellt werden, so dass sie zu einer **gemeinsamen Vision** werden. Kunden, die sich für ein Unternehmen engagieren und mit ihm interagieren, sind interessierte Kunden, die klare Ziele und Informationen verlangen und sich nicht mit einfachen Botschaften und Versprechen zufrieden geben. Diese Involvierung der aktiven Kunden ist ein weiteres Argument dafür, dass ihnen auch ein Spielraum bei der Mitgestaltung von Zielen und Unternehmensprozessen eingeräumt werden sollte.[811]

Gerade in der Kommunikation, die ein Eigenleben außerhalb des Steuerungsbereichs der Unternehmen entwickelt hat, ist es notwendig, die Kunden einzubeziehen. Die Übertragung des Erfolgsfaktors **Partizipation** eröffnet den Unternehmen und Organisationen viele Möglichkeiten. So kann einerseits eine direkte dialogische Kommunikation zwischen dem Unternehmen und einzelnen Zielpersonen und -gruppen erfolgen, was eine genauere, den Bedürfnissen besser entsprechende Kommunikation ermöglicht. Andererseits kommt es im Web zur Many-to-many-Kommunikation zwischen verschiedenen Stakeholdern, die in den entstehenden sozialen Netzwerken eine verstärkende Wirkung hat. Gerade hier ist es sinnvoll, den Kunden auf der eigenen Webseite eine Partizipationsmöglichkeit zu geben. Hierfür finden sich zahlreiche Anwendungsfelder. So können die Ziele und Zielgruppen in der Interaktion mit Kunden wesentlich genauer definiert werden, als nur durch harte Fakten wie sozioökonomische und demografische Aspekte. Auch Mediaplanung und die Wahl der Kommunikationsinstrumente kann durch die Kunden mitgestaltet werden – sie kennen die Kanäle, die sie nutzen, am besten. Ein besonders großes Partizipationspotenzial bietet sich in der Gestaltung des Kommunikationsauftritts. Mitarbeiter und Kunden können Werbevideos erzeugen, Slogans texten, Designvorschläge liefern – als Anreiz für die Teilnahme reicht häufig ein Wettbewerb. Nicht zuletzt können die Kunden in die Durchführung der Kommunikation eingebunden werden, beispielsweise durch Empfehlungen an Freunde; nach der Mund-zu-Mund-Kommunikation jetzt durch die Kommunikation in sozialen Netzen.

Um die Konsumenten einbeziehen zu können, muss, wie in der *Wikipedia*, Offenheit zur Unternehmenskultur gehören. Open Source basiert auf Authentizität, Humor, **Vertrauen** und Aufrichtigkeit. Die Materialien sollten demnach auch nicht durch ein Copyright geschützt sein, sondern auf einer Creative Common License, die auf den gleichen Grundsätzen wie die Free Documentation Licence der *Wikipedia* aufbaut. So werden Weiterentwicklungen von Logos, Texten und Anzeigenkampagnen gefördert.[812] Sofern die durch interne oder externe Zielgruppen erzeugten Inhalte geschützt werden sollen, bieten sich finanzielle Anreiz an, da kommerzielle Organisationen kaum mit großem Engagement rechnen können, wenn den

---

[811] Vgl. Ballhaus (Marketing, 2006), S. 41
[812] Vgl. Ballhaus (Marketing, 2006), S. 40

Mitgliedern der Community kein Mehrwert entsteht. Vertrauen in ein Unternehmen und ein Produkt erhöhen die Möglichkeiten zur Kundenbindung und die positiven Effekte in der Mund-zu-Mund-Kommunikation.

Eine **flexible Regelauslegung** begünstigt die Motivation der Teilnehmer. Gerade weitgehend freiwillige Leistungen wird niemand erbringen, der rechtliche Konsequenzen zu befürchten hat, beispielsweise weil er in einem Designwettbewerb für die Gestaltung des Kommunikationsauftritts das Logo weiterentwickelt und umgestaltet oder es in einem Werbevideo platziert hat. Auch wenn sich hier Gefahren verbergen, so sollten Unternehmen nicht immer konsequent auf die Rechtssituation bestehen. Nicht nur im Hinblick auf rechtliche Gegebenheiten, auch in Bezug auf formale Unternehmensregelungen, wie die Sprachgestaltung in der Öffentlichkeitsarbeit, dürfen bei der Kommunikation mit und in sozialen Netzen die Grenzen nicht mehr allzu eng gezogen werden. Werden den Bezugsgruppen zu viele formale Regeln auferlegt, so werden sie sich einer anderen Plattform zuwenden.

Marketingkommunikation 2.0 bietet Stakeholdern unzählige Möglichkeiten zur **Selbstverwirklichung**, sie können ihre Ideen einbringen, kreativ arbeiten, einen Beitrag zu den Produkten leisten und ihre Meinung zu Produkten – kritisch oder lobend – äußern, sich in sozialen Netzen profilieren. Das alles ist Ansporn und Motivation für das Engagement in sozialen Netzwerken, auch für Unternehmen.

Die **Einfachheit** in der Technologie ist bei Instrumenten wie Blogs oder Foren und Uploadmöglichkeiten für Videos oder Podcasts gewährleistet. Wichtig sind dabei die einfache, intuitive Bedienbarkeit der integrierten Tools und ihre Platzierung auf der Webseite. Ein Besucher einer Webseite, der lange nach dem Link zu einem Kontaktfeld, einem Blog oder Forum suchen muss, wird schnell aufgeben und sich – verärgert über die Zugangsbarrieren – auf einer anderen Plattform betätigen.

Die **emergente und inkrementelle Entwicklung** zeigt sich vor allem darin, dass Kommunikationsmaßnahmen nur noch in geringerem Maße planbar sind. In virtuellen Gruppen, Blogs, Foren und anderen Netzwerken besteht eine hohe Eigendynamik, die auch einen **Mix der Herrschaftsformen** mit sich bringt. Vor allem im Viralen Marketing ist die Entwicklung der Kommunikation nur schwer beeinflussbar und birgt damit nicht nur Chancen, sondern auch Risiken. Fehler in der Kommunikation oder Unglaubwürdigkeit können zu Reputationsverlust und Umsatzeinbußen führen.

In besonders hohem Maße kommt es in der Kommunikation zur **Entprivatisierung** und der Einbringung des jeweiligen **persönlichen Stils** an. Durch die Integration von zum Beispiel Meinungsbildern, die Erstellung persönlicher Profile in Networking-Plattformen wie *Xing* oder *myspace*, die Veröffentlichung der persönlichen Urlaubsfotos bei *flickr* mit der Möglichkeit, zu anderen Profilen zu verzweigen, werden persönliche Daten in Netzwerken verbreitet. In CEO-Blogs, die sich meist durch eine lockerere Sprachwahl auszeichnen, als es bei herkömmlichen Pressemeldungen oder Rundschreiben der Fall wäre, verschieben sich die Barrieren und Distanzen. Es entstehen (vermeintlich) persönlichere und nähere Kontakte. Durch den persönlichen Stil erhalten auch Empfehlungen einen anderen und stärkeren Charakter, als es bei formalen, rein informativen Botschaften der Fall gewesen ist.

Für Unternehmen ergeben sich damit im Rahmen des Kommunikationsprozesses die unterschiedlichsten Möglichkeiten, den bisherigen Prozess zu erweitern und zu überdenken. So kann beispielsweise die Kategorisierung der Ziele mittels AIDA durch Web 2.0 unterstützt werden. Platziert ein Unternehmen zum Beispiel einen Blog zu einem neuen Produkt auf der Website, so kann das der Ausgangspunkt sein, Aufmerksamkeit (Attention) auf das Produkt, ein Innovationsprojekt, bei dem die verschiedenen Stakeholder partizipieren sollen, oder auch einen Kommunikationswettbewerb zu lenken. Je mehr Aufmerksamkeit die Seite durch die zunehmende Verlinkung mit Blogs erlangt, desto mehr Interesse (Interest) wird daran bestehen und aus den Empfehlungen, Ideen und Diskussionen in den Blogs der Kaufwunsch (Desire) geweckt werden. In Online-Shops können die Konsumenten diesem Wunsch nachgehen und das Produkt direkt erwerben (Action). Hinzu kommt, dass die Anzahl der Verlinkungen, die beispielsweise bei Blogs über *Technorati* nachvollzogen werden kann, Hinweise auf den Kommunikationserfolg liefert. Eine Übersicht über mögliche Veränderungen durch die Erfolgsfaktoren des Web 2.0 gibt die folgende Tabelle.

Phasen der Kommunikationspolitik	Kommunikation nach Wikimanagement
Bestimmung der Kommunikationsziele und -zielgruppen	Ziele der Kommunikation werden gemeinsam mit Kunden und Mitarbeitern festgelegt, damit eine bessere Ansprache der Zielgruppen gewährleistet ist. Identifikation der Zielgruppen kann über soziale Netze und Interaktion präziser erfolgen als mittels statistischer Daten.
Durchführung von Budgetierung und Mediaplanung	Die Auswahl der geeigneten Medien sollte in jedem Fall berücksichtigen, in welchem Umfang die Zielgruppen welche Internet-Medien nutzen und welche Vernetzungsmöglichkeiten es gibt. Unternehmen müssen da sein, wo die Kunden sind.
Festlegung der Kommunikationsinstrumente	Einzelne Kommunikationsinstrumente können vorgegeben werden. Kunden und Mitarbeiter können aufgefordert werden, Beiträge in bestimmten Formaten zu leisten. Freiraum in der Gestaltung kann aber auch so weit gehen, dass Kunden in die Wahl der Formate einbezogen werden. Einfache Bedienbarkeit ist besonders zu berücksichtigen.
Gestaltung des Kommunikationsauftritts	Die Zielgruppen wissen am besten, was ihnen gefällt und was nicht. Durch Wettbewerbe können Ideen für Werbespots und Slogans generiert werden. Werbung und positive Kommunikation von anderen Kunden, die im besten Fall auf Erfahrungen basiert, ist wesentlich stärker als informative Kommunikationsmaßnahmen.

Kontrolle der Kommunikationswirkung (Pretest)	Inkrementelle und emergente Entwicklung spricht für eine laufende Entwicklung und Test auf dem Markt. (Release early – release often.) Angesichts der extrem schwierigen Steuerbarkeit beim Viralen Marketing, sind hier aber die sehr weitreichenden Risiken abzuwägen.
Durchführung der Kommunikation	Durchführung der Kommunikation liegt nicht mehr ausschließlich in der Hand der Unternehmen. Vielmehr diskutieren mögliche Stakeholder so oder so im Netz; betreiben Kommunikationspolitik für und gegen Unternehmen. Daher ist es naheliegend, das Unternehmen nicht außen vor bleiben können, sondern sich aktiv beteiligen müssen.
Kontrolle des Kommunikationserfolges	Die Kontrolle des Kommunikationserfolgs kann direkt im Netz erfolgen. Die Zahl der Verlinkungen bei Blogs, das direkte Feedback in Foren, Chats und Blogs, die Anzahl von Einträgen geben ein klares Bild vom Erfolg oder Misserfolg einer Kommunikationsmaßnahme.

Tabelle 31: Social Software-Systeme in der Kommunikation

Clouds, Videos und Postkarten – Kommunikation mit Social Software
Als einfachste Form für die Einbeziehung der Internetnutzer in Kommunikationsmaßnahmen können Affiliate- und Suchmaschinenmarketing aufgeführt werden. Hier generieren die User zwar nicht direkt Inhalte, ihre Aktion, das Aufrufen einer Website, führt aber dazu, dass die Seite in gewisser Weise eine Bewertung erfährt.

Ein weiterer Schritt ist die Integration von Tagging in eine Website. Eine häufig angewandte und ansprechende Form der Visualisierung von besonders häufig gesuchten und aufgerufenen Schlagworten innerhalb einer Webseite ist dabei die Tag Cloud, eine Wortwolke, bei der die populärsten Schlagworte typografisch am größten dargestellt werden. Welche Schlagworte hervorgehoben werden, bestimmen die User durch die Anzahl der Suchen oder Seitenabrufe. Neben der automatisch optimierten nutzerfreundlichen Navigation geben die aktuell generierte Tags zugleich einen interessanten Einblick, welche Themen und Schlagworte die Nutzer bewegen.

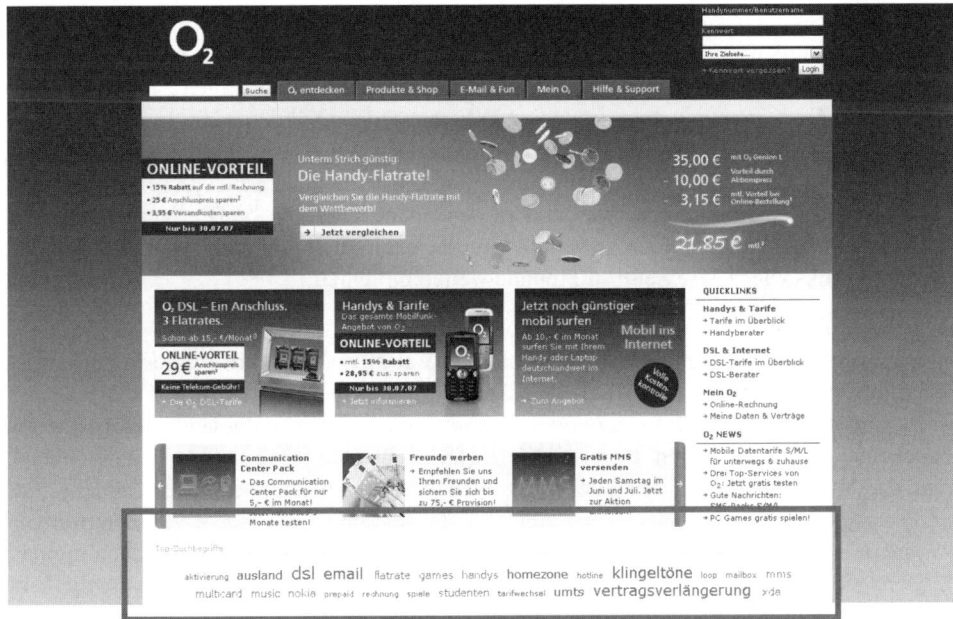

Abbildung 58: Tag Cloud zur Unterstützung der Navigation (Beispiel O2) [813]

Zur Nutzung von Multiplikatoreffekten und sozialen Einflüssen können Plattformen aufgebaut werden, auf denen das Konsumentenverhalten durch die Vernetzungsmöglichkeit und die Verbindung mit Opinion Leadern gezielt verändert werden, wenn sie entstehen.[814] Die Schaffung von Bezugsgruppen und Netzwerken kann dadurch entstehen, dass eigene Informationsportale aufgebaut werden, auf denen sich die Interessengruppen umfassend informieren und Inhalte ergänzen können. In Meinungsbildern können über integrierte Wikis die Ansichten und Interessen von Kunden zusammengeführt werden. Um die Interessenten auf dem aktuellsten Stand zu halten, kann beispielsweise die Möglichkeit für das Abo eines Newsletters per E-Mail oder ein RSS-Feed eingerichtet werden.

Die Beeinflussung der Zielgruppen kann beispielweise über eine Bewertung von Songs auf der Website eines Musikverlages durch die Nutzer erfolgen. Auch hier bieten sich Tag Clouds, über Listen oder Foren an, in denen Kommentare zur Bewertung abgegeben werden können. Denkbar sind Rezessionen zu Musikalben, wie sie von Lesern bereits bei *amazon.com* für Bücher erstellt werden. Hier erzeugen die User der Seiten eine Navigations- und Entscheidungshilfe für andere Nutzer. Außerdem können durch eine gezielte Führung von Nutzern durch die Seiten und die Bewertung von Produkten soziale Effekte erzeugt werden. Dabei ist Glaubwürdigkeit jedoch das oberste Gebot.

---

[813] http://www.o2online.de/nw/index.html, abgerufen am 24.07.2007

[814] Vgl. dazu ausführlicher Watts/Hasker (Ende der Blockbuster, 2006), S. 13

Weitere Möglichkeiten zur Nutzung sozialer Effekte und große Einflussfaktoren auf das Kaufverhalten von Konsumenten sind die Mund-zu-Mund-Kommunikation und Virales Marketing, wobei bei letzterem so genannte Opinion Leader aus den jeweiligen Zielgruppen zur Unterstützung der Kommunikationsmaßnahmen herangezogen werden. Gerade vor dem Hintergrund, dass immer mehr Wahlmöglichkeiten bestehen, Kunden aber immer nur begrenzt Zeit haben, diese zu durchforsten und zu konsumieren, wird sich die Tendenz verstärken, dass Kunden sich an dem orientieren, was andere denken oder mögen.[815] Die Vernetzung von Kunden und Bezugsgruppen kann durch ein Unternehmen auch gefördert werden, beispielsweise durch Links wie ,Diese Seite an Freunde weiterempfehlen'.

Eine große Rolle in der Mund-zu-Mund-Kommunikation in Social Software-Communities spielen Bewertungsportale und deren Beobachtung. Vor allem im Tourismussektor informieren sich die Reisenden vor ihrem Urlaub ausführlich über die Unterkunft, die sie erwartet. Bewertungsportale wie *Hotelcheck.de* oder *Tripadvisor.de* bieten umfassende Informationen zu Hotels und deren Leistungen. Hotels, die mehrfach schlechte Bewertungen erfahren haben, werden die Auswirkungen bei den Buchungszahlen zu spüren bekommen. Über Communities wie *Qype.de* werden Restaurants, Metzgereien, Veranstaltungen in Städten von den dortigen Einwohnern bewertet. Hier besteht die Gefahr, dass Kunden Bewertungen eher dann vornehmen, wenn sie besonders schlechte Erfahrungen gemacht haben. Umso wichtiger ist die Umsetzung einer einfachen Bewertungsmöglichkeit, um auch positive Kritiken zu erhalten und diese nicht durch benutzerunfreundliche Barrieren zu verhindern. Die Analyse solcher Faktoren ist zugleich ein wichtiger Ansatzpunkt für Marktforschung und Qualitätsmanagement.

Videoportale bieten die Möglichkeit, Informationen und Werbebotschaften auf den vielgenutzten Seiten zu übermitteln. Wie vielfältig sie eingesetzt werden können, zeigt sich durch die Nutzung von *YouTube* im US-amerikanischen Wahlkampf. Die Videos von Fernsehdebatten und Podcasts von Radioauftritten werden in Portalen wie *YouTube* platziert. Interessierte Wähler haben die Möglichkeit, die Reden ihrer Kandidaten und der Konkurrenten immer wieder zu sehen. Während in Fernseh- und Radioformaten bei der einmaligen Ausstrahlung kleinere Fauxpas untergingen, so werden nun selbst die kleinsten Fehler transparent, womit die Steuerung der Kampagnen für die Wahlkampfbüros noch herausfordernder werden dürfte. Auch hier bietet sich die Möglichkeit, Plattformen zu nutzen und die Wähler direkt in die Kampagne einzubinden. So nutzte Hillary Clinton das Portal *YouTube*, um einen Song für den Wahlkampf zu finden und tatsächlich wurden unzählige mehr oder weniger ernst gemeinte Musikvideos bei *YouTube* eingestellt.[816] Weiter getrieben wurde die Interaktion über *YouTube*, als sich die demokratischen Kandidaten im Juli 2007 ca. 3000 vorab geposteten Fragen von Wählerinnen und Wählern stellten. Die Fragen waren direkt formuliert, hier zeigte sich einmal mehr, dass die Mitglieder von Online-Communities sich nicht mit einfachen Botschaften zufrieden geben, sondern klare, offene Positionen, Informationen, Antworten und Diskussionen fordern.[817]

---

[815] Vgl. Watts/Hasker (Ende der Blockbuster, 2006), S. 14

[816] Vgl. http://www.youtube.com/watch?v=LClOHUFUC5g

[817] Vgl. Vorsamer (Youtube-Moment, 2007)

Abbildung 59: Hillary Clinton in YouTube zur Frage „Are you a liberal?“[818]

Noch im Anfangsstadium ihrer Entwicklung, aber bereits von zunehmender Bedeutung, bieten virtuelle Welten wie *Second Life* nicht nur die Möglichkeit, Werbebotschaften zu platzieren, mit den Bezugsgruppen zu kommunizieren und dabei ein direktes Feedback zu Produkten und Kommunikationsmaßnahmen einzuholen oder genau diese gemeinsam zu erarbeiten. Sie bieten auch die Möglichkeit, Produkte in einer umfassenderen Art und Weise zu erläutern. Durch Product Placement in Online-Spielen, das Aufbauen von virtuellen Themenwelten, beispielsweise in *Second Life*, können Werbeeffekte erzielt werden. So haben Vertriebsmitarbeiter in virtuellen Welten die Möglichkeit, ihren Kunden komplexe Produkte detailliert vorzuführen und zu erläutern, wie es bei *IBM* bereits praktiziert wird.[819]

Durch die Präsenz in den virtuellen Welten schaffen sich die Unternehmen Aufmerksamkeit, zeigen, dass sie in jeder Welt den Kunden unterstützen. Dies vermittelt beispielsweise auch die Deutsche Post World Net mit ihrer Präsenz in *Second Life*, die es ermöglicht aus der virtuellen Welt, Postkarten in die reale Welt zu versenden.

---

[818] URL: http://youtube.com/debates, abgerufen am 27.07.2007

[819] Vgl. Algesheimer/Leitl (Unternehmen 2.0, 2007), S. 94

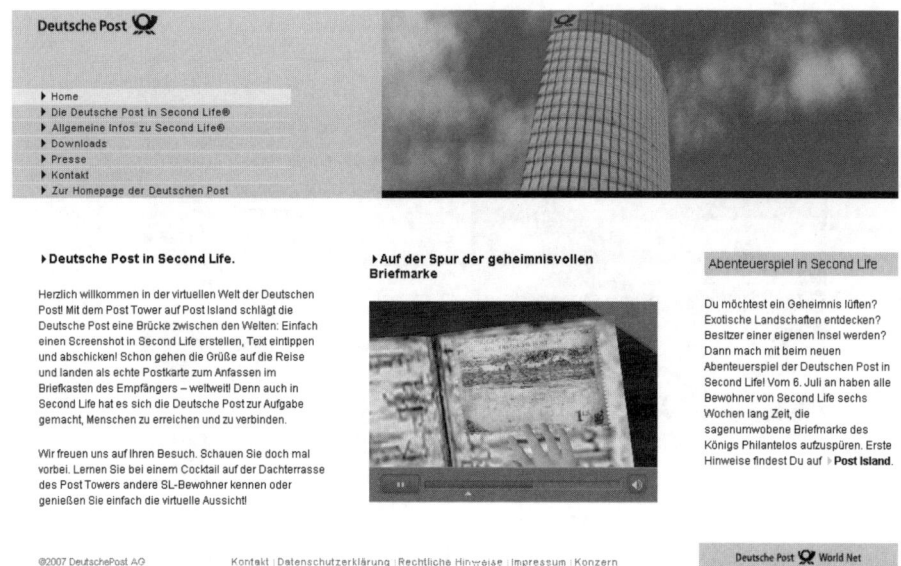

Abbildung 60: Mit der Deutschen Post Karten aus Second Life versenden[820]

Problematisch an den virtuellen Welten ist derzeit noch die geringe Zahl der regelmäßigen aktiven Nutzer.[821] Damit ist die Repräsentanz der ermittelten Ergebnisse für die Zielgruppe nicht gewährleistet. Unter Einbeziehung dieser Prämissen haben Unternehmen aber gerade jetzt die Möglichkeit, sich einen Platz in den virtuellen Welten zu suchen. Andererseits ist noch nicht abzusehen, wie schnell sich virtuelle Welten durchsetzen werden, und welche Plattform, ob *Second Life* oder eine andere virtuelle Welt, dann die dominierende sein wird.

Besonders in der PR- und Öffentlichkeitsarbeit von Unternehmen und bei der Diskussion aktueller Themen bieten sich Blogs als Instrumente an. Ein besonderer Vorteil ist, dass die Kommunikation die Ansprechpartner ungefiltert erreicht, nicht verzerrt durch die Zwischenschaltung von Massenmedien.[822] Im Gegensatz zu diesen sind Blogs mit ihren Kommentierungsmöglichkeiten dialogisch geprägt und wirken authentischer. Beim Einsatz der ‚Online-Tagbücher' sollten vor allem die Strukturen des Kommunikationsprozesses angepasst werden. Sofern bisher jede ausgehende Mitteilung strengstens auf die Sprachregelungen der Organisation geprüft wird und hohe formale Anforderungen bestehen, so stehen die Mitarbeiter der PR-Abteilungen vor einem umfassenden Veränderungsprozess. Der Einsatz von Blogs und anderen interaktiven Medien macht nur dann Sinn, wenn im Unternehmen die Bereitschaft besteht, auf die Community einzugehen, Antworten zu verfassen und über formale Regelun-

---

[820] URL: http://secondlife.deutschepost.de/, abgerufen am 26.07.2007

[821] Vgl. Abschnitt A.2.8

[822] Vgl. ausführlich zu CEO-Blogs bei Zerfaß/Sandhu (CEO-Blogs, 2006), S. 51 ff.

gen hinwegzugehen.[823] Blogs bieten sich ebenso für die interne Kommunikation an, vor allem um die Corporate Identity und die gemeinsame Vision ins Unternehmen zu transportieren.

Eine Hilfe bei der Beobachtung von kritischen Diskussionen bieten Anbieter wie *ewatch.com* oder *newsradar.de*, die permanent Blogs, Foren, Newsgroups und weitere Online-Medien beobachten und auswerten. Im Medienblog *medienrauschen.de* werden die aktuellen Berichte der verschiedenen Medien beobachtet und diskutiert.

Negative Erfahrungen mit der Integration von Rezipienten in die Marketingkommunikation machte der amerikanische Automobilhersteller Chevrolet. Hier wurde zur Einführung des neuen Sport Utility Vehicles (SUV) Tahoe ein Wettbewerb gestartet, bei dem die Nutzer aufgefordert wurden, ihre selbst erdachten Werbetexte zu den von Chevy erstellten Werbefilmen zu schreiben. Die Texte konnten in einer Plattform direkt den Filmen zugeordnet werden, die sich bausteinartig zusammenfügen ließen. Während Chevy seine Marktposition durch diese Integration der Kunden in die Kommunikation stärken wollte, fühlten sich vor allem Gegner der SUVs angesprochen und prangerten den hohen Benzinverbrauch und die Auswirkungen auf die Umwelt an.[824]

Video: Chevy Tahoe's online ad contest

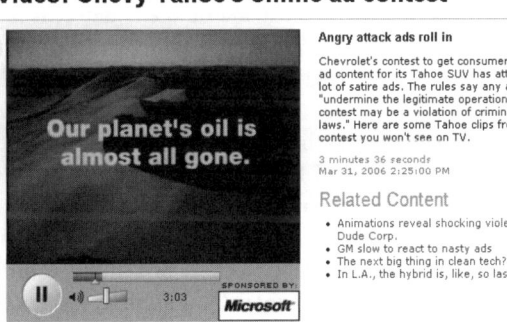

Abbildung 61: Anti-Werbung der Gegner des neuen SUVs von Chevrolet[825]

Andere Beispiele belegen, dass Wettbewerbe mit Videoclips im Web auch erfolgreich sein können. So haben sich in einem Webclip-Contest für die Bewerbung des Minis über 300 ‚Regisseure' betätigt und ihre Perspektive auf das erfolgreiche Markenauto in kreativen Videos eingesendet.[826]

---

[823] Vgl. Algesheimer/Leitl (Unternehmen 2.0, 2007), S. 90

[824] Vgl. beispielsweise http://www.netzpolitik.org/2006/culture-jamming-mit-Open Source-marketing/, abgerufen am 26.07.2007 sowie http://news.com.com/1606-2_3-6056633.html?tag=ne.vid, abgerufen am 24.07.2007

[825] http://news.com.com/1606-2_3-6056633.html?tag=ne.vid, abgerufen am 24.07.2007

[826] Vgl. http://www.mini.de/mini_aktuell_de/news/webclip_jury2006.html?archiv&2006, abgerufen am 27.07.2007

Da im Netz in jedem Fall diskutiert wird, sollten die Unternehmen dabei sein. Informationen und Meinungen – ob positiv oder negativ – können nicht mehr vertuscht oder unterdrückt werden. Während früher lediglich dem Nachbarn von den Problemen mit dem Neuwagen berichtet wurde, so erscheint der Erfahrungsbericht heute in einem Blog, und Kunden, die Informationen über das Unternehmen oder Produkt suchen, werden ihn finden. Daher sollten auch Unternehmen nicht mehr bloß noch informieren, sondern direkt in die Diskussion mit den Kunden einsteigen. Die Präsenz dort, wo die Kunden sind, wird am besten durch einen Mix aus Auftritten und Aktivitäten auf der eigenen und auf fremden Webseiten erzielt.

Bei allen Chancen, die durch Kommunikation im Web 2.0 entstehen, sollte klar sein, dass das Internet die anderen Medien nicht ersetzt. Entscheidend ist der Mix, die konsistente Präsenz und Stimulation von Kunden über verschiedene Kanäle.

C.2.7 Geschäftsprozessmanagement – Die Ab-Teilung der Abteilungen überwinden

Im Jahr 1913 begann Henry Ford die Fertigung von PKWs auf ein neues Verfahren umzustellen. Vorbild waren die Produktionsabläufe in den Zerlegeabteilungen der Chicagoer Schlachthöfe. Mit Hilfe der Erkenntnisse von Frederick Winslow Taylor, der mit seinem ‚Scientific Management'[827] nach rationaleren Formen der Arbeitsorganisationen suchte, übertrug Ford das Produktionsverfahren der Schlachthöfe auf die Automobilproduktion. Jeder Mitarbeiter blieb nun an einer bestimmten Stelle eines Laufbandes, um dort, sobald ein neues Fahrzeug eintraf, die stets selben Aufgaben durchzuführen. Die daraus resultierende funktionale Spezialisierung brachte eine Vielzahl von Vorteilen mit sich. Mitarbeiter konnten sich auf eine Aufgabe spezialisieren, für diese spezielle Aufgabe schnell ihre Lernkurve durchlaufen und Spezialwerkzeuge einsetzen. So konnten die Aufgaben schneller durchgeführt und neue Mitarbeiter wesentlich schneller für die begrenzte Aufgabenstellung angelernt werden, und auch die Planungssicherheit der Produktion erreichte bisher ungekannte Dimensionen. Diese neue Form der Arbeitsorganisation – ‚Scientific Management' – auch als ‚Taylorismus' bekannt – führte dazu, dass Ford mit dem ‚Model T' den ersten ‚Volkswagen' herstellen und vertreiben konnte. Ford konnte die Zeit für die Endmontage von 12,5 Stunden auf 90 Minuten verkürzen, den Tageslohn der Arbeiter mehr als verdoppeln und den Verkaufspreis des Models von 850 US-$ auf 300 US-$ senken. Das Model T konnte so durch seinen günstigen Preis neue Käuferschichten erschließen und bisher unbekannte Verkaufsrekorde realisieren.[828]

Kennzeichnend für Taylors ‚Scientific Management' war die Aufgliederung der Aufgaben nach funktionalen Kriterien.[829] Diese Trennung prägt bis heute wesentlich die Gestaltung der Aufbauorganisation und bedeutet zugleich eine Struktur, die im Gegensatz zum Ablauf der Geschäftsprozesse steht. Geschäftsprozesse müssen in ihrem Verlauf eine Vielzahl von Organisationseinheiten durchlaufen und Organisationsgrenzen überwinden.

---

[827] Vgl. Abschnitt B.1.2
[828] Vgl. Vahs (Organisation, 1997), S. 24
[829] Vgl. Abschnitt B.1.2

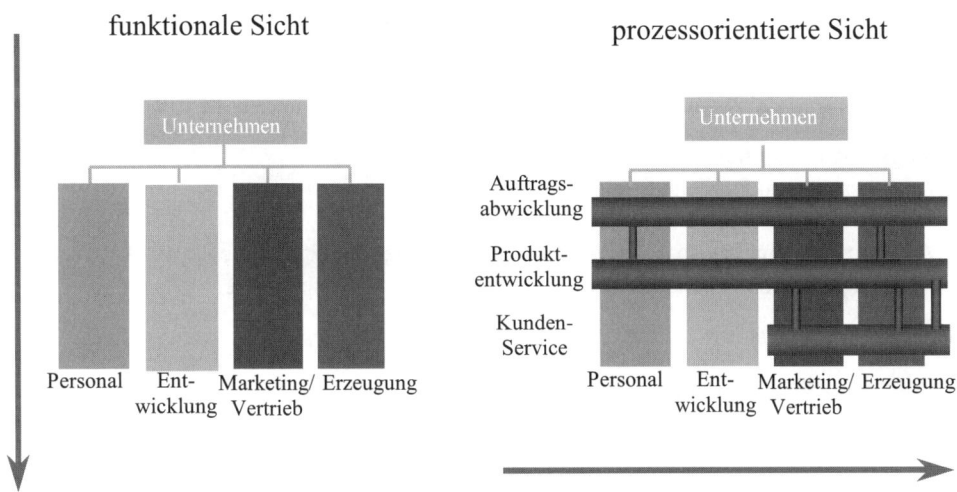

Abbildung 62: Funktionale und prozessorientierte Sicht in der Organisationsgestaltung[830]

Bereits zu Beginn der 30er Jahre hat Nordsieck die Relevanz von Prozessen für die Gestaltung von Unternehmen herausgestellt. Aber erst in den 80er Jahren fand das Management der Geschäftsprozesse in der Betriebswirtschaft breite Beachtung. In den USA waren es insbesondere die Arbeiten von Hammer und Champy, die breite Aufmerksamkeit fanden, während im deutschsprachigen Raum vor allem Arbeiten von Scheer und Gaitanides den Fokus auf eine ablaufadäquate Organisationsgestaltung lenkten.[831]

Nach Scheer ist ein Geschäftsprozess *„eine zusammengehörende Abfolge von Unternehmungsverrichtungen zum Zweck einer Leistungserstellung. Ausgang und Ergebnis des Geschäftsprozesses ist eine Leistung, die von einem internen oder externen ‚Kunden' angefordert und abgenommen wird".*[832]

Entscheidend für die Abgrenzung des Geschäftsprozesses ist also die zu erstellende Leistung. Der Geschäftsprozess selbst besteht aus mehreren Verrichtungen (*Funktionen*), die zumeist wiederum in mehrere zusammengehörende Funktionen zerlegt werden können und somit in sich auch wieder einen Geschäftsprozess darstellen.

Die aus der Geschäftsprozessorientierung resultierenden Optimierungen basieren entsprechend in erster Linie auf der zusammenhängenden Betrachtung der Einzelfunktionen. Lokale, beispielsweise abteilungs- oder stellenbezogene Optima der Gestaltung von Verrichtungen erweisen sich oftmals in der Gesamtsicht als suboptimal. Typische Beispiele von Optimie-

---

[830] Komus (Benchmarking, 2001), S. 95 in Anlehnung an Heib (Business Process Reengineering, 1998), S. 148

[831] Vgl. Körmeier (Prozessorientierte Unternehmensgestaltung, 1995), S. 259 ff.

[832] Scheer (ARIS, 2002), S. 3

rungspotenzialen sind zunächst unerkannte Mehrarbeiten, nicht aufeinander abgestimmte Teil-Prozessleistungen, über den Prozessverlauf vernachlässigte Kundenwünsche etc.

Entsprechend sind die wichtigsten mit der Geschäftsprozessoptimierung verfolgten Ziele:[833]

- Steigerung des Kundennutzens,
- Verringerung von Durchlauf- und Bearbeitungszeiten,
- Erhöhung der Qualität,
- Verbesserung von Transparenz, Steuerbarkeit und Flexibilität und die
- Erhöhung von Robustheit und Adaptierbarkeit der Geschäftsprozesse.

Wichtige Gestaltungshinweise zur optimalen Gestaltung von Geschäftsprozessen sind:[834]

- „optimierte Ablaufstruktur…
- Minimierung ‚organisatorischer Brüche‘ und Zusammenfassung von Aufgaben…
- Verringerung von Medien- und Systembrüchen…
- Reduktion von Kontrollen und Verlagerung von Entscheidungen auf die ausführende Ebene…
- Nutzung von Automatisierungspotenzialen…
- Optimierung über Unternehmensgrenzen hinweg…"

Diese Optimierungsansätze gehen an vielen Stellen mit der prozessorientierten Suche nach der optimalen Fertigungstiefe einher.[835]

Die sehr hohen Erwartungen an die frühe Form der Prozessoptimierung (‚Business Process Reengineering‘) haben sich zunächst oftmals nicht erfüllt. Ansätze zur Geschäftsprozessoptimierung wurden als aufwändig, langwierig und bürokratisch empfunden. In einer im Jahr 2007 durchgeführten Studie zum Geschäftsprozessmanagement der IDS Scheer AG und Pierre Audoin Consultants bewerten nur 29 Prozent der befragten Unternehmen aus Deutschland, Österreich und der Schweiz die bei ihnen umgesetzte Prozessorientierung als ‚sehr gut‘ oder ‚gut‘.[836]

Zugleich hat das Geschäftsprozessmanagement für Unternehmen eine sehr hohe Bedeutung. Viele Negativ-Erfahrungen mit unausgereiften Prozess-Designs machen die Notwendigkeit einer prozessorientierten Organisationsgestaltung deutlich. Dies gilt umso mehr für die deutlich erhöhten Anforderungen, die aus der engen Vernetzung im E-Business, hoch integrierten Informationssystemen wie SAP und einer Vielzahl von Unternehmenszusammenschlüssen resultieren.[837] Zunehmend wird auch verstanden, dass es nicht um die isolierte Betrachtung einzelner Aspekte bei der Organisationsgestaltung gehen kann. Erst im harmonischen Zusammenspiel der Komponenten ‚Strukturen‘, ‚Technologie‘ und ‚Menschen‘ in enger Ab-

---

[833] Vgl. Komus (Benchmarking, 2001), S. 96 und 98

[834] Komus (Benchmarking, 2001), S. 96 f.

[835] Vgl. Scheer (ARIS, 2002), S. 4

[836] Vgl. IDS Scheer/Pierre Audoin Consultants (Business Process Report, 2007), S. 11

[837] Vgl. Allweyer (Geschäftsprozessmanagement, 2005), S. 85 ff.

stimmung mit den übergeordneten Steuerungs- und Zielsystemen lassen sich die Potenziale der ablauforientierten Sichtweise auf die Organisation heben.

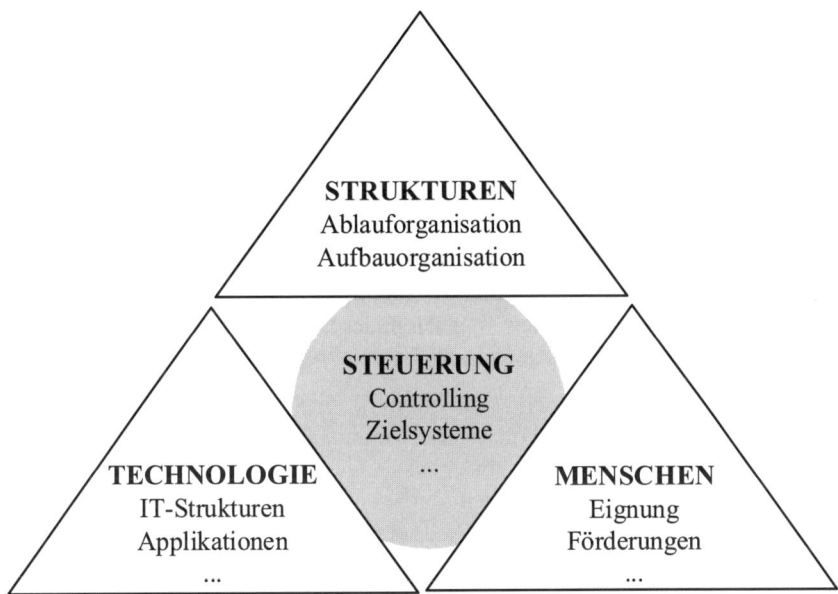

Abbildung 63: Relevante Dimensionen der Organisationsgestaltung[838]

Mit diesen Treibern der Geschäftsprozessorientierung verändert sich auch die Sicht auf das Geschäftsprozessmanagement. Hammer und Champy formulierten in ihrem Konzept des Business Engineerings noch die Forderung nach einer radikalen Neugestaltung der Geschäftsprozesse. Die Formulierung ‚Don't Automate, Obliterate'[839] zeigt die ursprüngliche Fokussierung auf projektorientierte Prozessoptimierungen, die eine kurzfristige deutliche Steigerung der Prozesseffizienz als oberstes Ziel hatte. Inzwischen steht hingegen oftmals das auf Nachhaltigkeit und dauerhafte Weiterentwicklung ausgerichtete Geschäftsprozessmanagement im Vordergrund.[840] Dabei wird inzwischen die enge Verzahnung mit dem strategischen Zielsystem und die permanente Überwachung und Optimierung mit Hilfe eines strategie-basierten Controlling-Systems als wichtige Voraussetzung für langfristige Verbesserungen verstanden.[841]

---

[838] Nach Komus (Business Process Excellence, 2004), S. 374

[839] Vgl. Hammer (Don't Automate, Obliterate, 1990)

[840] Vgl. Komus/Scholz (Shaping Change, 2003)

[841] Vgl. Komus (Prozessperformance Management, 2004)

Dies wird auch in aktuellen Studien zum Geschäftsprozessmanagement deutlich. So wird in der Studie der IDS Scheer AG und Piere Audoin Consultants die ‚Modellierung und Optimierung der unternehmensinternen Prozesses' als wichtigstes Thema beim Geschäftsprozessmanagement genannt. Insbesondere die Betonung der Modellierung weist auf die langfristigere Ausrichtung hin.[842]

Noch deutlicher werden die langfristigen Ziele in einer Studie der FH-Bonn-Rhein-Sieg und des Kompetenzzentrums für Geschäftsprozessmanagement, die die Themen Qualitäts- und Umweltmanagement sowie die Einführung einer neuen Standardsoftware als wichtigste Gründe für die Auseinandersetzung mit den Geschäftsprozessen identifiziert.[843] Entsprechend richten inzwischen auch immer mehr Unternehmen dauerhaft Verantwortliche für das Geschäftsprozessmanagement ein. So verfügen nach beiden Studien inzwischen 38 Prozent der Unternehmen über einen zentralen Leiter des Geschäftsprozessmanagements (*CPO – Chief Process Officer*). Vor allem aber haben inzwischen 83 Prozent der Unternehmen Prozessverantwortliche (*Process Owner)* definiert.[844] Auch in der Lehre hat sich die Auseinandersetzung mit Geschäftsprozessen in den verschiedensten Fachrichtungen durchgesetzt.[845]

Wie wichtig das Miteinander mit den Mitarbeitern ist, zeigt die Bewertung der Relevanz von Transparenz über die Prozesse bei den Mitarbeitern. Transparenz über den eigenen Geschäftsprozess, Information über vor- und nachgelagerte Tätigkeiten und Transparenz über die Kernprozesse der Organisation werden von jeweils 70 oder mehr Prozent der Befragten der Studie der IDS Scheer AG und Pierre Audoin Consultants genannt. Keiner der Befragten hält eine Information der Mitarbeiter für nicht erforderlich.[846]

Im Gegensatz zur hierarchisch getriebenen, einmaligen Beschäftigung scheint also zunehmend die nachhaltige mit und durch die Mitarbeiter vorangetriebene Optimierung der Geschäftsprozesse im Vordergrund zu stehen. Dies bedeutet in der betrieblichen Praxis eine große Herausforderung. In Unternehmen mit mehreren zehntausend Mitarbeitern sind an vielen Stellen zu diesem Zweck Prozessmanagementsysteme im Einsatz, deren Lizenzkosten alleine oft bereits im siebenstelligen Euro-Bereich liegen.[847] Weiterhin setzen solche Konstellationen einen großen Apparat an Mitarbeitern voraus, die die Standards für das Prozessmanagement und die Prozessmodellierung definieren. Hinzu kommen große Aufwände für Coaching, Qualitätssicherung sowie vor allem die zeitliche Belastung der Fachabteilungen für Einarbeitung, Mitarbeit bei der Entwicklung neuer Modelle sowie deren Studie und tägliche Umsetzung. Vor allem in dynamischen Feldern ist die aktuelle modellbasierte Dokumentation und Weiterentwicklung der Geschäftsprozesse eine große Herausforderung. Viele Unternehmen finden sich im Konflikt zwischen der Notwendigkeit, die Geschäftsprozesse in Modellen zu dokumentieren, um die Prozesse überhaupt zu beherrschen, und der Gefahr, mit überbüro-

---

[842] Vgl. IDS Scheer/Pierre Audoin Consultants (Business Process Report, 2007), S. 10

843 Vgl. o.V. (Status Quo Geschäftsprozessmanagement, 2006), S. 2

[844] Vgl. o.V. (Status Quo Geschäftsprozessmanagement, 2006), S. 4

[845] Vgl. Allweyer et al. (Prozessmodelle Hochschulausbildung, 2007)

[846] Vgl. IDS Scheer/Pierre Audoin Consultants (Business Process Report, 2007), S. 18

[847] Vgl. exemplarisch IDS Scheer (UBS, 2001)

kratisierten Prozessmanagementsystemen Kreativität zu ersticken und unangemessene Kosten zu generieren.

Dabei ist gerade die Kreativität der Mitarbeiter eine wichtige Ressource, die immer mehr Unternehmen systematisch nutzen. Welche Potenziale in den Vorschlägen und Ideen der Mitarbeiter stecken, zeigt das inzwischen in vielen Unternehmen etablierte Betriebliche Vorschlagswesen oder Ideenmanagement. In einer Studie mit 315 Unternehmen machte das Deutsche Institut für Betriebswirtschaft für 2006 ausgewiesene Einsparungen von 1,48 Mrd. Euro durch Ideenmanagement und Betriebliches Vorschlagswesen aus.[848] Dabei ist die Beteiligung am Ideenmanagement auf nur 22,1 Prozent der Mitarbeiter beschränkt. In der ‚Nicht-Industrie‘, also Finanzdienstleister etc., liegt die Beteiligungsquote sogar bei nur 10 Prozent.[849] Dies zeigt, welches Potenzial in den Köpfen der Mitarbeiter liegt und lässt erahnen, wie viel davon ungenutzt bleibt.

Es wird deutlich, dass die Einbindung und Motivation der Mitarbeiter für das Geschäftsprozessmanagement von entscheidender Bedeutung ist. Schließlich ist der entscheidende Aspekt bei der prozessorientierten Unternehmensgestaltung vor allem die Manifestierung des Ablaufgedankens in den Köpfen der Mitarbeiter.[850] Hier können Philosophie und Technologie der Social Software einen wichtigen Beitrag leisten.

Wikimanagement im Geschäftsprozessmanagement
Trotz der erkannten hohen Relevanz des Geschäftsprozessmanagements und der vermehrten Aktivitäten in diesem Feld, scheinen die Unternehmen noch lange nicht mit dem Status-Quo zufrieden zu sein. Auf die Frage, wie sie die Umsetzung der Prozessorientierung in ihrem Unternehmen bewerten, antworten lediglich 3 Prozent mit ‚sehr gut‘. Auch die Schulnote ‚gut‘ geben sich lediglich 26 Prozent der Unternehmen.[851]

Wenn Prozessmanagementaktivitäten nicht den gewünschten Erfolg zeigen, so kann dies viele Ursachen haben. An vielen Stellen sind es die immer gleichen Syndrome, die dem Projekterfolg im Weg stehen. So werden als kritische Faktoren unter anderem[852]

- das ‚Mit mir nicht‘-Syndrom,
- das ‚Not-Invented-Here‘-Syndrom,
- das ‚Macht ihr mal‘-Syndrom und
- das ‚Ist mir doch egal‘-Syndrom

genannt.

Geht es aber darum, die Prozessrahmenstrukturen zu implementieren und auszuprägen, so ist die Einbindung der Mitarbeiter von zentraler Bedeutung. Und insbesondere bei der späteren

---

[848] Vgl. o.V. (Ideenmanagement, 2007), S. 1

[849] Vgl. o.V. (Ideenmanagement, 2007), S. 4

[850] Vgl. Körmeier (Prozessorientierte Unternehmensgestaltung, 1995), S. 261

[851] Vgl. IDS Scheer/Pierre Audoin Consultants (Business Process Report, 2007), S. 11

[852] Vgl. Becker et al. (Projektmanagement, 2005), S. 39 ff.

weiteren Verfeinerung und kontinuierlich fortgeführten Optimierung der Geschäftsprozesse kommt ihnen eine besonders wichtige Rolle zu.[853] Es gilt also obigen Syndromen entgegenzuwirken. Hier bieten die identifizierten Wikimanagement Erfolgsfaktoren der **gemeinsamen Vision,** der **Partizipation** und **Vertrauenskultur** sowie der **Selbstverwirklichung** Möglichkeiten.

Soll eine engagierte Beteiligung und eine hohe Akzeptanz von Vorgehen und Ergebnissen gesichert werden, so muss zunächst eine **gemeinsame Vision** geschaffen werden. Entsprechend der Wikimanagement-Philosophie gilt es, auch in Bezug auf das Prozessmanagement ein gemeinschaftliches Gefühl zu schaffen und den Mitarbeitern aufzuzeigen, dass eigene Ziele unter dem gemeinsamen Ziel realisiert werden können.

Voraussetzung für die Akzeptanz und das Teilen der Vision ist zunächst das Verstehen der Zielsetzung und der Ansätze des Prozessmanagements. Es muss deutlich werden, wie sehr Abteilungsegoismen und lokale Optima der gesamtheitlichen unternehmensweiten Optimierung entgegenstehen. Foren und Trainings machen den Wert von Kundenorientierung, hoher Qualität, aber auch Kreativität und ganzheitlichem Denken für jeden deutlich.

Abhängig von den mit der Prozessoptimierung verfolgten Zielen kann ein gemeinsames Zielsystem unterschiedlich schwierig bis kaum realistisch sein. Laufen die Ziele einer Prozessoptimierung den individuellen Zielen der Mitarbeiter zuwider – beispielsweise weil Arbeitsplätze zur Disposition stehen oder Stellen deutlich unattraktiver werden –, so ist die entsprechende Kommunikationsstrategie mit großem Bedacht zu wählen. Denkbar ist hier etwa eine klare Top-Down-Vorgehensweise, die angesichts der tatsächlichen Interessensdifferenzen auf den Versuch der Bildung einer gemeinsamen Perspektive von vornherein verzichtet. Diese Strategie ist aber aufgrund der negativen Wirkung auf alle zukünftigen Schritte nur im Extremfall zu wählen. Eine in der Praxis verbreitete Alternative bei notwendigen schmerzhaften Optimierungsschritten ist die Kommunikation eines klar begrenzten Entscheidungsspielraumes, innerhalb dessen die Mitarbeiter das Optimum mit erarbeiten können. So etwa durch die klare Vorgabe eines Kosteneinsparungszieles, welches angestrebt wird. Innerhalb dieser Vorgabe werden die Mitarbeiter zur aktiven Mitwirkung an der Neugestaltung der Prozesse gebeten. Auch wenn dieses Szenario wenig attraktiv wirkt, so zeigen die Erfahrungen, dass eine derartige Kommunikation durchaus nach einer Phase der Irritation und des ‚Zusammenraufens' zu einer konstruktiven und positiven gemeinsamen Zusammenarbeit führen kann.

In einer Vielzahl von Fällen kann aber auch davon ausgegangen werden, dass es keine fundamentalen Interessensdivergenzen gibt. Hier erlaubt die eine gemeinsame Vision ein selbstständigeres und motivierteres Vorgehen bei der Optimierung der Geschäftsprozesse durch die jeweiligen Mitarbeiter. Mit **partizipativen** Gestaltungsansätzen und einer gelebten **Vertrauenskultur** lassen sich Geschäftsprozesse permanent weiterentwickeln. Für die tägliche Durchführung der einzelnen Geschäftsprozesse, der jeweiligen Prozessinstanzen, ist Partizipation und Vertrauen ohnehin unabdingbar, sollen nicht alle Sonderfälle vorab durch Regeln beschrieben und Automatismen abgedeckt werden, was in der Praxis für die Mehrzahl der Geschäftsprozesse kaum möglich ist.

---

[853] Vgl. Schmelzer/Sesselmann (Geschäftsprozessmanagement, 2006), S. 141 f.

Um die optimalen Voraussetzungen für die Nutzung der Potenziale der Mitarbeiter bei der Optimierung der Geschäftsprozesse zu gewährleisten, gilt es sicherzustellen, dass *Können*, *Wollen* und *Dürfen* optimal auf die angestrebte Zielsetzung ausgerichtet sind.

Erste Voraussetzung für eine hohe Partizipation im Geschäftsprozessmanagement ist das *Können* der beteiligten Mitarbeiter. Hier gilt es eine Vielzahl an Voraussetzungen zu schaffen, die in der Praxis oft erst erarbeitet werden müssen. Im Einzelnen sind dies

- Methodenkenntnis,
- Kenntnis der Vision,
- Kenntnis der Freiräume,
- Kenntnis der Prozessumgebung sowie
- Kenntnisse von Werkzeugen und Plattformen.

Erste Voraussetzung für eine Unterstützung des Prozessmanagements ist die Kenntnis der Philosophie und der Methodik des Geschäftsprozessmanagements. Den Beteiligten muss die Relevanz, die Methodik, die Vorgehensweise des Geschäftsprozessmanagements klar werden. Auch die oben beschriebene Bedeutung der Vision ist hier zu berücksichtigen. Sie hilft, Ziele und Freiräume zu verstehen und zu verinnerlichen. Schließlich müssen die Werkzeuge und die definierten Prozessarchitekturen vermittelt werden. Eine fundierte Kenntnis und ein hohes Selbstvertrauen in den beschriebenen Feldern sind die Voraussetzungen für eine hohe Beteiligung. Idealerweise ist der Übergang zwischen Wissensvermittlung und Anwendung fließend zu gestalten. Schulungen sollten von Anfang umfassende Module enthalten, in denen die Inhalte durch die Teilnehmer in Übungen aktiv erlebt und erlernt werden können. Gelerntes sollte praxisnah angewandt werden, beispielsweise durch die unmittelbare Nutzung des Gelernten bei der Gestaltung der eigenen Prozesse des täglichen Lebens. Hier spielen die Gedanken und Werkzeuge der Social Software in den verschiedensten Aspekten eine wichtige Rolle. So folgt der Gedanke der direkten Anwendung der Prozessmethodik dem Ansatz des ‚Release early, release often', und die Möglichkeiten von Wikis, Podcasts, Blogs und Netzwerk-Communities bieten ideale Plattformen, Schulungsinhalte sofort weiterzuentwickeln und anzuwenden, sich über Erfahrungen auszutauschen und schließlich geeignete Netzwerke zum laufenden Austausch zu betreiben.

Eine derartige interaktive Wissensvermittlung trägt zugleich wesentlich dazu bei, dass das *Wollen*, also das persönliche Engagement der Mitarbeiter, gefördert wird. Hier spielt auch noch einmal eine Vision, die die Organisationsmitglieder anspricht, eine wichtige Rolle.

Schließlich gilt es deutlich zu machen, dass das *Dürfen* nicht nur kein Problem ist, sondern Engagement gewünscht ist und gefördert wird. Dies kann zum Beispiel in Form von variablen Entgeltanteilen und nichtfinanziellen Anreizen, wie positiven Erwähnungen, Belobigungen etc., stattfinden.

Auch der Erfolgsfaktor der **flexiblen Regelauslegung** spielt im Geschäftsprozessmanagement eine wichtige Rolle. Hier ist zunächst einmal die Möglichkeit der einzelnen Bereiche und Mitarbeiter zu nennen, die einzelnen Geschäftsprozesse unabhängig oder zum Teil sogar abweichend von bestehenden Regelwerken zu definieren und im Einzelfall auszuprägen. Eine

Forderung, die in vielen Fällen sicherlich vor dem Hintergrund zunehmender Compliance-Erfordernisse eher konträr diskutiert werden dürfte. Gleichwohl bleibt bei allen Grenzen der Übertragbarkeit zu berücksichtigen, wie erfolgreich Wikipedia mit seinem Ansatz ‚Results over Processes' ist.

Ein weiteres Feld, in dem die Forderung nach flexibler Regelauslegung zu weitreichenden Konsequenzen führt, ist die Modellierung von Geschäftsprozessen. In vielen – insbesondere großen – Unternehmen und Organisationen wurde inzwischen ein umfassendes Regelwerk zum Geschäftsprozessmanagement und zur Modellierung geschaffen. Diese Regelwerke beinhalten beispielsweise umfassende Vorgaben dazu, wie Geschäftsprozesse dargestellt werden.

In großen Organisationen und bei kritischen Prozessen – beispielsweise bei der Instandhaltung kritischer technischer Infrastruktur oder bei Massenprozessen, die eine aufwändige IT-Unterstützung und eine Vielzahl gleich agierender Mitarbeiter erforderlich machen –, sprechen viele Gründe für eine derartige Formalisierung von Prozessen und Prozessänderungen. Aber solche Regelwerke sind auch mit weitreichenden Nachteilen verbunden. Neben den aus ihnen resultierenden hohen Kosten besteht die Gefahr, Flexibilität und Engagement zu behindern.

Vor diesem Hintergrund sollten Regelwerke für das Geschäftsprozessmanagement so schlank wie möglich gehalten werden. Dies beginnt etwa bei den Modellierungskonventionen, die in vielen Organisationen dutzende von Seiten ausmachen und oftmals nur schwer zu verinnerlichen sind. Beispiele zeigen, dass eine reduzierte und prägnante Darstellung der Modellierungskonventionen möglich ist. So begnügt sich beispielsweise ein im Dax notiertes Unternehmen mit gerade einmal vier Seiten Modellierungskonventionen, die den Mitarbeitern vorgegeben werden.

Weiterhin lässt sich die flexible Regelauslegung auch bei der Rechtevergabe umsetzen. Im Gegensatz zur oftmals vorherrschenden umfassenden Vorsicht, die Schreib- und zum Teil auch die Leserechte für Geschäftsprozesse durch organisatorische und technische Maßnahmen eng zu begrenzen, sind offene Rechte in diesem Bereich oftmals die bessere Alternative. Die Diskussion um die Begrenzung von Schreib- und Leserechten sollte vielmehr berücksichtigen, wie wichtig das Engagement der Mitarbeiter ist, inwieweit angesichts der hohen Veränderungsgeschwindigkeit unrechtmäßig zugespielte Geschäftsprozessmodelle für Wettbewerber wirklich einen relevanten Vorteil bedeuten würden und schließlich, wie hoch die Wahrscheinlichkeit ist, dass ein Mitarbeiter unberechtigt einen Geschäftsprozess verändert. Vielmehr bleibt zu hoffen, dass flexible Regeln den Zugang zu Geschäftsprozessen erleichtern und attraktiver machen und so eine wertschöpfende Auseinandersetzung mit Geschäftsprozessen erreicht wird.

Mit dem **Mix verschiedener Herrschaftsformen** ist ein Wikimanagement-Erfolgsfaktor bereits in vielen Unternehmen zumindest teilweise schon in Form des ‚*Prozessverantwortlichen*' realisiert. Ein Mix von Herrschaftsformen entsteht hier, da die meisten Unternehmen aufbauorganisatorisch nicht nach Prozessen, sondern zum Beispiel nach Funktionen gegliedert sind.[854] Dies hat in den meisten Fällen auch gute Gründe, da eine konsequente Ausrichtung der Aufbauorganisation an den Abläufen in vielen Fällen eine signifikante Verschlechterung der Ressourceneffizienz bedeutet. Eine pauschale Forderung nach einer ‚reinen Prozessorganisation', wie etwa durch Schmelzer und Sesselmann formuliert,[855] ist daher sehr vorsichtig zu bewerten.

Es kommt somit bereits in vielen Organisationen zu einem ‚Konflikt' zwischen den Leitern der Linienfunktion und den Prozessverantwortlichen, die oft in Form der ‚Einfluss-Prozess-Organisation' zwar die Verantwortung für die Gestaltung und Verbesserung des jeweiligen Prozesses tragen, aber zumeist eben keine Weisungs-, Budget-, Ressourcen- oder Ergebnisverantwortung haben.[856] Da die Prozesse ja durch mehrere Organisationseinheiten (beispielsweise Abteilungen) laufen, steht der Prozessverantwortliche vor der Herausforderung, seine Optimierungsziele mit den Zielen der jeweiligen Leitern der Organisationseinheit in Einklang zu bringen.

Eben gerade diese Konflikte können aber äußerst zielführend sein. Durch die verschiedenen Rollen werden die unterschiedlichen Perspektiven des Unternehmens vertreten. Idealerweise stellen diese Konflikte sicher, dass gemeinsam ein Optimum aus der Sicht des Gesamtunternehmens erreicht wird, während Ein-Linien-Systeme immer eine erhöhte Gefahr mit sich bringen, lediglich lokale Optima zu erreichen.

Wird Partizipation im Prozessmanagement gelebt, so sind die Mitarbeiter, die den Prozess täglich durchführen, intensiv in die laufende Prozessoptimierung involviert. Gelingt es, den Wunsch nach **Selbstverwirklichung** der Mitarbeiter auf die Gestaltung der Geschäftsprozesse auszurichten, so ist eine hohe Energie verfügbar. Das unmittelbare, in der Prozessdurchführung erworbene Wissen kann in die Optimierung einfließen. Mit der Selbstverwirklichung steigt allerdings auch die Gefahr, dass Lösungen entwickelt werden, die nicht stringent genug auf die Erfordernisse ausgerichtet sind. Hier kommt wiederum der Vision eine wichtige Rolle zu.

Eine weitere wichtige Voraussetzung für die Nutzung der Potenziale der Mitarbeiter im Geschäftsprozessmanagement ist die **Einfachheit in der Nutzung**. Es muss sichergestellt werden, dass die Vorgaben und die eingesetzten Werkzeuge den Nutzer nicht derartig belasten, dass Motivation und Fähigkeit zur aktiven Teilnahme gefährdet werden. Beispiele für eine Vereinfachung der Nutzung von Modellierungswerkzeugen finden sich im nächsten Abschnitt. Vor der Diskussion der Vereinfachung der Nutzung komplexer Werkzeuge ist allerdings zunächst zu prüfen, inwieweit auf komplexe leistungsstarke Werkzeuge zugunsten einfacher Hilfsmittel ganz verzichtet werden kann. Der Einsatz einfach zu bedienender Wikis oder einfachster web-basierter Tools zur Diagrammerstellung kann an vielen Stellen eine Ergänzung darstellen, die dann für einen sehr begrenzten Betrachtungsraum oder auch für eine skizzenartige Vorbereitung weitergehender Prozessmodellierungen genutzt werden kann.

---

[854] Vgl. Schmelzer/Sesselmann (Geschäftsprozessmanagement, 2006), S. 146 ff.

[855] Vgl. Schmelzer/Sesselmann (Geschäftsprozessmanagement, 2006), S. 151 ff.

[856] Vgl. Schmelzer/Sesselmann (Geschäftsprozessmanagement, 2006), S. 148 ff.

Mit der Forderung nach **emergenter** und **inkrementeller Entwicklung** auch für das Geschäftsprozessmanagement ergibt sich eine Vorgehensweise, die an vielen Stellen von der gängigen Praxis des Geschäftsprozessmanagements abweicht. Im Gegensatz zur genauen Planung, welche Geschäftsprozesse wie detailliert, mit welchen Methoden und mit welchen Zielvorgaben überarbeitet werden, bedeutet eine emergente Entwicklung, dass die Schwerpunkte, welche Prozesse mit welchen Zielen wie überarbeitet werden, aus der ‚Community', also hier aus der Mitarbeiterschaft, heraus entstehen. Für diese Vorgehensweise spricht die Nähe der Mitarbeiter zu ‚ihren' Geschäftsprozessen. Die Mitarbeiter vor Ort verfügen über das Gespür dafür, an welchen Stellen die Auseinandersetzung mit den Prozessen die weitreichendsten Potenziale birgt. Allerdings besteht durch diese Vorgehensweise die Gefahr, dass übergreifende und strategische Aspekte nicht ausreichend in die Auswahl und die Zielsetzungen für die Geschäftsprozesse einfließen. Andererseits zeigt die in der Untersuchung der IDS Scheer AG und Pierre Audion Consultants ermittelte geringe Selbsteinschätzung der eigenen Fähigkeiten im Geschäftsprozessmanagement,[857] dass einer zentral geplanten Vorgehensweise ebenso mit Vorsicht zu begegnen ist. Nicht zu vernachlässigen ist sicherlich auch, die Aufwandsminderung, die mit dem Wegfall einer zentralen Steuerung einher geht.

Mit der emergenten Entwicklung gut vereinbar ist eine inkrementelle Entwicklung von Geschäftsprozessen. Dies bedeutet die kontinuierliche Verbesserung von Geschäftsprozessen in vielen kleinen Schritten. Als Vorbehalte gegenüber einer inkrementellen Vorgehensweise beim Geschäftsprozessmanagement sind die Sorge um die Qualität und das abgestimmte Zusammenspiel zwischen den Geschäftsprozessen zu berücksichtigen.

In vielen Unternehmen durchlaufen neue oder veränderte Prozesse einen genau definierten Prozess bevor sie ‚in Produktion gehen'. Dieses Vorgehen ähnelt dem Prozess, der für die Weiterentwicklung komplexer IT-Systeme in vielen Unternehmen anzutreffen ist. Neuentwicklung und Änderungen werden zunächst in einem getrennten Entwicklungssystem vorgenommen. Anschließend werden die Änderungen in das Qualitätssicherungssystem überführt, wo sie ausführlich getestet werden. Erst danach werden die Änderungen in das Produktivsystem übernommen, wo sie dann ihre Wirkung auf die laufenden Prozesse entfalten.

Entsprechend nutzen auch viele Unternehmen getrennte Systeme oder Datenbanken für Entwicklung und Qualitätssicherung von Geschäftsprozessen. Die Übernahme in das Produktivsystem findet erst nach definierten inhaltlichen und methodischen Qualitätsprüfungsschritten statt. Zudem wird die Übernahme der Prozesse gegebenenfalls durch ein definiertes Kommunikations- und Trainingsprogramm begleitet, um die notwendigen Kenntnisse und Fähigkeit bei den Mitarbeitern für die tägliche Nutzung sicherzustellen.

Eine derartige Vorgehensweise wird durch die emergente Entwicklung in Frage gestellt. Statt eines genau definierten Prozesses, der zu wenigen weitreichenden Veränderungen mit entsprechenden Prüfungen führt, werden Prozesse laufend weiterentwickelt und sofort in veränderter Form gelebt. Was dies bedeutet, wird wiederum durch die Analogie zur IT-Welt deutlich. Während der Nutzer bei PC-basierten Applikationen jeweils neue Versionen in größeren Abständen mit jeweils größeren Veränderungen in einem aufwändigen Verfahren installiert

---

[857] Vgl. oben S. 238

(beispielsweise Windows 95, Windows 98, Windows 2000, Windows XP), werden bei web-basierten Applikationen – etwa Webmail-Oberflächen wie sie von *web.de* oder *gmx* zur Verfügung gestellt werden – laufend kleinere Änderungen der Funktionalitäten und der Oberflächen vorgenommen.

Wie weit dieser Ansatz getrieben werden kann, zeigt die Vorgehensweise in der *Amazon* seine Webseiten laufend optimiert. Den Gedanken vom ‚perpetual beta' auf die Spitze treibend, werden permanent unterschiedliche Angebote und Layouts entwickelt und sofort im produktiven System getestet. Statt im Labor zu untersuchen, wie die Kunden auf verschiedene Angebote und Layouts reagieren, werden einfach die bisherige und die neue Struktur jeweils einem Teil der Online-Kunden zur Verfügung gestellt. Das Ergebnis kann direkt ausgewertet werden und ist angesichts der realen Umgebung aussagekräftiger als Laborergebnisse.[858]

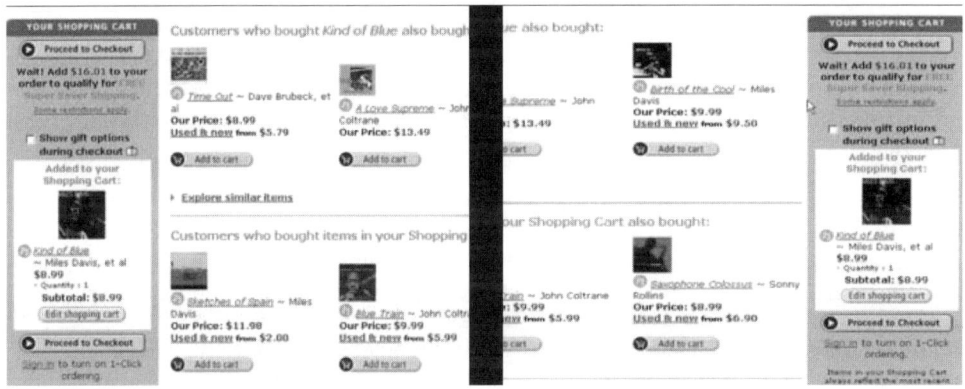

Abbildung 64: Beispiel für das Testen im Live-System bei Amazon[859]

Übertragen auf das Geschäftsprozessmanagement bedeutet dies eine laufende Anpassung und Optimierung der Geschäftsprozesse in kleinen Schritten. Wo möglich, sollte Freiraum für Experimente vorhanden sein. Da Geschäftsprozesse den beteiligten Mitarbeitern zumindest für ihren Aufgabenbereich bekannt sein müssen, setzt dies natürlich eine enge Einbindung der jeweils Beteiligten voraus.

Auch die **Entprivatisierung und der persönliche Stil** lassen sich durchaus sinnvoll in das Geschäftsprozessmanagement einbinden. Mit dem Ansatz, den Prozessen und dem Geschäftsprozessmanagement ein persönliches Gesicht zu geben, können Akzeptanz und Motivation weiter gesteigert werden. Hier können beispielsweise Wikis, Foren, Weblogs oder Podcasts ganz individuelle Darstellungen des Prozessmanagements unterstützten, mit denen dann auch eine Identifikation oder aber auch eine konstruktive Auseinandersetzung leichter fällt. Mit der systematischen Auswertung von Abrufen, die aber Datenschutzbedürfnissen gerecht werden muss, kann zudem ein zusätzliches Bild davon gewonnen werden, welche

---

[858] Vgl. o.V. (Wir wissen es nicht, 2005), S. 58

[859] Grafik entnommen aus: o.V. (Wir wissen es nicht, 2005), S. 58

Themen die Mitarbeiter bewegen und wo derzeit die wichtigsten Herausforderungen liegen.[860] Wie hoch die prinzipielle Bereitschaft ist, in Blog-Form über die Herausforderung der eigenen Arbeit zu sprechen und zu diskutieren, zeigt der große Erfolg der ‚Blog 100'-Initiative bei Siemens. Dort wurden die Initiatoren von der überaus guten Akzeptanz und intensiven Nutzung der zur Verfügung gestellten internen Blog-Plattform positiv überrascht.[861]

In Tabelle 32 werden einige Kerngedanken, wie Geschäftprozessmanagement von den Erfolgsfaktoren der Social Software profitieren kann, zusammengeführt.

Insgesamt zeigt sich, dass eine Übertragung der Wikimanagement-Erfolgsfaktoren weitreichende Konsequenzen für das Geschäftsprozessmanagement hat. Zu berücksichtigen bleibt aber auch, dass bei projektorientierten Prozessoptimierungsmaßnahmen, in denen eine grundlegende Interessendivergenz vorliegt oder empfunden wird – beispielsweise Projekte mit ausgeprägtem Cost-Cutting-Charakter – eine Übertragung von Social Software-Erfolgsfaktoren sehr schwierig wird. Auch bei standardisierten Massenprozessen und Geschäftsprozessen mit besonderer Sicherheits- oder Comliance-Relevanz ist sicherzustellen, dass das gemeinsame Durchlaufen der Lernkurve im gelebten Prozess nicht zu unvertretbaren Ergebnissen führt.

Traditionelles Geschäftsprozessmanagement	Wikimanagement-Geschäftsprozessmanagement
Zentrale Planung von Zielen und Vorgehen für das Geschäftsprozessmanagement	Schwerpunkte und Verbesserungen entwickeln sich nach Präferenz und erkanntem Potenzial
Zentral definierter Prozess der Analyse, Design, Qualitätssicherung, Freigabe, Einführung	Freier, interaktiver Prozess
Optimierung und Dokumentation durch Spezialisten	Optimierung und Dokumentation durch Interessierte, vor allem die Mitarbeiter, die den Prozess täglich leben
Enge Vorgaben zu Methodik und Werkzeugen	Angebote von Plattformen und Werkzeugen, die auch nebeneinander angewandt werden können
Umfassende Rechtesystematik als Werkzeug des Prozessmanagements	Weitreichende Freiheiten und Vertrauenskultur

---

[860] Vgl. o.V. (Betriebsklima, 2006)

[861] Vgl. von zur Mühlen (Blogs bei Siemens, 2006)

Systematische (hierarchische) Prozessarchitektur	Entstehende Themenfelder und Communitites zu den unterschiedlichsten Prozessbereichen mit hoher Vernetzung ohne Hierarchie

Tabelle 32: Geschäftprozessmanagement mit dem Wikimanagement-Ansatz

Geschäftsprozessmanagement mit Social Software-Technologien
Die Gestaltung, Optimierung und das tägliche Leben von Geschäftsprozessen bedeutet zunächst Kommunikation und Zusammenarbeit. Hier können die bekannten Social Software-Systeme in gewohnter Form wichtige Beiträge leisten.

Zu nennen sind etwa Wikis, in denen Mitarbeiter gemeinsam Fachkonzepte und Ideen austauschen. Die Dokumentation von Abläufen mit Verfahrensanweisungen per Wiki ist eine einfache Möglichkeit, viele Menschen konstruktiv miteinander arbeiten zu lassen. Natürlich können diese mit Geschäftsprozessdiagrammen kombiniert und verlinkt werden. Auch bei Trainings zu Prozessmethodik und Prozessstrukturen können Wikis als interaktive Schulungsunterlagen, einfache Überblickslisten mit Lehrinhalten, Hilfsmittel zur Schulungsorganisation etc. einen wichtigen Beitrag leisten.

Im Bereich der Dokumentation von Geschäftsprozessen sind Wikis beim jetzigen Stand der Technik noch mit zentralen Defiziten behaftet. Die grafischen Möglichkeiten der verbreiten Wiki-Software-Systeme (Wiki-Engines) sind äußerst reduziert und fokussieren sich zum Großteil eher auf die Einbindung bzw. den Austausch von Grafiken. Eine kollaborative Entwicklung der Grafiken in einem ähnlichen Prozess wie für den Text wird hingegen nicht unterstützt.

Inzwischen zeichnet sich für diesen Bereich aber auch eine Weiterentwicklung ab. In letzter Zeit sind web-basierte Angebote online gegangen, die auch grafisch orientierte Kollaboration unterstützen. So etwa *www.mindmeister.com*, *bubbl.us* oder *www.mind42.com*.

Spezielle Funktionalitäten für die Modellierung von Prozessen bietet *Gliffy* (*www.gliffy.com*). *Gliffy* erlaubt bei intuitiver Bedienung ohne Installationsarbeiten oder Lizenzerwerb den sofortigen Beginn mit der Modellierung. Die Ergebnisse werden auf einem Web-Server gespeichert und können so, ebenfalls wie bei einem Wiki, gemeinsam angesehen und weiterentwickelt werden. Als Diagrammtypen stehen Geschäftsprozessmodelle ('Flow Chart'), UML-Datenmodellen und andere zur Verfügung. Derartige Angebote können somit als diagrammorientierte Varianten von Wiki-Software-Systemen eingeordnet werden. Spezielle Funktionalitäten erlauben bereits heute die nahtlose Einbindung in Blogs oder auch in die Wiki-Software 'Confluence'.

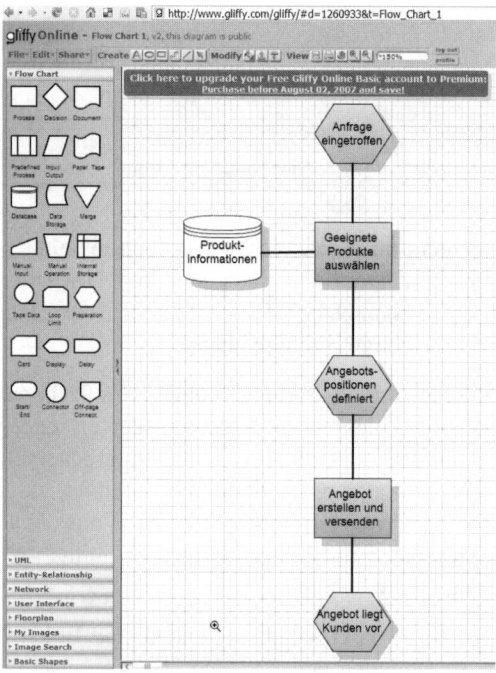

Abbildung 65: Beispiel für eine Prozesskette mit Gliffy (www.gliffy.com)

Wahrscheinlich werden die Angebote web-basierter Software-Systeme und Web-Services wie *Gliffy* zukünftig schnell wachsen. Für die nächste Zeit steht aber zu erwarten, dass derartige Angebote bei allen Vorteilen zugleich auch unter denselben Nachteilen leiden, die für web-basierte Angebote am Anfang typisch sind. Bei allen Vorteilen wie dem Wegfall der lokalen Installation, dem problemlosen Zugriff von mehreren Personen auf dieselbe Datenbasis etc. ist die Funktionalität im Vergleich zu den lokal installierten Programmen deutlich eingeschränkt. Dies zeigt sich in anderen Feldern wie der Textverarbeitung bei *Google docs*, in der Tabellenkalkulation bei *Google Spreadsheet* und bei vielen Web-Mail-Oberflächen. So werden Funktionalitäten wie Verknüpfungen, Hierarchisierung, kennzahlenbasierte Funktionalitäten wie Simulation und Prozesskostenrechnung etc. noch für einige Zeit im Leistungskatalog der Web-Angebote fehlen, sofern sie nicht auf den klassischen Prozessmanagement-Werkzeugen wie dem *ARIS Toolset* basieren.

Wie ausgeführt, besteht bei den etablierten Werkzeugen für das Geschäftsprozessmanagement die Gefahr, dass die große Stärke bei den Funktionalitäten sich zum Nachteil verkehrt, wenn diese die Nutzer durch ein zu komplexes Angebot überfordern. Dies widerspricht dem Ziel eines interaktiven, unkomplizierten Verbesserungsprozesses, der möglichst viele Interessierte mit einbezieht. Als Konsequenz aus der Forderung nach Einfachheit in der Nutzung lassen sich zwei Ansätze herausarbeiten: die Nutzung einfacherer Werkzeuge wie beispielsweise *Gliffy* oder der Einsatz von Methodenfiltern, die dem Nutzer nur einen Bruchteil der Möglichkeiten zur Verfügung stellen.

Ein Beispiel, wie so etwas aussehen kann, zeigt *ARIS*. Trotz großer funktionaler Mächtigkeit des Werkzeugs, können dem Nutzer rollenspezifisch nur einzelne vorhandene Funktionalitäten angeboten werden. So lassen sich beispielsweise über Methodenfilter die für die Modellierung zur Verfügung stehenden Objekttypen deutlich reduzieren.

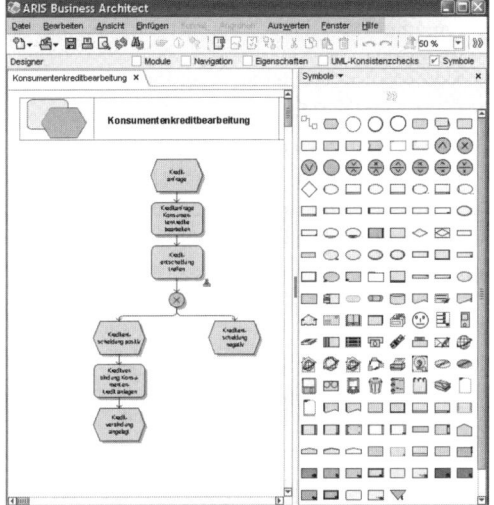
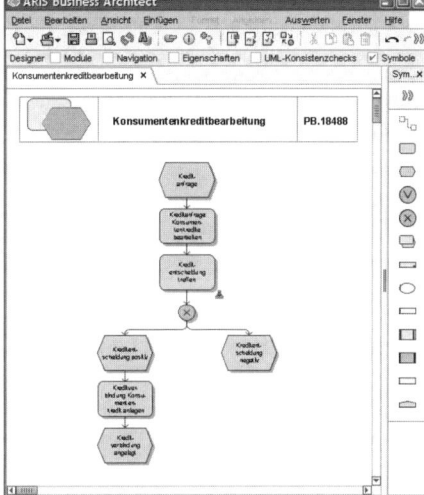

Gesamtmethode   Reduzierte Methode
                                 mit Methodenfilter

Abbildung 66: Gesamtmethode und reduzierte Methode im ARIS Business Architect

Im Ergebnis stehen dem einfachen Nutzer weniger Optionen zur Verfügung. Die ‚Qual der Wahl' reduziert und Zugangsbarrieren verringern sich. Zugleich können Modelle gegebenenfalls in einer gemeinsamen Datenbank entwickelt und so durch die Experten des Themas mit den umfassenden Funktionalitäten ausgewertet und weiterentwickelt werden.

Weitere wichtige Unterstützung für die Vernetzung der Prozessmanagement-Aktiväten können Soziale Netzwerke leisten. Über organisationsinterne, aber auch organisationsübergreifende Soziale Netze lässt sich vor allem in großen Organisationen die Kontaktaufnahme vor allem aber die Identifikation von jeweils relevanten Know-how-Trägern vereinfachen.

Tagging und Tag Clouds können weiterhin das Geschäftsprozessmanagement unterstützen. Über Linklisten und Tags können Nutzer Lesezeichen auf die wichtigsten Prozesse setzen und vor allem sehen, welche Links andere Mitarbeiter gesetzt haben. Mit Tags wird eine zusätzliche Form der Kategorisierung und Strukturierung ermöglicht.

Weitere Potenziale ergeben sich durch die Nutzung von Bewertungssystemen. Ähnlich wie bei *Ciao* oder *dooyoo* können Mitarbeiter Prozesse und deren Dokumentation unkompliziert bewerten. Dies kann beispielsweise differenziert mit festen Bewertungsskalen nach Kriterien wie umgesetzte Qualität des Prozesses, Verständlichkeit des Prozesses etc. erfolgen. In Wortbeiträgen können Mitarbeiter darauf hinweisen, wo sie noch besondere Potenziale, Verbesserungsbedarf etc. sehen. In einem nächsten Schritt können wiederum die Beiträge und damit indirekt die Bewertenden bewertet werden. Mitarbeiter, die gegebenenfalls lieber ihre täglichen Erfahrungen einbringen wollen ohne unbedingt Alternativen zu erarbeiten, können sich so als Qualitätssicherer profilieren, die wichtige Beiträge dazu leisten, relevante Defizite in Prozessgestaltung und Dokumentation deutlich zu machen.

Neben der quantitativen Auswertung von Prozessbewertungen geben Weblogs, Foren und Podcasts wichtige Anhaltspunkte zur aktuellen Einschätzung der Prozessqualität durch die Mitarbeiter. Vor allem aber erlauben Sie auch eine persönlichere Darstellung der aktuellen Aktivitäten rund um das Prozessmanagement. Schließlich sind es Menschen, die die Geschäftsprozesse täglich durchführen, und es sind Menschen, die die Geschäftsprozesse weiter entwickeln. Dies deutlich zu machen, ist ein weiterer Beitrag dazu, die Barrieren zu einer aktiven konstruktiven Beteiligung am Geschäftsprozessmanagement zu senken.

Neue Denkansätze für das Geschäftsprozessmanagement

Insgesamt zeigt sich für das Geschäftsprozessmanagement ein deutlich verändertes Bild, wenn es die Erfolgsfaktoren der Social Software aufnehmen soll. Dort, wo zentrale Abteilungen mit formalen Regeln und aufwändigen Methoden und Werkzeugen nach detailliert ausgearbeiteten Plänen zurzeit das Geschäftsprozessmanagement vorantreiben, wird es zu einem umfassenden Umdenkprozess kommen müssen.

Lässt sich ein Unternehmen auf die Erfolgsfaktoren der Social Software im Bereich des Geschäftsprozessmanagements ein, so liegt eine wichtige Quelle der Innovation bei den Mitarbeitern, die den Prozess täglich durchführen. Für sie müssen Freiräume zum Experimentieren und zum Spielen vorhanden sein. Dies bedeutet eine Kultur, in der Bewusstsein für die Relevanz von guten Geschäftsprozessen in der Organisation weit gestreut und laufende ‚Einmischung' nicht nur gewünscht, sondern auch gefordert ist.

An vielen Stellen wird dies auch und gerade für diejenigen, die bisher mit den Themen betraut waren, einen schwierigen Umdenkprozess bedeuten. Werden die Mitarbeiter, die Prozessdokumentation, SAP-Dokumentationen und ähnliches bisher erstellt haben, mit dem neuen Denkansatz konfrontiert, so lautet die typische Antwort zunächst: „Wissen Sie wie aufwändig und kompliziert diese Dokumentation ist. Da können wir uns die Einmischung durch Laien keinesfalls leisten." Hier gilt es deutlich zu machen, dass keine durch Menschen erstellte Dokumentation vollständig fehlerfrei ist. Auch die Ergebnisse der durchgeführten Leistungs- und Qualitätsvergleiche zwischen der nach ähnlichen Prinzipien funktionierenden Wikipedia und den klassischen Enzyklopädien erleichtern die Argumentation.[862]

Dies bedingt zugleich aber auch eine Kultur, die Fehler nicht nur verzeiht, sondern als unvermeidlich ansieht, in der viele inkrementelle Verbesserungen genauso gewürdigt werden wie die eine große Idee.

---

[862] Vgl. oben Abschnitt A.3.7

Organisatorisch bedeutet dies, dass ein eventuell bestehender Bereich für das Geschäftspro-zessmanagement vor allem auf die Kultur fokussieren muss. Ergänzend müssen einfache, intuitive kollaborative Werkzeuge vorhanden sein, die gegebenenfalls mit übergreifenden, ,zentralistischeren' Werkzeugen verzahnt werden oder zumindest sinnvoll koexistieren. Eine besondere Herausforderung ergibt sich für Unternehmen und Prozesse mit hohen Complian-ce- oder Sicherheits-Erfordernissen. Die laufende Optimierung kritischer Prozesse, wie den Betrieb und die Instandhaltung eines Atomkraftwerks oder die Rezepturverwaltung eines Medikamentes, dürften zum heutigen Tag nicht geeignet sein, um die noch jungen Methoden der Social Software voller Vertrauen vollständig anzuwenden. Ähnliches gilt auch für Mas-senprozesse, die sich durch eine extrem hohe Anzahl gleicher Prozessdurchführungen in kur-zer Zeit auszeichnen. Für diese Felder des Geschäftsprozessmanagements gilt es entsprechen-de Spielregeln zu definieren und gegebenenfalls abgegrenzte Felder aufzubauen, in denen experimentiert werden kann, ohne unverhältnismäßige Risiken zu begründen.

C.2.8 Change Management – Den Unternehmenswandel unterstützen und gestalten

Unternehmen müssen sich permanent verändern und den sich wandelnden und zunehmenden Umweltbedingungen immer schneller anpassen, um fit für die Zukunft zu sein. Doch wo neue Ideen, Konzepte und Modelle implementiert werden sollen, gibt es immer wieder Personen, die aufgrund von Angst vor Unbekanntem und Kontrollverlust oder schlicht aus Bequemlich-keit die Veränderungen scheuen und daher nicht unterstützen oder sogar bekämpfen.[863] Wie gelingt es nun, Mitarbeiter zu überzeugen und beim Wandel mitzuziehen, aus Betroffenen Beteiligte zu machen?

Auf Veränderungen und Neuerungen vorbereitet sein
Im Rahmen des Managements von Veränderungen stehen Unternehmen nach Hamel vier wesentlichen Herausforderungen gegenüber.[864]

- Kognitive Herausforderung:
  Die Organisationsteilnehmer müssen sich laufend über mögliche Veränderungen infor-mieren bzw. informiert werden und ihre operativen und strategischen Pläne permanent überdenken.
- Strategische Herausforderung:
  Unternehmen müssen auf starres Festhalten an veralteten Strategien verzichten und statt-dessen für Alternativen offen und jederzeit auf deren Umsetzung vorbereitet sein.
- Organisatorische Herausforderungen:
  Die Ressourcen müssen jederzeit von alten auf neue Produkte und Programme übertragbar sein und darauf vorbereitet werden.

---

[863] Vgl. Frey et al. (Wirtschaftspsychologie, 2005), S. 124 und Doppler/Lauterburg (Change Management, 2005), S. 55 f.

[864] Vgl. Hamel/Välikangas (Streben nach Erneuerung, 2003), S. 9 f.

- Ideologische Herausforderungen:
  Durchsetzung einer kontinuierlichen und chancenorientierten Erneuerung anstelle episodischer und krisengetriebener Umstrukturierungen.

Um durch Veränderungen der Organisation tatsächlich Produkte, Serviceleistungen und Prozesse zu verbessern, ist die bewusste und zukunftsorientierte Steuerung von Änderungsprozessen mithilfe eines Change Management-Programms notwendig.[865] Traditionell wird im Change Management typischerweise ein Top-Down-Ansatz verfolgt, bei dem Lösungen von außen importiert werden (meist Best-Practices) und die Manager sich auf Korrekturen und Anpassungen konzentrieren. Veränderungsprogramme werden unter der Kontrolle der Manager dann oft kaskadenförmig abgewickelt[866] und ein Change Management-Prozess gilt dann als erfolgreich, wenn die erwarteten Ergebnisse (Kostensenkung, Verbesserung der Kooperation, Erhöhung der Kundenzufriedenheit etc.) realisiert werden können.[867]

Wikimanagement im Prozess des Wandels

Sollen die Herausforderungen von Veränderungen in Unternehmen nachhaltig gemeistert werden, so ist eine Öffnung der Organisationsstruktur unvermeidbar. Während zur Erreichung einer höheren **Partizipation** und Integration der Mitarbeiter ein Top-Down-Ansatz im Veränderungsmanagement sicherlich nicht der richtige Ansatz ist, liefern Social Software-Systeme wie Wikipedia alternative Lösungen. Die Mitarbeiter erarbeiten hier kollaborativ Veränderungspotenziale und stoßen Veränderungsprogramme in einem Bottom-Up-Ansatz selbst an. Pascale und Sternin haben in Studien herausgefunden, dass es in Unternehmen immer wieder Mitarbeiter gibt, die unter gleichen Bedingungen erfolgreicher arbeiten als andere. Nach dem Konzept der Wissenschaftler sollen diese Mitarbeiter ihre Methoden im ganzen Unternehmen verbreiten, worin auch die Notwendigkeit zum Zulassen einer **inkrementellen und emergenten Entwicklung** deutlich wird. Mitarbeiter, die neue Ideen haben, zukunftsorientiert denken und Gefahren für die aktuelle Produkt- oder Unternehmensstrategie erkennen, sollten identifiziert werden und die Möglichkeit haben, ihre Gedankengänge und Konzepte zu kommunizieren.[868] Diese Veränderungsanstöße aus der Gemeinschaft der Mitarbeiter heraus erhöhen vor allen die Akzeptanz von Veränderungen bei den Organisationsteilnehmern. Die schwerste Aufgabe dürfte dabei oftmals im Management liegen, die Ideen und Konzepte der Mitarbeiter ernst zu nehmen, anzuerkennen und zu honorieren.

Bei der Vorbereitung auf Veränderungen und der Akzeptanz neuer Konzepte und Ideen geht es nicht nur darum, grundsätzlich neue und eigene Modelle sowie Arbeitsweisen zu entwickeln und zu verbreiten. Gibt es funktionierende Veränderungsmodelle, die zu dem Unternehmen passen, so sollen diese angewendet werden.[869] Mitarbeiter, die gute Ideen haben, sei es nun in Bezug auf Produkte, Prozesse, neue Vertriebswege oder auch Beratungskonzepte,

---

[865] Vgl. Frey et al. (Wirtschaftspsychologie, 2005), S. 120

[866] Vgl. Pascale/Sternin (Geheimagenten, 2006), S. 53

[867] Vgl. Frey et al. (Wirtschaftspsychologie, 2005), S. 123

[868] Vgl. Hamel/Välinkangas (Streben nach Erneuerung, 2003), S. 14

[869] Vgl. Pascale/Sternin (Geheimagenten, 2006), S. 53 ff.

sollten die Möglichkeit erhalten, sie im Unternehmen gegebenenfalls auch bei verschiedenen Abteilungsleitern vorzustellen. Damit kommt es zu einem Kompetenzaustausch über Abteilungsgrenzen hinweg. Ist in einer Abteilung das Budget für neue Projekte bereits ausgeschöpft oder wird die Idee als nicht brauchbar bewertet, so können Ideen auf diesem Wege in einem anderen Bereich, in dem sie besser in das Innovationsportfolio passen, einen Sponsor finden.[870] Damit einher geht die Notwendigkeit, **Regeln flexibel auszulegen** und über hierarchische Strukturen hinweg zu gehen (**Mix verschiedener Herrschaftsformen**). Daneben erhalten die Mitarbeiter durch eine Vielzahl kleiner Projekte, die die Flexibilität des Unternehmens erhalten,[871] und durch die Möglichkeit, ihre Ideen und Konzepte im Unternehmen vorzustellen und zu verwirklichen auch die Gelegenheit zur **Selbstverwirklichung**.

Die Integration und Kommunikation mit den Mitarbeitern nach innen, Kunden und Lieferanten nach außen sowie die Partizipation verschiedener Stakeholdergruppen am Unternehmensgeschehen können auch dabei helfen, Ignoranz gegenüber der Notwendigkeit von Veränderungen, gegenüber Trends und Entwicklungen in der Unternehmensumwelt zu bekämpfen. Stattdessen sollten Zukunftsszenarien und Alternativen frühzeitig betrachtet, **gemeinsame Visionen** und Ziele formuliert und offen kommuniziert werden. Offenheit, eine klare Vision und Zielformulierung gegenüber Mitarbeitern und anderen Stakeholdern, die Erklärung für die Notwendigkeit der Veränderungen können die Angst vor Neuem nehmen und eine **Vertrauenskultur** schaffen, in der eine beschleunigte und erfolgreichere Umsetzung von notwendigen Veränderungen und Umstrukturierungen möglich ist.[872] Und nicht nur die gemeinsame Formulierung und ein Konsens bezüglich der zu erreichenden Ziele (das „Was?") sind eine wichtige Voraussetzung für die Durchsetzung von Veränderungen. Auch der Weg zum Ziel, die erforderlichen Maßnahmen, sollten einen möglichst hohen Konsens und eine Verankerung in der Unternehmenskultur erfahren.[873]

Eine besondere Bedeutung im Veränderungsmanagement liegt in der Kommunikation und Partizipation der verschiedensten Bezugsgruppen. Wesentliche Voraussetzung für die frühzeitige Erkennen von notwendigen Veränderungen ist die Präsenz der Organisation und des Managements genau dort, wo Veränderungen passieren. Dazu gehören die Interaktion mit Kunden, Lieferanten und Mitarbeitern sowie die Fähigkeit, auch unangenehme Folgen für das aktuelle Geschäftsmodell zu erkennen und als solche zu akzeptieren.[874] Auf dieser Basis können Unternehmen flexibel bleiben, um auf Veränderungen reagieren zu können.

Veränderungsprogramme nach Wikimanagement würden im Gegensatz zum klassischen Change Management verschiedene Besonderheiten aufweisen, die in der nachfolgenden Tabelle gegenübergestellt werden.

---

[870] Vgl. Hamel/Välinkangas (Streben nach Erneuerung, 2003), S. 18 f.

[871] Vgl. Hamel/Välinkangas (Streben nach Erneuerung, 2003), S. 15 f.

[872] Vgl. Hamel/Välinkangas (Streben nach Erneuerung, 2003), S. 10 f. und Hedemann et al. (Project Management based on Prince2, 2005), S. 170

[873] Vgl. Christensen et al. (Instrumente für den Wandel, 2006), S. 24 ff.

[874] Vgl. Hamel/Välinkangas (Streben nach Erneuerung, 2003), S. 14 f.

Traditionelles Change Management	Change Management nach Wikimanagement
Konzepte und Impulse für Veränderungen kommen von oben.	Initiativen für Veränderungen und neue Konzepte kommen aus der Organisation.
Lösungskonzepte werden importiert (Best Practices, bekannte Modelle wie Lean Management, …).	Neue und bereits existierende Lösungen werden von Organisationsteilnehmern identifiziert und selbst verbreitet. Das im Unternehmen vorhandene Potenzial wird genutzt.
Durch Denken werden neue Handlungsansätze entwickelt.	Durch Denken und Handeln werden neue Denkansätze entwickelt und Alternativen erarbeitet, um den strategischen Herausforderungen begegnen zu können.
Aufgezwungene Ideen werden abgelehnt.	Da Konzepte partizipativ erarbeitet werden und das Wissen der Gemeinschaft genutzt wird, stößt das soziale System die Lösung nicht ab.
An der Problemlösung werden diejenigen beteiligt, die traditionell mit dem Problem in Verbindung stehen.	Das Netzwerk wird erweitert, indem alle Betroffenen zu Beteiligten gemacht werden. Durch die permanente Information und Integration aller Beteiligten und das permanente Überdenken aktueller Gegebenheiten und möglicher Szenarien können die kognitiven Herausforderungen bewältigt und Ignoranz überwunden werden.
Wenige Großprojekte zur Umsetzung von Veränderungen in Prozessen, Produkten, Vertriebswegen.	Eine Vielzahl kleiner Projekte eröffnen die Möglichkeit zum Experimentieren und erhalten damit die Flexibilität und Veränderungsbereitschaft. Nicht reaktiv agieren, sondern aktiv Chancen und neuen Möglichkeiten gegenüberstehen.

Tabelle 33: Change Management traditionell und à la Wikipedia[875]

Social Software als Unterstützung bei Veränderungen
„Wenn sich Unternehmenskultur vor allem aus dem gelernten und von den Führungskräften vorgelebten Problemlösungsverhalten entwickelt, so kommt der Plattform, auf der das statt-

---

[875] Eigene Darstellung in Anlehnung an Pascale/Sternin (Geheimagenten, 2006), S. 58, Frey et al. (Wirtschaftspsychologie, 2005), S. 120 ff. sowie Hamel/Välikangas (Streben nach Erneuerung, 2003), S. 10 ff.

findet, eine besondere Bedeutung zu."[876] Entsprechend wichtig ist die (informationstechnologische) Plattform, die Veränderungsprozesse unterstützen soll. Werden die Wikimanagement-Erfolgsfaktoren im Change Management-Prozess genutzt, so spielen natürlich die Social Software-Technologien ebenfalls eine besondere Rolle.

Das zuvor beschriebene Change Management-Konzept zeichnet sich durch ein besonders hohes Maß an Partizipation aus. Die Mitarbeiter werden in die Entwicklung neuer Prozesse integriert und haben selbst die Möglichkeit, Initiatoren zu sein. Als Wissenspool und Basis für die Identifizierung von Mitarbeitern und Verbesserungspotenzialen kann ein Unternehmens-Wiki genutzt werden, in dem Verfahrensanweisungen, Tipps, Informationen und Daten hinterlegt werden. Alle Mitarbeiter können dann darauf zugreifen und Ergänzungen vornehmen.

Im Vorfeld der gemeinsamen Definition neuer Ziele und Konzepte, beispielsweise eines neuen Vertriebskonzeptes, können Mindmap-Wikis für die Sammlung von Ideen der betroffenen Mitarbeiter (und in Teilbereichen auch der Kunden) genutzt werden. Auf dieser Basis können die Themen in Diskussionen verdichtet und konkretisiert werden, die Dokumentation kann einfach in einem Wiki oder in Blogs parallel und für alle jederzeit abrufbar erfolgen.

Eine Alternative bieten Blogs, in denen Mitarbeiter ihre Ideen, Konzepte und Initiativen vorstellen und mit anderen verbinden und diskutieren können. In Blogs können die Ideen auch den potenziellen Sponsoren des Unternehmens präsentiert werden, Ideen für Veränderungen werden offen diskutiert und damit die Angst vor Ungewissem reduziert. Andere Mitarbeiter erhalten durch die offene Diskussion auch die Möglichkeit, selbst aktiv zu werden und ihre eigenen Gedankengänge vorzustellen und einzubringen.

Strategische Herausforderungen können am besten in der Diskussion mit allen Beteiligten gelöst werden, wenn das Unternehmen genau dort aktiv ist und Alternativen erarbeitet und testet, wo Veränderungen passieren. Neben Wikis und Blogs gibt es die Möglichkeit, in virtuellen Welten einerseits durch die Interaktion mit und Beobachtung von Mitarbeitern, Lieferanten und Kunden wertvolle Informationen über Trends und Entwicklungen zu erhalten. Andererseits bieten sich gerade die virtuellen Welten auch zur Visualisierung von Veränderungen an, die dadurch für alle Beteiligten transparenter werden, denn Menschen begreifen dann am besten und schnellsten Dinge, wenn sie sie sehen und anfassen können. Prototypen können in virtuellen Welten vorgestellt werden, neue Produktionsabläufe simuliert und neue Prozesse in einem Vertriebskonzept vorgestellt und durchgespielt werden. Der Aufwand für die Darstellung virtueller Produktionsstätten, wie sie beispielsweise bei VW für alle Produktionsanlagen unter Einbeziehung der Lieferanten erfolgt, ist selbstverständlich nicht gering, kann aber in den unterschiedlichsten Bereichen sinnvoll genutzt werden (Supply Chain Management, Change Management, Produktionsplanung, Simulation, Innovations- und Produktmanagement etc.). Gerade im Rahmen von anstehenden Veränderungen für Unterneh-

---

[876] Hein (Elektronische Unternehmenskommunikation 2007), S. 27

men, Mitarbeiter und Lieferanten können durch animierte Mitarbeiter und Anlagen die veränderten Prozesse vorgestellt werden. [877]

Durch die Integration aller Betroffenen in den Veränderungsprozess, beispielsweise mittels Unterstützung der vorgestellten Social Software-Tools, werden eine größere Akzeptanz und mehr Engagement der Mitarbeiter erreicht. Dadurch können die Ziele des Change Management-Prozesses, sei es nun eine Kostensenkung und Qualitätsverbesserung, durch eine Verschlankung des Unternehmens oder die Umstellung auf offene Organisationsstrukturen zur Virtualisierung der Organisation, besser erreicht werden.

Ein Change Management Ablaufschema nach dem Wikimanagement-Prinzip zeigt die folgende Abbildung.

1. Von der Gemeinschaft oder von Einzelnen wird eine Problemstellung benannt.

2. Rahmenbedingungen für mögliche Lösungen werden in der gemeinsamen Zielformulierung festgelegt.

3. Alle Betroffenen Teilnehmer werden über eine gemeinsame IuK-Plattform über die Problemstellung und die Ziele informiert.

4. Gemeinsam mit allen Betroffenen und Interessenten werden Lösungsvorschläge erarbeitet.

5. Nicht das Management alleine, sondern die Gemeinschaft entscheidet auf der Basis der Vorschläge und der gemeinsam erarbeiteten Kriterien. Kann kein Konsens erzielt werden, so kann das Management quasi als Schiedsgericht einschreiten und eine Entscheidung fällen, die der Mehrheit zusagt.

6. Die Gemeinschaft setzt die Konzepte um und kontrolliert die Umsetzung parallel dazu.

Abbildung 67: Change Management-Ablauf nach dem Wikipedia-Prinzip[878]

---

[877] Vgl. Algesheimer/Leitl (Unternehmen 2.0), S. 92 ff.

[878] Eigene Darstellung in Anlehnung an vorangegangene Ausführungen und Rosenstiel et al. (Organisationspsychologie, 2005), S. 392

C.3 Wikimanagement – Ein Scheinriese?

„Nun, erklärte Herr Tur Tur, bei mir ist das umgekehrt. [...] Je weiter ich entfernt bin, desto größer sehe ich aus. Und je näher ich komme, desto mehr erkennt man meine wirkliche Gestalt."[879]

Ein Scheinriese wirkt aus der Entfernung größer als bei näherer Betrachtung. Gilt dies auch für Wikimanagement?

Der Verlauf des ‚New-Economy-Hypes' um die Jahrtausendwende hat gezeigt, welche unsinnigen Übertreibungen im Zusammenhang mit dem Erkennen neuer technologischer Möglichkeiten entstehen können. Der wirtschaftliche Schaden drückte sich in massiven Konsolidierungen mit Insolvenzen und dramatischen Kursverlusten aus. Spätestens dort hat sich also gezeigt, dass nicht alles, was glänzt, immer Gold ist.

Es zeichnet sich ab, dass die Aufmerksamkeit, der ‚Hype', bezüglich des Themas Web 2.0, wie Social Software zumeist bezeichnet wird, bereits zurückgeht. So sieht das Analystenhaus Gartner Web 2.0 im Juli 2007 bereits auf dem Weg von der ‚Spitze der überzogenen Erwartungen' in die ‚Talsohle der Desillusionierung'.[880] Heißt dies, dass Technologien und Strukturen von Social Software eine Eintagsfliege sind, dass sich Social Software bei näherer Betrachtung als Zwerg – eben als Scheinriese herausstellt?

Vieles spricht dafür, dass dem nicht so ist. Hier lohnt eine Betrachtung, was aus dem ‚Hype' der New Economy – inzwischen auch als Web 1.0 bezeichnet – geworden ist. Natürlich mussten viele der übertriebenen Erwartungen und Prognosen enttäuscht werden, viele Geschäftsmodelle stellten sich als vollständig illusorisch und wenig durchdacht heraus. Gleichzeitig zeigt sich heute eine Verbreitung und Nutzung des Internets und der Internet-Angebote, die weiter geht als je zuvor. So nutzen inzwischen Jugendliche das Internet öfter als das Fernsehen.[881] Im Gegensatz zum stationären Handel konnten im Online-Handel die Umsätze mit zweistelligen Wachstumsraten gesteigert werden.[882] Die allgemeine Durchdringung aller Lebensbereiche durch das Internet, ist nicht zu übersehen.

---

[879] Ende (Jim Knopf, 2004), S. 132

[880] Vgl. Alexander (Technologietrends, 2007)

[881] Vgl. EIAA (Shifting Traditions, 2007) http://www.eiaa.net/news/eiaa-articles-details.asp?lang=1&id=154, abgerufen am 15.11.2007

[882] Vgl. HDE (E-Commerce-Umsatz, 2007)

Für den (ersten) Boom des Internets scheint also die auch als Amaras Gesetz bezeichnete Erkenntnis *„Wir neigen dazu, die Effekte neuer Technologie kurzfristig zu überschätzen und langfristig zu unterschätzen"*[883] zuzutreffen.

Auch bei Social Software oder Web 2.0 sprechen viele Argumente für einen ähnlichen Verlauf. So sieht das Analystenhaus Gartner, wie bereits erwähnt, zwar Web 2.0 auf dem Weg in die ‚Talsohle der Desillusionierung', aber zugleich identifiziert Gartner unter den zehn wichtigsten Technologietrends mit ‚Web 2.0', ‚Web 2.0 Arbeitsplätze', ‚Web-Plattformen', ‚Collective Intelligence', und ‚Virtuelle Welten' immerhin fünf Bereiche, die eng mit dem Thema Social Software verbunden sind.[884]

Vieles spricht dafür, dass die Veränderungen, die sich derzeit durch Social Software abzeichnen, nachhaltig sind; wenn auch durchaus fraglich ist, ob diese Veränderungen dann so offensichtlich sein werden und vor allem, ob sie unter den Schlagworten von Web 2.0 oder Social Software wahrgenommen werden.

Dabei werden die anstehenden Veränderungen gerade da erfolgsversprechend und weitreichend sein, wo sich traditionelle und neue Konzepte vermischen. Dies hat sich bereits bei der New Economy gezeigt. Erst als die Blase platzte, die Euphorie an vielen Stellen dem Realitätssinn wich und wieder sehr bodenständige Fragen nach Kosten, Zielgruppen, Nutzen und ähnlichem gestellt wurden, fand das Internet in vielen Bereichen seine (sinnvolle) Anwendung. Als Resultat dieses Prozesses sehen wir heute die Nutzung von New Economy-Konzepten oft in klassische Geschäftsmodelle integriert, so etwa bei der Online-Abwicklung des klassischen Girokontos, dem Einkauf über das Internet etc. Die resultierenden Vorteile sind durchaus handfest und decken auch die Ziele ab, die schon lange vor der Boom-Zeit der New Economy gesucht wurden, also beispielsweise Kostenreduktion, verbesserte Auswahl, erhöhten Service etc.

Ähnliche Muster lassen sich bei den Erfolgsmodellen des Web 2.0 erkennen. *Amazon* und *eBay* gehören zu den Internet-Unternehmen, die aus der letzten Krise gestärkt hervorgingen und bereits den nächsten Schritt gegangen sind. Sie haben klassische bzw. Web 1.0-Geschäftsmodelle mit Ansätzen der Social Software verknüpft. So bieten *eBay* und *Amazon* ihren Kunden zwar die Möglichkeit, passive Einkäufer zu sein, doch erlauben sie auch, aus der passiven Haltung auszubrechen und durch Bewertungen und eigene Verkäufe, die Plattform aktiv mit zu gestalten. Selbst das Empfehlungspotenzial der passiven Käufer wird genutzt. Ihre Käufe werden bei anderen Kunden in Empfehlungen umgesetzt (‚Käufer, die dieses Buch gekauft haben, haben auch ... ').

Auch an anderer Stelle zeigen sich Ansätze, wie die Unternehmen der neuesten Generation mit traditionellen Geschäftszweigen verknüpft werden. So hat *Google* im Januar 2006 den Radio-Werbevermarkter *dMarc* erworben. Auch wurden erste Versuche im Bereich der Print-Werbung durchgeführt. Damit strebt *Google* die Schaffung integrierter Werbepakete

---

[883] Zu einer Diskussion, wem diese Aussage noch zugeschrieben wird vgl. http://doc-weblogs.com/2007/06/15, abgerufen am 15.11.2007

[884] Vgl. Alexander (Technologietrends, 2007)

an, die sowohl die modernen internet-basierten als auch die klassischen Medien abdecken.[885] Die Optionen heißen also nicht unbedingt *entweder oder,* sondern oft *sowohl als auch.*

Der sich abzeichnende Wandel bedeutet auch einen technologischen Wandel, vor allem aber einen sozialen und organisatorischen Wandel, der alle Bereiche von Gesellschaft und Unternehmen ergreifen wird.

An vielen Stellen verheißt dies eine angenehmere, menschlichere und sozialerer Zukunft, die Chancen und Einbindung für jeden erlaubt. Viele der Chancen wurden in vorhergehenden Abschnitten dargestellt. Gleichzeitig bringt der Wandel aber auch sehr weitreichende Gefahren mit sich, die auch eine entsprechende Weiterentwicklung der Ethik und der gesellschaftlichen Werte erforderlich machen.

In einigen Bereichen wurde bereits deutlich, vor welche ethischen und gesellschaftlichen Herausforderungen uns Social Software-Systeme stellen. In Abschnitt A.2.2 wurde bereits das Homocide-Mashup der Los Angeles Times dargestellt; eine Darstellung der aktuellen Tötungsdelikte der Region, geografisch aufbereitet mit Namen, Datum und Umständen, wirft sicherlich für viele Menschen datenschutzrechtliche und ethische Fragestellungen auf.

Bereits die von lebenden Personen selbst aktiv ins Netz gestellten Informationen führen zu weitreichenden Fragestellungen. Dies wird am vieldiskutierten Fall der Lehramtskandidatin Stacy Snyder deutlich. Dieser wurde die Übernahme ins Lehramt verweigert, weil sie auf ihrer *mySpace*-Seite auf einem Foto mit einer Piratenkopfbedeckung und einem Plastikbecher kommentiert mit den Worten ‚Drunken Pirate' abgebildet war.[886] Allgemein spielt das Online-Profil in beruflichen Dingen eine zunehmend wichtigere Rolle. Fast ein Drittel der Personalberater nutzt in Deutschland bereits das Internet, um sich ein Bild über den oder die Bewerberin zu verschaffen. Dienste wie *zoominfo.com* und *spock.com* führen bereits heute die im Netz vorhandenen Daten personenbezogen zusammen, so dass das ausgelassene Partybild auf *flickr* oder *YouTube* zunehmend zum potenziellen Karrierekiller wird.[887]

Auch nach dem Eintritt ins Unternehmen kann die erhöhte Transparenz durch Social Software zur Bedrohung werden. Fehlendes Verständnis oder fehlende Disziplin können in Verbindung mit den Möglichkeiten von Wikis und Weblogs Mitarbeiter in neuen Dimensionen zu Verrätern von Betriebsgeheimnissen machen und nicht zuletzt kann die Mitarbeit am unternehmensweiten Wiki als zusätzliche Aufgabe zur bereits bestehenden umfangreichen Arbeitsbelastung empfunden werden, die obendrein auch noch per Datenbank auswertbar ist.

Zudem drohen nicht nur durch kompromittierende Darstellungen im Web Risiken, sondern auch durch ungenügende Nutzung der modernen Informationstechnologien. Wer es nicht versteht, die zunehmend hochwertigeren Angebote im Web zu seinem Vorteil zu nutzen, läuft immer stärker Gefahr, im sozialen und vor allem im beruflichen Umfeld abgehängt zu werden. Die Online-Eigendarstellung und vor allem die intelligente Nutzung der Wissensressourcen wie *Wikipedia* wird als selbstverständlich vorausgesetzt. Wer durch fehlende Me-

---

[885] Vgl. Page/Brin (Letter, 2007)

[886] Vgl. http://www.msnbc.msn.com/id/18372103/, abgerufen am 10.11.2007

[887] Vgl. Meyer (Bewerber, 2007) und Rest/Schmieder (Entblößtes Ego, 2007)

dienkompetenz den Lern-, Kommunikations- und Wissensprozess nicht im selben Maße beschleunigt wie die Informationselite, fällt bereits bei der Suche nach der Erwerbstätigkeit zurück und gilt im Beruf in immer mehr Bereichen als leistungsschwach. Die Online-Nutzungsstudie *(N)ONLINER Atlas*[888] spricht in diesem Zusammenhang treffend vom ‚digitalen Graben durch Deutschland'. Aber nicht nur im nationalen Kontext stellt sich diese gesellschaftliche Herausforderung, auch im internationalen Kontext gilt es sicherzustellen, dass die ‚Digital Divide' die ohnehin benachteiligten Nationen nicht weiter zurückfallen lässt. Eine Herausforderung, die Organisationen wie die *One Laptop Per Child Foundation* mit dem Ziel einer besseren PC-Versorgung in den weniger entwickelten Ländern anzugehen versuchen.[889]

Die Chancen und Risiken der Möglichkeiten durch neue Technologien und neue soziale Systeme werden in der Gesellschaft bisher nur in relativ geringem Umfang thematisiert. Es steht zu erwarten, dass diese Diskussion noch wesentlich breiteren Raum in der Gesellschaft einnehmen wird. Ein Beispiel für die bereits stattfindende Diskussion ist das schon erwähnte Video (vgl. oben S. 27) *Video EPIC 2015* (*www.free-radio.de/epic*), welches schon vor Jahren in beeindruckender Form die Chancen und Risiken deutlich machte.

Aus der Perspektive des Managements bedeuten die Erfolge der Social Software neue Chancen, aber auch neue Risiken. Nicht alles, was möglich ist, ist unbedingt auch sinnvoll. Jedes Unternehmen muss jeweils für sich prüfen, was aus dem Kontext heraus sinnvoll ist. Die dargestellten Empfehlungen und Beispiele sollten dabei eine wichtige Hilfe sein.

Für die erfolgreiche Umsetzung wird die Einbindung und Begeisterung der Mitarbeiter ein entscheidender Erfolgsfaktor sein. Es gilt, die Motivation und das Engagement aus dem Privatleben in das Berufsleben zu übertragen. Keine einfache Aufgabe, wie schon Taylor erkannte:

„*Whenever an American workman plays baseball [...] it is safe to say that he strains every nerve to secure victory for his side. He does his very best [...].*

When the same workman returns to work on the following day [...] in a majority of cases this man deliberately plans to do as little as he safely can. "[890]

Taylors Zitat macht Chance und Herausforderung zugleich deutlich. Die Einbindung der Mitarbeiter ist wichtige Voraussetzung für die erfolgreiche Umsetzung der dargestellten Wikimanagement-Ansätze. Gleichzeitig sollten die dargestellten Wikimanagement-Erfolgsfaktoren einen wesentlichen Beitrag dazu leisten, die Motivation und Identifikation mit dem Unternehmen zu steigern und das private Engagement auch in das Unternehmen zu tragen. Elemente wie die gemeinsame Vision, die Vertrauenskultur, die erhöhten Freiheitsgrade und nicht zuletzt die Einfachheit in der Nutzung können dazu beitragen, dass vorhandenes Engagement und Motivation nicht vor dem Werkstor enden.

---

[888] Vgl. TNS Infratest/Inititiative D21 ((N)Onliner Atlas 2007, 2007)

[889] Vgl. www.laptopfoundation.org/purpose, abgerufen am 10.11.2007

[890] Taylor (Scientific Management, 1911), S. 3

Bei allen Übertreibungen, die sich derzeit sicherlich beobachten lassen, steht also zu erwarten, dass die Veränderungen im Web auch in den Unternehmen zu nachhaltigen Veränderungen führen werden, die über technische Aspekte weit hinausgehen. Der vorliegende Text sollte bewusst zunächst aufzeigen, was möglich, was denkbar ist. Nicht alles wird so eins zu eins in allen Bereichen umsetzbar sein. Viele der vorgestellten Ansätze sind noch sehr jung. Es fehlt an langjähriger Erfahrung, um umfassend und abschließend die Potenziale und Risiken in der Praxis zu bewerten. Zugleich verändert sich auch das Umfeld der Unternehmen. Was heute noch nicht funktioniert, kann mit den Mitarbeitern von morgen eventuell schon möglich sein – und umgekehrt. Es gilt unternehmensindividuell einen geeigneten Weg zu suchen und durchaus spielerisch die Möglichkeiten zu erproben.

D Das Wikimanagement-Wiki

Welche Erfahrungen haben andere mit der Umsetzung von Wikimanagement gemacht? Welche Erfahrungen haben Sie gemacht? Wo fehlen wichtige Gedanken im vorliegenden Buch? Wo hat sich etwas überholt? Welche neuen Entwicklungen gibt es?

Informieren Sie sich über neueste Entwicklungen.

Arbeiten Sie mit im Wikimanagement-Wiki.

www.wikimanagement.de

Literaturverzeichnis

Aichele (Projektmanagement, 2006)
Aichele, Christian: *Intelligentes Projektmanagement*, Verlag W. Kohlhammer, Stuttgart, 1. Aufl., 2006

Alami/Hager (Flexibles Lernen, 2004)
Alami, Marita; Hager, Sabine: *Flexibles Lernen im Selbstlernzentrum bietet übertragbare Lösungen*, in: Wissensmanagement, Ausgabe Januar/Februar 2004, URL: http://www.wissensmanagement.net/online/archiv/2004/01_2004/e-learning.shtml, abgerufen am 14.06.2007

Alby (Web 2.0, 2007)
Alby, Tom: *Web 2.0 – Konzepte, Anwendungen, Technologien;* Hanser Verlag, München, 1. Aufl., 2007

Alexander (Technologietrends, 2007)
Alexander, Sascha: Gartner: *Welche Technologietrends Unternehmen fundamental verändern werden,* in: Computerwoche 08.06.2007, URL: http://www.computerwoche.de/597986, abgerufen am 09.11.2007

Algesheimer/Leitl (Unternehmen 2.0, 2007)
Algesheimer, René; Leitl, Michael: *Unternehmen 2.0*, in: Harvard Business Manager, 29. Jg., S. 88 ff., 06/2007

Allweyer (Geschäftsprozessmanagement, 2005)
Allweyer, Thomas: *Geschäftsprozessmanagement – Strategie, Entwurf, Implementierung, Controlling*, W3L-Verlag, Herdecke, Bochum, 2005

Allweyer et al. (Prozessmodelle Hochschulausbildung, 2007)
Allweyer, Thomas; Geib, Thomas; Kocian, Claudia; Komus, Ayelt; Kruse, Christian: *Prozessmodelle in der anwendungsorientierten Hochschulausbildung*, in: Loos, Peter; Krcmar, Helmut (Hrsg.): Architekturen und Prozesse – Strukturen und Dynamik in Forschung und Unternehmen, Springer Verlag, Berlin et al., 2007, S. 319-329

Anderson (Long Tail, 2006)
Anderson, Chris: *The Long Tail – How endless Choice is creating unlimited demand*, Randomhouse, London, 2007

Andrews (9/11, 2006)
Andrews, Robert: *9/11 – Birth of the Blog*, in: Wired, 09.11.2006, URL: http://www.wired.com/techbiz/media/news/2006/09/71753, abgerufen am 14.11.2007

Argyris/Schön (Lernende Organisation, 2002)
Argyris, Chris; Schön, Donald A.: *Die Lernende Organisation – Grundlagen, Methode, Praxis*, Klett-Cotta-Verlag, Stuttgart, 2. Aufl., 2002

Barabási (Linked, 2003)
Barabási, Albert-László: *Linked: How Everything Is Connected to Everything Else and What It Means for Business, Science and Everyday Life*, Plume, New York et al., 2003

Bartholdi/Eisenstein (Bucket-brigades, 2006)
Bartholdi, John J. III; Eisenstein, Donald D.: *Bucket-brigade assembly lines*, URL: http://www2.isye.gatech.edu/%7Ejjb/bucket-brigades.html, last modified, 30.7.2006, abgerufen am 23.07.2007

Barnard (Organisationen, 1970)
Barnard, Chester I.: *Die Führung großer Organisationen*, Verlag Girardet, Essen, 1970

Batelle (Search, 2005)
Batelle, John: *The Search*, Penguin, New York et al., 2005

Baumeister (Kommunikation, 2007)
Baumeister, Johann: *Kommunikation und Zusammenarbeit*, in: Information Week 06/2007, S. 36-37

Baumeister (Weg zu Web 2.0, 2007)
Baumeister, Johann: *IBM und Microsoft auf dem Weg zu Web 2.0*, in: Information Week, 06/2007, S. 38-41

Becker et al. (Projektmanagement, 2005)
Becker, Jörg; Berning, Wilhelm; Kahn, Dieter: *Projektmanagement*, in: Becker, Jörg; Kugeler, Martin; Rosemann, Michael (Hrsg.): *Prozessmanagement – Ein Leitfaden zur prozessorientierten Organisationsgestaltung*, Springer, Berlin, Heidelberg, 5. überarb. und erweiterte Aufl., 2005, S. 17-44

Bendel (Wikis und Weblogs, 2006)
Bendel, Oliver: *Das 1x1 der Wikis und Weblogs*, in: Wissensmanagement – Das Magazin für Führungskräfte, 8. Jg., 03/2006, S. 22-25

Blume (Kulturrevolutionäre, 2006)
Blume, Georg: *Die neuen Kulturrevolutionäre*, in: Die Zeit 21/2006, 18.05.2006, URL: http://zeus.zeit.de/text/2006/21/china_xml, abgerufen am 14.11.2007

Bonabeau/Meyer (Swarm Intelligence, 2001)
Bornabeau, Eric; Meyer, Christopher: *Swarm Intelligence – A Whole New Way to Think About Business*, in: Harvard Business Review, 79. Jg 05/2001, S. 106-114

Böcking (Xing, 2007)
Böcking, David: *Xing wächst im Ausland*, in: Financial Times Deutschland, 21.08.2007, URL: http://ftd.de/technik/medien_internet/:Xing%20Ausland/242059.html, abgerufen am 25.09.07

Brassington/Pettitt (Marketing, 2003)
Brassington, Frances; Pettitt, Stephen: *Principles of Marketing*, Prentice Hall, Pearson Education Ltd., GB, 3. Aufl., 2003

Brin (Web 2.0, 2005)
Brin, Sergej: *Web 2.0 2005* – Sergey Brin in Conversation with John Batelle, from the Web 2.0 Conference held October 5-7, 2005 at the Argent Hotel in San Francisco, URL: http://itc.conversationsnetwork.org/shows/detail795.html, abgerufen am 23.12.2007 (Eine auszugsweise Mitschrift findet sich auch unter: http://www.reemer.com/archives/2005/10/08/web_20_conversation_with_google_founder_sergey_brin/, abgerufen am 23.12.2007)

Brügge et al. (OSS, 2004)
Brügge, Bernd; Picot, Arnold; Harhoff, Dietmar: *Open Source Software – eine ökonomische und technische Analyse,* Springer Verlag, Berlin, 1. Aufl., 2004

Buchanan (Nexus, 2002)
Buchanan, Mark: *Nexus – Small Worlds and the Groundbreaking Theory of Networks*, Norton & Company, New York, London, 2002

Burg/Pircher (Social Software, 2006)
Burg, Thomas N.; Pircher, Richard: *Social Software in Unternehmen*, in: Wissensmanagement – Das Magazin für Führungskräfte, 8. Jg. 03/2006, S. 26-28

Butler/Waldroop (Mitarbeiter, 1997)
Butler, Timothy; Waldroop, James: *Wie Unternehmen ihre besten Leute an sich binden*, in: Seeger, Christoph (Hrsg.): Köpfe, Konzepte, Klassiker – Was Manager über Strategie, Führung, Marketing und Organisation wissen müssen, Verlag Redline Wirtschaft, Frankfurt/M., 2005, S. 104-122

CHE (Hochschulranking, 2007/2008)
Centrum für Hochschulentwicklung (CHE) (Hrsg.): *Das Hochschulranking 2007/2008*, URL: http://www.das-ranking.de/che8/CHE, abgerufen am 24.10.2007

Christensen et al. (Instrumente für den Wandel, 2006)
Christensen, Clayton M.; Stevenson, Howard H.; Marx, Matt: *Die richtigen Instrumente für den Wandel*, in: Harvard Business Manager, 28. Jg. 12/2006, S. 24-38

Coffmann/Gonzalez-Molina (Gallup-Prinzip, 2003)
Coffmann, Curt; Gonzales-Molina, Gabriel: *Managen nach dem Gallup-Prinzip,* Campus Verlag, Frankfurt/M., New York, 1. Aufl., 2003

Cohen et al. (Garbage Can, 1972)
Cohen, Michael D.; March, James G.; Olsen, Johan P.: *A Garbage Can Model of Organizational Choice*, in: Administrative Science Quarterly, 17 Jg. 01/1972, S. 1-25

Conrad (Maslow-Modell, 1983)
Conrad, Peter: *Maslow-Modell und Selbsttheorie: Eine Kritik*, in: Die Unternehmung: Swiss journal of business research and practice, Organ der Schweizerischen Gesellschaft für Betriebswirtschaft (SGB), Jg. 37 03/1983, S. 258-277

Corsten (Projektmanagement, 2000)
Corsten, Hans: *Projektmanagement*, Oldenbourg Verlag, München, 1. Aufl., 2000

Csikszentmihalyi (Flow, 2004)
Csikszentmihalyi, Mihaly: *Flow im Beruf – Das Geheimnis des Glücks am Arbeitsplatz*, Klett-Cotta Verlag, Stuttgart, 2. Aufl., 2004

Davenport/Prusak (Information Ecology, 1997)
Davenport, Thomas H.; Prusak, Laurence: *Information Ecology – Mastering the Information and Knowledge Environment. Why Technology is not enough for Success in the information age*, Oxford University Press, Oxford et al., 1997

Deutschland Online (Social Web, 2006)
Deutschland Online (Hrsg.): *Deutschland Online 4 – Bericht 2006 – Sonderauswertung Social Web*, URL: http://www.studie-deutschland-online.de/do4/DO4_Sonderauswertung_Socail_Web_deutsch.pdf, abgerufen am 24.10.2007

DIN (DIN 69 901 Projektwirtschaft, 1987)
DIN – Deutsches Institut für Normung e.V. (Hrsg.): DIN 69 901 – Projektwirtschaft, Projektmanagement Begriffe, Ausgabe 8-1987, August 1987

Doppler/Lauterburg (Change Management, 2005)
Doppler, Klaus; Lauterburg, Christoph: *Change Management – Den Unternehmenswandel gestalten*, Campus Verlag, Frankfurt/M., 11. Aufl., 2005

Ebersbach et al. (Wiki-Tools, 2005)
Ebersbach, Anja; Glaser, Markus; Heigl, Richard: *Wiki-Tools – Kooperation im Web*, Springer Verlag, Berlin, Heidelberg, 1. Aufl., 2005

EIAA (Shifting Traditions, 2007)
EIAA – European Interacting Advertising Association: *Shifting Traditions – Internet Rivalling TV in Media Consumption Stakes*, 12.11.2007, URL: http://www.eiaa.net/news/eiaa-articles-details.asp?lang=1&id=154, abgerufen am 15.11.2007

Eimeren/Frees (ARD/ZDF-Online-Studie, 2005)
Eimeren, Birgit van; Frees, Beate: *Nach dem Boom: Größter Zuwachs in internetfernen Gruppen*, in: Media Perspektiven 08/2005, URL: http://www.daserste.de/service/ardonl05.pdf, abgerufen am 01.04.2006

Eimeren/Frees (ARD/ZDF-Online-Studie, 2007)
Eimeren, Birgit van; Frees, Beate: *Internetnutzung zwischen Pragmatismus und YouTube-Euphorie*, in: Media Perspektiven 08/2007, URL: http://www.br-online.de/br-intern/medienforschung/onlinenutzung/onlinestudie/

Ende (Jim Knopf, 2004)
Ende, Michael: *Jim Knopf und Lukas der Lokomotivführer*, Thienemann Verlag, Stuttgart, Wien, 2004

Evans/Wolf (Netzwerke, 2005)
Evans, Philip; Wolf, Bob: *Vertrauen ist die Basis*, in: Harvard Business Manager, 27. Jg. 11/2005, S. 61-74

Fayol (Adminitration, 1916)
Fayol, Henry: *Administration Industrielle et Générale*, Dunod, Paris, 1916

Fiebig (Wikipcdia, 2005)
Fiebig, Henriette: *Wikipedia – Das Buch*, WikiPress I, Zenodot Verlagsgesellschaft, Berlin, 2005

Fitznar (Blended Learning, 2003)
Fitznar, Wolfgang: *Blended Learning: Effiziente Symbiose von Präsenztraining und E-Learning*, in: Wissensmanagement Online 12/2003, URL: http://www.wissensmanagement.net/online/archiv/2003/12_2003/blendedlearning.shtml, abgerufen am 08.08.2007

Fleischer (Google's Search, 2007)
Fleischer, Peter: *Google's search policy puts the user in Charge*, in: Financial Times FT.com, 25.05.2007, URL: http://www.ft.com/cms/s/560c6a06-0a63-11dc-93ae-000b5df106 21.html, abgerufen am 29.05.2007

Frank, Matthias (10 Gründe gegen Second Life, 2007)
Frank, Matthias: *10 Gründe gegen Second Life – Warum Unternehmen sich nicht in der virtuellen Welt engagieren sollen*, in: Infospeed 08/2007, URL: http://www.competence site.de/business-networking-web20.nsf/A429F518B002BBCAC125733A002DB584/$File/gruende_gegen_second-life_web_2-0.pdf, abgerufen am 21.09.07

Frese (Organisationstheorie, 1992)
Frese, Erich: *Organisationstheorie – Historische Entwicklung – Ansätze – Perspektiven*, Gabler Verlag, Wiesbaden, 2. Aufl., 1992

Frese (Grundlagen, 2005)
Frese, Erich: *Grundlagen der Organisation – Entscheidungsorientiertes Konzept der Orga-nisationsgestaltung*, Gabler Verlag, Wiesbaden, 9. Aufl., 2005

Frey et al. (Wirtschaftspsychologie, 2005)
Frey, Dieter; Rosenstiel, Lutz von; Hoyos, Carl Graf (Hrsg.): *Wirtschaftspsychologie*, Beltz PVU Verlag, Weinheim, 1. Aufl., 2005

Friedell (Kulturgeschichte, 1984)
Friedell, Egon: Kulturgeschichte *der Neuzeit – Die Krisis der Europäischen Seele von der Schwarzen Pest bis zum Ersten Weltkrieg*, Verlag C.H. Beck, Beck'sche Sonderausgabe, München, 1984

Gallenbacher (Wiki, 2005)
Gallenbacher, Jens: Einleitung, in: Lange, Christoph (Hrsg.): *Wiki – Planen, Einrichten, Verwalten*, C&L Computer und Literaturverlag, Böblingen, 1. Aufl., 2005, S. 17-34

Gallup (Engagement Index, 2004)
Wood, Gerald; Nink, Marco: *Engagement Index 2004: Studie zur Messung der emotionalen Bindung von MitarbeiterInnen*, Gallup Organization, Berlin, 21.04.2004, URL: http://www.gewinnerregion.de/download/gallup_studie_engagement_index_2004.pdf, abge-rufen am 25.05.2006

Gamböck/Pichler (E-Learning, 2006)
Gamböck, Birgit; Pichler, Martin: *E-Learning-Trend 2006 – Besser lernen mit Weblogs, Wikis, Podcasts*, in: wirtschaft + weiterbildung 02/2006, S. 54-63

Gardner et al. (Good Work, 2005)
Gardner, Howard; Csikszentmihalyi, Mihaly; Damon, William: *Good Work! – Für eine neue Ethik im Beruf*, Verlag Klett-Cotta, Stuttgart, 1. Aufl., 2005

Gebert/Rosenstiel (Organisationspsychologie, 1996)
Gebert, Diether; Rosenstiel, Lutz von: *Organisationpsychologie*, Verlag W. Kohlhammer, Stuttgart, 4. Aufl., 1996

Ghersi et al. (Internet-Lexikon, 2002)
Ghersi, Lenny; Lee, Sue; Karadagi, Allan: *Gabler Kompakt Lexikon Internet*, Gabler Verlag, Wiesbaden, 1. Aufl., 2002

Giles (Internet encyclopaedias, 2005)
Giles, Jim: *Internet Encyclopaedias go ahead to head*, in: nature, Vol. 438 12/2005, S. 900-901

Giles/nature (Supplementary information, 2005)
Giles, Jim: *Supplementary information to accompany Nature news article „Internet encyclo-paedias go head to head"*, URL: http://www.nature.com/nature/journal/v438/n7070/extref/438900a-s1.doc, abgerufen am 01.03.2006

Gilmour (Teile und profitiere, 2004)
Gilmour, David: *Teile und profitiere – Wissensmanagement*, in: Harvard Business Manager, 26. Jg. 01/2004, S. 2-3

Goncalvez (Linux, 2000)
Goncalvez, Marcus: *Linux im Unternehmen*, MITP-Verlag, Bonn, 1. Aufl., 2000

Granovetter (Weak Ties, 1973)
Granovetter, Mark: *The Strength of Weak Ties*, in: American Journal of Sociology, Jg. 78 06/1978, S. 1360-1380

Grap (Produktion, 1998)
Grap, Rolf: *Produktion und Beschaffung*, Verlag Franz Vahlen, München, 1. Aufl., 1998

Grauel (Einbahnstraßen, 2006)
Grauel, Ralf: *Marketing-Kolumne: Einbahnstraßen im Supermarkt*, in: brand eins 06/2006, URL: http://www.brandeins.de/home/inhalt_print.asp?id=2087&MagID=78&MenuID=8&SID=su6624966197385, abgerufen am 24.07.2007

Grochla (Organisationstheorie, 1978)
Grochla, Erwin: *Einführung in die Organisationstheorie*, C.E. Poeschel Verlag, Stuttgart, 1. Aufl., 1978

Groß/Hülsbusch (Weblogs und Wikis, 2005)
Groß, Matthias; Hülsbusch, Werner: Weblogs und Wikis (Teil 2): *Potenziale für betriebliche Anwendungen und E-Learning*, in: Wissensmanagement – Das Magazin für Führungskräfte, 7. Jg. 01/2005, S. 50-23

Hammer (Don't Automate, Obliterate, 1990)
Hammer, Michael: Reengineering Work: *Don't Automate, Obliterate*, in: Harvard Business Review 04/1990, S. 104-112

Hamel/Välikangas (Streben nach Erneuerung, 2003)
Hamel, Gary; Välikangas, Liisa: Das Streben nach Erneuerung, in: Harvard Business Manager, erstmals 12/2003, hier entnommen aus: Harvard Business Manager edition, Change Management, 04/2004

Hansen/Neumann (Wirtschaftsinformatik I, 2005)
Hansen, Hans Robert; Neumann, Gustaf: *Wirtschaftsinformatik I – Grundlagen und Anwendung*, Lucius & Lucius/UTB Verlag, Stuttgart, 9. Aufl., 2005

Hansen/Neumann (Wirtschaftsinformatik II, 2005)
Hansen, Hans Robert; Neumann, Gustaf: *Wirtschaftsinformatik II – Informationstechnik*, Lucius & Lucius/UTB Verlag, Stuttgart, 9. Aufl., 2005

Hayek (Freiburger Studien, 1994)
Hayek, Friedrich A. von: *Freiburger Studien: Gesammelte Aufsätze von F.A. von Hayek*, J.C.B. Mohr Verlag, Tübingen, 2. Aufl., 1994

HDE (E-Commerce-Umsatz, 2007)
HDE – Hauptverband des deutschen Einzelhandels (Hrsg.): *E-Commerce-Umsatz*, URL: http://www.einzelhandel.de/servlet/PB/menu/1021961/index.html, abgerufen am 15.11.2007

Hedemann et al. (Project Management based in Prince2, 2005)
Hedemann, Bernd; Vis van Heemst, Gabor; Fredriksz, Hans: *Project Management based on PRINCE2 – PRINCE2 Edition 2005*, Van Haren Publishing, Zeewolde (NL), 3. Aufl., 2006

Heib (Business Process Reengineering, 1998)
Heib, Ralf: *Business Process Reengineering mit ARIS-Modellen*, in: Scheer, August-Wilhelm: ARIS – Vom Geschäftsprozess zum Anwendungssystem, Springer, Berlin u.a. 1998, 3. vollst. überarb. Aufl., S. 147-153

Hein (Elektronische Unternehmenskommunikation 2007)
Hein, Frank Martin: *Elektronische Unternehmenskommunikation – Konzepte und Best Practices zu Kultur und Führung*, Deutscher Fachverlag – Edition Horizont, Frankfurt/M., 2007

Hemp (Avatare, 2006)
Hemp, Paul: *Avatare als Käufer*, in: Harvard Business Manager, 28. Jg. 02/2006, S. 17-18

Hertel et al. (Motivation, 2003)
Hertel, Guido; Niedner, Sven; Herrmann, Stefanie: *Motivation of software developers in Open Source project: an Internet-based survey of contributers to the Linux kernel*, in: Research Policy, Jg. 32 07/2003, S. 1159-1177

Heuer/Trojan (Die Dot-Kommune, 2005)
Heuer, Steffan; Trojan, Jörg: *Die Dot-Kommune*, in: brand eins 04/2005, S. 74-79

Hill et al. (Organisationslehre II, 1998)
Hill, Wilhelm; Fehlbaum, Raymond; Ulrich, Peter: *Organisationslehre II*, Verlag Paul Haupt UTB, Stuttgart, 5. Aufl., 1998

Hippner (Social Software, 2006)
Hippner, Hajo: *Bedeutung, Anwendung und Einsatzpotentiale von Social Software*, in: HMD – Praxis der Wirtschaftsinformatik, Heft 252, 2006, S. 6-16

Homburg/Krohmer (Marketingmanagement, 2003)
Homburg, Christian; Krohmer, Harley: *Marketingmanagement: Strategie – Instrumente – Umsetzung – Unternehmensführung*, Gabler Verlag, Wiesbaden, 1. Aufl., 2003

Huston/Sakkab (P&G, 2006)
Huston, Larry; Sakkab, Nabil: Wie *Procter & Gamble zu neuer Kreativität fand*, in: Harvard Business Manager, 28. Jg. 08/2006, S. 29 ff.

IDS Scheer (UBS, 2001)
IDS Scheer AG (Hrsg.): *UBS setzt auf IDS Scheer Software*, Pressemitteilung 25.09.2001, URL: http://www2.ids-scheer.com/germany/11052, abgerufen am 03.01.2007

IDS Scheer/Pierre Audoin Consultants (Business Process Report, 2007)
IDS Scheer AG; Pierre Audoin Consultants (Hrsg.): *Business Process Report 2007 – Geschäftsprozessmanagement in Deutschland, Österreich und der Schweiz*, Saarbrücken, München, 2007

Jacobson/Prusak (Informationen, 2007)
Jacobson, Al; Prusack, Laurence: *Wie Informationen wertvoll werden*, in: Harvard Business Manager, 29. Jg. 01/2007, S. 6 f.

Jashapara (Knowledge Management, 2004)
Jashapara, Ashok: *Knowledge Management – An Integrated Approach*, FT Prentice Hall, Pearson Ed. Ltd., Harlow, 2004

Joshua (Now Serving: 1,000,000, 2006)
Joshua: *Now Serving: 1,000,000*, URL: http://blog.delicious.com/blog/2006/09/now-serving-1000000.htmlhttp://blog.del.icio.us/blog/2006/09/million.html, abgerufen am 30.09.2007

Jung (Personalwirtschaft, 2003)
Jung, Hans: *Personalwirtschaft*, Oldenbourg Verlag, München, 5. Aufl., 2003

Kersten (Demotivation, 2005)
Kersten, El: *The Art of Demotivation – Manager Edition: A Visionary Guide for Transforming Your Company's Least Valuable Asset – Your Employees*, VVB Laufersweiler Verlag, 11. Aufl., 2005

Kieser/Kubicek (Organisation, 1992)
Kieser, Alfred; Kubicek, Herbert: *Organisation*, de Gruyter Verlag, Berlin, 3. Aufl., 1992

Kieser/Walgenbach (Organisation, 2003)
Kieser, Alfred; Walgenbach, Peter: *Organisation*, Schäffer-Poeschel-Verlag, Stuttgart, 4. Aufl., 2003

Kleinfeld (Six Degrees: Urban Myth?, 2002)
Kleinfeld, Judith: *Six Degrees: Urban Myth?*, in: Psychology Today, März/April 2002, URL: http://www.psychologytoday.com/articles/pto-20020301-000038.html, abgerufen am 25.09.2007

Kleinz (Fünf Herausforderungen, 2006)
Kleinz, Torsten: *Fünf Herausforderungen für die Wikipedia*, in: Telepolis, Online-Ausgabe vom 15.01.2006, URL: http://telepolis.de/r4/artikel/21/21787/1.html, abgerufen am 30.03.2006

Kleinz (Manipulation, 2005)
Kleinz, Torsten: *Manipulation, Wahlkampf und ein Wiki – Wie ein Wikipedia-Edit zum Politikum wurde*, in: Telepolis Online-Ausgabe vom 21.05.2005, URL: http://www.heise.de/tp/r4/artikel/20/20139/1.html, abgerufen am 29.12.2007

Kluge/Schilling (Lernen, 2004)
Moser, Klaus; Batinic Bernard: *Neue Medien in Organisationen*, in: Schuler, Heinz (Hrsg.): Enzyklopädie der Psychologie, Band 4, S. 845-909, Hogrefe Verlag für Psychologie, Göttingen 2004

Komus (Benchmarking, 2001)
Komus, Ayelt: *Benchmarking als Instrument der Intelligenten Organisation – Ansätze zur Stueuerung und Steigerung der Organisatorischen Intelligenz*, Gabler Verlag, Wiesbaden, 2001

Komus (Business Process Excellence, 2004)
Komus, Ayelt: *Business Process Excellence in SAP-gestützten Prozessen – Nachhaltige und effiziente Prozessoptimierung nach Unbundling und IS-U-Einführung*, in: Scheer, August-Wilhem; Abolhassan, Ferri; Kruppke, Helmut; Jost, Wolfram (Hrsg.): *Innovation durch Geschäftsprozessmanagement – Jahrbuch Business Process Excellence 2004-2005*, Springer Verlag, Berlin et al., 2004, S. 363-381

Komus (Prozessperformance Management, 2004)
Komus, Ayelt: *Gesellschaftsübergreifendes Prozessperformance Management: Prozesszielableitung und -verfolgung mit Hilfe des ARIS-Value Engineering-Ansatzes*, in: IM Die Fachzeitschrift für Information Management & Consulting. 19. Jg. 03/2004, S. 73-78

Komus (Social Software, 2006)
Komus, Ayelt: *Social Software als organisatorisches Phänomen – Einsatzmöglichkeiten in Unternehmen*, in: HMD – Praxis der Wirtschaftsinformatik, Heft 252, 2006, S. 36-44

Komus (Wettbewerbsvorteile 2003)
Komus, Ayelt: *Die Realisierung globaler Wettbewerbsvorteile*: Strategie, Struktur und Umwelt (aus dem Jahr 2004). Rhombos-Verlag, Berlin, 2003

Komus/Scholz (Shaping Change 2003)
Komus, Ayelt; Scholz, Torsten: *Shaping Change*, in: SAP Info – The SAP Magazine, Issue 111, 2003

Komus/Wauch (Wikis 2007)
Komus, Ayelt; Wauch, Franziska: *Wikis – Mehr als Wikipedia*, in: Hein, Frank Martin: *Elektronische Unternehmenskommunikation – Konzepte und Best Practices zu Kultur und Führung*, Deutscher Fachverlag – Edition Horizont, Frankfurt/M., 2007, S. 270-277

Komus/Wauch (Erfolgsfaktoren 2008)
Komus, Ayelt; Wauch, Franziska: *Erfolgsfaktoren von Social Software – Implikationen für das Management*, in: Döbler, Thomas (Hrsg.): *Einsatz von Social Software in Unternehmen*, Stuttgart, Veröffentlichung vorgesehen in Quartal 1, 2008

Körmeier (Prozessorientierte Unternehmensgestaltung, 1995)
Körmeier, Klaus: *Prozessorientierte Unternehmensgestaltung*, in WiSt, 24. Jg., 1995, S. 259-261

Kosiol (Organisation, 1962)
Kosiol, Erich: *Organisation der Unternehmung*, Gabler Verlag, Wiesbaden, 1. Aufl., 1962

Kotler (Marketing Management, 2003)
Kotler, Philip: *Marketing Management*, Prentice Hall, Pearson Education International, New Jersey, 11. Aufl., 2003

Kuhlen (Wikipedia, 2006)
Kuhlen, Rainer: *Wikipedia – Offenen Inhalte im kollaborativen Paradigma – eine Herausforderung auch für Fachinformation*, in: Libreas – Library Ideas 01/2006 elektronische Zeitschrift am Institut für Bibliotheks- und Informationswissenschaft, URL: http://www.ib.hu-berlin.de/~libreas/libreas_neu/ausgabe4/006kuhlen.htm, abgerufen am 29.03.2006

Kühl et al. (Routine, 2005)
Kühl, Stefan; Schnelle, Thomas; Schnelle, Wolfgang: *Raus aus der Routine*, in: Harvard Business Manager, 27. Jg. 05/2005, S. 22-35

Kummerer et al. (Grundzüge Beschaffung, Produktion, Logistik, 2006)
Kummerer, Sebastian; Grün, Oskar; Jammernegg, Werner (Hrsg.): *Grundzüge der Logistik*, Person Studium, München, 2006

Künzler (Sprung aus dem Netz, 2006)
Künzler, Hanspeter: *Sprung aus dem Netz – Das erfolgreiche Début der Arctic Monkeys*, in: Neue Zürcher Zeitung, 26.01.2006, URL: http://www.nzz.ch/2006/01/26/fe/articleDIPGN.html, abgerufen am 08.11.2007

Kurzidim (Wissensstreit, 2004)
Kurzidim, Michael: *Wissenswettstreit – Die kostenlose Wikipedia tritt gegen die Marktführer Encarta und Brockhaus an*, in: c't 21/2004, S. 132-139

Lamprecht (Wikis, 2005)
Lamprecht, Stephan: *Wikis im Unternehmenseinsatz – deutlich unterschätzt*, Businessworld, Online-Artikel, 27.08.2005, URL: http://www.businessworld.de/2005/08/27/wikis-im-unternehmenseinsatz-deutlich-unterschatzt/, abgerufen am 13.05.2006

Lange (Wiki, 2005)
Lange, Christoph (Hrsg.): *Wiki – Planen, Einrichten, Verwalten*, C&L Computer und Literaturverlag, Böblingen, 1. Aufl., 2005

Langenhan (Wissensmanagement, 2003)
Langenhan, Fridtjof: *Wissensmanagement in Franchisingnetzwerken – Theoretische Grundlagen und praktische Gestaltung organisationaler Lernprozesse in Franchisingnetzwerken*, Verlag Wissenschaft & Praxis, Sternenfels, 2003

Lassmann (Wirtschaftsinformatik, 2006)

Lassmann, Wolfgang: *Wirtschaftsinformatik – Nachschlagewerk für Studium und Praxis*, Gabler Verlag, Wiesbaden, 1. Aufl., 2006

Lehner (Wissensmanagement, 2006)

Lehner, Franz: *Wissensmanagement – Grundlagen, Methoden und technische Unterstützung*, Hanser Verlag, München, 1. Aufl., 2006

Lindblom (Muddling-Through, 1969)

Lindblom, Charles. E.: *The Science of ‚Muddling-Through'*, in: Ansoff, H. Igor (Hrsg.): Business Strategy, Penguin Book Ltd., Harmondsworth, 1969, S. 41-60

Macharzina/Wolf (Unternehmensführung, 2005)

Macharzina, Klaus; Wolf, Joachim: *Unternehmensführung – Das internationale Managementwissen, Konzepte – Methoden – Praxis*, Gabler Verlag, Wiesbaden, 4. Aufl., 2005

March/Simon (Organisation und Individuum, 1976)

March, James G.; Simon, Herbert A.: *Organisation und Individuum – Menschliches Verhalten in Organisationen*, Gabler Verlag, Wiesbaden, 1976

Maslow (Motivation, 1954)

Maslow, Abraham H.: *Motivation and Personality*, Harper & Row Publishers, New York, 1954

Malik (Management, 2001)

Malik, Fredmund: *Management-Perspektiven*, Verlag Paul Haupt, Bern, 3. Aufl., 2001

Malik (Strategie, 2002)

Malik, Fredmund: *Strategie des Managements komplexer Systeme*, Verlag Paul Haupt, Bern, 7. Aufl., 2002

Malik (Systemisches Management, 2003)

Malik, Fredmund: *Systemisches Management, Evolution, Selbstorganisation – Grundprobleme, Funktionsmechanismen und Lösungsansätze für komplexe Systeme*, Verlag Paul Haupt, Bern, 3. Aufl., 2003

McHenry (The faith-based encyclopedia, 2004)

McHenry, Robert: *The faith-based encyclopedia*, in: TCS daily, URL: http://www.tcsdaily.com/printArticle.aspx?ID=111504A, abgerufen am 02.03.2006

McLuhan (Gutenberg Galaxy, 1962)

McLuhan, Marshall: *The Gutenberg Galaxy: The Making of Typographic Man*, University of Toronto Press, Toronto, Buffalo, London, 1962

MediaWiki (How does MediaWiki work, 2006)

MediaWiki: *How does MediaWiki work?*, URL: http://www.mediawiki.org/wiki/How_does_MediaWiki_work%3F, abgerufen am 04.05.2006

Meffert (Marketing, 2000)

Meffert, Heribert: *Marketing – Grundlagen marktorientierter Unternehmensführung*, Gabler Verlag, Wiesbaden, 9. Aufl., 2000

MeinProf (Fachhochschulen besser, 2007)
Mein Prof e.V. (Hrsg.): *Fachhochschulen besser als Universitäten?* Erstes Hochschulranking für Lehrqualität in Deutschland!, Pressemitteilung 30.08.2007, URL: http://www.meinprof.de/presse/20070830.pdf, abgerufen am 24.10.2007

Meusers (Peinliche Pannen, 2006)
Meusers, Richard: *Peinliche Pannen bringen StudiVZ in Veruf,* in: Spiegel Online, 15.11.2006, URL: http://www.spiegel.de/netzwelt/web/0,1518,448340,00.html, abgerufen am 01.01.2008

Merz (Oscar Manifest, 1999)
Merz, Markus: *Das Oscar Manifest,* November 1999, URL: http://www.theoscarproject.org/index.php?option=com_content&task=view&id=6&Itemid=18, abgerufen am 23.07.2007

Meyer (Bewerber, 2007)
Meyer, Christian: *Bewerber aus Glas,* in: Financial Times Deutschland, 30.03.2007, URL: http://www.ftd.de/div/vernetzung/:Netzprofil%20Bewerber%20Glas/178981.html, abgerufen am 10.11.2007

Milgram (Small-World Problem, 1967)
Milgram, Stanley: *The Small-World Problem,* in: Psychology Today, Vol. 1, 1967, S. 60-67

Mintzberg et al. (Strategy, 1998)
Mintzberg, Henry; Ahlstrand, Bruce; Lampel, Joseph: *Strategy Safary – A Guided Tour through the Wilds of Strategic Management,* The Free Press, New York, 1998

Mintzberg (Manager's Job, 1975)
Mintzberg, Henry: *The Manager's Job – Folklore and Fact,* in: Harvard Business Review, 53. Jg., 04/1975, S. 49-61

Mintzberg (Management, 1989)
Mintzberg, Henry: *Mintzberg on Management: Inside Our Strange World of Organizations,* Free Press, New York, 1989

Möller (Medienrevolution, 2006)
Möller, Erik: *Die heimliche Medienrevolution – Wie Weblogs, Wikis und freie Software die Welt verändern,* Heise Zeitschriften Verlag, Hannover, 2. Aufl., 2006

Moser/Batinic (Medien, 2004)
Moser, Klaus; Batinic, Bernard: *Neue Medien in Organisationen,* in: Schuler, Heinz (Hrsg.): Enzyklopädie der Psychologie, Band 4, Hogrefe Verlag für Psychologie, Göttingen, 2004, S. 911-941

Nguyen (UseModWiki, 2005)
Nguyen, Huy Hoang: *UseModWiki,* in: Lange, Christoph (Hrsg.): *Wiki – Planen, Einrichten, Verwalten,* C&L Computer und Literaturverlag, Böblingen, 1. Aufl., 2005, S. 245-268

Nienaber (Wikipedia.de wieder verlinkt, 2006)
Nienaber, Michael: *Ärger mit Tron – Wikipedia.de wieder verlinkt – vorerst,* in: Süddeutsche Zeitung, Online-Ausgabe, 21.01.06, URL: http://www.sueddeutsche.de/kultur/artikel/613/68 545, abgerufen am 05.04.2006

O'Reilly (What is Web 2.0, 2005)
O'Reilly, Tim: *What is Web 2.0 – Design Patterns and Business Models for the Next Generation of Software*, URL: http://www.oreillynet.com/pub/a/oreilly/tim/news/2005/09/30/what-is-web-20.html vom 30.9.2005, abgerufen am 24.07.2007

o.V. (About Open Directory, 2007)
o.V.: *About the Open Directory Project*, http://www.dmoz.org/about.html, abgerufen am 26.08.2007.

o.V. (Alexa, Related Info, 2006)
Related Info for: *Wikipedia.org*, URL: http://www.alexa.com/data/details/traffic_details?q=&url=http://www.wikipedia.org, abgerufen am 04.05.2006

o.V. (Alexa, Deutsch, 2006)
Top Sites Germany, URL: http://www.alexa.com/browse/general/?&CategoryID=911729&mode=general&R=True&Start=1&SortBy=Popularity, abgerufen am 22.05.2006

o.V. (Best Global Brands, 2006)
Best Global Brands: A Ranking by Brand Value, Interbrand, Business Week, URL: http://www.ourfishbowl.com/images/surveys/BGB06Report_072706.pdf, abgerufen am 24.06.2007

o.V. (Betriebsklima, 2006)
o.V.: *Einträge ins Online-Tagebuch verbessern das Betriebsklima*, URL: http://www.computerzeitung.de/themen/middleware/collaboration/article.html?thes=9841&art=/articles/2006031/30741618_ha_CZ.html vom 14.08.2006, abgerufen am 04.08.2007

o.V. (Blowfly, Create Your Own, 2006)
Blowfly: Create your own beer, wine and water online now!, URL: http://www.blowfly.com.au/, abgerufen am 30.05.2006

o.V. (Börse geöffnet, 2005)
o.V.: *Börse geöffnet*, URL: http://www.zeit.de/2005/30/wahlstreet, aus dem Jahr 2005, abgerufen am 24.07.2007

o.V. (Brockhaus Computer/IT, 2003)
o.V.: *Der Brockhaus Computer und Informationstechnologie*, Verlag F.A. Brockhaus GmbH, Leipzig, Mannheim, 2003

o.V. (Engagement der ArbeitnehmerInnen, 2006)
o.V.: Pressemitteilung zum Engagement der ArbeitnehmerInnen in Deutschland, URL: http://coloursworld.de/files/artikel/Pressemitteilung%20Engagement-Index%202006%20mit%20Graphik.pdf, abgerufen am 08.08.2007

o.V. (Encyclopaedia Britannica, 2006)
o.V.: *Encyclopaedia Britannica Premium Service*, Online-Ausgabe der Encyclopaedia Britannica,. URL: http://www.britannica.com

o.V. (IBM Research Results, 2003)
o.V.: *IBM History Flow Research*, URL: http://www.research.ibm.com/history/results.htm, abgerufen am 20.05.2006

o.V. (Idee, 2007)
o.V. (stayfriends.de): *Die Idee*, URL: http://www.stayfriends.de/j/ViewController?action =theStayFriendsIdea, abgerufen am 29.09.2007

o.V. (Ideenmanagement, 2007)
o.V.: *Ideenmanagement in Deutschland – Jahresbericht 2006 des Deutschen Instituts für Betriebswirtschaft (dib)*, Frankfurt/M., 2007

o.V. (Internet facts, 2007)
o.V.: *Berichtsband der Arbeitsgemeinschaft Online Forschung AGOF zu Online-Fakten im Jahr 2006, Teil 1*, Basisdaten zur Internetnutzung, 2007, URL: http://www.agof.de/ die_internet_facts.353.html, abgerufen am 24.07.2007

o.V. (Internet Gold Rush, 2000)
URL: http://www.innovationstrategy.gc.ca/gol/innovation/stories.nsf/veng/ss01056e.htm, abgerufen am 23.07.2007

o.V. (Innovationsflops, 2006)
URL: http://www.gfk.at/DE/download/DATA/70Prozent_Floprate_ex_online.pdf, abgerufen am 24.07.2007

o.V. (Innovation, 2007)
URL: http://www.businessweek.com/innovate/content/feb2007/id20070201_774736.htm, abgerufen am 23.07.2007

o.V. (Meyers Lexikon, 2003)
Meyers Lexikonredaktion (Hrsg.): *Meyers Grosses Taschenlexikon in 26 Bänden*, Bibliographisches Institut & F.A. Brockhaus AG, Mannheim, 9. Aufl., 2003

o.V. (Netzwerke für Jobsuchende, 2007)
o.V.: *Netzwerke für Jobsuchende wichtig - Wie Unternehmen ihre Mitarbeiter finden*, URL: http://www.rp-online.de/public/article/aktuelles/beruf/arbeitswelt/449733, abgerufen am 03.08.2007

o.V. (Second Life, 2007)
Elephant Seven AG; Pixelpark AG (Hrsg.): White Paper: *Second Life und Business in virtuellen Welten*, Hamburg, 2007, URL: http://www.pixelpark.com/de/pixelpark/ _ressourcen/attachments/publikationen/0703_White_Paper_Second_Life_e7_Pixelpark.pdf, abgerufen am 24.11.2007

o.V. (Social Networking, 2007)
o.V. (Comscore): *Social Networking goes global*, URL: http://www.comscore.com/ press/release.asp?press=1555, abgerufen am 25.09.2007

o.V. (Spiegel, Wikipedia, 2005)
o.V. Studie: *Wikipedia fast so genau wie Encyclopaedia Britannica*, in: Spiegel Online, 15.12.2005, URL: http://www.spiegel.de/netzwelt/netzkultur/0,1518,390475,00.html, abgerufen am 06.05.2006

o.V. (Status Quo Geschäftsprozessmanagement, 2006)
o.V.: *Status-Quo Geschäftsprozessmanagement 2006/2007* (Studie der Fachhochschule Bonn-Rhein-Sieg und des Kompetenzzentrums für Geschäftsprozessmanagement), URL: http://www.ifs.tuwien.ac.at/gpm-studie/2006/GPM-Studie-2006_Ergebnisse-Gesamt.pdf, abgerufen am 24.07.2007

o.V. (SZ/US-Kongressmitarbeiter, 2006)
o.V.: dpa-Meldung: *US-Kongressmitarbeiter manipulieren Wikipedia-Einträge*, in: Süddeutsche Zeitung, 02.02.2006, S. 9

o.V. (Wikipedia schlägt Brockhaus, 2007)
o.V.: *Wikipedia schlägt Brockhaus*; in: Stern, 05.12.2007, http://www.stern.de/computer-technik/internet/:%0A%09%09stern-Test%0A%09%09%09-Wikipedia-Brockhaus/604423.html, abgerufen am 26.12.2007

o.V. (Wir wissen es nicht, 2005)
o.V.: *Wir wissen es nicht. Aber wir können es messen – Gespräch mit Andreas Weigend*, in: GDI Impuls, Herbst 2005, S. 56-64

Page/Brin (Letter, 2007)
Page, Larry; Brin, Sergey: *Letter from the founders*, URL: http://investor.google.com/2006_founders_letter.html, abgerufen am 15.11.2007

Page et al. (PageRank, 1999)
Page, Lawrence; Brin, Sergey; Motwani, Rajeev; Winograd, Terry: *The PageRank Citation Ranking*: Bringing Order to the Web, Jan 1998, URL: http://dbpubs.stanford.edu:8090/pub/1999-66, abgerufen am 14.09.2007

Pascale/Sternin (Geheimagenten, 2006)
Pascale, Richard Tanner; Sternin, Jerry: *Geheimagenten des Change-Managements*, in: Harvard Business Manager, 28. Jg. 02/2006, S. 53-64

Picot et al. (Organisation, 2005)
Picot, Arnold; Dietl, Helmut; Franck, Eugen: *Organisation – Eine ökonomische Perspektive*, Schäffer-Poeschel-Verlag, Stuttgart, 4. Aufl., 2005

Picot et al. (Grenzenlos, 2003)
Picot, Arnold; Reichwald, Frank; Wigand, Rolf T.: *Die grenzenlose Unternehmung – Information, Organisation und Management*, Gabler Verlag, Wiesbaden, 5. Aufl., 2003

Picot/Fischer (Mediale Realitäten, 2006)
Picot, Arnold; Fischer, Tim: *Einführung – Veränderte mediale Realitäten und der Einsatz von Weblogs im unternehmerischen Umfeld*, in: Dies. (Hrsg.): Weblogs professionell – Grundlagen, Konzepte und Praxis im unternehmerischen Umfeld, dpunkt-Verlag, Heidelberg, 1. Aufl., 2006

Piller (Open Innovation, 2005)
Piller, Frank: *Open Innovation: Kunden als Partner*, in: Späth, Lothar (Hrsg.): TOP 100, Ausgezeichnete Innovatoren, Redline Wirtschaft, Frankfurt/M., 2005

Probst (Selbstorganisation, 1987)
Probst, Gilbert: *Selbst-Organisation – Ordnungsprozesse in sozialen Systemen aus ganzheitlicher Sicht*, Verlag Paul Parey, Berlin, 1987

Probst et al. (Wissen managen, 2003)
Probst, Gilbert; Raub, Stefan; Romhardt, Kai: *Wissen managen – Wie Unternehmen ihre wertvollste Ressource optimal nutzen*, Gabler Verlag, Wiesbaden, 4. Aufl., 2003

Prusak (Weisheit der Vielen, 2005)
Prusak, Laurence: *Die Weisheit der Vielen*, in: Harvard Business Manager, 27. Jg. 09/2005, S. 108-109

Przepiorka (Dritte Dimension, 2006)
Przepiorka, Sven: *Weblogs, Wikis und die dritte Dimension*, in: Picot, Arnold; Fischer, Tim (Hrsg.): Weblogs professionell – Grundlagen, Konzepte und Praxis im unternehmerischen Umfeld, dpunkt-Verlag, Heidelberg, 1. Aufl., 2006, S. 13-27

Raymond (Cathedral and bazaar, 2001)
Raymond, Eric S.: *The Cathedral and the Bazaar*, O'Reilly, Sebastopol/CA, 2. überarbeitete Aufl., 2001

Rest/Schmieder (Entblößtes Ego, 2007)
Rest, Tanja; Schmieder, Jürgen: *Entblößtes Ego*, in: Süddeutsche Zeitung, 14.08.2007, URL: http://www.sueddeutsche.de/computer/artikel/170/127962/, abgerufen am 10.11.2007

Rheinberg (Motivation, 2002)
Rheinberg, Falko: *Motivation*, aus der Reihe: *Grundriss der Psychologie*, Bd. 6, Verlag W. Kohlhammer, Stuttgart, 4. Aufl., 2002

Roehtlisberger/Dickson (Management, 1970)
Roehtlisberger, Fritz J.; Dickson, William J.: *Management and the Worker – An Account of a Research Program conducted by the Western Electric Company, Hawthorne Works, Chicago*, Harvard University Press, Cambridge/MA, 5. Aufl., 1970

Rohn/Speth (Who is Who, 2007)
Rohn, Julian; Speth, Charlotte: *Das Who is Who der Plattformen – Soziale Netzwerke im Web*, in: Tagesschau.de, URL: http://www.tagesschau.de/wirtschaft/meldung8590.html, abgerufen am 29.09.2007

Rosenstiel et al. (Organisationspsychologie, 2005)
Rosenstiel, Lutz von; Molt, Walter; Rüttinger, Bruno: *Organisationspsychologie*, Verlag W. Kohlhammer, Stuttgart, 9. Aufl., 2005

Saxbe (Small Worlds, After All, 2003)
Saxbe, Darby: *Small Worlds, After All*, in: Psychology Today, November/December 2003, URL: http://www.psychologytoday.com/articles/pto-20040105-000022.html, abgerufen am 25.09.2007

Scheer (ARIS, 2002)
Scheer, August-Wilhelm: *ARIS – Vom Geschäftspozess zum Anwendungssystem*, Springer, Berlin u.a., 4. durchgesehene Aufl., 2002

Scheer (Jazz)
Scheer, August-Wilhelm: *Jazz-Improvisation und Management*, IWI-Heft 170, Saarbrücken, 2002, URL: http://www.iwi.uni-sb.de/Download/iwihefte/heft170.pdf, abgerufen am 06.10.2007

Schmitt (Blogs und Wikis, 2006)
Schmitt, Kathrin: *Blogs und Wikis sorgen für Innovation im Unternehmen*, URL: http://www.silicon.de/enid/business_software/20703,1, abgerufen am 18.11.2007

Schreyögg (Organisation, 2003)
Schreyögg, Georg: *Organisation – Grundlagen moderner Organisationsgestaltung mit Fallstudien*, Gabler Verlag, Wiesbaden, 4. Aufl., 2003

Scholz (Organisation, 1997)
Scholz, Christian: *Strategische Organisation*, Verlag Moderne Industrie, Landsberg/Lech, 1. Aufl., 1997

Schroer (Online-Befragung, 2005)
Schroer, Joachim et al.: *Deutschsprachige Wikipedia – Erste Ergebnisse der Online-Befragung vom 18. März bis 8. April 2005*, Umfrage zur Motivation von Wikipedia-TeilnehmerInnen an der Universität Würzburg, URL: http://psychologie.uni-wuerzburg.de/ao/research/wikipedia.php, abgerufen am 30.03.2006

Schroer et al. (Wikipedia, 2005)
Schroer, Joachim; Jäger, Dana; Sauer, Nils Christian; Pfeiffer, Elisabeth; Hertel, Guido: *Wikipedia: Motivation für die freiwillige Mitarbeit an einer offenen webbasierten Enzyklopädie*, Vorabveröffentlichung von Ergebnissen der Universität Würzburg, URL: http://wy2x05.psychologie.uniwuerzburg.de/ao/publications/pdf/wikipedia_poster_fg_2005.pdf, abgerufen am 25.04.2006

Schüller (Kaufmannstugend, 2007)
Schüller, Anne: *Eine alte Kaufmannstugend neu entdeckt*, in: Absatzwirtschaft Online, 08.03.2007, URL: http://www.absatzwirtschaft.de/Content/_pv/_p/1004052/_t/fthighlight/highlightkey/virale+marketing/_b/52070/default.aspx/eine-alte-kaufmannstugend-neu-entdeckt.html, abgerufen am 21.05.2007

Schult (Lernen vom Schinken in Scheiben, 2004),
Schult, Thomas J.: *Lernen vom Schinken in Scheiben – Was taugen die aktuellen Enzyklopädien auf CD-Rom und DVD?*, in: Die Zeit 43/2004, 14.10.2004, URL: http://www.zeit.de/2004/43/C-Enzyklop_8adien-Test, abgerufen am 14.06.2007

Schulte-Zurhausen (Organisation, 2002)
Schulte-Zurhausen, Manfred: *Organisation*, Verlag Franz Vahlen, München, 3. Aufl., 2002

Schulzki-Haddouti (Hot-Shots, 2006)
Schulzki-Haddouti: *Hot-Shots meiden Xing & Co*, in: Spiegel-Online, 20.12.2006, URL: http://www.spiegel.de/wirtschaft/0,1518,455591,00.html, abgerufen am 25.09.07

Seigenthaler (A false Wikipedia biography, 2005)
Seigenthaler, John: *A false Wikipedia biography*, in: USA Today, URL: http://www.usatoday.com/news/opinion/editorials/2005-11-29-wikipedia-edit_x.htm, abgerufen am 14.06.2007

Senge (Fünfte Disziplin, 1997)
Senge, Peter: *Die fünfte Disziplin – Kunst und Praxis der lernenden Organisation*, Klett-Cotta-Verlag, Stuttgart, 4. Aufl., 1997

Shirky (OSS in Firmen, 2007)
Shirky, Clay: *Wie Open Source in Firmen funktioniert*, in: Harvard Business Manager, 29. Jg. 02/2007, S. 20-21

Sifry (State Live Web, 2007)
Sifry, David: *The State of the Live Web*, April 2007, URL: http://www.sifry.com/alerts/archives/000493.html, abgerufen am 14.11.2007

Staehle (Management, 1999)
Staehle, Wolfgang H.: *Management*, Verlag Franz Vahlen, München, 8. Aufl., 1999

Stahlknecht/Hasenkamp (Wirtschaftsinformatik, 2005)
Stahlknecht, Peter; Hasenkamp, Ulrich: *Einführung in die Wirtschaftsinformatik*, Springer Verlag, Berlin et al., 11. vollst. überarb. Aufl., 2005

Staun (www.tsunami.net, 2005)
Staun, Harald: *www.tsunami.net*, in: Die Zeit Nr. 2/2005, 04.01.2005, S. 50-52, URL: http://www.zeit.de/2005/02/Blogs_02?page=1, abgerufen am 14.11.2007

Steinmann/Schreyögg (Management, 1990)
Steinmann, Horst; Schreyögg, Georg: *Management – Grundlagen der Unternehmensführung*, Gabler Verlag, Wiesbaden, 1. Aufl., 1990

Störig (Philosophie, 1985)
Störig, Hans Joachim: *Weltgeschichte der Philosophie*, Lizenzausgabe der Büchergilde Gutenberg, Frankfurt/M., mit Genehmigung des W. Kohlhammer Verlags, Stuttgart, 1985

Streiff (Wiki, 2004)
Streiff, Andreas: *Wiki: Zusammenarbeit im Netz,* Book on Demand, Norderstedt, 1. Aufl., 2004

Sunstein (Nicht immer, 2006)
Sunstein, Cass R.: *Nicht immer hat die Mehrheit recht*, In: Harvard Business Manager, 28. Jg., 09/2006, S. 12-13

Surowiecki (Wisdom of Crowds, 2005)
Surowiecki, James: *The Wisdom of Crowds*: The Widsom of Crowds – Why the Many Are Smarter Than the Few, Abacus, London, Reprint 2005

Szugat et al. (Social Software, 2006)
Szugat, Martin; Gewehr, Jan Erik; Lochmann, Cordula: *Social Software – Blogs, Wikis & Co.*, entwickler.press, Software & Support Verlag GmbH, Paderborn, 1. Aufl., 2006

Tapscott/Williams (Wikinomics, 2006)
Tapscott, Don; Williams, Anthony, D.: *Wikinomics – How Mass Collaboration Changes Everything*, Penguin Books, New York, 1. Auflage, 2006

Taylor (Scientific Management, 1911)
Taylor, Frederick Winslow: *The principles of scientific management*, Unabridged republication of the volume published by Harper & Brothers, New York, London, 1911, Dover Publications, Mineola/N.Y., 1997

Technorati (Welcome, 2007)
Technorati (Hrsg.): *Welcome to Technorati*, URL: http://technorati.com/about, abgerufen am 14.11.2007

Thomas (Oscar, 2007)
Thomas, Peter: *Oscar, das Strom-Auto – Studentenliebe*, in: Frankfurter Allgemeine Zeitung vom 22.03.2007

TNS Infratest/Inititiative D21 ((N)Onliner Atlas 2007, 2007)
TNS Infratest/Inititiative D21 (Hrsg.): *(N)Onliner Atlas 2007 – Eine Topographie des digitalen Grabens durch Deutschland*, download unter: www.nonliner-atlass.de, abgerufen am 27.06.2007

Tomenendal (Chaos, 2002)
Tomenendal, Matthias: *Virtuelle Organisationen am Rande des Chaos*, Rainer Hampp Verlag, Saarbrücken, 2002

Töpfer (BWL, 2005)
Töpfer, Armin: *Betriebswirtschaftslehre – Anwendungs- und prozessorientierte Grundlagen*, Springer Verlag, Heidelberg, 1. Aufl., 2005

Trist (Systeme, 1990)
Trist, Eric: *Sozio-technische Systeme: Ursprünge und Konzepte*, in: Organisationsentwicklung 04/1990, S. 10-26

Ulrich (Organisation, 1985)
Ulrich, Hans: *Organisation und Organisieren in der Sicht der systemorientierten Managementlehre*, in: zfo, Zeitschrift Führung + Organisation 01/1985, S. 7-11

Ulrich (Unternehmung, 2001)
Ulrich, Hans: *Die Unternehmung als produktives soziales System – Grundlagen der Unternehmenslehre*, Gesammelte Schriften – Band I, erstmals erschienen 1968, Verlag Paul Haupt, Bern, 2001

Vahs (Organisation, 1997)
Vahs, Dietmar: *Organisation – Einführung in die Organisationstheorie und -praxis*, Schäffer-Poeschel Verlag, Stuttgart, 1997

Vise (Google, 2005)
Vise, David A.: *The Google Story*, Bantam Dell, New York, 2005

von zur Mühlen (Blogs bei Siemens, 2007)
von zur Mühlen, Bernt: *100 Tage Blogs bei Siemens*, URL: http://www.medienbote.de/9335_tagebuch.htm vom 28.08.2006, abgerufen am 04.08.2007

Vorsamer (YouTube-Moment, 2007)
Vorsamer, Barbara: *Die Angst vor dem YouTube-Moment*, in: Süddeutsche Zeitung, 23.07.2007, URL: http://www.sueddeutsche.de/,tt4l1/ausland/artikel/919/124736/, abgerufen am 27.07.2007

Wales (Wikipedia is an encyclopaedia, 2005)
Wales, Jimmy: *Wikipedia is an encyclopedia*, jwales at wikia.com, URL: http://mail.wikipedia.org/pipermail/Wikipedia-l/2005-March/038102.html, abgerufen am 21.03.2006

Wales (Sociographics, 2004)
Wales, Jimmy: *Wikipedia Sociographics*, Slides zum Vortrag anlässlich des 21. Chaos Communication Congress, 27.-29. Dezember 2004, Berlin, URL: http://www.ccc.de/con gress/2004/fahrplan/files/372-wikipedia-sociographics-slides.pdf, abgerufen am 22.05.2006

Wales (Wikipedia Talk, 2004)
Wales, Jimmy: *Wikipedia Talk: Webby Awards*, URL: http://en.wikipedia.org/wiki/Wikipe dia_talk:Webby_Awards, hier zitiert in der Übersetzung von Möller (Medienrevolution, 2006), S. 190

Watts/Hasker (Ende der Blockbuster, 2006)
Watts, Duncan J.; Hasker, Steve J.: *Das Ende der Blockbuster*, in: Harvard Business Manager, 28. Jg. 11/2006, S. 12-14,

Weber (Wirtschaft und Gesellschaft, 1972)
Weber, Max: *Wirtschaft und Gesellschaft – Grundriss der verstehenden Soziologie*, J.C.B. Mohr Verlag, Tübingen, 5. Aufl., 1972

Weinert (Organisationspsychologie, 2004)
Weinert, Ansfried B.: *Organisations- und Personalpsychologie*, Beltz Verlag PVU Psychologie Verlags Union, Weinheim, 5. Aufl., 2004

Wieser (Organismen, 1959)
Wieser, Norbert: *Organismen, Strukturen, Maschinen*, Fischer Bücherei, Frankfurt/M., 1. Aufl., 1959

Zerfaß (Öffentlichkeitsarbeit, 2005)
Zerfaß, Ansgar: *Unternehmensführung und Öffentlichkeitsarbeit – Grundlegung einer Theorie der Unternehmenskommunikation und Public Relations*, VS Verlag für Sozialwissenschaften, Wiesbaden, 2. Aufl., 2004, Nachdruck 2005

Zerfaß/Sandhu (CEO-Blogs, 2006)
Zerfaß, Ansgar; Sandhu, Swaran: *CEO-Blogs: Personalisierung der Online-Kommunikation als Herausforderung für die Unternehmensführung*, in: Picot, Arnold; Fischer, Tim (Hrsg.): Weblogs professionell – Grundlagen, Konzepte und Praxis im unternehmerischen Umfeld, dpunkt-Verlag, Heidelberg, 1. Aufl., 2006, S. 431-465

Stichwortverzeichnis

Die Autoren

Prof. Dr. Ayelt Komus

Studium der Betriebswirtschaftslehre an der Technischen Universität Dortmund und Ecole Supérieure de Commerce de Nice, Frankreich. Promotion am Institut für Wirtschaftsinformatik an der Universität des Saarlandes (Direktor Prof. Dr. Dr. h.c. mult. A.-W. Scheer).

Tätigkeit als Unternehmensberater bei der IDS Scheer AG mit den Schwerpunkten Geschäftsprozessmanagement, IT-Strategie und Prozessorientierte IT-Implementierung. Zuletzt Aufbau der IDS Scheer-Niederlassung Nordrhein-Westfalen auf über 100 Mitarbeiter.

Seit 2004 Professor für Organisation und Wirtschaftsinformatik an der Fachhochschule Koblenz. Forschungsschwerpunkte: Prozessorientierte Organisationsgestaltung, Social Software, IT-Strategie und Informationsmanagement.

Prof. Dr. Komus ist tätig als Unternehmensberater sowie als Co-Sprecher des Kompetenzzentrums für Virtuelle Organisation und Engineering – Netzwerk für Forschung, Entwicklung und Wissenstransfer. Er ist wissenschaftlicher Leiter des Rechenzentrums der Fachhochschule Koblenz sowie Vorsitzender des Ausschusses für das GHRKO – Gemeinsames Hochschulrechenzentrum Koblenz.

Weitere Informationen, aktuelle Veröffentlichungen und Vorträge unter www.komus.de.

Franziska Wauch

Franziska Wauch, Diplom-Betriebswirtin (FH), verfügt über langjährige Berufserfahrung in den Bereichen Projekt, Produkt- und Prozessmanagement sowie moderne Medien und Informationstechnologien. Sie beteiligte sich an Forschungsaktivitäten zu Social Software am Kompetenzzentrum Virtuelle Organisation und Engineering der Fachhochschule Koblenz. Franziska Wauch arbeitet als Unternehmensberaterin bei der IDS Scheer AG mit den Schwerpunkten Organisation, Informationstechnologien, Geschäftsprozessmanagement und Projektmanagement.

Online Marketing
umfassend und kompakt

Volkhard Wolf
E-Marketing
2007. VII, 282 S., gebunden
€ 24,80
ISBN 978-3-486-58383-0

Schwierige Märkte setzen auch das Marketing unter Erfolgsdruck. Mit geringeren Budgets muss mehr erreicht werden. Ein Ausweg aus diesem Dilemma bietet das so genannte E-Marketing („Electronic" Marketing oder auch Online Marketing genannt). Dabei werden marketing-orientierte Geschäftsprozesse hauptsächlich oder ausschließlich online abgewickelt.

In sehr moderner, anschaulicher Weise präsentiert der Autor die neuesten Erkenntnisse systematisch und mit treffenden Worten und Bildern.

Inhaltlich besticht das Buch durch eine umfassende und gleichzeitig kompakte Darstellung der relevanten Sachverhalte im E-Marketing. Gleichzeitig lädt das Erscheinungsbild des Buches geradezu zum Lesen ein: Eine Vielzahl von Abbildungen erleichtert das Lernen und Erarbeiten des Themengebietes.

Das Buch richtet sich an Studierende der Betriebswirtschaftslehre sowie an Praktiker, die vor der Entscheidung des optimalen Marketing-Mix stehen.

Prof. Dr. Volkhard Wolf ist seit 2001 Studiengangsleiter für den Studiengang Industrie / e-business an der Berufsakademie Mosbach und lehrt dort u. a. in den Bereichen E-Marketing, Webdesign, Business Processes und E-Controlling.

Oldenbourg

Die ideale Anleitung

Alfred Brink
Anfertigung wissenschaftlicher Arbeiten
Ein prozessorientierter Leitfaden zur Erstellung
von Bachelor-, Master- und Diplomarbeiten in
acht Lerneinheiten

3., überarbeitete Auflage 2007
XII, 247 Seiten | Broschur
€ 17,80 | ISBN 978-3-486-58512-4
Mit E-Booklet Wissenschaftliches Arbeiten in
Englisch

Wie erstelle ich eine wissenschaftliche Arbeit?
Dieser Frage geht der Autor in der bereits dritten
Auflage dieses Buches auf den Grund.

Dabei orientiert er sich am Ablauf der Erstellung
einer Bachelor-, Master- und Diplomarbeit. Dadurch
wird das Buch zum idealen Ratgeber für alle, die
gerade eine Arbeit verfassen. Auch bereits für die
effiziente Vorbereitung einer wissenschaftlichen
Arbeit ist das Buch eine zeitsparende Hilfe.

Da immer mehr Studierende ihre Abschlussarbeit
an einer deutschen Hochschule in englischer
Sprache verfassen, steht für den Leser zu diesem
Thema auch ein vom Autor erstelltes E-Booklet im
Internet zum Download bereit.

Lerneinheit 1: Vorarbeiten
Lerneinheit 2: Literaturrecherche
Lerneinheit 3: Literaturbeschaffung
　　　　　　　und -beurteilung
Lerneinheit 4: Betreuungs- und Expertengespräche
Lerneinheit 5: Gliedern
Lerneinheit 6: Erstellung des Manuskriptes
Lerneinheit 7: Zitieren
Lerneinheit 8: Kontrolle des Manuskriptes

Dr. Alfred Brink ist Dozent, Studienberater für
Betriebswirtschaftslehre und Leiter der Fachbereichs-
bibliothek Wirtschaftswissenschaften an der West-
fälischen Wilhelms-Universität Münster.

Oldenbourg

Steuern sparen leicht gemacht

Gerhard Dürr
Das Steuer-Taschenbuch
Der Ratgeber für Studierende und Eltern
2008. XII, 169 Seiten, Broschur
€ 16,80
ISBN 978-3-486-58409-7

Alles rund um das Thema Steuern – für Studierende und Eltern.

Die eine kellnert, der andere jobbt in einem Unternehmen oder an der Hochschule, wieder andere absolvieren Praktika in den Semesterferien. Nahezu jeder Studierende tut es – er arbeitet parallel zu seinem Studium.
Sobald der akademische Nachwuchs einer bezahlten Tätigkeit nachgeht, muss er sich an steuerliche Spielregeln halten.

Dieses Steuer-Taschenbuch macht den Studierenden fit für das Leben als Steuerzahler und gibt auch den Eltern nützliche Tipps: Der Autor erklärt die steuerlichen Grundbegriffe sowie die Steuerberechnung und -erhebung verständlich. Neben der Besteuerung von Studentenjobs thematisiert er sogar Schenkungen und Erbschaften.

Kurzum: Alles Wissenswerte zum Thema Steuern und viele Steuerspar-Tipps für Studierende und deren Eltern.

Gerhard Dürr ist im Bereich kaufmännische Bildung tätig. Er ist Lehrbeauftragter an mehreren Hochschulen und Autor verschiedener Lehrbücher.

Oldenbourg

Erfolgreiche Verkaufsgespräche

Uwe Jäger
Verkaufsgesprächsführung
Beschaffungsverhalten, Kommunikationsleitlinien,
Gesprächssituationen
2007. VII, 249 Seiten, Broschur
€ 29,80, ISBN 978-3-486-58399-1

Welche kommunikativen Verhaltensregeln können
Verkäufer nutzen und wie werden diese von profes-
sionellen Einkäufern interpretiert? Welche Gesprächs-
verläufe können sich im Verkaufszyklus ergeben und
wie sollten Verkäufer hierbei agieren? Wer auf diese
Fragen eine Antwort sucht, sollte dieses Buch lesen.
Die kommunikativen Verhaltensmöglichkeiten im
Verkauf und ihre Interpretation durch den professio-
nellen Einkäufer sind die zentralen Themen dieses
Lehrbuchs. Vor diesem Hintergrund erhält der Leser
einen Überblick über die wichtigsten Gesprächsin-
halte im Verkaufszyklus. Phasenspezifische Hand-
lungsempfehlungen unterstützen die Vorbereitung
einer kundenorientierten und situationsgerechten
Gesprächsführung. Das Lehrbuch dient dem Leser als
Strukturierungshilfe bei der Suche nach eigenen Qualifizierungspotenzialen und liefert Denkanstöße für
die schrittweise Optimierung des Gesprächsverhaltens. Es richtet sich an Personen, die sich im wissenschaftlichen Umfeld mit dem Thema Verkaufsgesprächsführung befassen, an Verkaufstrainer und
an Verkäufer im Business-to-Business-Sektor.

Fazit: Das Buch bietet Strukturierungshilfe bei der
Suche nach eigenen Qualifizierungspotenzialen und
liefert Denkanstöße für die schrittweise Optimierung
des Gesprächsverhaltens.

Prof. Dr. Uwe Jäger ist seit 1997
Professor für Marketing, Vertrieb
und Management an der Hochschule der Medien Stuttgart.

Oldenbourg

Grundwissen zur Geldanlage

Hermann May
Geldanlage
Vermögensbildung
3., völlig überarbeitete, aktualisierte Auflage
2007. XIV, 227 Seiten, gebunden
€ 29,80, ISBN 978-3-486-58151-5

Eine umfassende und anschauliche Einführung in die Grundlagen der Geldanlage.

Um selbstverantwortlich Geld anlegen zu können, muss der Investor über solides und zugleich einschlägiges Grundwissen verfügen.

Neben allgemeinem Wissen über die Vermögensbildung in Deutschland, Geldanlageziele, die Struktur und Dauer von Geldanlagen, Anlageberatung sowie die Haftung und Vermögensverwaltung stellt May Geld- und Sachwertanlagen, gemischte Anlagen, Termingeschäfte, die Vermögenswirksame Anlage sowie betriebliche und private Möglichkeiten der Altersvorsorge ausführlich und anschaulich dar. Darüber hinaus enthält das Buch Erläuterungen zur Besteuerung von Geldanlagen.

Dieses Buch ist für Geldanleger von heute und morgen.

Prof. Dr. Hermann May ist geschäftsführender Leiter des Zentrums für ökonomische Bildung in Offenburg.

Oldenbourg